高等职业教育机电类专业“十三五”规划教材

电子CAD项目教程

主　编　王进满
副主编　陈曙光

中国铁道出版社
CHINA RAILWAY PUBLISHING HOUSE

内容简介

本书根据职业岗位技能需求,结合职业教育课程改革经验,采用以项目为导向、任务驱动的模式,以绘制电气原理图、PCB(印制电路板)及电路仿真为主线,介绍了 Altium Designer Winter 09 电路绘制软件的应用。全书共包含五个项目:项目一,三极管放大电路设计,主要介绍原理图图纸创建、PCB 的自动生成及 PCB 手工布线;项目二,计数译码器设计,主要介绍手动创建 PCB 及 PCB 自动布线;项目三,数码管电路设计,主要介绍集成库、原理图库、封装库的创建及利用新创建的原理图元件、封装绘制原理图及 PCB;项目四,信号检测与显示电路设计(层次电路设计),主要介绍层次电路设计;项目五,有源低通滤波电路仿真,主要介绍对所设计电路的仿真分析。

本书结构清晰,易教易学,实例练习丰富,可操作性强,适合作为高等职业院校应用电子技术及电气自动化专业"电子 CAD"课程的教材,也可作为从事电子产品设计和爱好者的学习参考书。

图书在版编目(CIP)数据

电子 CAD 项目教程/王进满主编.—北京:中国铁道出版社,2017.3

高等职业教育机电类专业"十三五"规划教材

ISBN 978-7-113-22854-5

Ⅰ.①电… Ⅱ.①王… Ⅲ.①印刷电路-计算机辅助设计-AutoCAD 软件-高等职业教育-教材 Ⅳ.①TN410.2

中国版本图书馆 CIP 数据核字(2017)第 032655 号

书　　名:电子 CAD 项目教程
作　　者:王进满　主编

策　　划:何红艳　　　　**读者热线**:(010)63550836
责任编辑:何红艳
编辑助理:绳　超
封面设计:付　巍
封面制作:白　雪
责任校对:张玉华
责任印制:郭向伟

出版发行:中国铁道出版社(100054,北京市西城区右安门西街 8 号)
网　　址:http://www.51eds.com
印　　刷:北京海淀五色花印刷厂
版　　次:2017 年 3 月第 1 版　　2017 年 3 月第 1 次印刷
开　　本:787 mm×1 092 mm　1/16　**印张**:16.75　**字数**:409 千
印　　数:1~2 000 册
书　　号:ISBN 978-7-113-22854-5
定　　价:39.00 元

FOREWORD | # 前　言

高等职业教育的主要任务是培养面向生产一线的技术技能型人才。本书根据高职高专教育的培养目标,从学生毕业所从事职业的实际需要出发,确定学生应具备的知识能力结构,将理论知识和应用技能整合在一起;形成以项目为导向、任务驱动的编写思路。本书以实际电子产品的设计工作过程为主线设计学习项目,选择三极管放大电路设计、计数译码器设计、数码管电路设计、信号检测与显示电路设计(层次电路设计)、有源低通滤波电路仿真作为项目载体,通过任务驱动、工作过程导向的项目训练,使学生逐步掌握使用 Altium Designer Winter 09 绘制电路原理图,设计印制电路板(PCB),电路仿真的步骤、方法及技巧;掌握电子 CAD 设计的技能。任务的难度遵循"由浅入深"的原则,由简单的三极管放大电路设计、计数译码器设计,到相对综合的数码管电路设计、信号检测与显示电路设计(层次电路设计)。在每个项目后,附有相关的课后练习。通过练习,读者可进一步理解、巩固所学知识,提高应用技能。本书的特点如下:

(1)以 Altium Designer Winter 09 软件应用为主线,注重培养学生的职业能力,关注学生的就业岗位,突显职业教育的特点,注重对知识的应用和实践能力的培养。

(2)以"必需、够用"为原则,不涉及 Altium Designer Winter 09 中不常用的菜单命令及功能。

(3)包含了绘制原理图、PCB 及电路仿真等内容。

(4)内容丰富、层次清晰、图文并茂。

(5)在教材使用上,以完成某个项目为教学目标,师生双方互动,理论和实践交互,理中有实,实中有理;突出学生动手能力和专业技能的培养,利于充分调动和激发学生的学习兴趣;实现教、学、练的紧密结合,培养学生自我学习、主动学习的能力。

(6)在文字叙述上,力求通俗易懂,便于理解。每个项目后面都提供了练习。在项目前列出了该项目的学习目标,在任务描述中,针对每个任务都提出了应掌握的基本知识和技能,以方便读者学习使用,使读者对所学知识能得到进一步的理解和掌握。

另外,指令在汉化过程中有的翻译得不是十分准确,但为了让学生能对照界面操作,还是尽量采取界面的汉化翻译。由于本书中的图稿均为软件仿真图,故电路图中的图形符号与国家标准不一致,二者对照关系详见附录 A。

本书编者为多年从事电子 CAD 教学与科研的一线教师,在本课程的教学改革、实训室建设方面积累了一定的经验。

本书由嘉兴职业技术学院王进满任主编,陈曙光任副主编。具体分工如下:项目一、项目二、项目三、项目五由王进满编写;项目四由陈曙光编写。全书由王进满统稿、定稿。

由于编写时间仓促,加之编者水平有限,书中存在疏漏及不足之处在所难免,恳请读者提出宝贵意见,并将意见反馈至邮箱 wangjm0426@163.com,为谢!

编　者

2017 年 1 月

CONTENTS | 目 录

项目一 三极管放大电路设计

学习目标

- 认识 Altium Designer Winter 09 的主窗口、菜单栏、工具栏及工作面板；
- 掌握 Altium Designer Winter 09 设计项目的建立、保存方法，以及在项目内建立原理图文件、PCB 文件的方法；
- 掌握元件库、封装库的安装及删除方法，以及调整元件封装的方法；
- 掌握原理图图纸创建、图纸参数设置及原理图绘制方法；
- 掌握 PCB 的自动生成方法，以及手工绘制 PCB；
- 会进行 PCB 的 3D 显示，查看所完成的 PCB 设计。

任务一　认识 Altium Designer 软件

任务描述

Altium Designer Winter 09 是一款使用广泛的电子绘图软件，在电子、电工技术中经常应用它进行电路设计。通过本任务的学习，了解 Altium Designer Winter 09 软件界面环境，各种常用编辑器的启动、各种工作区面板的切换方法等基本操作方式。

任务实现

1. Altium Designer 软件发展概述

Altium 公司前身为 Protel 国际有限公司，由 Nick Martin 于 1985 年始创于澳大利亚，Altium 公司致力于开发基于 PC 的软件，为印制电路板提供辅助设计。Altium 公司成功于 1999 年 8 月在澳大利亚股票市场上市，并于 2000 年收购 ACCEL Technologies 公司、Metamor 公司、Innovative CAD Software 公司和 TASKING BV 公司等。

Altium 公司产品历史简介：

1985 年，诞生 DOS 版 Protel。

1991 年，研发出 Protel for Widows 版本。

1997 年，Protel 98 这个 32 位产品是第一个包含五个核心模块的 EDA 工具。

1999 年，Protel 99 构成从电路设计到真实板分析的完整体系。

2000 年，Protel 99 SE 性能进一步提高，可以对设计过程有更大控制力。

2002 年，Protel DXP 集成了更多工具，使用方便，功能更强大。

2003 年，Protel 2004 对 Protel DXP 进一步完善。

2006 年，Altium Designer 6.0 成功推出，集成了更多工具，使用方便，功能更强大，特别在 PCB

设计上性能大大提高。

2008 年,Altium Designer Summer 8.0 将 ECAD 和 MCAD 两种文件格式结合在一起,Altium 在其最新版的一体化设计解决方案中为电子工程师带来了全面验证机械设计(如外壳与电子组件)与电气特性关系的能力,还加入了对 OrCAD 和 PowerPCB 的支持能力。

2008 年,Altium Designer Winter 09 推出,引入了新的设计技术和理念,以帮助电子产品设计创新,利用技术进步,为一个产品的任务设计更快地完成及走向市场提供了方便。增强功能的电路板设计空间,让设计者可以更快地设计,全三维 PCB 设计环境,避免出现错误和不准确的模型设计。随后不久又推出了 Altium Designer Summer 09,其功能和 Altium Designer Winter 09 相比有所增强。但这两个版本的操作界面几乎完全一样,对普通使用者,尤其是初学者,没有多大的区别,可以说是通用的。两个版本在各学校都有应用。

2011 年,Altium Designer 10 正式发布。

2013 年,Altium Designer 13 推出。

2014 年,Altium Designer 14 推出。

2015 年,Altium Designer 15 推出。

目前已推出 Altium Designer 16.8 版本。

根据高等职业教育"以必需、够用为度"的原则,本教材选用目前各学校使用比较普遍的版本 Altium Designer Winter 09。

2. 认识 Altium Designer Winter 09 软件主界面

双击桌面 Altium Designer Winter 09 图标" ",或选择"开始"→"所有程序"→Altium Designer Winter 09 命令,进入 Altium Designer Winter 09 主窗口,如图 1-1 所示。

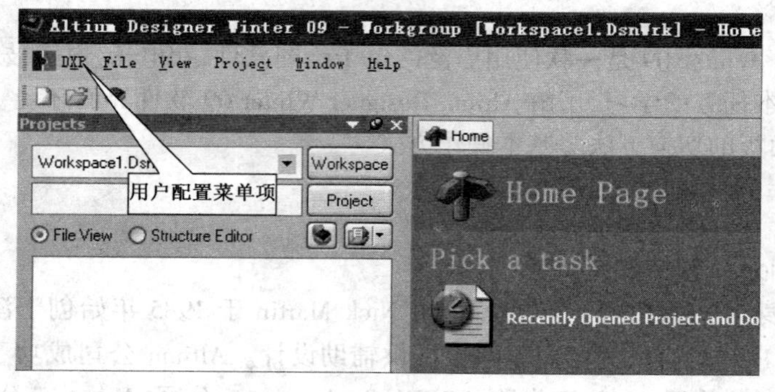

图 1-1 Altium Designer Winter 09 主窗口

单击图 1-1 中用户配置菜单项 DXP,弹出配置菜单,如图 1-2 所示。

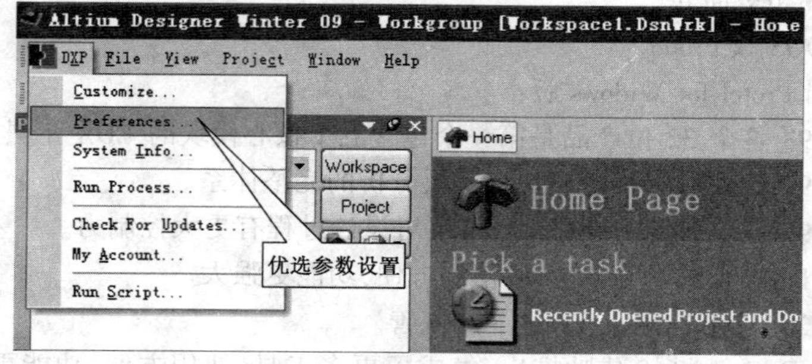

图 1-2 配置菜单

选择图 1-2 用户配置菜单中 Preferences（优选参数设置）命令，弹出优选参数设置对话框，System-General 设置界面如图 1-3 所示。

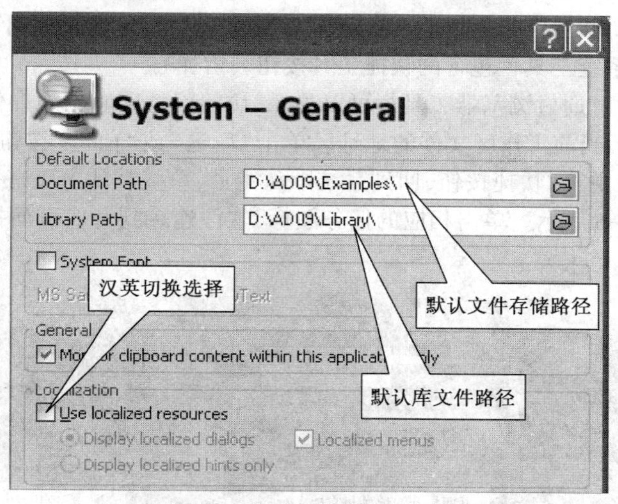

图 1-3　优选参数设置对话框

如图 1-3 所示，Default Locations 为默认设置区，其中，Document Path 为默认文件存储路径，Library Path 为默认库文件路径。

在 Localization 区域中，选中 Use localized resources 复选框，弹出信息提示框，如图 1-4 所示。单击 OK 按钮，然后在优选参数设置对话框的 System-General 设置界面中单击 Apply 按钮，使设置生效，再单击 OK 按钮，退出设置界面，关闭软件，重新进入 Altium Designer Winter 09 系统，即可进入中文编辑环境，如图 1-5 所示。

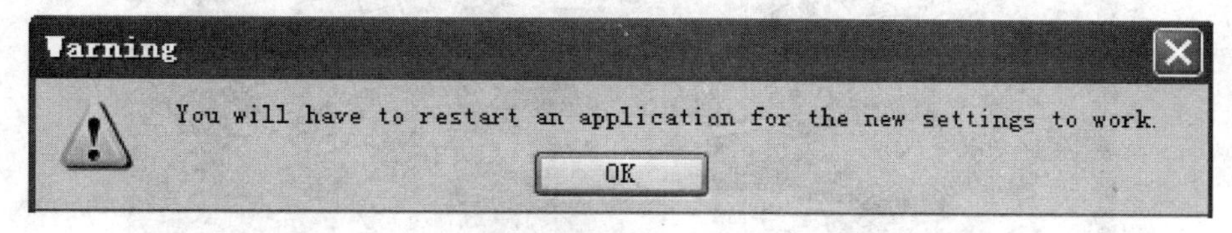

图 1-4　信息提示框

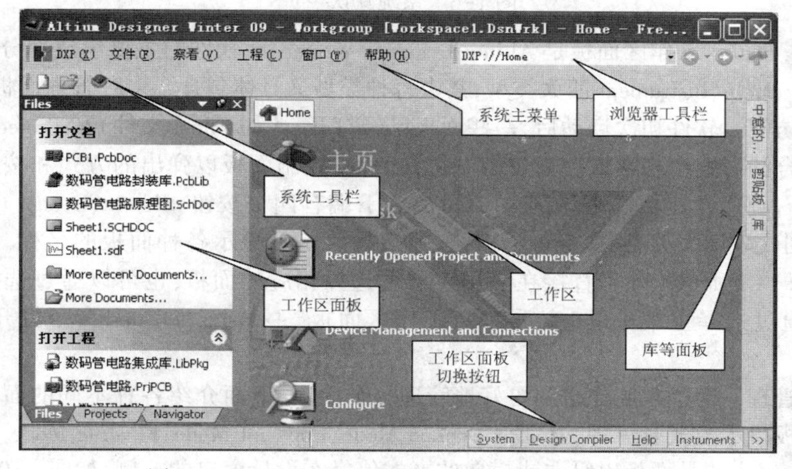

图 1-5　Altium Designer Winter 09 软件中文界面

(1)系统主菜单。启动 Altium Designer Winter 09 之后,在没有打开项目之前,系统主菜单主要包括 DXP、文件、察看、工程、窗口、帮助等基本操作功能。

(2)系统工具栏。由快捷工具按钮组成,完成新建文件、打开文件、打开设备浏览窗口等功能(打开新的编辑器后,系统工具栏包含的快捷工具按钮会增加)。

(3)浏览器工具栏。通过浏览器工具栏可以显示、访问因特网和本地存储的文件。其中,浏览器地址编辑框用于显示当前工作区文件的地址。单击"后退"或"前进"按钮可以根据浏览的次序后退或前进。单击"回主页"快捷按钮,回到系统默认主页,系统默认主页有 12 种任务图标和账户密码设置连接,如图 1-6 所示。单击相应的任务图标,软件连接到对应页面执行任务,并可查看相关文档。

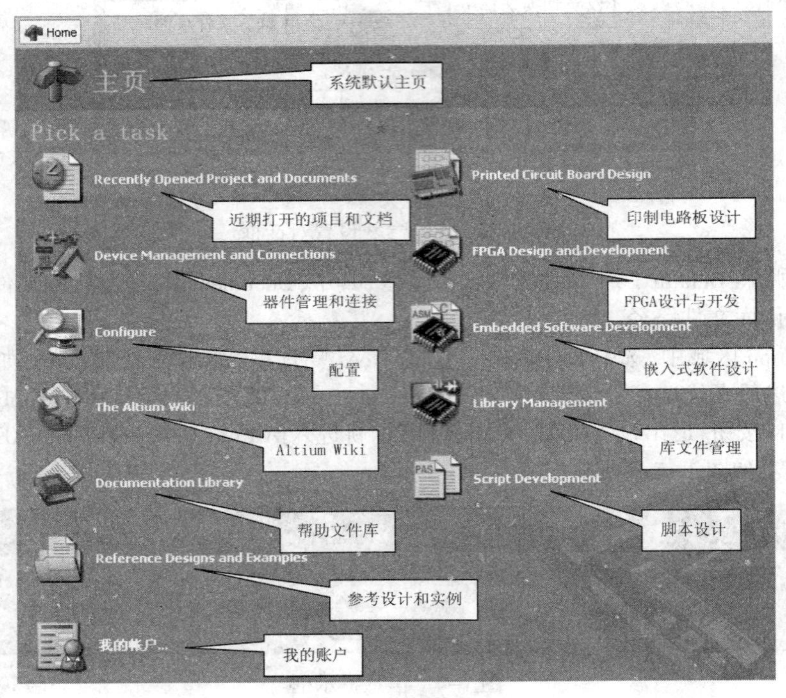

图 1-6　系统默认主页

(4)工作区面板。工作区面板是 Altium Designer Winter 09 软件的主要组成部分,包括 System、Design Complier、Help、Instrument 四大类型,其中每种类型又具体包含了多种管理面板。

①面板的访问。软件初次启动后,一些面板已经打开,比如 Files(文件)和 Projects(工程)控制面板以面板组合的形式出现在应用窗口的左边,Library 控制面板以弹出的方式和按钮的方式出现在应用窗口的右侧边缘处。另外,在应用窗口的右下端有四个按钮:System、Design Complier、Help、Instrument,分别代表四大类型,单击每个按钮,弹出的菜单中显示各种面板的名称,从而选择访问各种面板,如图 1-7 所示。除了直接在应用窗口上选择相应的面板,也可以通过选择主菜单选择相应面板,如通过选择主菜单的"察看"→"工作区面板"→System→Files 命令打开文件面板,如图 1-8 所示。

②面板的管理。为了在工作空间更好地管理多个面板,下面介绍各种不同的面板显示模式和管理技巧。面板显示模式有三种,分别是 Docked Mode、Pop-out Mode、Floating Mode。

Docked Mode 指的是面板以纵向或横向的方式停靠在设计窗口的一侧,如图 1-9 所示。

图 1-7　工作区面板切换按钮

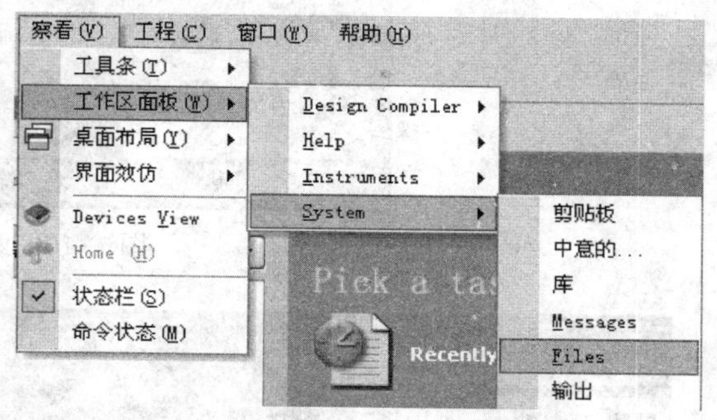

图 1-8　主菜单工作区面板切换

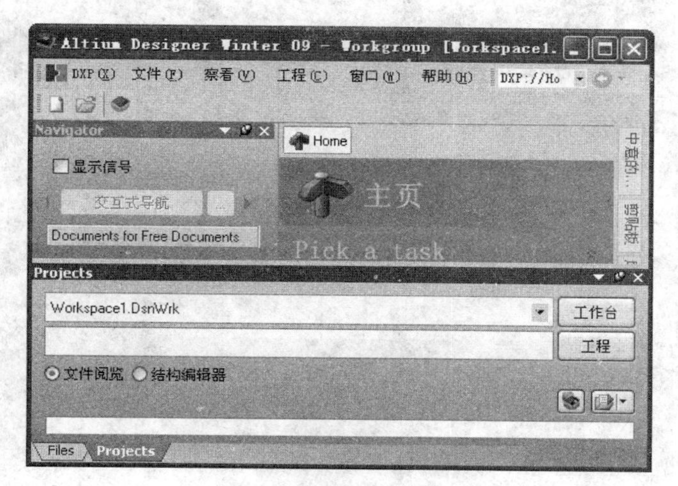

图 1-9　面板停靠模式

Pop-out Mode 指的是面板以弹出/隐藏的方式出现于设计窗口中。当单击位于设计窗口边缘的按钮时,隐藏的面板弹出;当光标移开后,弹出的面板窗口隐藏,如图 1-10 所示。这两种不同的面板显示模式可以通过面板上的以下两个按钮互相切换:

面板停靠模式按钮;

面板弹出模式按钮。

通过单击上面的按钮,可以实现面板显示模式的切换。

Floating Mode 指的是面板以透明的形式出现,此处不做介绍。

移动面板,只需要单击面板内相应的标签或面板顶部的标题栏即可拖动面板移动到一个新位置,关闭面板则直接单击“关闭”按钮即可。

也可选择主菜单的“察看”→“桌面布局”→Default 命令,恢复默认桌面,打开 Files、Projects、Navigator 三个工作面板及存储管理器,如图 1-11 所示。

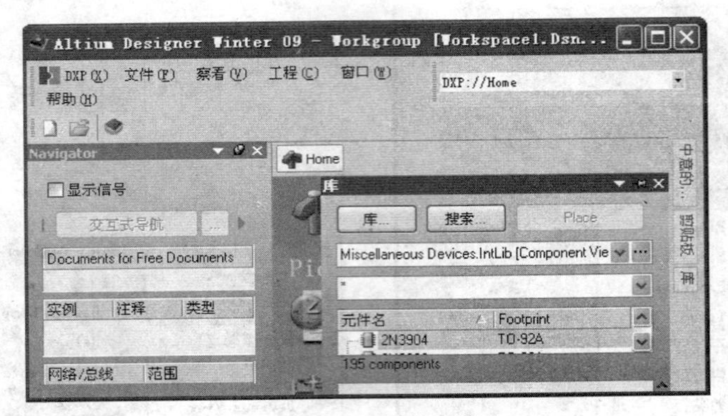

图 1-10　面板弹出模式

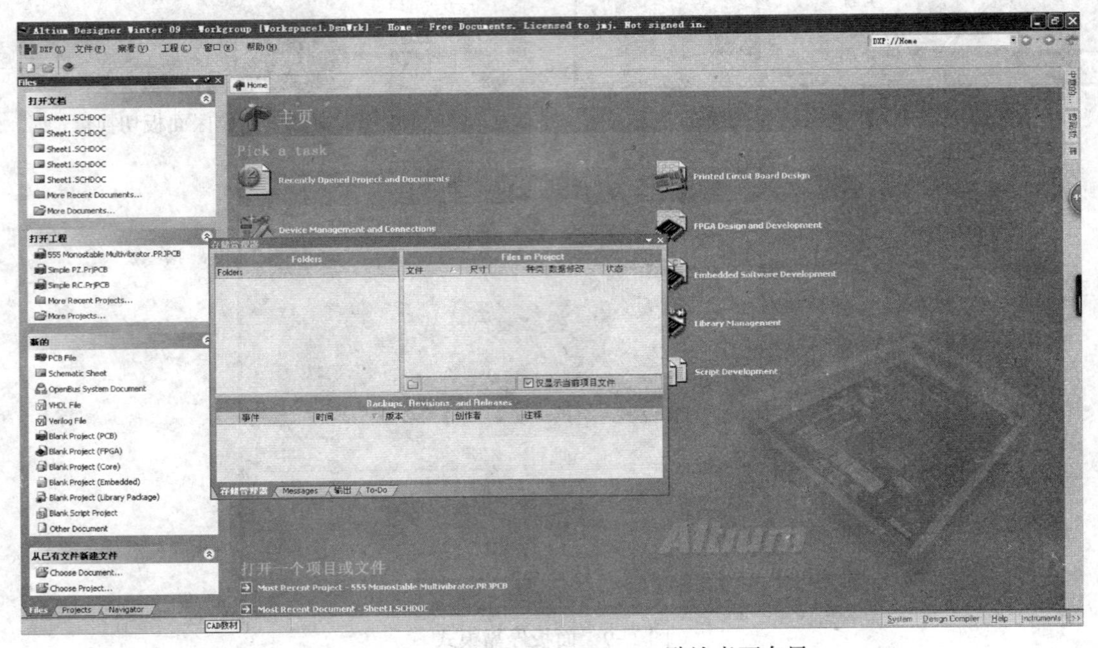

图 1-11　Altium Designer Winter 09 默认桌面布局

(5)工作区。工作区位于界面的中间,是用户编辑各种文档的区域。在无编辑对象打开的情况下,工作区将自动显示为系统默认主页,主页内列出了常用的任务命令,单击即可快速启动相应工具模块。

任务二　绘制三极管放大电路原理图

任务描述

在生产和科学实验中放大电路有着广泛的应用,三极管放大电路是学习放大电路的基础。本任务是绘制三极管放大电路原理图。通过本任务的学习,了解原理图设计流程;掌握 PCB 项目文件、原理图文件的创建方法,以及 PCB 项目文件与原理图文件、PCB 图文件之间的关系;掌握原理图图纸参数的设置及原理图绘制方法；掌握原理图中元件封装的添加方法；掌握集成库、原理图库的安装、删除方法，以及元件调用和元件属性的设置方法；了解原理图的电气检测及编译。

任务实现

1. 创建一个新项目

项目是每个电子产品设计的基础，在一个项目文件中包括设计中生成的一切文件，比如原理图文件、PCB 图文件、各种报表文件及保留在项目中的所有库或模型。项目还能存储选项设置，如错误检查设置、多层连接模式等。当项目被编译的时候，设计、校验、同步和对比都将一起进行，任何原理图或 PCB 图的改变都将在编译的时候被更新。一个项目文件类似 Windows 系统中的“文件夹”，在项目文件中可以执行对文件的各种操作，如新建、打开、关闭、复制与删除等。但需要注意的是，项目文件只是起到管理作用，在保存文件时，项目中的各个文件是以单个文件保存的。

那些与项目没有关联的文件称为自由文件(Free Documents)。

项目有六种类型：PCB 项目、FPGA 项目、内核项目、集成库项目、嵌入式项目和脚本项目，本书只用到 PCB 项目和集成库项目。

Altium Designer Winter 09 允许通过 Projects 面板访问与项目有关的所有文档。

Workspace(工作空间)比项目高一层次，可以通过 Workspace 连接相关项目，设计者通过 Workspace 可以轻松访问目前正在开发的某种产品相关的所有项目。

Altium Designer Winter 09 启动后会自动新建一个默认名为 Workspace1. DsnWrk 的工作空间，设计者可直接在该默认设计工作空间下创建项目，也可以新建设计工作空间。

建立各种类型的新项目的步骤都是相同的，这里以建立 PCB 项目为例进行介绍。

首先创建一个项目文件，然后就可以把后创建的原理图文件、PCB 图文件等添加到新的空项目中。

创建一个新的 PCB 项目步骤如下：

(1)选择菜单栏中的“文件”→“新建”→“工程”→“PCB 工程”命令，如图 1-12 所示。

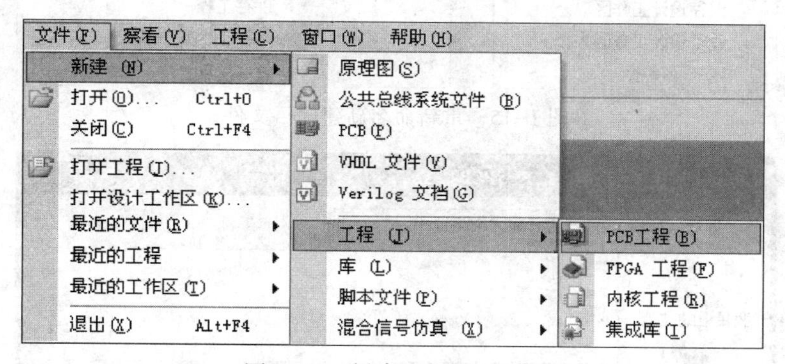

图 1-12　创建 PCB 项目(1)

另外，设计者可以在工作区右侧的 Files 面板中的 New 区单击 Blank Project(PCB)命令，如图 1-13 所示，如果这个面板未显示，单击工作区面板底部的 Files 标签即可。

(2)新项目文件 PCB_Project. PrjPCB 与 No Documents Added 文件夹一起列在工作区右侧的 Projects 面板中，如图 1-14 所示。

(3)重新命名项目文件。通过选择“文件”→“保存工程为”命令或右击 Projects 面板中的 PCB_Project. PrjPCB 命令，在弹出的快捷菜单中选择“保存工程为”命令来将新项目重命名(扩展名为

.PrjPCB),如图 1-15 所示。指定设计者要把这个项目保存在设计者的硬盘位置,在文件名栏内输入文件名:三极管放大电路设计.PrjPCB 并单击“保存”按钮,如图 1-16 所示。

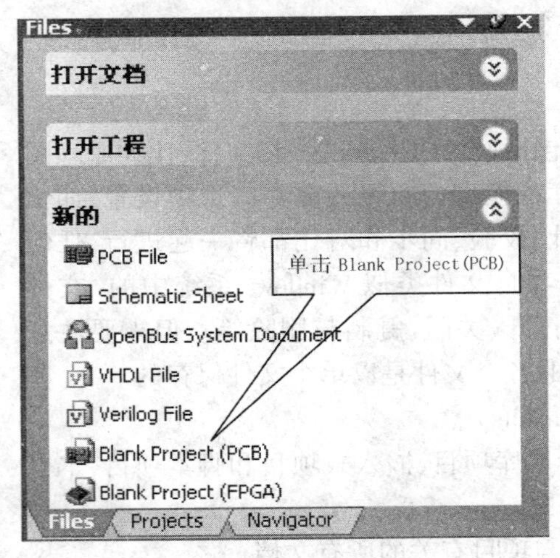

图 1-13 创建 PCB 项目(2)

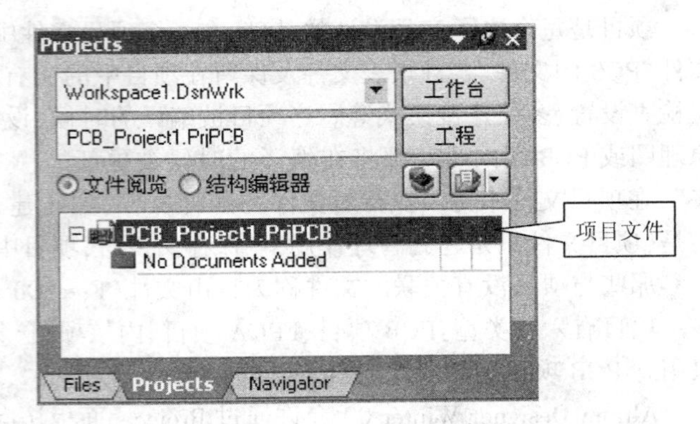

图 1-14 Projects 面板

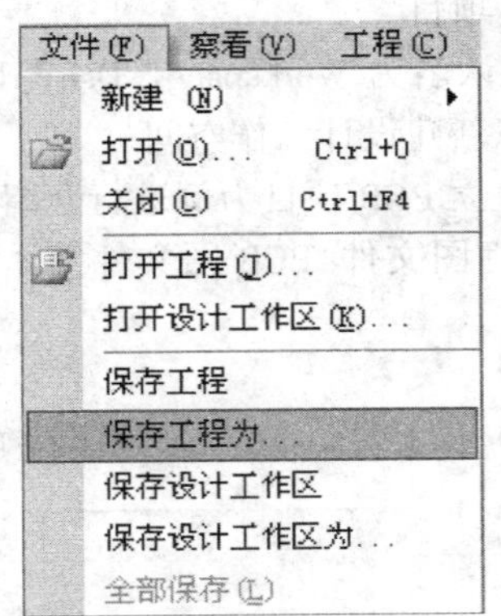

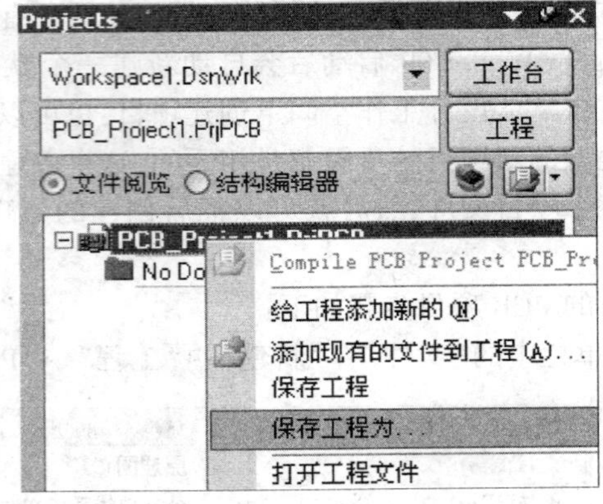

图 1-15 重新命名新建项目文件

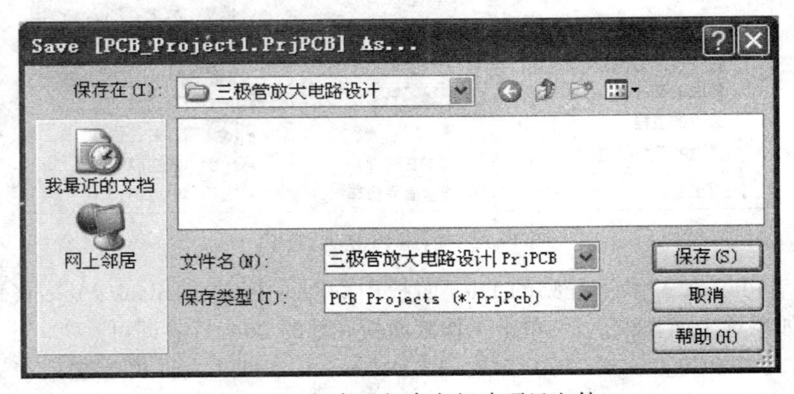

图 1-16 保存重新命名新建项目文件

下面,将创建一个原理图文件(三极管放大电路)并添加到空项目中。

2. 创建一个新的原理图图纸

（1）选择"文件"→"新建"→"原理图"命令，如图 1-17 所示，或者单击工作区左侧 Files 面板中 New 区中的 Schematic Sheet 命令。一个默认名为 Sheet1. SchDoc 的空白原理图图纸出现在设计窗口中，并且该原理图自动添加（连接）到项目中，这个原理图图纸会在项目的 Source Documents 文件夹下，如图 1-18 所示。当空白原理图打开后，设计者将注意到工作区发生了变化。主工具栏增加了一组新的按钮，新的工具栏出现，并且菜单栏增加了新的菜单项。现在设计者就在原理图编辑器中。

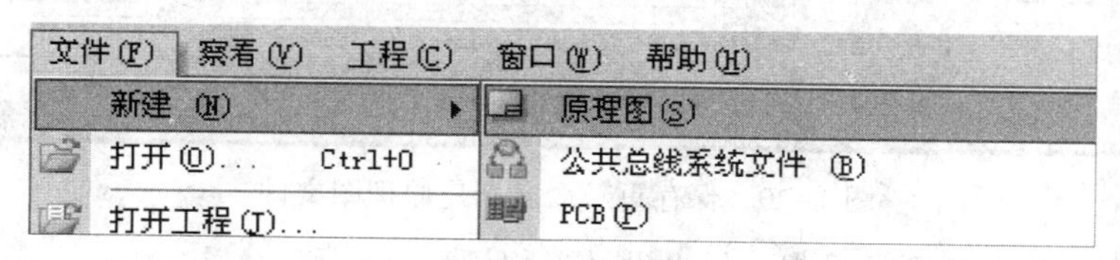

图 1-17　创建原理图文件

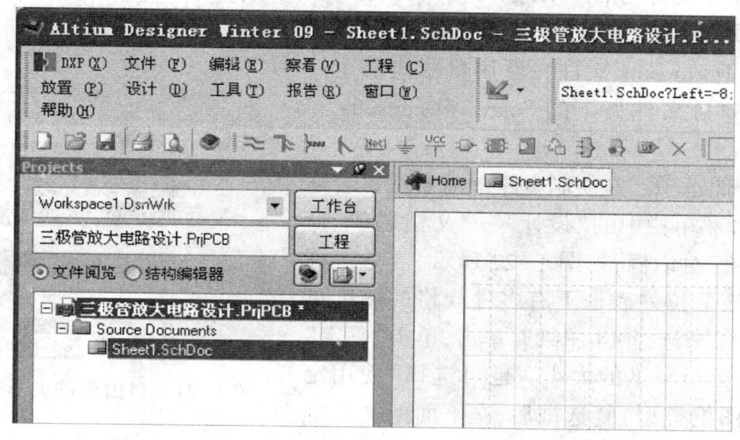

图 1-18　新建空白原理图图纸

（2）重新命名原理图文件。通过选择"文件"→"保存为"命令或右击 Projects 面板中的 Sheet1. SchDoc 命令，在弹出的快捷菜单中选择"保存为"命令来将新原理图重命名（扩展名为 . SchDoc），如图 1-19 所示。原理图文件自动保存在项目保存所在的硬盘位置，在文件名栏内输入文件名：三极管放大电路 . SchDoc 并单击"保存"按钮，如图 1-20 所示。

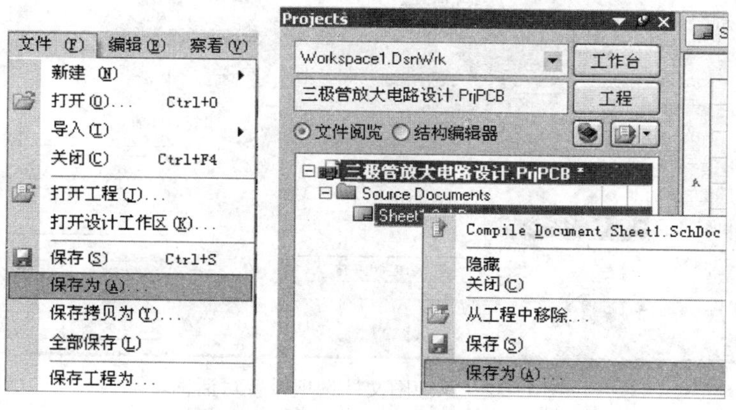

图 1-19　重新命名新建原理图文件

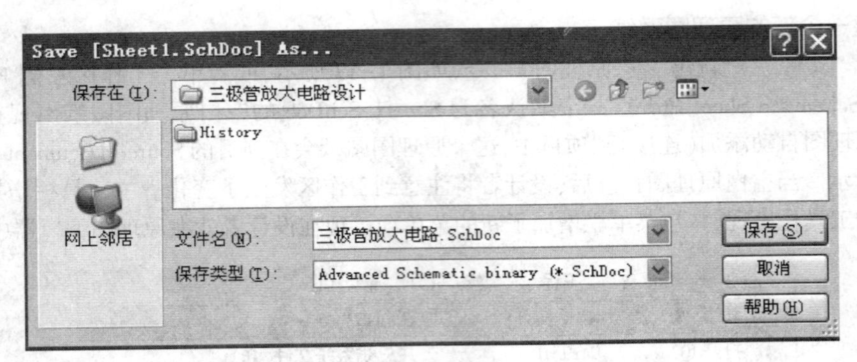

图 1-20　保存重新命名新建原理图文件

(3)将原理图图纸添加到项目中。如果设计者想添加到一个项目文件中的原理图图纸作为自由文件夹被打开,如图 1-21 所示,那么在 Projects 面板的 Free Documents 单元 Source Documents 文件夹下用鼠标拖动文件 Sheet1.SchDoc 到项目文件夹下的 Source Documents 文件上即可。

图 1-21　自由文件夹下的原理图文件

(4)设置原理图选项。在绘制电路图前要设置合适的文档选项。选择菜单栏中的"设计"→"文档选项"命令,弹出"文档选项"对话框,如图 1-22 所示。找到"标准类型"选项,在该下拉列表框下有多种规格的图纸可供选择,使用滚动条来选择 A4 图纸并单击,单击"确定"按钮关闭对话框,更新图纸的大小。也可选择"使用定制类型"(自定义图纸类型)复选框后,在下面的文本框中填入自定义图纸参数,自己设定图纸。

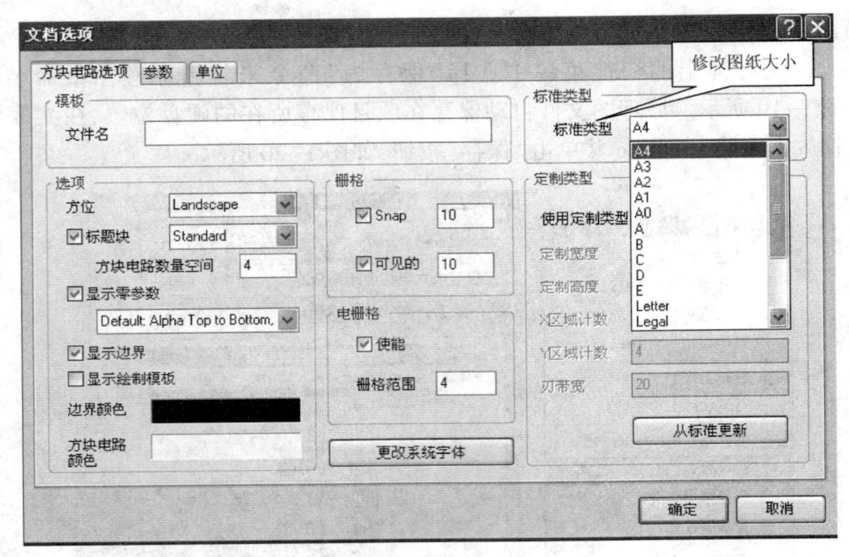

图 1-22　原理图文档选项设置对话框

原理图其他选项设置：

①“模板”选项区域：该区域用来设定图纸设计套用的模板，可以看出本例中并没有使用模板。

②“选项”选项区域：

a.“方位”：用于图纸方向设置，在下拉列表中选择 Landscape（横向放置）或者 Portrait（纵向放置）。

b.“标题块”用于设置图纸上是否显示标题栏，选中该复选框后，还要选择标题栏采用 Standard（标准型）还是 ANSI 标准的标题栏。

c.“方块电路数量空间”：设定图纸编号的间隔。

d.“显示零参数”：设定是否显示图纸边沿的栅格参考区。

e.“显示边界”：设定是否显示图纸边框。

f.“显示绘制模板”：设定是否显示模板图形，所谓模板图形就是模板内的文字、图形、专用字符串等。

g.“边界颜色”：单击其右边的色块可以设定图纸边框的颜色。

h.“方块电路颜色”：单击其右边的色块可以设定图纸的底色。

③“栅格”选项区域：

a. Snap：用来设置光标在图纸中移动时的最小网络间隔，默认值为 10 mil（1 mil = 0.025 4 mm），若需要更精确的绘图可将 Snap 值设为需要值或取消 Snap 选项，此时光标移动最小间隔为 1 mil。

b.“可见的”：即 Visible，用来设置是否在图纸上显示网格，可在后面文本框中指定网格的间距，一般不需要改变。

④“电栅格”（电气网格）选项区域：用来设置是否启用电气网格。选中“使能”复选框，并在“栅格范围”框中填入电气网格捕获范围，即距离电气端多远时被该电气端点捕获而连接。

⑤“更改系统字体”（改变系统字体）按钮：单击该按钮后在随后的字体对话框中设置字体和大小。

在原理图选项设置对话框中，单击“参数”标签，进入设计信息选项卡，该选项卡主要记录设计图纸的相关信息。对于专业公司的某个电子产品完整的电路设计，对设计信息进行一定的标注、记录是必需的。

在原理图选项设置对话框中，单击“单位”标签，进入图纸单位设置选项卡。在该选项卡中可以设置使用英制单位系统还是公制（即“米制”）单位系统。

（5）进行一般的原理图设置。选择菜单栏的“工具”→“设置原理图参数”命令，打开电路原理图喜好设置对话框，如图 1-23 所示。这个对话框允许用户设置适用于原理图的为全局配置参数

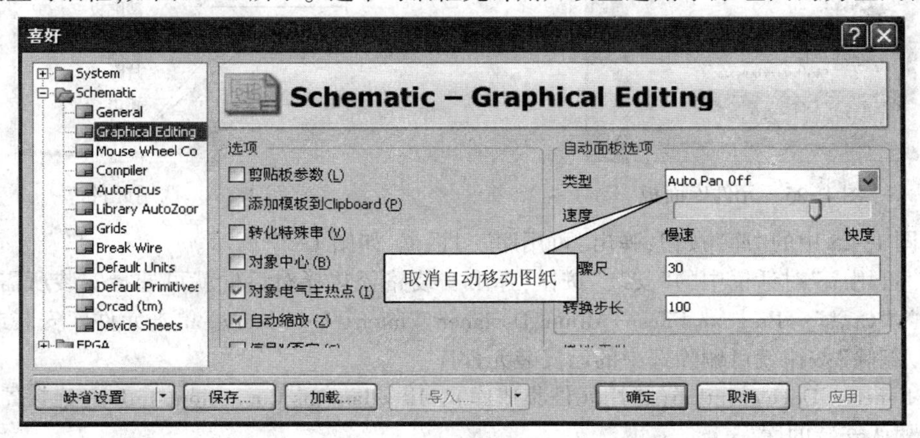

图 1-23　Prefererces 设置对话框

的喜好设置,适用于全部原理图。

对初学者建议:在该窗口下,选择左侧目录中的 Schematic 下 Graphical Editing 页面,将"类型"项设置为 Auto Pan Off, 单击"确定"按钮关闭对话框,取消自动移动图纸。

3. 绘制三极管放大电路原理图

现在准备绘制如图 1-24 所示共发射极三极管放大电路原理图。

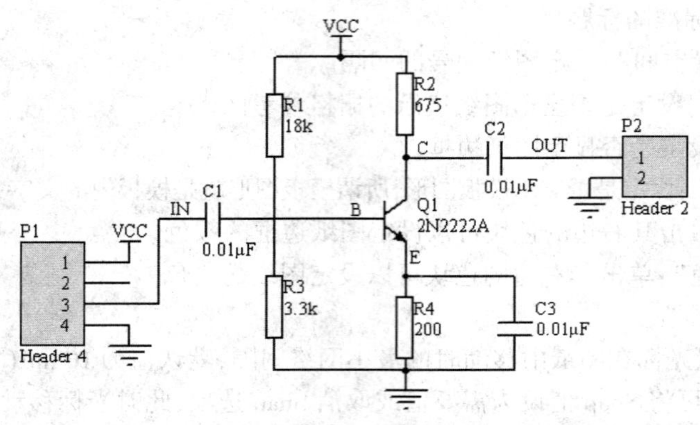

图 1-24　共发射极三极管放大电路原理图

(1)添加或删除元件库。光标定位在工作区右侧"库"位置或单击"库"按钮打开元件库面板,如图 1-25 所示。如果工作区右侧无"库",单击工作区底部右侧 System 打开面板选择按钮,单击"库"按钮,即可把库面板添加到工作区右侧,如图 1-26 所示。

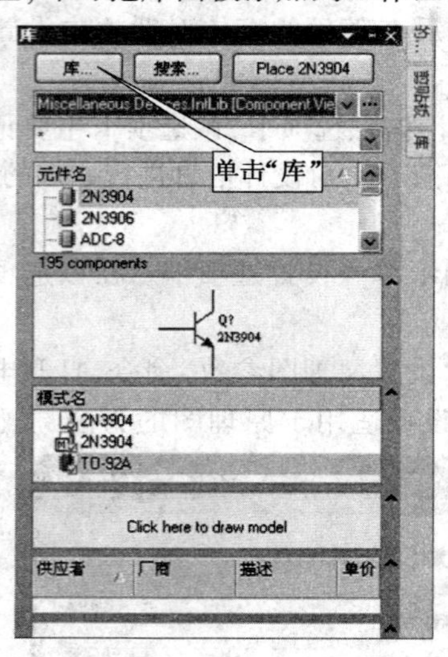

图 1-25　元件库面板

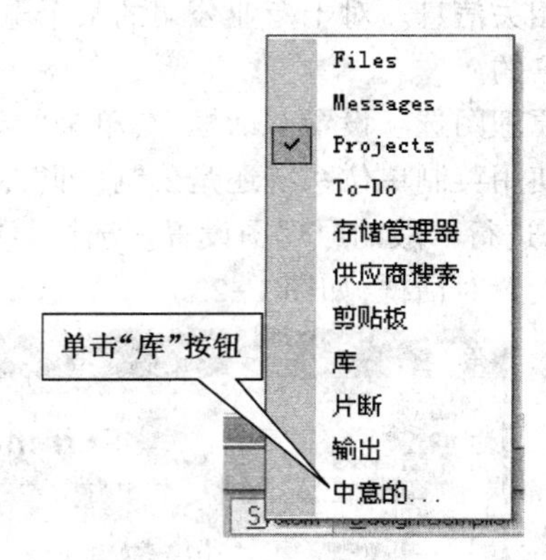

图 1-26　调用元件库

单击图 1-25 中的"库"按钮,弹出"可用库"对话框,如图 1-27 所示。

单击"可用库"对话框中的"安装"按钮,弹出安装路径选择对话框就可选择安装所需要的库,通常路径为"C 盘"→Program Files→Altium Designer Winter 09→Library。单击元件库安装或删除对话框中的"删除"按钮就可删除选中的已安装元件库。

Miscellaneous Device. IntLib(通用元件集成库),Miscellaneous Connectors. IntLib(连接器集成库)都为已经默认安装的库。

(2)在原理图中放置元件。在图 1-24 所示放大电路中,包括一个三极管、两个电容、四个电阻、两个连接器。

图 1-27　元件库安装或删除对话框

在原理图中添加三极管。首先在库中选择所需三极管,并更改其属性。

①单击工作区右侧“库”标签,显示库面板,如图 1-28 所示。

②Q1 三极管放在 Miscellaneous Device. IntLib 集成库内,在库面板中的“安装的库名”下拉列表中选择并激活 Miscellaneous Device. IntLib 集成库。

③在元件列表中单击 2N3904(可改为 2N2222A)以选择它,然后单击 Place 按钮。另外,还可以双击元件名。

光标将变成十字状,并且在光标上“悬浮”着一个三极管轮廓。现在设计者处于元件放置状态,如果设计者移动光标,三极管轮廓也会随之移动。

④在原理图上放置元件之前,首先要编辑其属性。当三极管悬浮在光标上时,按下键盘上【Tab】键,这时将打开“元件属性”对话框,如图 1-29 所示,现在要设置对话框选项。

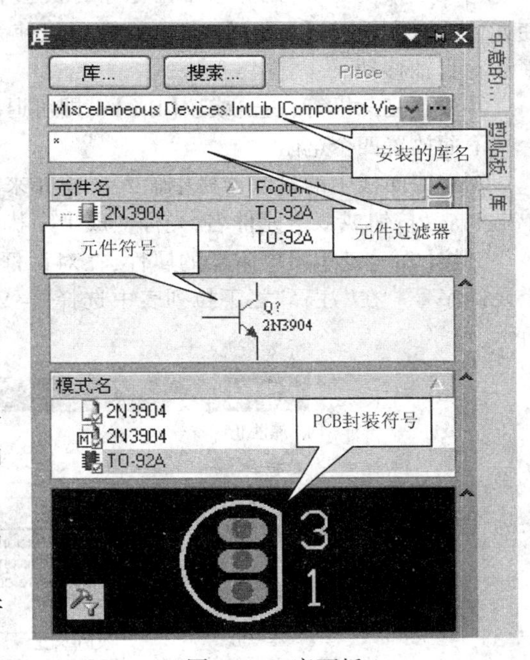

图 1-28　库面板

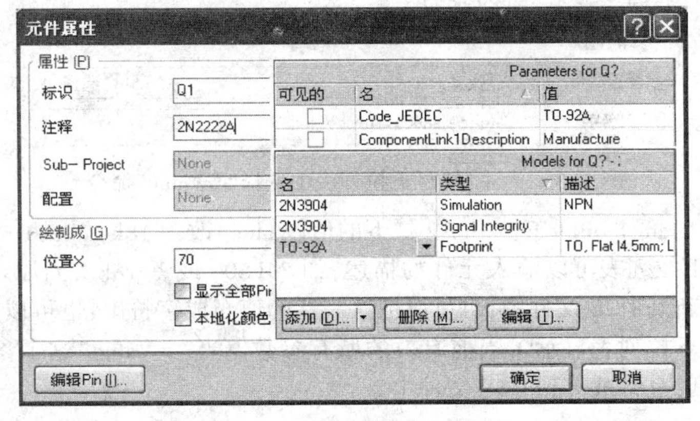

图 1-29　“元件属性”对话框

⑤在对话框“属性”区域“标识”栏中输入 Q1,将其作为元件序号;将“注释”栏中的“2N3904”改为“2N2222”。

⑥下面将检查在 PCB 中用于表示元件的封装。在本教材中,已经使用了集成库,这些库已经包括了封装和电路仿真的模型。确认在模型(Models for Q? -2N3904)列表中含有模型名 TO-92A 的封装,此处封装可根据需要更改。保留其余栏为默认值,并单击“确定”按钮关闭对话框。

下面准备放置元件,具体步骤如下:

①移动光标(附有三极管轮廓)到图纸大约中间的位置,调整好三极管的位置后,单击或按【Enter】键将三极管放置在原理图上。

②移动光标,设计者会发现三极管的一个复制品已经放在原理图上了,而光标仍然处于悬浮着元件轮廓的元件放置状态。Altium Designer 的这个功能让设计者可以放置许多相同型号的元件。在放置一系列元件时,Altium Designer 会自动增加一个元件的序号值。

③几个常用热键:元件悬浮在光标的状态下,按【X】键,可以使元件水平翻转;按【Y】键,可以使元件垂直翻转;按【Space】(空格)键,可以使元件按 90°旋转;按住【Alt】键可以限制移动沿着水平和垂直轴移动。

④放置完三极管,右击或按【Esc】键即可退出元件放置状态,光标恢复到原始状态。

下面放置四个电阻:

①在库面板中的过滤器栏中输入字母 R 来设置过滤器,在元件列表中单击 Res2 选择它,然后单击 Place 按钮或双击元件名,光标变成十字状,并且在光标上“悬浮”着一个电阻器符号。

②按【Tab】键编辑电阻器的属性,在对话框“属性”区域中“标识”栏中输入 R1 将其作为第一个元件序号。在“注释”栏下拉列表中选择“=Value”命令,取消选择“可见的”复选框,如图 1-30 所示。

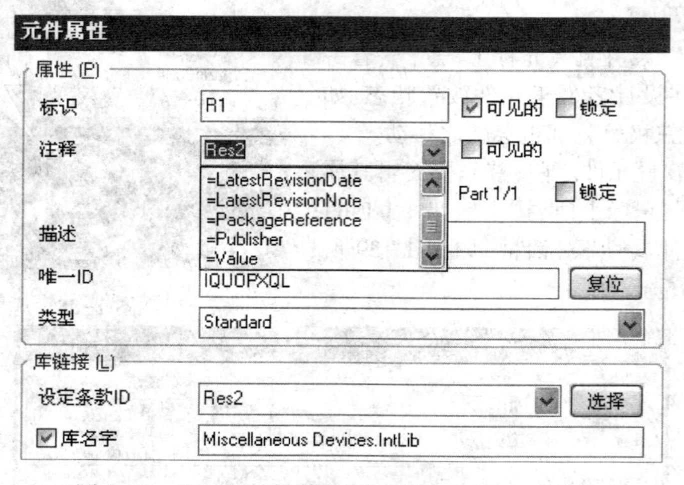

图 1-30 “注释”栏下拉列表中选择“=Value”命令

将电阻属性的 Parameters for R? -Res2 栏下的值(Value)改为 18k,如图 1-31 所示。

使用“注释”栏下拉列表可以输入元件的描述,如 74LS04 或者 18k。当原理图与 PCB 图同步时,这一栏的值将更新到 PCB 文件中;也可以把这一栏的值当成字符串;也可以从这一栏的下拉列表中选择一种参数,下拉列表显示了当前有效的所有参数。当“=Value”这个参数被使用时,这个参数将用于电路仿真,也将被传到 PCB 文件中。

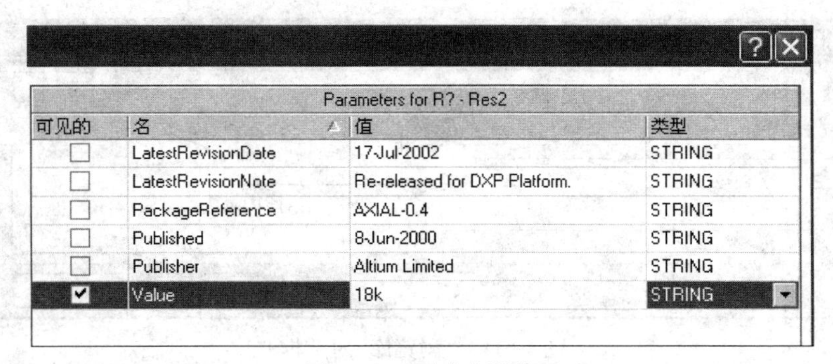

图 1-31　更改电阻值

在模型列表中确定已经包含封装 AXIAL-0.3。

单击“确定”按钮关闭元件属性对话框。

③按【Space】键，旋转电阻 R1，放在合适位置。同理放置 R2、R3、R4。右击或按【Esc】键来退出电阻放置状态。

④原理图中元件的封装修改：如果封装不是所希望的封装，如图 1-32 所示，选中封装，单击“编辑”按钮，弹出 PCB Model 对话框，如图 1-33 所示。

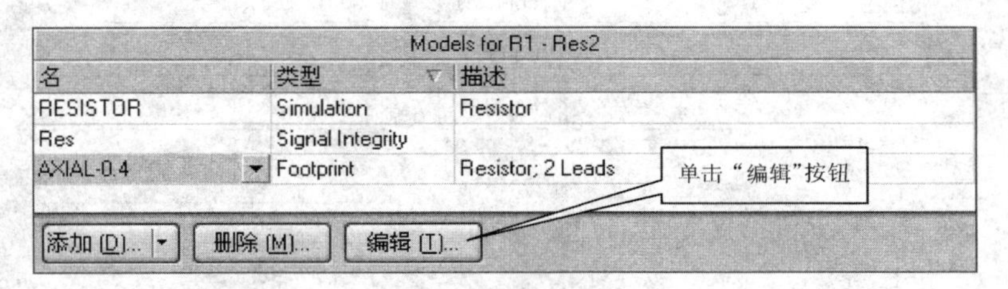

图 1-32　变更封装

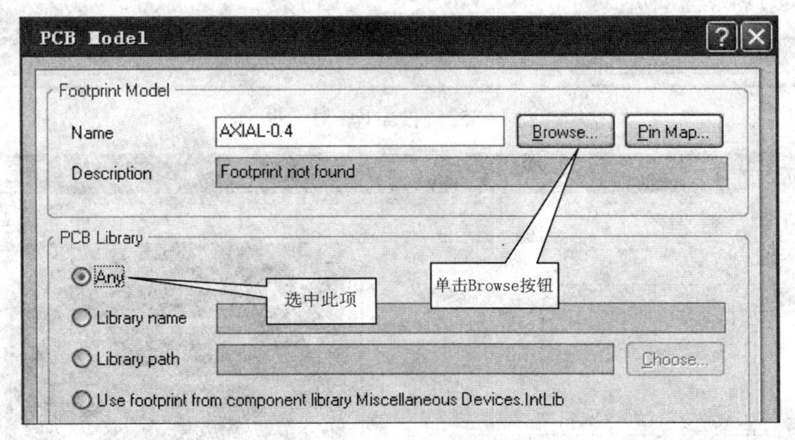

图 1-33　PCB Model 对话框

在 PCB Model 对话框中，首先选中 PCB Library 区域中的 Any 单选按钮，然后再单击 Browse 按钮，弹出“浏览库”对话框，如图 1-34 所示。

在“浏览库”对话框中，单击“发现”按钮，弹出“搜索库”对话框，如图 1-35 所示。在该对话框中的运算符区域选择 contains 项，在值区域添加所要查找的封装，如 AXIAL-0.3，选择正确的库文

图 1-34 "浏览库"对话框

件路径,单击"搜索"按钮,再次打开"浏览库"对话框,如图 1-36 所示。当元件显示区域出现所需封装时,单击 Stop 按钮,停止搜索。逐步单击"确定"按钮,返回图 1-32 所示画面,完成封装修改。所有元件封装修改均可采取此种方法。

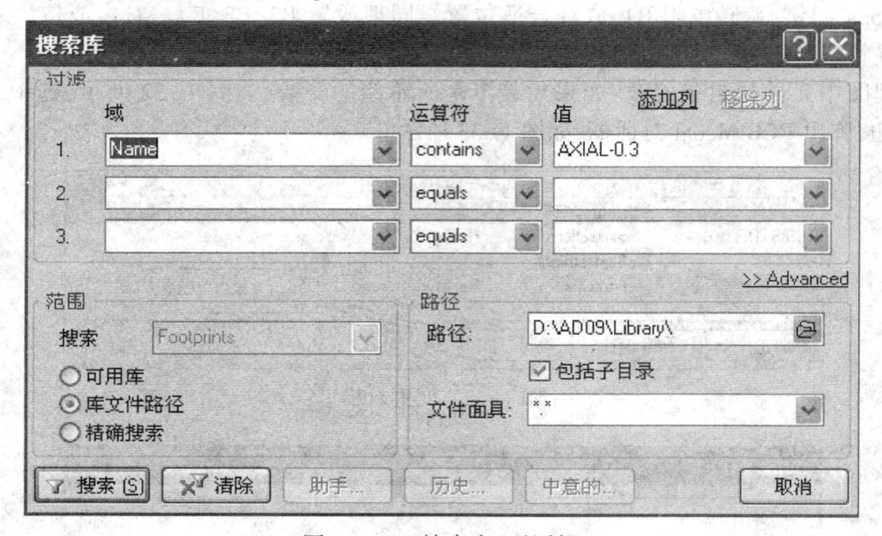

图 1-35 "搜索库"对话框

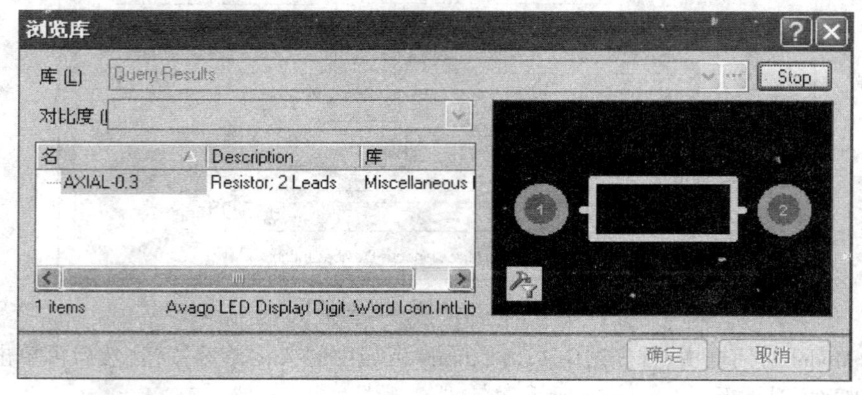

图 1-36 "浏览库"对话框

下面放置三个电容:

①在库面板中的过滤器栏中输入字母 Cap 来设置过滤器,在元件列表中单击 Cap 选择它,然后

单击 Place 按钮或双击元件名，光标变成十字状，并且在光标上“悬浮”着一个电容符号。

②按【Tab】键编辑电阻的属性，在对话框“属性”区域中“标识”栏中输入 C1 将其作为第一个元件序号。在“注释”栏下拉列表中选择“=Value”命令，取消选择“可见的”复选框。

将电容属性的 Parameters for C? -Cap 栏下的值(Value)改为 0.01 μF。检查 PCB 封装模型为 RAD-0.3，并将其添加到 Models 列表中。单击“确定”按钮关闭元件属性对话框。放置电容 C1。同理，放置电容 C2、C3。右击或按【Esc】键来退出电容放置状态。

最后要放置的元件是连接器(Connector)：

连接器在 Miscellaneous Connectors. IntLib 库里。在库面板中的“安装的库名”下拉列表中选择并激活 Miscellaneous Connectors. IntLib 集成库。

①这里需要的连接器一个是四个引脚的插座，另一个是两个引脚的插座，先设置过滤器为 H * 4 * 。

②在元件列表中选择 Header4 并单击 Place 按钮或双击元件名。按【Tab】键编辑连接器的属性，在对话框“属性”区域中“标识”栏中输入 P1 将其作为第一个元件序号。检查 PCB 封装模型为 HDR1X4，并将其添加到 Models 列表中。单击“确定”按钮关闭元件属性对话框。

③在原理图中合适的位置放下连接器 P1。右击或按【Esc】键退出放置状态。

同样的方法放置连接器 P2。

现在已经放完了所有的元件，元件摆放后的原理图如图 1-37 所示。如果设计者需要移动元件，单击并拖动元件体，拖到需要的位置放开鼠标左键即可。

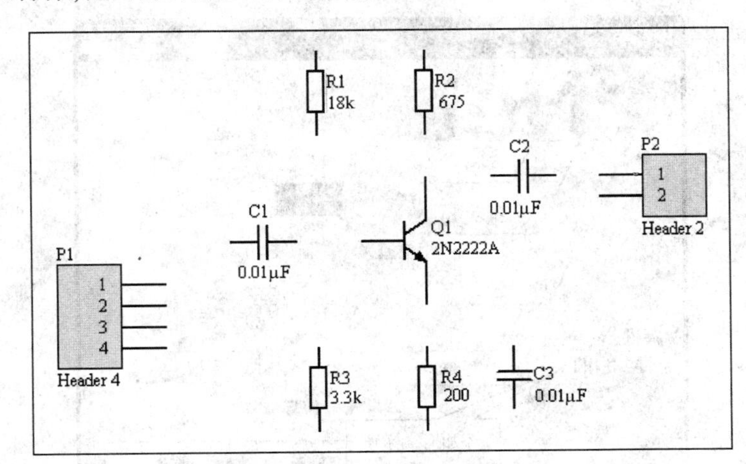

图 1-37　元件摆放后的原理图

(3)绘制导线。元件放置在工作面板上并调整好各个元件的位置后，接下来的工作是对原理图进行布线。对原理图布线的步骤如下：

①为了使原理图图纸有很好的视图效果，可以使用以下三种方法：第一种，选择“察看”→“适合所有对象”命令，在原理图图纸上右击，在弹出的菜单中选择此命令；第二种，按【Page Up】键，可以使图纸放大，按【Page Down】键，可以使图纸缩小；第三种，按住鼠标滚轮滑动，可以使图纸放大或缩小。

另外，在图纸上右击，光标变为“小手”形，可以任意移动图纸。

②选择“放置”→“线”命令，或单击工具栏中的“≈”按钮，进入绘制导线状态，并绘制原理图上的所有导线。

以连接 R1 与 Q1 为例，把十字形光标放在 R1 的引脚上，把光标移动到合适的位置时，一个红色的星形连接标志出现在游标处,这表明游标在元件的一个电气连接点上。单击鼠标固定第一个导线点,移动鼠标会看到一根导线从固定点处沿鼠标的方向移动。如果需要转折,在转折处单击确定导线的位置,每转折一次都需要单击鼠标一次。移动鼠标到 Q1 的 B 极(基极),中间有一个转折点,单击鼠标,当移动到 Q1 的 B 极时,鼠标又变成红色的星形连接标志,单击鼠标完成了 R1 与 Q1 的 B 极的连接。此时游标仍然是十字形,表明仍是处于画线模式,可以继续画完所有的连接线。连接完所有的导线后,右击鼠标退出画线模式,鼠标恢复为箭头形状。

③网络与网络标号。彼此连接在一起的一组元件引脚称为网络(Net)。例如,三极管放大电路图中的 R1、C1、R3、Q1 是连在一起的,称为一个网络。网络名称实际上是一个电气连接点,具有相同网络名称的电气连接表明是连在一起的。网络名称主要用于层次原理图电路和多重式电路中的各个模块之间的连接。也就是说,定义网络名称的用途是将两个及两个以上没有相互连接的网络,命名相同的网络名称,使它们在电气含义上属于同一网络。这在印制电路板布线时非常重要。在连接线路比较远或线路走线复杂时,使用网络名称代替实际走线可使电路图简化。

选择"放置"→"网络标号"命令,或单击工具栏中的"Net1"按钮,进入网络标号放置状态。此时按下【Tab】键,弹出"网络标签"对话框,如图 1-38 所示,在网络处添加网络标号,单击"确定"按钮关闭元件属性对话框,在电路图上,把网络标号放置在连接线的上面,当网络标号跟连接线接触时,光标会变成红色十字准线,单击或按【Enter】键即可(注意:网络标号一定要放在连线上)。放完第一个网络标号,设计者仍然处于网络标号放置模式,依次放完所有的网络标号,右击,退出放置模式,鼠标恢复为箭头形状。

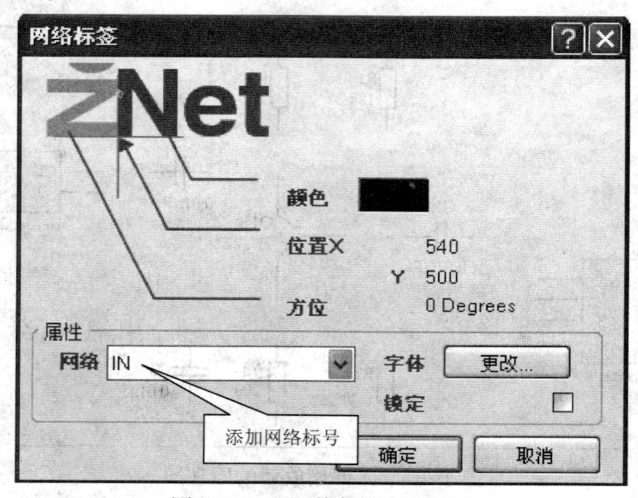

图 1-38 "网络标签"对话框

④放置电源和接地符号。三极管放大电路图有一个 VCC 电源和一个接地符号,下面说明放置电源和接地符号的基本操作步骤:

单击工具栏中的"VCC"按钮,进入电源符号放置状态。此时按下【Tab】键,弹出"电源端口"对话框,如图 1-39 所示,在网络处添加网络标号 VCC,单击"确定"按钮关闭对话框。在电路图上,把电源符号放置在连接线的上面,依次放完所有的电源符号,右击,退出放置模式,鼠标恢复为箭头形状。

电源符号实质也是网络标号,具有网络属性。在类型下拉列表中可以更换为其他形式的电源类符号。

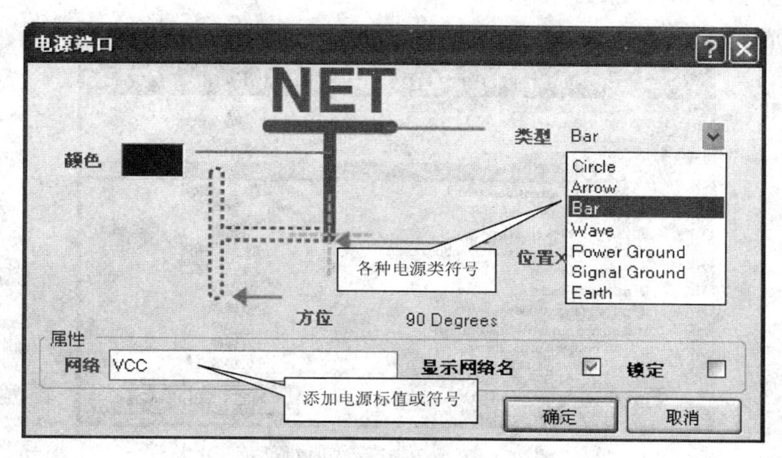

图 1-39　“电源端口”对话框

接地放置与电源放置基本相同。单击工具栏中的“⏚”按钮,进入接地符号放置状态。此时按下【Tab】键,弹出接地符号对话框,在网络处添加网络标号 GND(注意:此处决不能空),单击“确定”按钮关闭对话框。在电路图上,把接地符号放置在连接线的上面,依次放完所有的接地符号,右击,退出放置模式,鼠标恢复为箭头形状。注意:接地符号和电源符号是同一电源端口,只是类型选择不同。

⑤绘制完成的原理图如图 1-40 所示,由于在两连接线连接处应有节点(自动添加),而在 R1、R3 和 C1、Q1 两连接线交叉处没有节点,这时需手工添加。选择“放置”→“手工接点”命令,进入节点放置状态。在两线交叉处放置节点,右击鼠标退出放置模式。

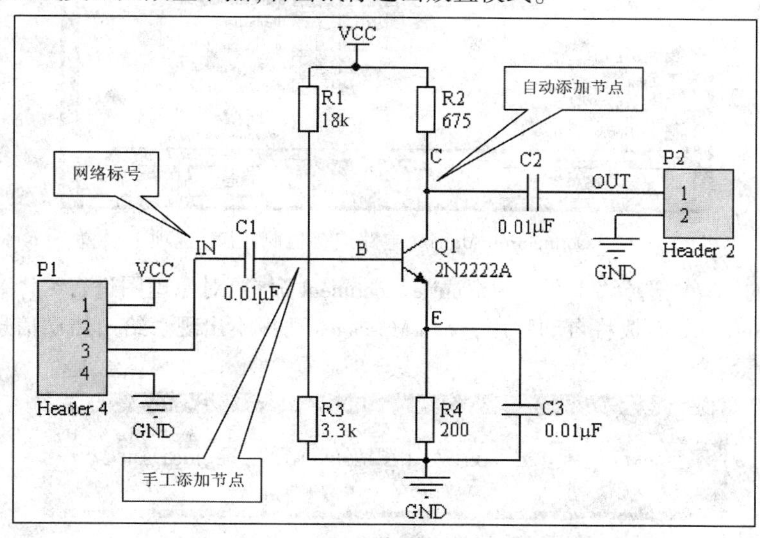

图 1-40　共发射极三极管放大电路原理图

(4)选择“文件”→“保存”命令,保存设计者的原理图。

4. 原理图的电气检测及编译

绘制完原理图后可以对原理图的电气连接特性进行自动检查,检查后的错误信息将在 Messages(信息)面板中列出,同时也在原理图中标注出来。设计者可以对检查规则进行设置,然后根据面板中列出的错误信息对原理图进行修改。

(1)原理图自动检测设置。选择“工程”→“工程参数”命令,弹出 PCB 工程选项对话框如

图 1-41 所示，所有与工程有关的选项都可以在该对话框中进行设置。

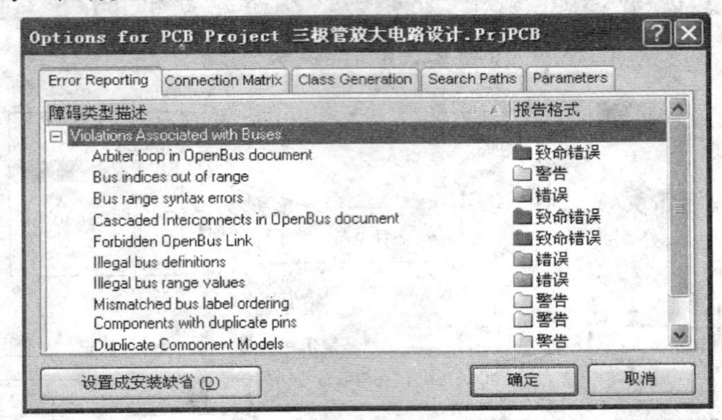

图 1-41　PCB 工程选项对话框

例如，可以在该对话框中的 Connection Matrix（电路连接检测矩阵）选项卡定义一切与违反电气连接特性有关报告的错误等级，特别是元件引脚、端口和原理图符号上端口的连接特性。当对原理图进行编译时，错误信息将在原理图中显示出来，如图 1-42 所示。

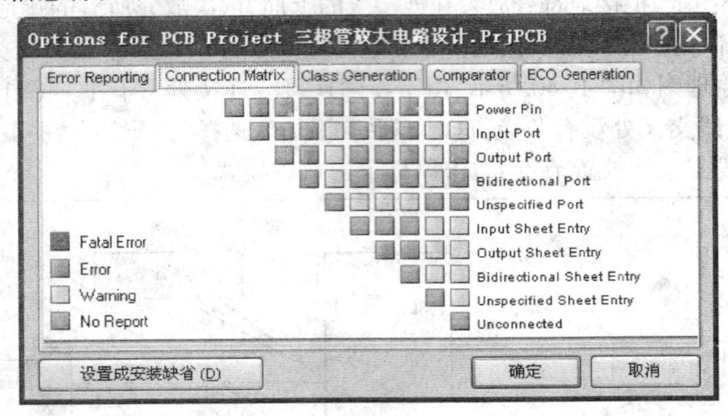

图 1-42　Connection Matrix（电路连接检测矩阵）选项卡设置

（2）原理图的编译。选择“工程”→Compile Document 命令，对原理图进行编译。如果电路原理图有严重错误，Messages 面板将自动弹出，否则 Messages 面板不出现。给出错误信息的 Messages 面板，如图 1-43 所示。

图 1-43　给出错误信息的 Messages 面板

任务三　三极管放大电路 PCB 图的设计

任务描述

本任务是绘制三极管放大电路 PCB 图并进行 3D 显示。通过本任务的学习，了解印制电路板的相关知识；掌握通过向导创建 PCB 文件的方法；了解 PCB 的物理结构；掌握 PCB 环境参数设置方法；会用封装管理器检查所有元件的封装；能够将原理图信息导入目标 PCB 文件中；掌握在 PCB 文件中调整元件封装的方法；掌握 PCB 的手工布线，以及导线宽度、走线角度的调整方法；能够在 3D 模式下查看 PCB 的实际设计情况。

任务实现

1. 印制电路板的基础知识

印制电路板又称印刷电路板、印刷线路板，简称印制板，常使用英文缩写 PCB 或 PWB。印制电路板以绝缘板为基材，切成一定尺寸，其上至少附有一层导电铜膜，并布有孔（如元件孔、紧固孔、金属化孔等），用来代替以往装置电子元器件的底盘，并实现电子元器件之间的相互连接。由于这种板是采用电子印刷术制作的，故被称为“印制”电路板。

（1）印制电路板的种类。按照电路板层数可分为单面板、双面板、四层板、六层板及其他多层电路板。

①单面板。单面板是一面覆铜，另一面没有覆铜的电路板。单面板只能在覆铜的一面焊接元件和布线，适用于简单的电路设计。图 1-44 所示为单面 PCB 实例。

图 1-44　单面 PCB 实例

②双面板。双面板包括顶层（Top Layer）和底层（Bottom Layer）两层，两面覆铜，中间为绝缘层，两面均可以布线，一般需要由过孔或焊盘连通。双面板可用于比较复杂的电路，是比较理想的一种印制电路板。图 1-45 所示为双面 PCB 实例。

图 1-45　双面 PCB 实例

③多层板。为了增加可以布线的面积，多层板用上了更多单面或双面的布线板。用一块双面作内层、两块单面作外层或两块双面作内层、两块单面作外层的印制电路板，通过定位系统及绝缘

粘接材料交替在一起且导电图形按设计要求进行互连的印制电路板就成为四层、六层印制电路板，又称多层印制电路板。板子的层数并不代表有几层独立的布线层，在特殊情况下会加入空层来控制板厚，通常层数都是偶数，并且包含最外侧的两层。图 1-46 所示为多层 PCB 示意图。其特点如下：

与集成电路配合使用，可使整机小型化，减少整机质量；提高了布线密度，缩小了元器件的间距，缩短了信号的传输路径；减少了元器件焊接点，降低了故障率，增设了屏蔽层，电路的信号失真减少；引入了接地散热层，可减少局部过热现象，提高整机工作的可靠性。

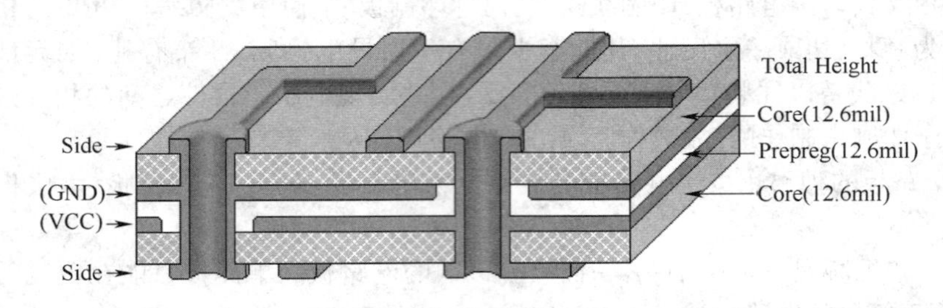

图 1-46　多层 PCB 示意图

注：1 mil = 0. 025 4 mm，1 000 mil = 1 inch（英寸）。

（2）元器件的封装。元器件封装是实际元器件焊接到 PCB 时的焊接位置与焊接形状，包括实际元器件的外形尺寸、所占空间位置、各引脚之间的间距等。元器件封装是一个空间的功能，对于不同的元器件可以有相同的封装；同样，相同功能的元器件可以有不同的封装。因此在制作 PCB 时必须同时知道元器件的名称和封装形式。

①元器件封装分类。按照元器件安装方式，元器件封装可以分为直插式和表面粘贴式两大类。

典型直插式元器件封装外形及其 PCB 上的焊接点如图 1-47 所示。直插式元器件焊接时先要将元器件引脚插入焊盘通孔中，然后再焊锡。由于焊点过孔贯穿整个电路板，所以其焊盘中心必须有通孔，焊盘至少占用两层电路板。

典型的表面粘贴式元器件封装外形及其 PCB 上的焊接点如图 1-48 所示。此类封装的焊盘只限于表面板层，即顶层或底层，采用这种封装的元器件的引脚占用板上的空间小，不影响其他层的布线，一般引脚比较多的元器件常采用这种封装形式，但是这种封装的元器件手工焊接难度相对较大，多用于大批量机器生产。

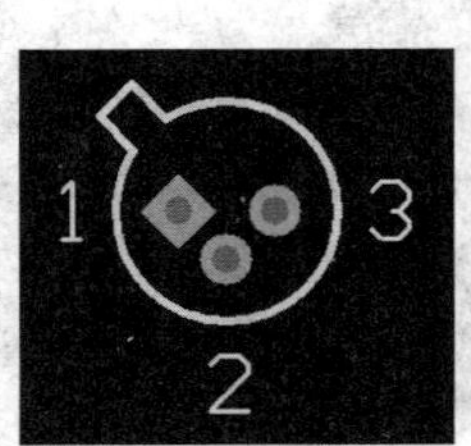

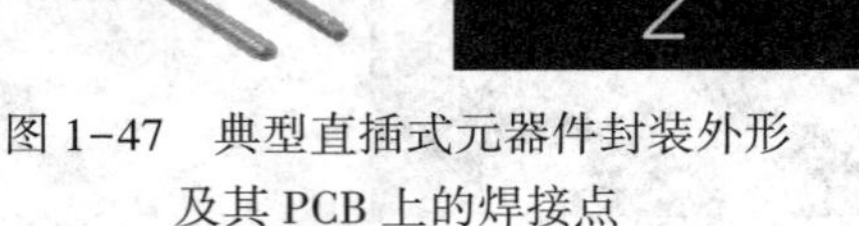

图 1-47　典型直插式元器件封装外形及其 PCB 上的焊接点

图 1-48　典型的表面粘贴式元器件封装外形及其 PCB 上的焊接点

②元器件封装的编号。常见元器件封装的编号原则为：元器件封装类型 + 焊盘距离（焊盘数）+ 元器件外形尺寸。可以根据元器件的编号来判断元器件封装的规格。

例如，AXIAL-0. 3、DIP14、RAD0. 1、RB7. 6-15 等。

电阻类：普通电阻 AXIAL-XX，其中 XX 表示元件引脚间的距离。

可调电阻类：VRX，其中 X 表示元件的类别。

电容类：非极性电容 RAD XX，其中 XX 表示元件引脚间的距离；极性电容 RBXX-YY，XX 表示元件引脚间的距离，YY 表示元件的直径。

二极管类：DIODE-XX，其中 XX 表示元件引脚间的距离。

晶体管类：器件封装的形式多种多样。

集成电路类：有 SIP（单列直插式封装）和 DIP（双列直插式封装）。

（3）铜膜导线。铜膜导线是指 PCB 上各个元器件上起电气导通作用的连线，它是 PCB 设计中最重要的部分。对于印制电路板的铜膜导线来说，导线宽度和导线间距是衡量铜膜导线的重要指标，这两方面的尺寸是否合理将直接影响元器件之间能否实现电路的正确连接关系。印制电路板走线的原则：

走线长度：尽量走短线，特别对小信号电路而言，线越短电阻越小，干扰越小。

走线形状：同一层上的信号线改变方向时应该走 135°的斜线或弧形，避免 90°的拐角。

走线宽度和走线间距：在 PCB 设计中，网络性质相同的印制电路板线条的宽度要求尽量一致，这样有利于阻抗匹配。

（4）焊盘。圆形、方形和八角形等常见的焊盘如图 1-49 所示。焊盘有针脚式和表面粘贴式两种：表面粘贴式焊盘无须钻孔；而针脚式焊盘要求钻孔，它有过孔直径和焊盘直径两个参数。通常，引脚的钻孔直径＝引脚直径+（10~30 mil）；引脚的焊盘直径＝钻孔直径+18 mil。

在设计焊盘时，要考虑到元器件形状、引脚大小、安装形式、受力及振动大小等情况。例如，如果某个焊盘通过电流大、受力大并且易发热，可设计成泪滴状（后面介绍）。

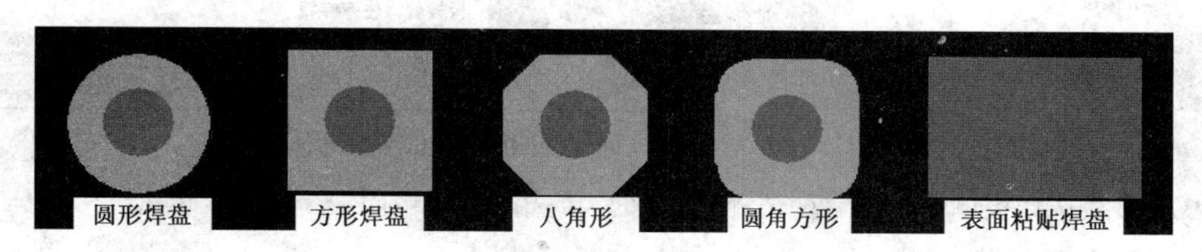

图 1-49　常见焊盘

（5）助焊膜和阻焊膜。为了使印制电路板的焊盘更容易粘上焊锡，通常在焊盘上涂一层助焊膜。另外，为了防止印制电路板不应粘上焊锡的铜箔不小心粘上焊锡，在这些铜箔上一般要涂一层绝缘层（通常是绿色透明的膜），这层膜称为阻焊膜。

（6）过孔。双面板和多层板有两个以上的导电层，导电层之间相互绝缘，如果需要将某一层和另一层进行电气连接，可以通过过孔实现。过孔的制作方法：在多层需要连接处钻一个孔，然后在孔的孔壁上沉积导电金属（又称“电镀”），这样就可以将不同的导电层连接起来。过孔主要有穿透式和盲过式两种形式，如图 1-50 所示。穿透式过孔从顶层一直通到底层，而盲过式过孔可以从顶层通到内层，也可以从底层通到内层。

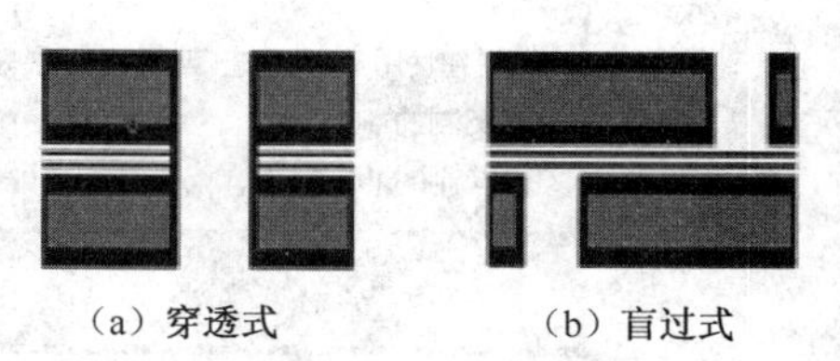

（a）穿透式　（b）盲过式

图 1-50　过孔的两种形式

过孔有内径和外径两个参数，过孔的内径和外径一般要比焊盘的内径和外径小。

（7）丝印层。除了导电层外，印制电路板还有丝印层。丝印层主要采用丝印印刷的方法在印制电路板的顶层和底层印制元件的标号、外形和一些厂家的信息。

2. 创建一个新的 PCB 文件

在将原理图设计转换为 PCB 设计之前，需要创建一个有最基本板子轮廓的空白 PCB。在 Altium Designer 中创建一个新的 PCB 设计的最简单的方法是使用 PCB 向导，它可让设计者根据行业标准选择自己创建的 PCB 的大小。在向导的任何阶段，设计者都可以使用 Back 按钮来检查或修改前页的内容。

使用 PCB 向导来创建 PCB 的步骤如下：

(1) 在 Files 面板的底部，“从模板新建文件”中选择 PCB Board Wizard 命令，创建新的 PCB 文件，如图 1-51 所示。如果这个选项没有显示在屏幕上，单击向上的箭头图标关闭上面的一些单元。

(2) 设计者首先看见的是介绍页，如图 1-52 所示，单击“下一步”按钮继续。

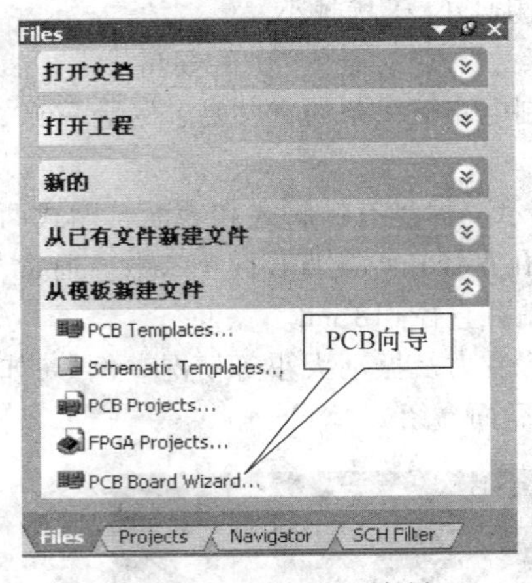

图 1-51　启动 PCB 向导

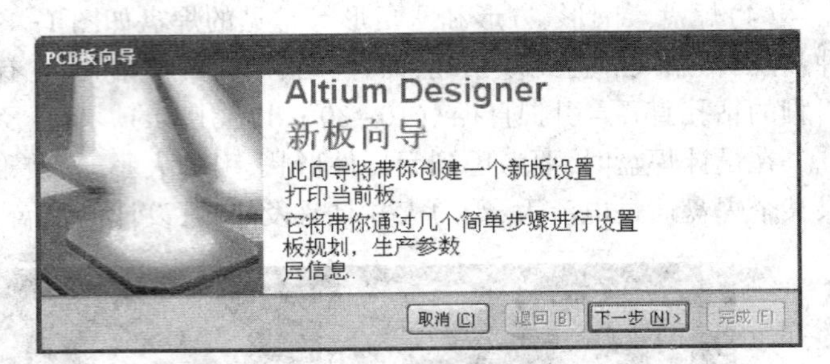

图 1-52　PCB 板向导介绍页

(3) 打开“选择板单位”对话框，选择“英制的”单选按钮，如图 1-53 所示。单击“下一步”按钮继续。

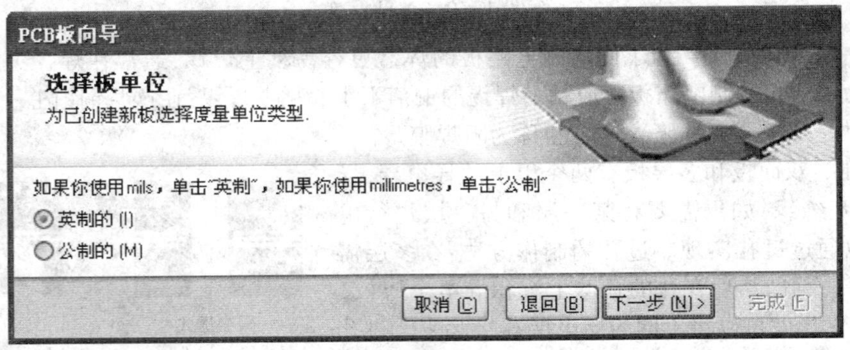

图 1-53　选择板单位对话框

(4) 打开“选择板剖面”对话框，选择 Custom 选项，如图 1-54 所示。单击“下一步”按钮继续。

(5) 打开“选择板详细信息”对话框，如图 1-55 所示。在该对话框中设置的参数包括：外形形状，有三种可选择，“矩形”“圆形”“习惯的”；板尺寸；尺寸层；边界线宽；尺寸线宽；与板边缘保持的距离等。

该对话框中各个复选框的作用如下：

①“标题块和比例”复选框：若选中该复选框，则在 PCB 图样上添加标题栏和刻度栏。

②“图例串”复选框：若选中该复选框，则在 PCB 上添加 Legend 特殊字符串（钻孔视图用）。

③“尺寸线”复选框：若选中该复选框，则在 PCB 文件编辑区内将显示 PCB 的尺寸线。

④“切掉拐角”复选框：若选中该复选框，可以设置切除 PCB 的四个指定尺寸的板角。

⑤“切掉内角”复选框：若选中该复选框，可以设置在 PCB 内部切除指定尺寸的板块。

在本例电路中，一个 1×2 inch 的板便足够了，再考虑到布线与板边缘应保持的距离，选择“矩形”并在“宽度”栏中输入 2100 mil，在“高度”栏中输入 1100 mil，选中“尺寸线”复选框，单击“下一步”按钮继续。

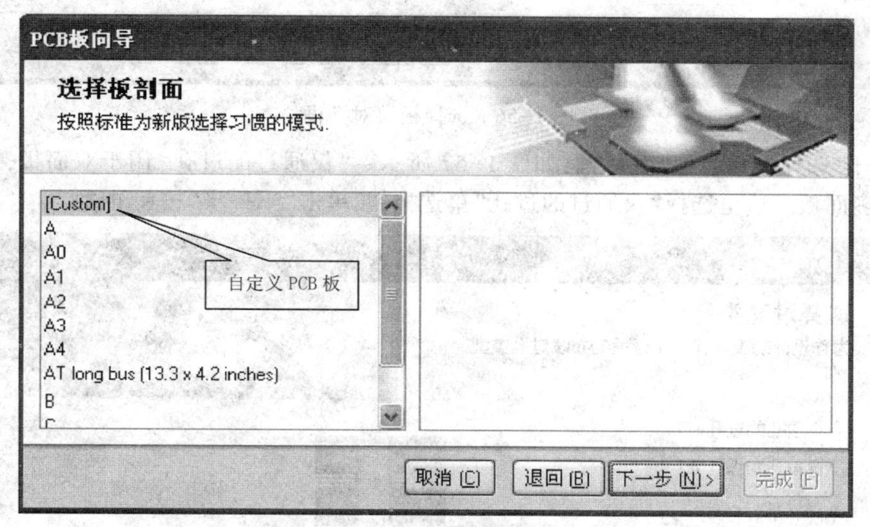

图 1-54 选择板剖面对话框

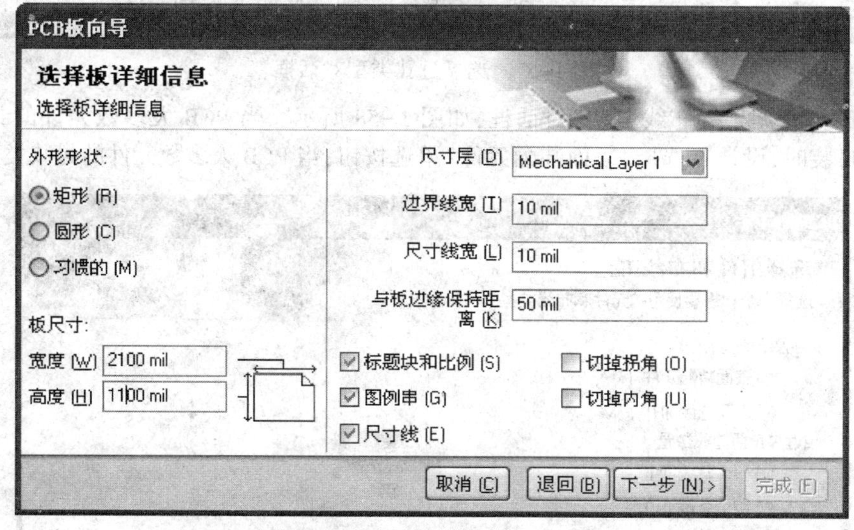

图 1-55 选择板详细信息对话框

（6）打开“选择板层”对话框，如图 1-56 所示。在此，设计者需要设置信号层和电源平面的层数。一般，若设计的 PCB 为双面板，应将信号层的层数设置为 2，将电源平面的层数设置为 0。这里设置为双面板，单击“下一步”按钮继续。

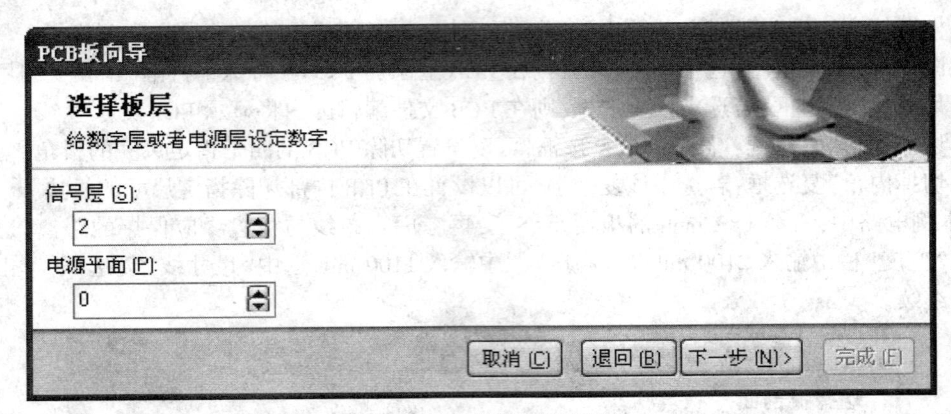

图 1-56　选择板层对话框

(7)打开“选择过孔类型”对话框,如图 1-57 所示。“仅通过的过孔”用于双面板,“仅盲孔和埋孔”用于多面板。这里选择“仅通过的过孔”单选按钮,单击“下一步”按钮继续。

图 1-57　选择过孔类型对话框

(8)打开“选择组件和布线工艺”对话框,如图 1-58 所示。当 PCB 大多数元件的封装类型为表面粘贴式封装时,设计者选择“表面装配元件”单选按钮;当 PCB 大多数元件的封装类型为直插式

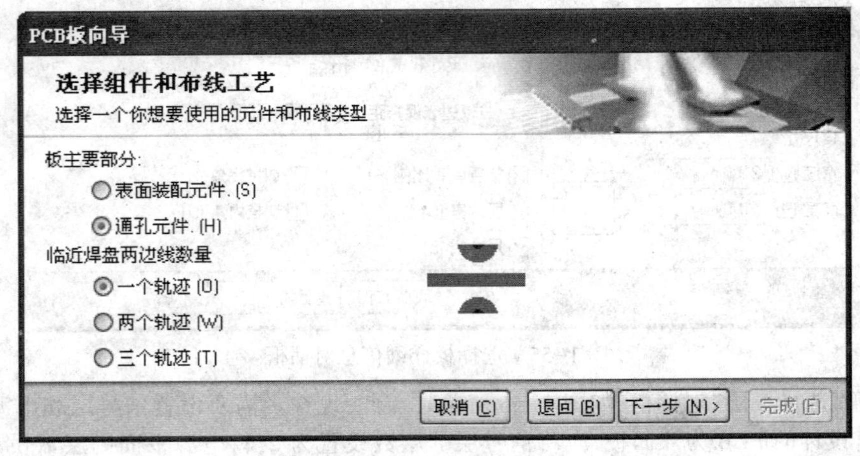

图 1-58　选择组件和布线工艺对话框

封装时，设计者选择“通孔元件”单选按钮，接着在下面设置相邻焊盘间允许的走线数目。这里选择“通孔元件”和 “一个轨迹”单选按钮。单击“下一步”按钮继续。

（9）打开“选择默认线和过孔尺寸”对话框，如图 1-59 所示。在这里可以对 PCB 的走线最小线宽、最小过孔宽度、最小过孔孔径大小和最小走线间距进行设置，单击每一项对应的蓝色尺寸即可输入数据。这里采用系统默认值，单击“下一步”按钮继续。

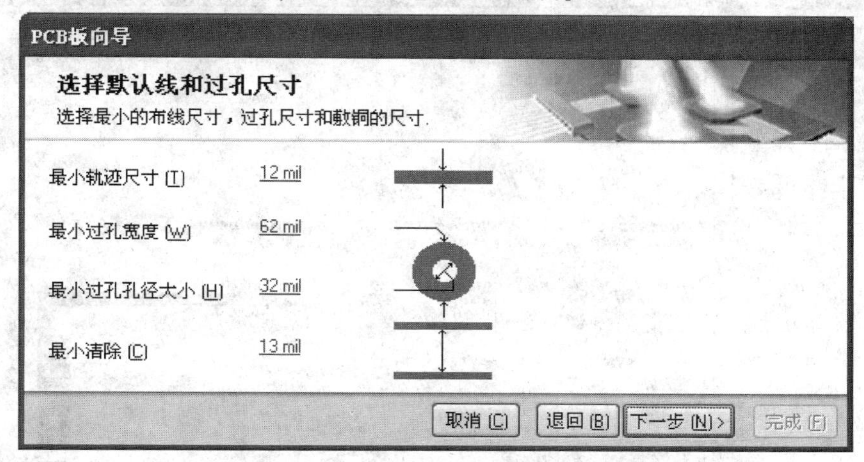

图 1-59　选择默认线和过孔尺寸对话框

（10）进入 PCB 板向导完成界面，如图 1-60 所示。单击“完成”按钮，完成 PCB 文件的创建。

图 1-60　PCB 板向导完成界面

（11）此时，系统根据前面的设置自动生成一个默认名为 PCB1. PcbDoc 的文件，同时进入 PCB 编辑环境，如图 1-61 所示。

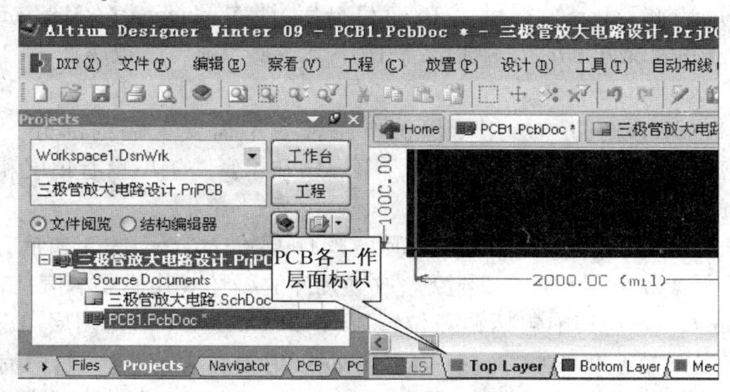

图 1-61　新建的 PCB 文件

(12)保存并重新命名该 PCB 文件为“三极管放大电路电路板”。

3. PCB 的物理结构及环境参数设置

(1)PCB 的板层。在电路板绘图工作区下方显示各工作层面的标识,如图 1-61 所示,单击可以打开相应的工作层面。选择“设计”→“板层颜色”命令,弹出“视图配置”对话框,如图 1-62 所示。

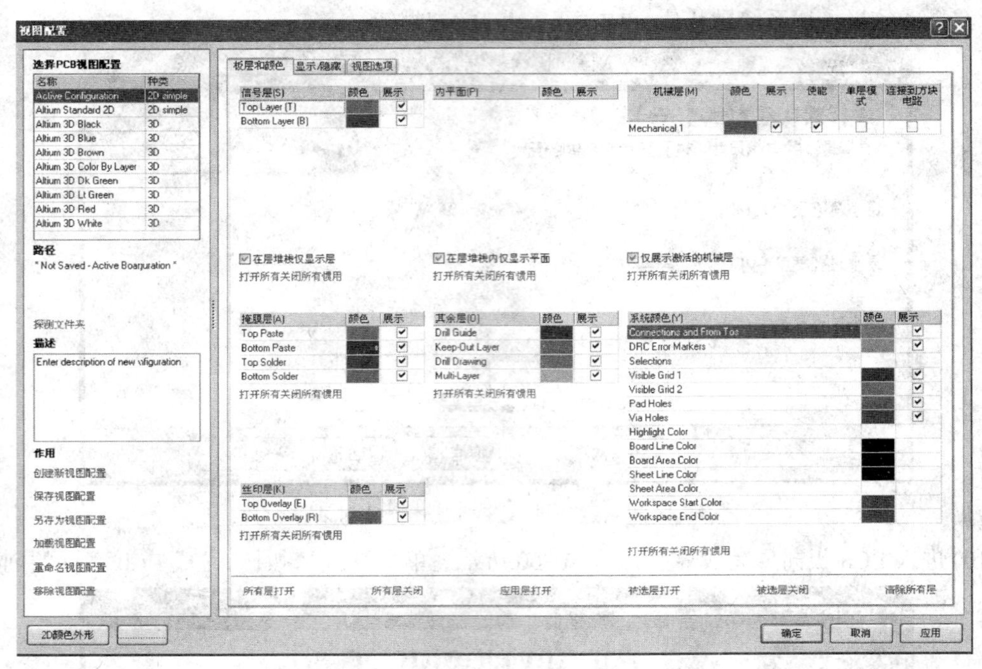

图 1-62 “视图配置”对话框

图 1-62 列出了当前 PCB 设计文档中所有的层,根据各层面功能的不同,可将系统的层大致分为六大类,现在对“板层和颜色”选项卡的设置进行介绍。

①信号层(Signal Layers):即铜箔层,用于完成电气连接。包括 Top Layer、Bottom Layer、Mid Layer1、……、Mid Layer30 等 32 个信号层,图 1-62 中仅仅显示了当前 PCB 中所存在的信号层,即 Top Layer 和 Bottom Layer,各层以不同的颜色显示。

②内电层(Internal Planes):也属于铜箔层,共有 16 个内电层,即 Plane1~Plane16,用于布置电源线和地线,由于当前电路板是双层板设计,没有使用内电层,所以该区域显示为空。各层以不同的颜色显示。

③机械层(Mechanical Layers):提供了 16 个机械层,即 Mechanical1~Mechanical16。机械层一般用于放置有关制板和装配方法的指示性信息,图中显示了当前电路板所使用的机械层,各层以不同的颜色显示。

④掩膜层(Mask Layers):防护层用于保护电路板上不需要上锡的部分。掩膜层有阻焊层(Solder Mask)和锡膏防护层(Paste Mask)之分。阻焊层和锡膏防护层均有顶层和底层之分,即 Top Solder、Bottom Solder、Top Paste 和 Bottom Paste。

⑤丝印层(Silkscreen):有两个丝印层,顶层丝印层(Top Overlay)和底层丝印层(Bottom Overlay)。丝印层只用于绘制元件的外形轮廓、放置元件的编号或其他文本信息。

⑥其余层(Other Layers):其中包括钻孔位置层(Drill Guide)和钻孔图层(Drill Drawing),用于描述钻孔图和钻孔位置;禁止布线层(Keep-Out Layer),用于定义布线区域,只有在这里设置了闭合的布线范围,才能启动自动布线功能;多层(Multi-Layer),用于放置穿越多层的 PCB 元件,也用

于显示穿越多层的机械加工指示信息。

以上介绍的各层面，均可单击后面“颜色”区域的颜色选框，在弹出的颜色设置对话框中设置该层显示的颜色。在“展示”显示选框中可以选择是否显示该层，选取该项则显示该层。另外，在各区域下方的“在层堆栈仅显示层”选框可以设置是仅仅显示当前 PCB 设计文件中仅存在的层面还是显示所有层面。

(2) 参数设置。选择“工具”→“优先选项”命令，系统将弹出图 1-63 所示“喜好”对话框，在对话框中可以对一些与 PCB 编辑窗口相关的参数进行设置，设置后的系统参数将用于当前工程的设计环境，并且不会随 PCB 文件的改变而改变。

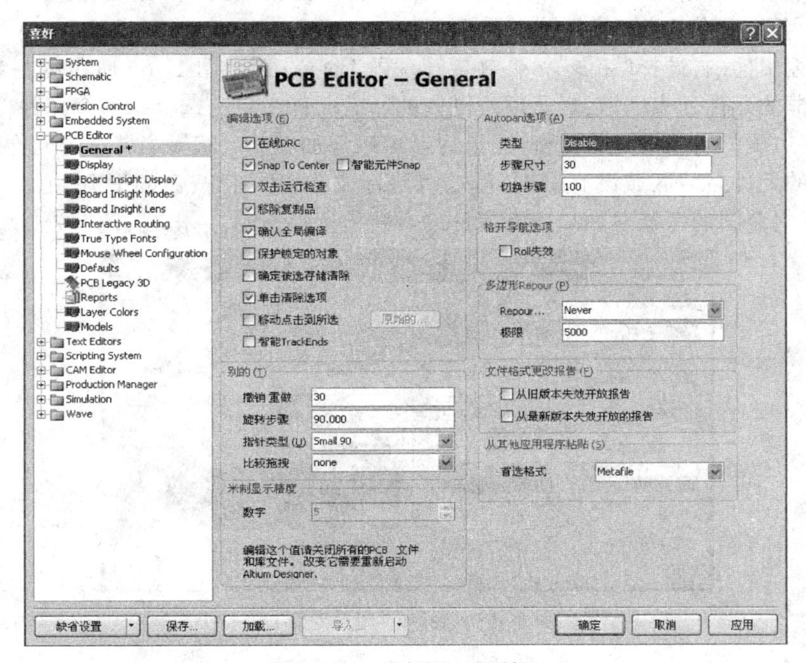

图 1-63　“喜好”对话框

在 PCB Editor 下面的 General 页面的“类型”项，选择 Disable 命令，关闭图纸绘图时的自动移动，建议初学者选择此项。

(3) 电路板参数设置。选择“设计”→“板参数选项”命令，弹出电路板尺寸参数设置对话框，如图 1-64 所示。

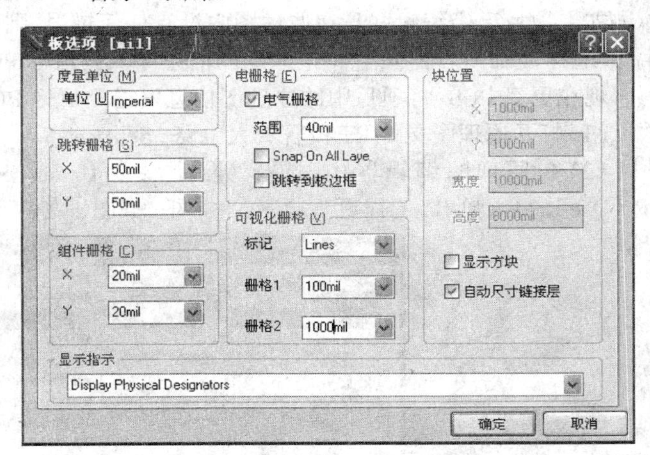

图 1-64　“板选项”选项卡设置

“度量单位”：系统单位设定，可以选择 Imperial（英制单位）或者 Metric（公制单位）。

“跳转栅格”：光标捕捉栅格，即光标捕获图件时跳跃的最小栅格，在其下的 X、Y 文本框内填入捕获网络的栅格值。将其都设置为 50 mil、50 mil，在绘图中可以根据需要更改。

“组件栅格”：元件步进栅格，在进行元件布局时，移动元件步进的距离大小设置。取与“跳转栅格”相同的设置。

“电栅格”：利用电栅格，可以捕捉到栅格附近的图件，并以栅格大小为单位进行移动。将其都设置为 40 mil，在绘图中可以根据需要更改。

“可视化栅格”：即图纸背景栅格的大小。“标记”中用来设置栅格的形式，可以选择 Dots(点式栅格)或 Lines(线式栅格)，还可分别设置栅格 1 和栅格 2 的尺寸大小。将栅格 1 设置为 100 mil，将栅格 2 设置为 1 000 mil。在绘图中可以根据需要更改。

“块位置”：该区域用于设置图纸的位置，包括 X 轴坐标、Y 轴坐标、宽度、高度等参数。

4. 用封装管理器检查所有元件的封装

在原理图编辑器内，选择“工具”→“封装管理器”命令，打开图 1-65 所示的封装管理器对话框。在该对话框的元件列表区域，显示原理图内的所有元件。单击选择每一个元件，当选中一个元件时，在对话框右侧的封装管理编辑框内，设计者可以添加、删除、编辑当前选中元件的封装。如果对话框右下角的元件封装区域没有出现，可以将鼠标放在“添加”按钮的下方，把这一栏的边框往上拉，就会显示封装图的区域。如果所有元件的封装检查都正确，单击“关闭”按钮关闭对话框。

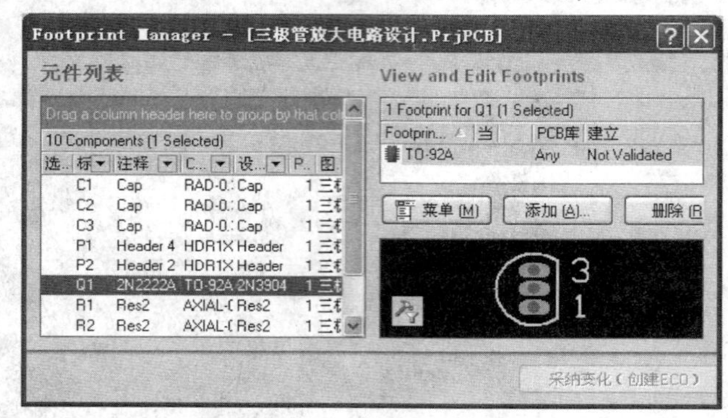

图 1-65　封装管理器对话框

5. 导入设计

如果项目已经编辑并且在原理图中没有任何错误，则可以使用 Update PCB Document 命令来产生“工程变更命令”命令，它将把原理图信息导入到目标 PCB 文件。

现在更新 PCB，将项目中的原理图信息发送到目标 PCB：

(1)打开原理图文件“三极管放大电路 . SchDoc”。

(2)在原理图编辑器中，选择“设计”→“Update PCB Document 三极管放大电路电路板 . PcbDoc”命令，弹出“工程更改顺序”对话框，如图 1-66 所示。

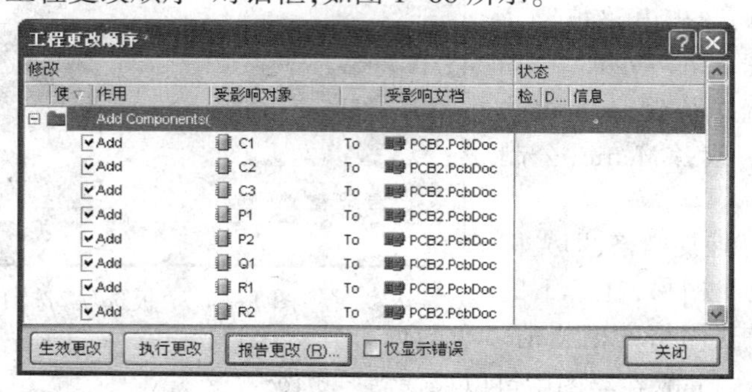

图 1-66　“工程更改顺序”对话框

（3）单击“生效更改”按钮，验证一下有无不妥之处。若执行成功，则在状态列表“检测”中会显示✔符号；若执行过程中出现问题，则会显示✖符号，关闭对话框。若有错误，检查 Messages 错误信息面板查看错误原因，如图 1-67 所示，并清除所有错误。

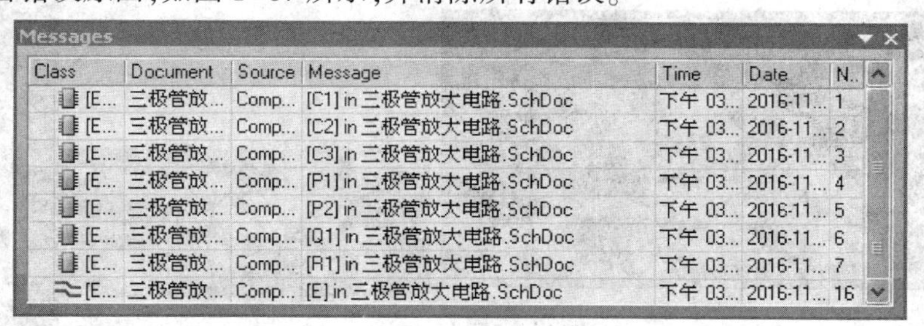

图 1-67　Messages 错误信息面板

（4）如果单击“生效更改”按钮，没有错误，如图 1-68 所示，则单击“执行更改”按钮，将信息发送到 PCB。当完成后，状态列表 Done 中将被标记✔符号，如图 1-69 所示。

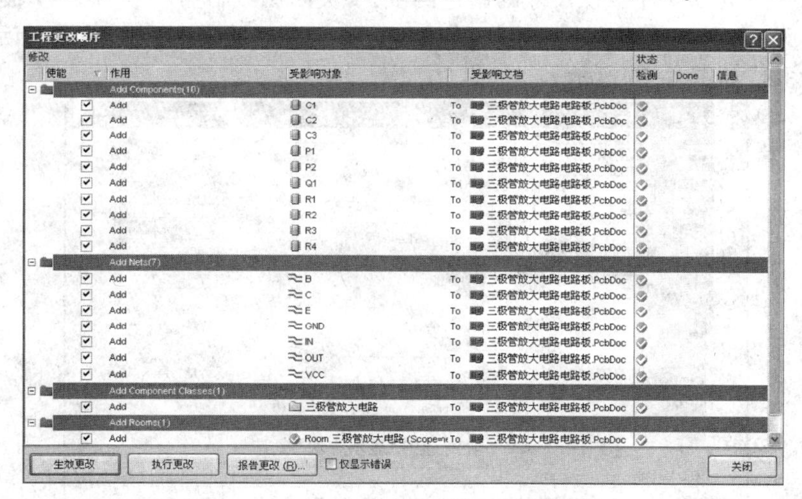

图 1-68　PCB 中能实现的合乎规则的更改

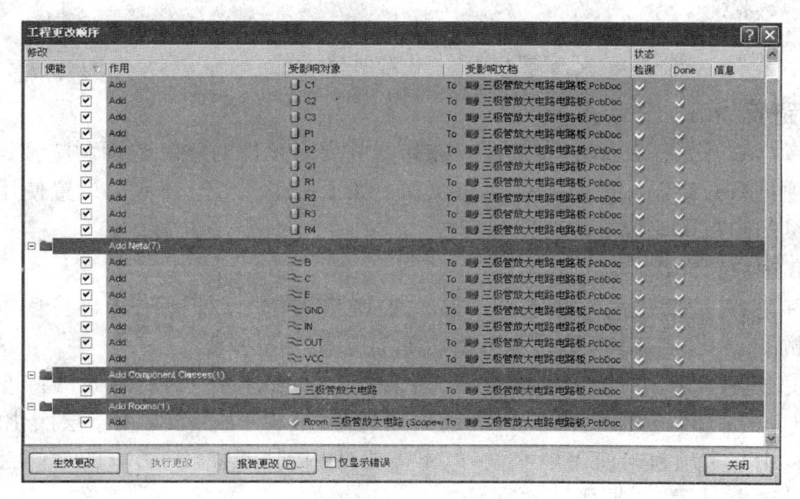

图 1-69　执行更改操作

(5)单击“关闭”按钮,目标 PCB 文件打开,并且元件放在 PCB 边框的外部右侧。如果设计者在当前视图不能看见元件,则选择“察看”→“适合文件”命令查看文件,如图 1-70 所示。

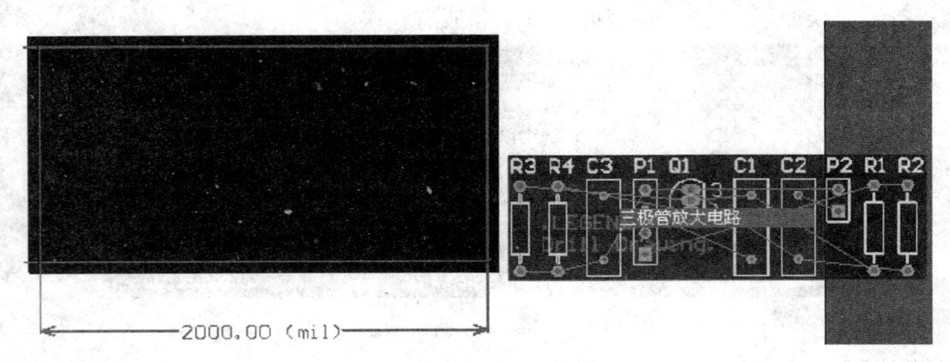

图 1-70　信息导入到 PCB

(6)PCB 文档显示了一个默认尺寸的白色图纸,要关闭图纸,选择“设计”→“板参数选项”命令,弹出“板选项”对话框,取消选中“显示方块”复选框,单击“确定”按钮,关闭对话框,就可以取消默认的白色图纸,如图 1-71 所示。

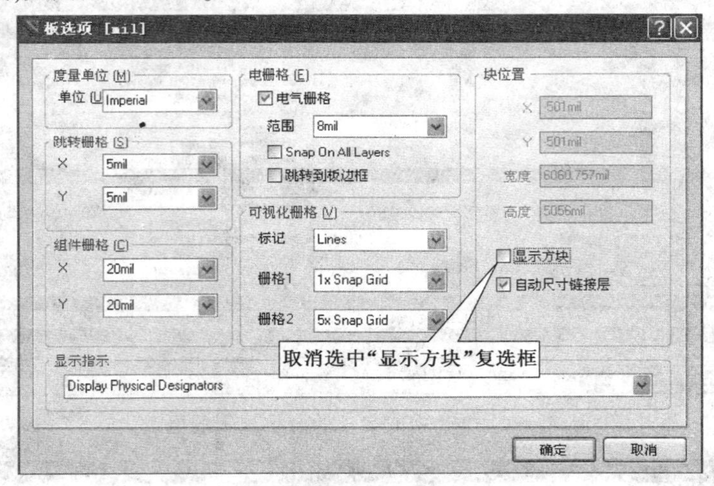

图 1-71　“板选项”对话框

6. 印制电路板(PCB)设计

现在设计者可以开始在 PCB 上布线了。在布线前要对元件的位置进行调整,对不合适的封装进行修改。本项目只介绍设计单面的手动布线和 PCB 的必要设置,其他的设置使用默认值,详细的介绍将在后续的项目中完成。

(1)在 PCB 中放置元件:

①元件暗红色底色区域为“元件屋”(Room),左键单击住“元件屋”,将封装整体拖入到 PCB,然后删除“元件屋”,如图 1-72 所示。也可手动单个拖动,但效率低。

“元件屋”边框用于限制单元电路的位置,即某一个单元电路中的所有元件将被限制在由“元件屋”边框所限定的 PCB 范围内,便于 PCB 的布局规范,减少干扰,通常用于层次化的模块设计和多通道设计中。由于本项目未使用层次设计,不需要使用到“元件屋”边框的功能,为了方便元件布局,可以先将该“元件屋”边框删除。

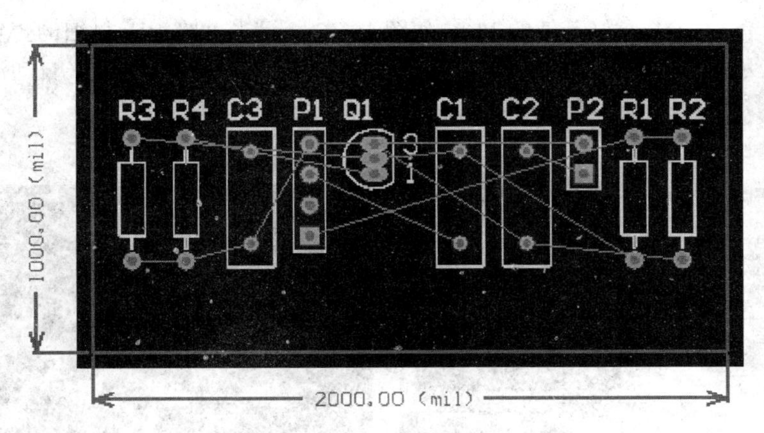

图 1-72　将封装整体拖入到 PCB

②调整封装位置。将光标定位在封装(例如电容 C1)中部,按下左键不放,光标会变成一个十字并跳到元件的参考点。

③不要松开左键,移动鼠标拖动元件。

④拖动元件时,按下【Space】键,元件旋转 90°,定位好后,松开左键将其放下,注意元件的飞线将随着元件被拖动,尽量减少飞线的交叉,并且使飞线距离最短。

⑤按以上原则调整好所有元件,如图 1-73 所示。

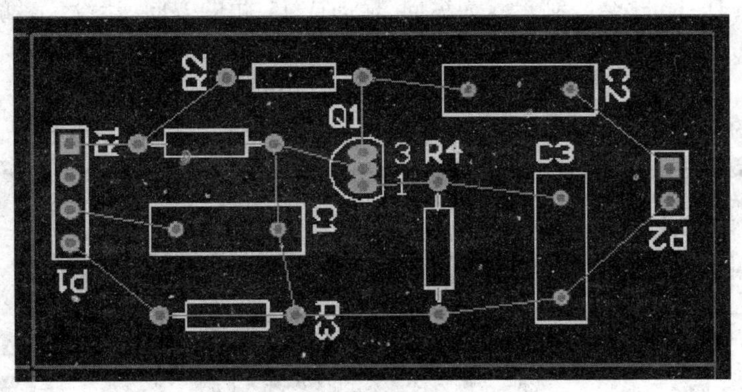

图 1-73　调整元件位置

(2)修改封装。现在已经将封装都定位好了,但电容的封装尺寸太大,需要改为更小尺寸的封装。在 PCB 上双击电容 C1,弹出“元件 C1”对话框,在对话框下部“封装”栏单击…按钮,如图 1-74 所示,弹出“浏览库”对话框,如图 1-75 所示。选择 RAD-0.1,单击“确定”按钮即可。

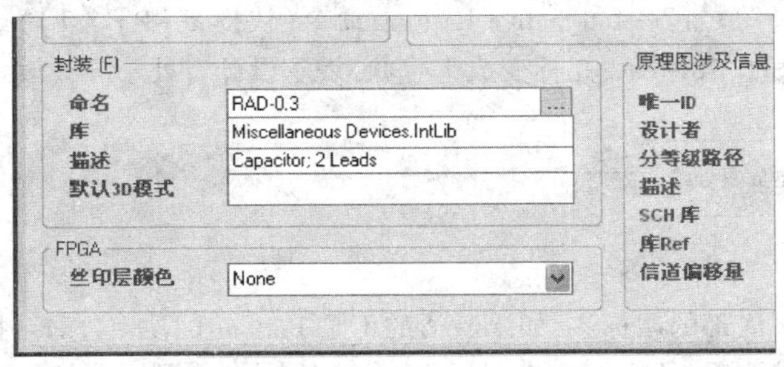

图 1-74　“元件 C1 ”对话框

依次修改电容 C2、C3，布好元件的 PCB，如图 1-76 所示。电路板上很细的焊盘之间连线（飞线）为预拉线，指示焊盘间的电气连线特性，当两焊盘之间正确布线后，预拉线自动消失。

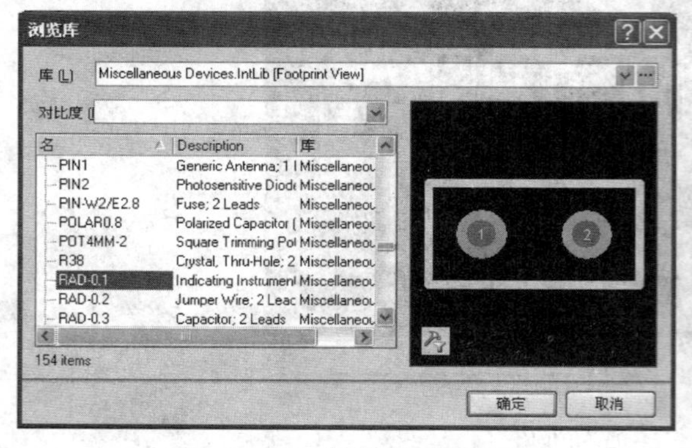

图 1-75 “浏览库”对话框

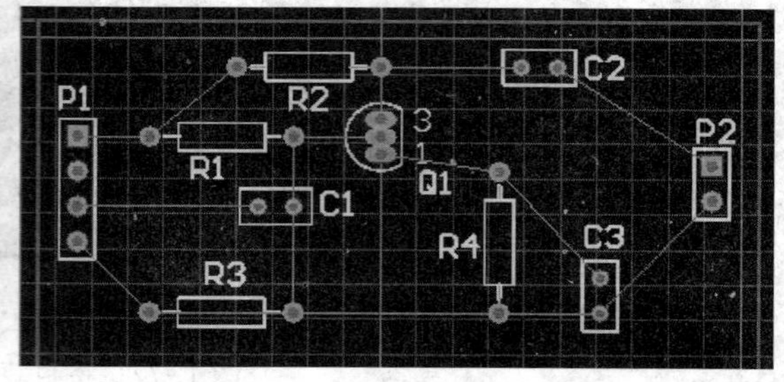

图 1-76 布好元件的 PCB

（3）手动布线。布线是在 PCB 上通过焊盘和过孔连接元件的过程，分手动布线和自动布线。自动布线器提供了简单而有效的布线方式（后面项目介绍），但在有的情况下，设计者将需要精确地控制排布的线，在这种情况下可以手动为部分或整块板布线。在本项目中，将手动对单面板进行布线，将所有线都放在板的底层。

PCB 上的线是由一系列的直线段组成的，每一次改变方向即一条一条新线段的开始。此外，默认情况下，Altium Designer 会限制走线为纵向、横向或 45°角的方向，让设计者的设计更专业。这种限制可以进行设定，以满足设计者的需要，但对于本项目，将使用默认值。

①用快捷键【L】以显示“视图配置”对话框，在“板层和颜色”页面下的“信号层”区域中选中在 Bottom Layer 旁边的“展示”复选框，取消选择 Top Layer 旁边的“展示”复选框，如图 1-77 所示，单击“视图配置”对话框下方的“确定”按钮，底层标签就显示在设计窗口的底部。在设计窗口的底部单击 Bottom Layer 标签，使 PCB 的底层处于激活状态。

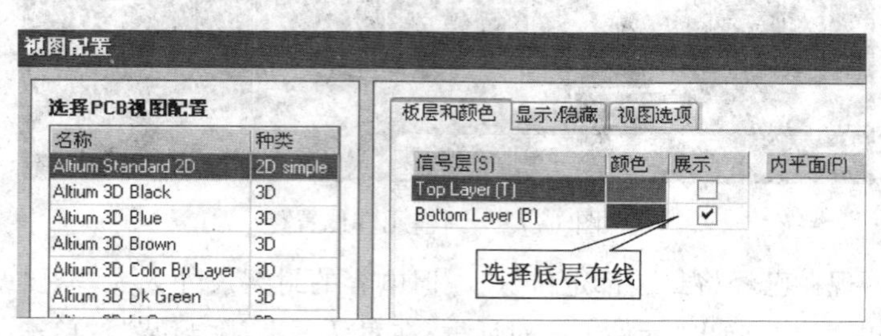

图 1-77 选择底层布线

②在菜单栏中选择“放置”→Interactive Routing 命令（快捷键【P】、【T】）或者单击“放置”工具栏中的“ ”按钮，如图 1-78 所示，光标变成十字状，表示设计者处于导线放置模式。

图 1-78 “放置”工具栏

③检查文档工作区底部的层标签，如果激活的不是 Bottom Layer 层标签，按数字键盘上的【+】、【-】键，在不退出走线模式下切换到底层。数字键盘上的【 * 】键可用在信号层 Top Layer 和 Bottom

Layer之间的切换。

④将光标定位在连接器P1的第四个焊盘(选中焊盘后,焊盘周围有一个小框围住)。单击或按【Enter】键,以确定线的起点。

⑤将光标移向电阻R3的焊盘,注意线段是如何随光标路径在检查模式中显示的。状态栏显示的检查模式表明它们还没有被放置。如果设计者沿光标路径拉回,未连接线路也会随之缩回。在这里,设计者有两种走线的选择。

a.【Ctrl】键+单击,使用Auto-Complete功能,并立即完成布线(此技术可以直接使用在焊盘或连接线上)。起始和终止焊盘必须在相同的层内布线才有效,同时还要求板上的任何障碍不会妨碍Auto-Complete的工作。对较大的板,Auto-Complete路径可能并不总是有效的,这是因为走线路径是一段接一段地绘制的,而从起始焊盘到终止焊盘的完整绘制有可能根本无法完成。

b. 使用【Enter】键或单击来接线,设计者可以直接对目标R3的引脚接线。在完成了一条网络的布线,右击或按【Esc】键表示设计者已完成了该条导线的放置。光标仍然是一个十字状,表示设计者仍然处于导线放置模式,准备放置下一条导线。用上述方法就可以布其他导线了。要退出连线模式(十字状)可右击或按【Esc】键。按【End】键重画屏幕,这样设计者能清楚地看见已经布线的网络。

⑥在布线过程中可以改变导线的宽度。设计者在处于导线放置模式时,单击某一欲放置导线的焊盘后,按【Tab】键,将弹出Interactive Routing For Net(网络交互式布线)对话框,“属性”及“线宽约束”项如图1-79所示。修改“属性”区域的User preferred Width栏为需要导线宽度,单击交互式布线对话框下方的“确定”按钮,即可按要求的导线宽度布线。本项目导线,电源VCC及GND取20 mil,其他为10 mil。

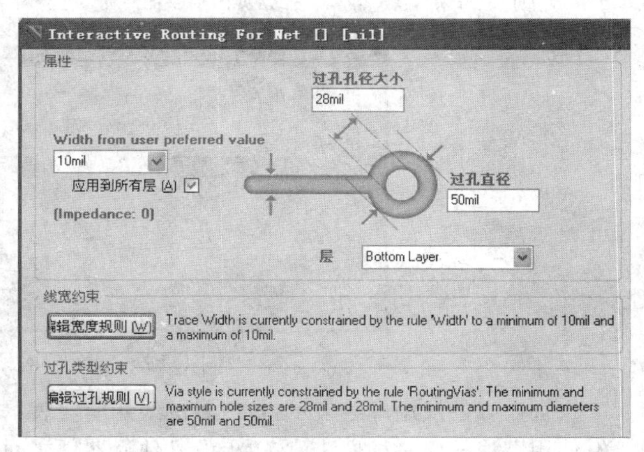

图1-79　Interactive Routing For Net(网络交互式布线)对话框

如果单击“确定”按钮后,弹出Warning:Some Settings Will be Clipped by Rules(违反规则)对话框,如图1-80所示,说明所设导线宽度超出了布线约束规则(后续项目介绍)。单击图1-79中“线宽约束”区域的“编辑宽度规则”按钮,弹出Edit PCB Rule-Max-Min Width Rule(编辑PCB导线最大最小宽度规则)对话框,如图1-81所示。在这里,将Min Width项修改为10 mil,Preferred Width项修改为10 mil,

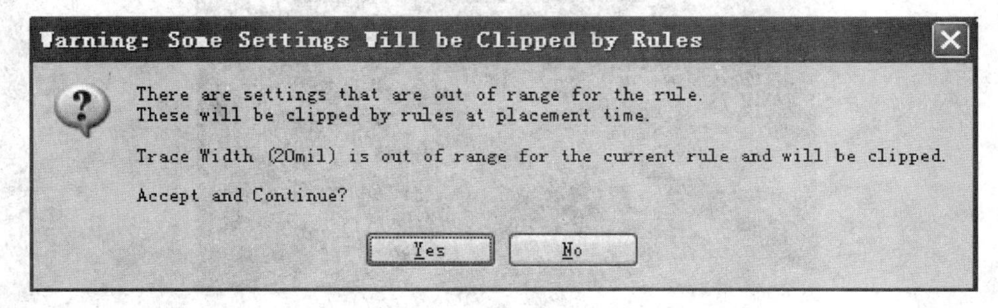

图1-80　Warning:Some Settings Will be Clipped by Rules(违反规则)对话框

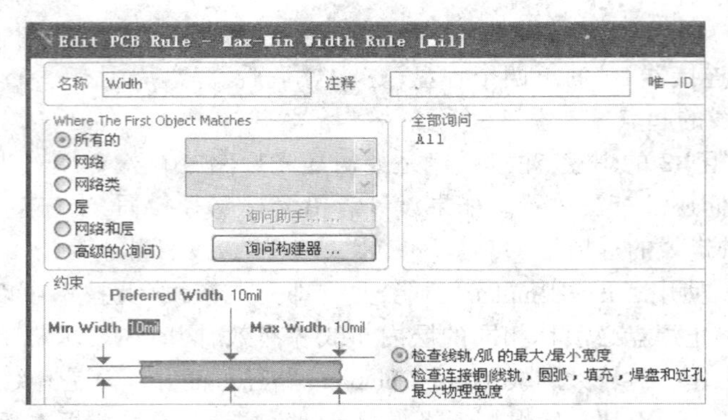

图 1-81 Edit PCB Rule-Max-Min Width Rule[mil](编辑 PCB 导线最大最小宽度规则)对话框

Max Width 项修改为 30 mil。单击“确定”按钮关闭对话框后，就可修改图 1-79 中的导线的宽度。

同样的方法可以修改过孔的孔径及约束规则。

⑦导线宽度也可布线完成后修改。双击已经布好的导线，弹出“轨迹”对话框，如图 1-82 所示，修改宽度值即可。注意，此处违反线宽规则不能修改，违反规则约束的导线呈亮绿色，修改需要在“PCB 规则及约束编辑器”(后续项目介绍)中进行。

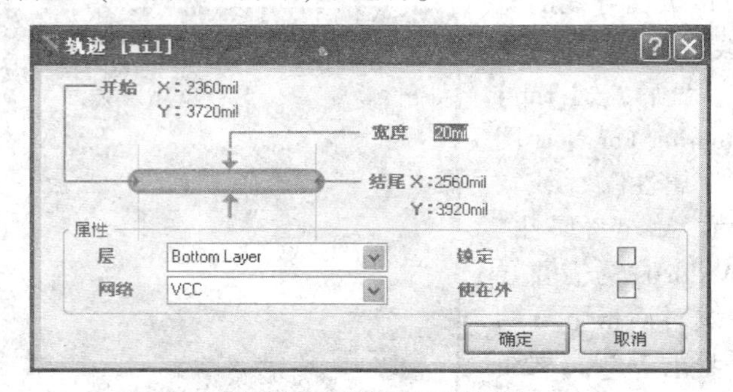

图 1-82 “轨迹”对话框

⑧未被放置的线用虚线表示，被放置的线用实线表示。

⑨使用上述任何一种方法，在板上的其他元器件之间布线。在布线过程中按【Space】键将线段起点模式切换到水平或 45°或垂直模式。

⑩如果认为某条导线连接不合理，可以删除这条线。方法：选中该条线，按【Delete】键来清除所选的线段，该线变成飞线，然后重新布这条线。

⑪完成 PCB 上的所有连线后，如图 1-83 所示，右击或者按【Esc】键以退出放置模式。

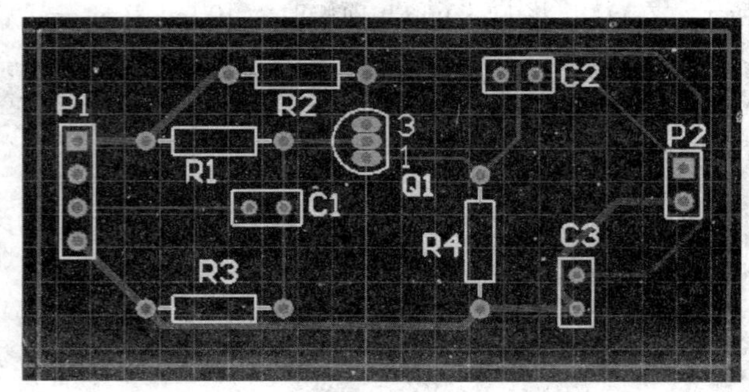

图 1-83 完成手动布线的 PCB

⑫保存设计(快捷键为【F】、【S】或者【Ctrl+S】)。

布线时请记住以下几点:

a. 单击或按【Enter】键来放置线到当前光标的位置,状态栏显示的检查模式代表未被布置的线,已布置的线将以当前层的颜色显示为实体。

b. 在任何时候使用【Ctrl】键+单击来自动完成连线,起始和终止引脚必须在同一层上,并且连线上没有障碍物。

c. 使用【Shift+Space】来选择各种线的角度模式。角度模式包括:任意角度 45°,弧度 45°、90°和弧度 90°,如图 1-84 所示。导线尽可能不要布成锐角和直角。

图 1-84　导线的各种角度模式

d. 在任何时候按【End】键来刷新屏幕。

e. 在任何时候使用【V】、【F】键重新调整屏幕以适应所有的对象。

f. 在任何时候按【Page UP】或【Page Down】键,以光标位置为核心,来缩放视图。使用鼠标滚轮向上边和下边平移。按住【Ctrl】键,用鼠标滚轮来进行放大和缩小。

g. 当设计者完成布线并希望开始一个新的布线时,右击或按【Esc】键。

h. 为了防止连接了不应该连接的引脚。Altium Designer 将不断地监察板的连通性,并防止设计者在连接方面的失误。

i. 重布线是非常简便的,当设计者布置完一条线并右击完成时,冗余的线段会被自动清除。

至此,已经手工布线完成了 PCB 设计。

7. 在 3D 模式下查看电路板设计

如果设计者能够在设计过程中使用设计工具直观地看到自己设计板子的实际情况,将能够有效地帮助他们进行工作。Altium Designer 软件提供了这方面的功能,下面研究一下它的 3D 模式。在 3D 模式下可以让设计者从任何角度观察自己设计的板子。

有两种 3D 显示模式,这里先介绍一种,另一种将在后续项目中介绍。

(1)在完成的 PCB 的基础上,选择"工具"→Legacy Tools→"3D 显示"命令,显示电路板的 3D 模式,如图 1-85 所示。

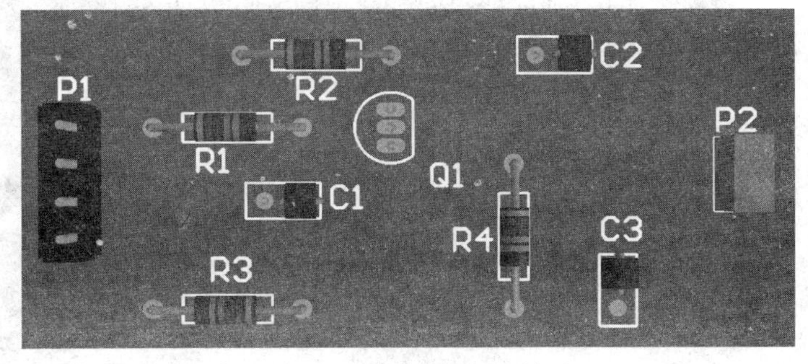

图 1-85　PCB 的 3D 显示效果图

(2)单击住 PCB3D 面板中的预览器电路板,如图 1-86 所示。不松手拖动,工作区的 3D 效果图会跟着任意角度旋转,如图 1-87 所示。在 3D 效果图上可以看到 PCB 的全貌,可以在设计阶段修改一些错误,有利于缩短设计周期及降低成本。

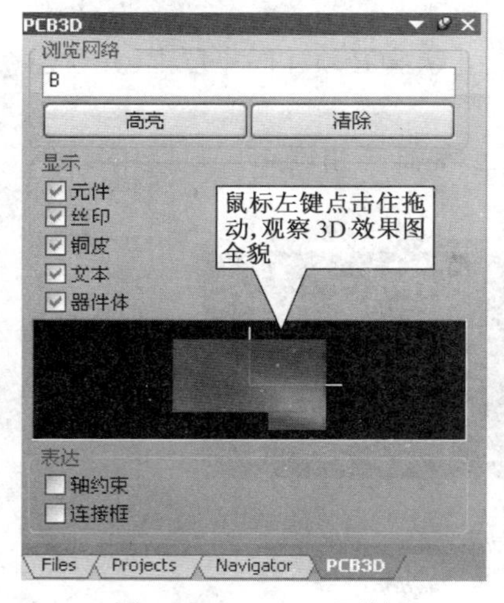

图 1-86　PCB3D 面板

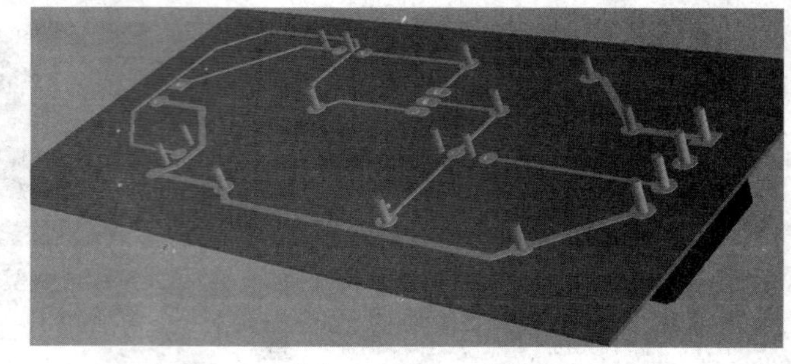

图 1-87　观察 PCB 的 3D 效果图的全貌

(3)如果工作区左侧未显示 PCB3D 面板,单击工作区右下角的 PCB 3D 按钮就可打开 PCB3D 面板,如图 1-88 所示。

图 1-88　打开 PCB3D 面板

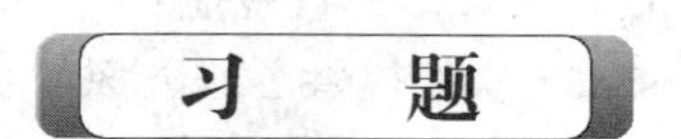

1. 试设计图 1-89 所示的多谐振荡器原理图的电路板。设计要求:

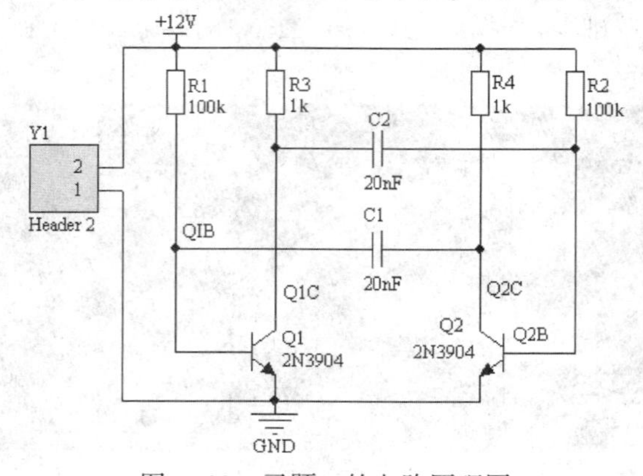

图 1-89　习题 1 的电路原理图

(1)绘制电路原理图,要求用 A4 图纸。

(2)使用单层电路板。

(3)电源地线铜膜线的宽度为 30 mil。

(4)一般布线的宽度为 15 mil。

(5)人工调整元件封装。

(6)人工连接铜膜线。

(7)显示 PCB 的 3D 效果图。

提示:单层电路的顶层为元件面,底层为焊接面,同时还需要有丝印层、底层阻焊层、禁止层和穿透层。布线时只要在底层布线就可以了,而线宽可以在铜膜线属性中设置。该电路中的元件表如表 1-1 所示,参考电路板图如图 1-90 所示。

表 1-1　习题 1 电路的元件表

说　明	编　号	封　装	元　件　名　称
电阻	R1、R2、R3、R4	AXIAL-0. 4	Res2
电容	C1 C2	RAD-0. 1	Cap
连接器	Y1	HDR1X2	Header2
三极管	Q1、Q2	TO-92A	2N3904

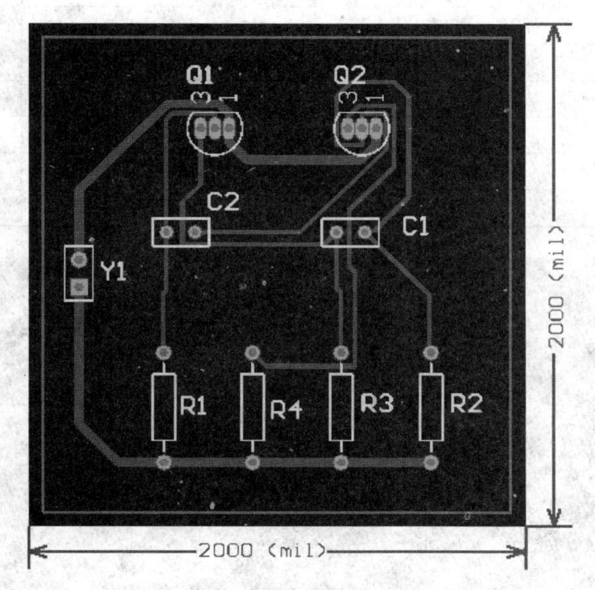

图 1-90　习题 1 参考电路板图

2. 正负电源电路原理图如图 1-91 所示,试设计该电路的电路板。设计要求:

(1)绘制电路原理图,要求用 A3 图纸。

(2)使用单层电路板。

(3)电源地线铜膜线的宽度为 30 mil。

(4)一般布线的宽度为 15 mil。

(5)人工调整元件封装。

(6)人工连接铜膜线。

(7)显示 PCB 的 3D 效果图。

该电路的元件表如表 1-2 所示,参考电路板图如图 1-92 所示。

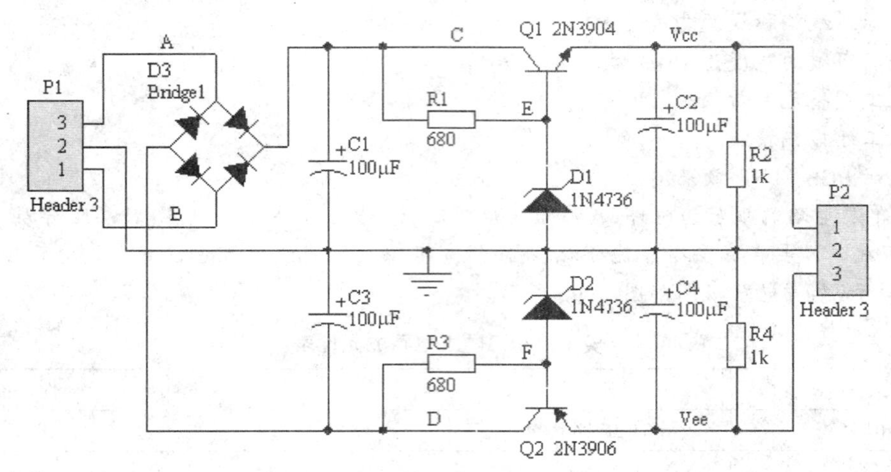

图 1-91　习题 2 的电路原理图

表 1-2　习题 2 电路的元件表

说　明	编　号	封　装	元　件　名　称
电阻	R1、R2、R3、R4	AXIAL-0.4	Res2
电解电容	C1、C2、C3、C4	RB7.6-15	CAP2
整流桥	D3	HDR1X4	Bridge1
稳压管	D1、D2	DIODE-0.4	1N4736
三极管	Q1、Q2	TO-220	2N3904 2N3906
连接器	P1、P2	HDR1X3	Header 3

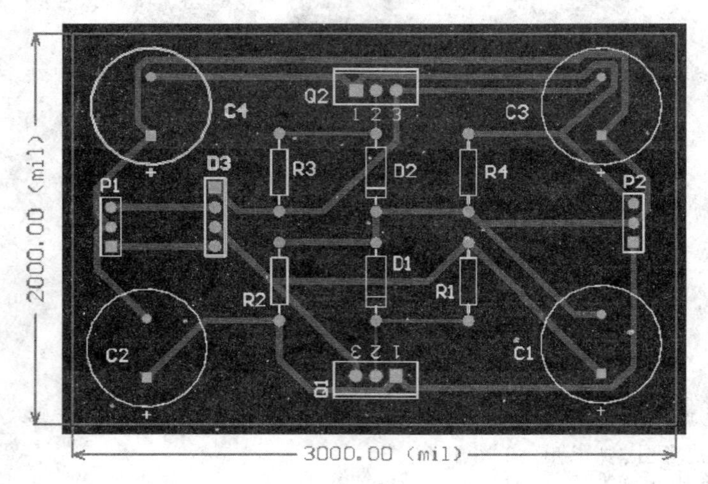

图 1-92　习题 2 的参考电路板图

3. 试设计图 1-93 所示的电路原理图的电路板。设计要求:

(1)使用单层电路板。

(2)电源地线铜膜线的宽度为 50 mil。

(3)一般布线的宽度为25 mil。

(4)人工放置元件封装。

(5)人工连接铜膜线。

(6)布线时考虑只能单层走线。

(7)显示PCB的3D效果图。

该电路的元件表如表1-3所示,参考电路板图如图1-94所示。

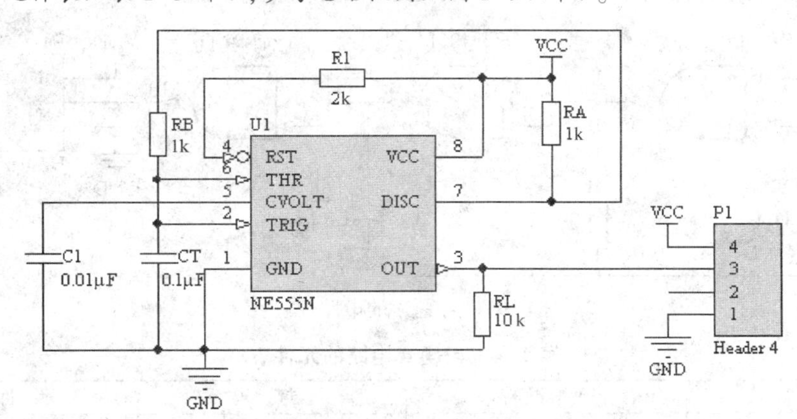

图1-93　习题3的电路原理图

表1-3　习题3电路的元件

说　明	编　号	封　装	元　件　名　称
电阻	R1、RA、RB、RL	AXIAL-0.3	Res2
电容	C1、CT	RAD0.1	CAP
时基电路555	U1	DIP-8	555
连接器	P1	HDR1X4	Header4

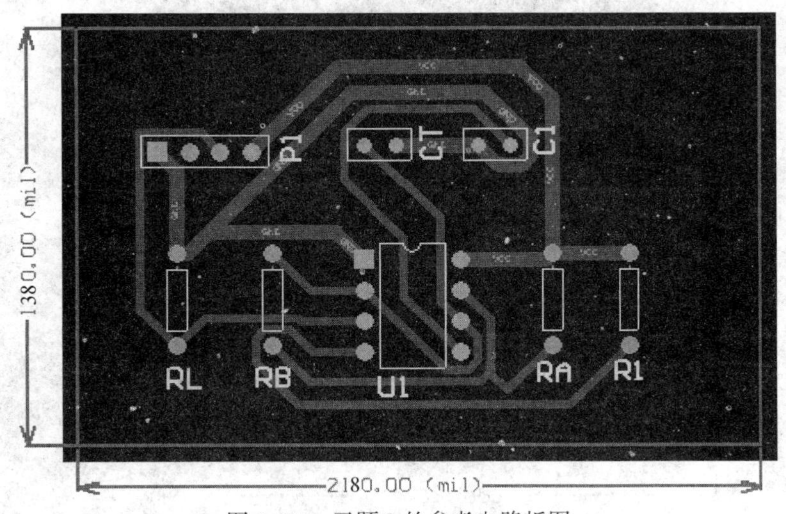

图1-94　习题3的参考电路板图

4. 方波发生器电路原理图如图1-95所示,试设计该电路的电路板。设计要求:

(1)使用单层电路板。

(2)电源地线的铜膜线的宽度为25 mil。

(3)一般布线的宽度为 10 mil。
(4)人工放置元件封装。
(5)人工连接铜膜线。
(6)布线时考虑只能单层走线。
(7)显示 PCB 的 3D 效果图。
该电路的元件表如表 1-4 所示,参考电路板图如图 1-96 所示。

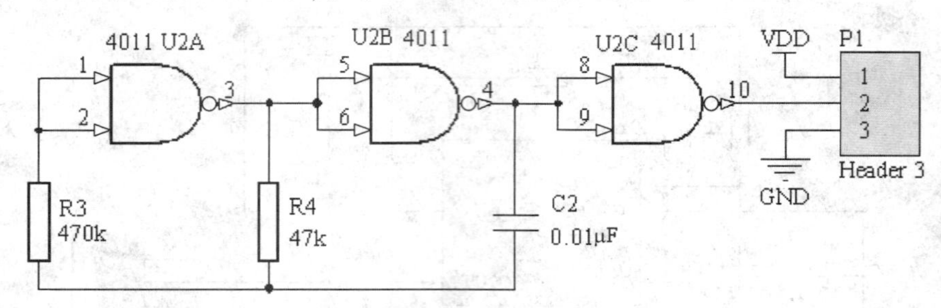

图 1-95　习题 4 的电路原理图

表 1-4　习题 4 电路的元件表

说　明	编　号	封　装	元　件　名　称
电阻	R3、R4	AXIAL-0. 3	Res2
电容	C2	RAD0. 1	CAP
与非门	U2	DIP-14	4011
连接器	P1	HDR1X3	Header3

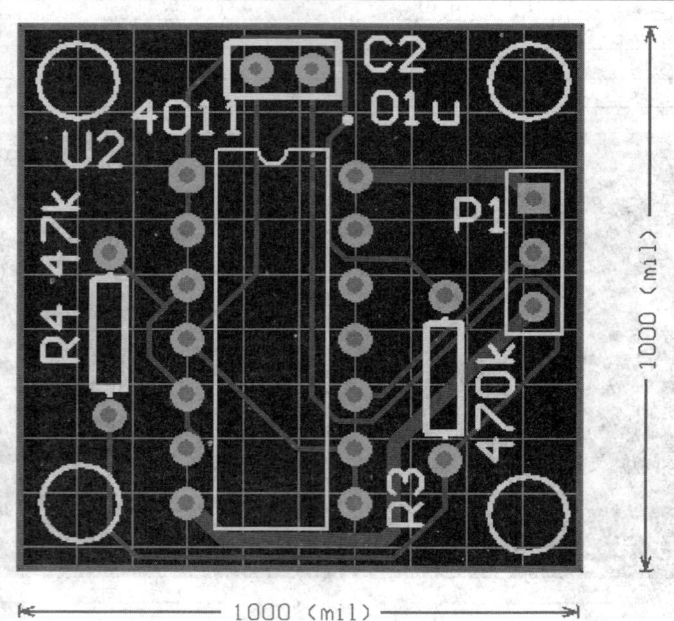

图 1-96　习题 4 的参考电路板图

5. 计数器电路原理图如图 1-97 所示,试设计该电路的电路板。设计要求:
(1)使用单层电路板。

(2)电源地线的铜膜线的宽度为 20 mil。
(3)一般布线的宽度为 10 mil。
(4)人工放置元件封装。
(5)人工连接铜膜线。
(6)布线时考虑只能单层走线。
(7)显示 PCB 的 3D 效果图。
该电路的元件表如表 1-5 所示,参考电路板图如图 1-98 所示。

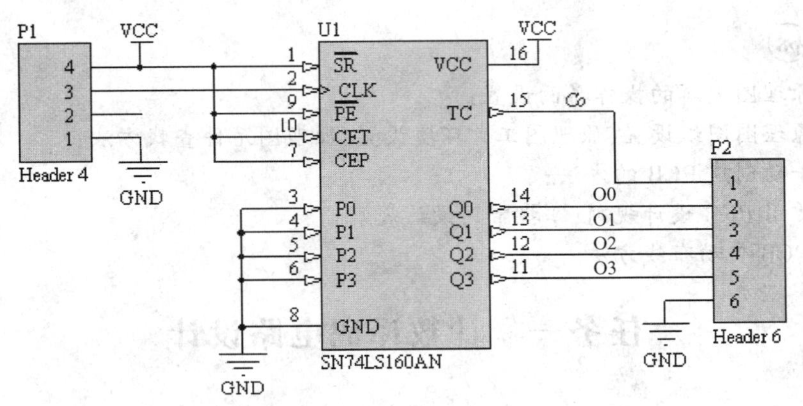

图 1-97　习题 5 的电路原理图

表 1-5　习题 5 电路的元件表

说　明	编　号	封　装	元 件 名 称
具有清除端的同步四位十进制计数器	U1	DIP-16	SN74LS160AN
连接器	P1	HDR1X4	Header4
连接器	P2	HDR1X6	Header6

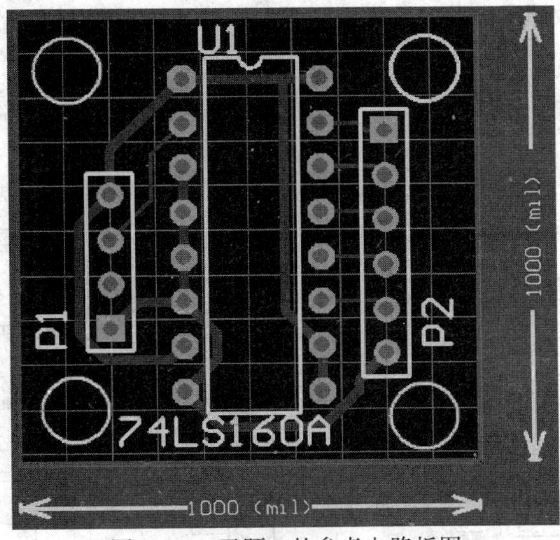

图 1-98　习题 5 的参考电路板图

项目二 计数译码器设计

学习目标

- 了解原理图编辑的操作界面设置；
- 掌握原理图图纸设置、原理图工作环境设置、原理图元件查找方法；
- 掌握手动创建 PCB 的方法；
- 了解常用 PCB 设计规则，掌握常用设计规则；
- 掌握 PCB 自动布线方法。

任务一 计数译码电路设计

任务描述

计数译码电路是数字电路中应用很广泛的电路，计数器是一个用以实现计数功能的时序部件，用来对计脉冲数进行计数。译码器的功能是对具有特定含义的输入代码进行"翻译"，将其转换成相应的输出信号。本任务是绘制计数译码电路。通过本任务的学习，了解原理图编辑的操作界面设置；掌握原理图图纸的设置方法；熟悉原理图优先选项页面各选项页的功能；掌握原理图工作环境常用设置；掌握原理图元件的查找方法。

绘制图 2-1 所示计数译码电路。首先要对原理图的环境参数进行设置。

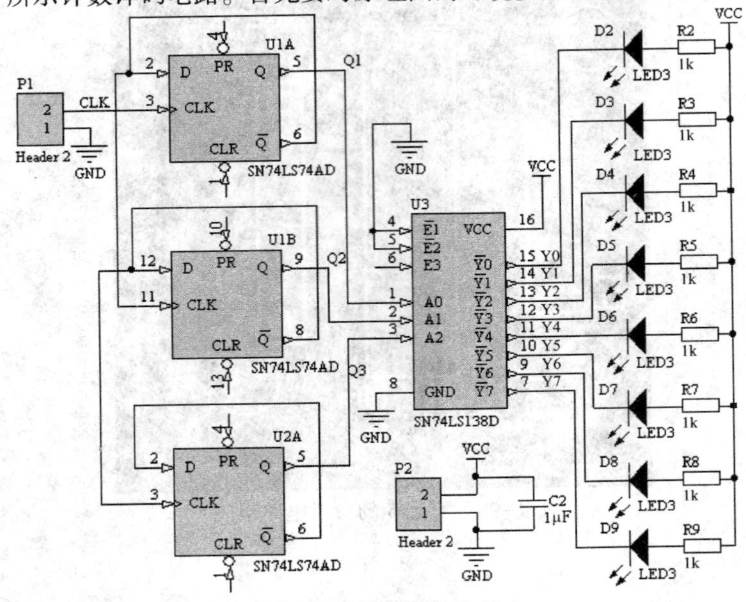

图 2-1 计数译码电路

1. 原理图编辑的操作界面设置

启动 Altium Designer Winter 09 后,选择"文件"→"原理图"命令,打开原理图编辑器。在绘制计数译码电路之前,进一步学习原理图的环境参数及设置,如图 2-2 所示。

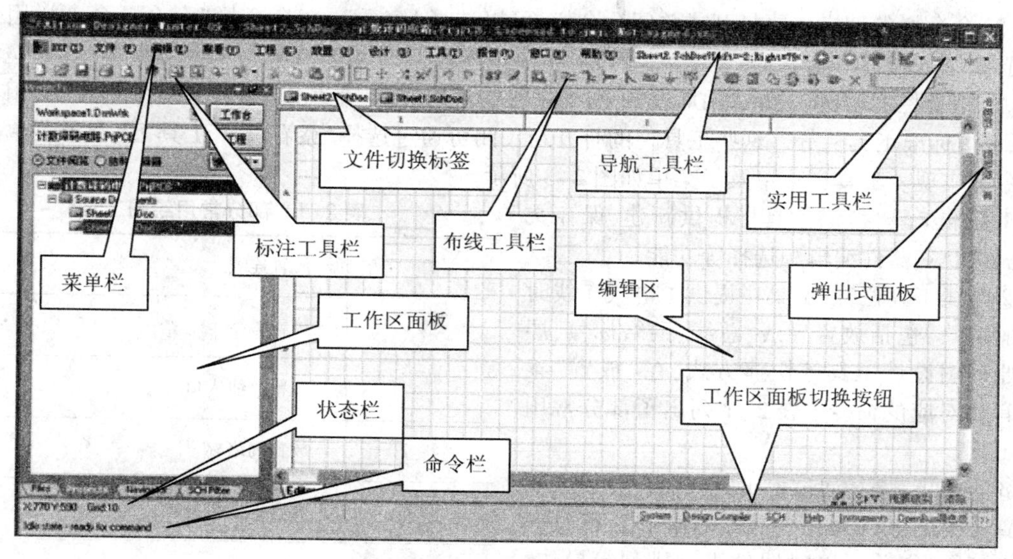

图 2-2 原理图编辑操作界面

原理图绘制的环境,就是原理图编辑器以及它提供的设计界面。若要更好地利用强大的电子线路辅助设计软件 Altium Designer 进行电路原理图设计,首先要根据设计的需要对软件的设计环境进行正确的配置。Altium Designer 原理图编辑的操作界面,顶部为主菜单和各种工具栏,左部为工作区面板,右部为弹出式面板,右部大部分区域为编辑区,底部为状态栏及命令栏,还有工作区面板切换按钮等。除主菜单外,上述各部件均可根据需要打开或关闭。工作区面板与编辑区之间的界线可根据需要左右拖动。几个常用工具栏除可将它们分别置于屏幕的上下左右任意一个边上外,还可以以活动窗口的形式出现。下面分别介绍各个环境组件的打开和关闭。

Altium Designer 的原理图编辑的操作界面中多项环境组件的切换可通过选择主菜单"察看"中相应项目实现,如图 2-3 所示。"工具条"为常用工具栏切换命令;"工作区面板"命令用于控制工作区面板的打开与关闭;"桌面布局"命令用于控制桌面的显示布局,选择"察看"→"桌面布局"→

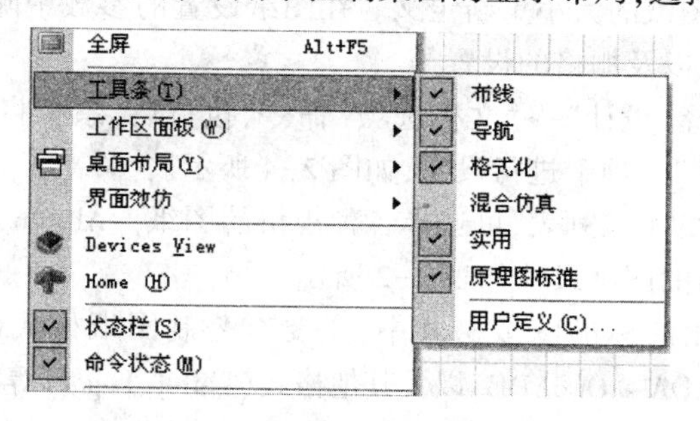

图 2-3 工具栏菜单及子菜单

Default 命令,设置桌面为默认布局;"状态栏"为状态栏切换命令;"命令栏"为命令栏切换命令。菜单上的环境组件切换具有开关特性,例如,如果屏幕上有状态栏,当单击一次"状态栏"时,状态栏从屏幕上消失,再单击一次"状态栏"时,状态栏又会显示在屏幕上。

(1)状态栏的切换。要打开或关闭状态栏,可以选择"察看"→"状态栏"命令。状态栏中包括光标当前的坐标位置、当前的 Grid 值。

(2)命令栏的切换。要打开或关闭命令栏,可以选择"察看"→"命令栏"命令。命令栏用来显示当前操作下的可用命令。

(3)工具栏的切换。Altium Designer 的工具栏中常用的有:布线工具栏、导航工具栏、实用工具栏、原理图标准工具栏等。这些工具栏的打开与关闭可通过选择"察看"→"工具条"中子菜单的相关命令来实现。工具栏菜单及子菜单如图 2-3 所示。

①标准工具栏:该工具栏提供新建、保存文件、视图调整、器件编辑和选择等功能。

②布线工具栏:该工具栏提供了电气布线时常用的工具,包括放置导线、总线、网络标号、层次式原理图设计工具等快捷方式,在"放置"菜单中有相对应的命令。表 2-1 列出了部分常用绘图工具。

表 2-1 部分常用绘图工具

	放置连线
	放置总线
	放置总线入口
Net	放置网络标号
	放置地线符号
Vcc	放置电源符号
	放置元件
	放置电路符号
	放置电路符号中的端口

③实用工具栏:通过该工具栏用户可以方便地放置常见的电气元件、电源和地网络,以及一些非电气图形,并可以对器件进行排列等操作。该工具栏的每一个按钮均包含了一组命令,可以单击按钮来查看并选择具体的命令。

④导航栏:该栏列出了当前活动文档的路径,单击""按钮和""按钮可以在当前打开的所有文档之间进行切换,单击""按钮则打开 Altium Designer 的起始页面。

2. 原理图图纸的设置

(1)图纸尺寸。在电路原理图绘制过程中,对图纸的设置是原理图设计的第一步。虽然在进入原理图设计环境时,Altium Designer 系统会自动给出默认图纸的相关参数,但是对于大多数电路图的设计,这些默认的参数不一定适合设计者的要求。尤其是图纸幅面的大小,一般都要根据设计对象的复杂程度和需要对图纸的大小重新定义。在图纸设置的参数中除了要对图幅进行设置外,还包括图纸选项、图纸格式以及栅格的设置等。

设置图纸尺寸时可选择"设计"→"文档选项"命令,执行后,系统将弹出"文档选项"对话框,选择其中的"方块电路选项"选项卡进行设置,如图 2-4 所示。

打开在"标准类型"栏的下拉列表,可选择各种规格的图纸。Altium Designer 系统提供了 18 种规格的标准图纸,各种规格的图纸尺寸如表 2-2 所示。

在 Altium Designer 给出的标准图纸格式中,主要有公制图纸格式(A4~A0)、英制图纸格式(A~E)、OrCAD 格式(OrCADA~ OrCADE)以及其他格式(Letter、Legal)等。选择后,通过单击图 2-4 所示的对话框右下角的"确定"按钮就可更新当前的图纸的尺寸。

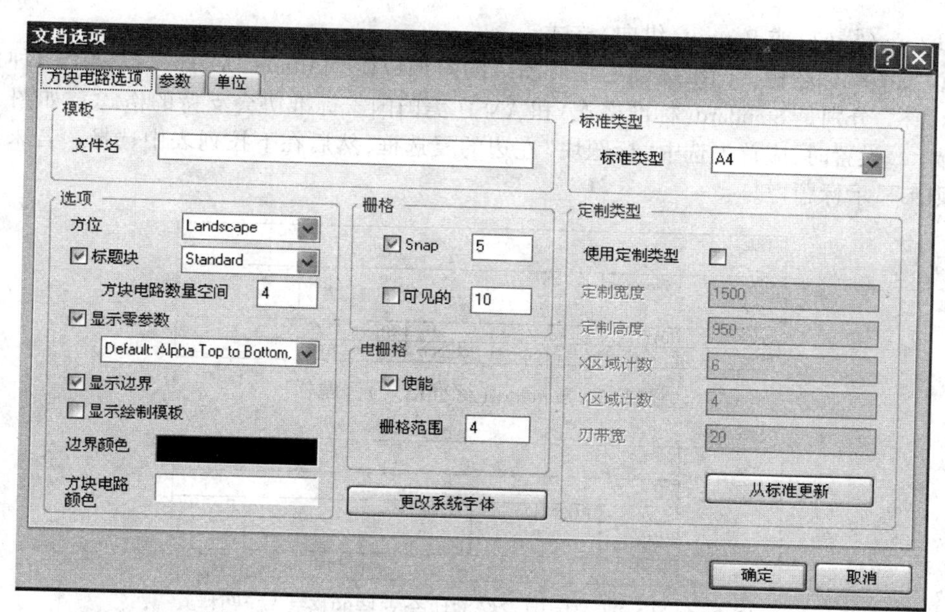

图 2-4　“文档选项”对话框“方块电路选项”选项卡

表 2-2　各种规格的图纸尺寸

代号	尺寸/英寸	代号	尺寸/英寸
A4	11.5×7.6	E	42×32
A3	15.5×11.1	Letter	11×8.5
A2	22.3×15.7	Legal	14×8.5
A1	31.5×22.3	Tabloid	17×11
A0	44.6×31.5	OrCADA	9.9×7.9
A	9.5×7.5	OrCADB	15.4×9.9
B	15×9.5	OrCADC	20.6×15.6
C	20×15	OrCADD	32.6×20.6
D	32×20	OrCADE	42.8×32.8

(2)自定义图纸。如果需要自定义图纸尺寸,必须设置图 2-4 中所示“定制类型”区域中的各个选项。首先,应选中“使用定制类型”复选框,以激活自定义图纸功能。

“定制类型”区域中其他各项设置的含义如下:

①定制宽度:设置图纸的宽度。

②定制高度:设置图纸的高度。

③X 区域计数(横向):设置 X 轴框参考坐标的刻度数。图 2-4 中设置为 6,就是将 X 轴六等分。

④Y 区域计数(纵向):设置 Y 轴框参考坐标的刻度数。图 2-4 中设置为 4,就是将 Y 轴四等分。

⑤刃带宽:设置图纸边框宽度。图 2-4 中设置为 20,就是将图纸的边框宽度设置为 20 mil。

(3)设置图纸方向。在图 2-4 中,使用“方位”下拉列表框可以选择图纸的布置方向。可以选择为 Landscape(横向)或 Portrait(纵向)格式。

(4)设置图纸标题栏。图纸标题栏是对图纸的附加说明。Altium Designer 提供了两种预先定义好的标题栏,分别是 Standard(标准格式)和 ANSI(美国国家标准协会支持的格式),如图 2-5 和图 2-6 所示。设置时,应首先选中"标题块"左边的复选框,然后在下拉列表中选择。若未选中该复选框,则不显示标题栏。

图 2-5 Standard(标准格式)标题栏

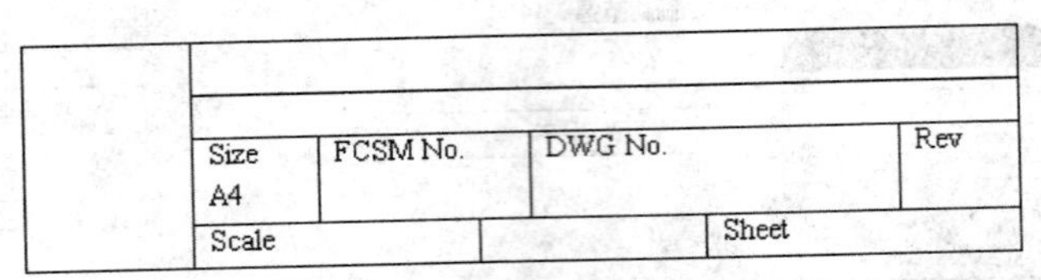

图 2-6 ANSI(美国国家标准协会支持的格式)标题栏

(5)"显示零参数"复选框用来设置图纸上索引区的显示。选中该复选框后,图纸上将显示索引区。所谓索引区是指为方便描述一个对象在原理图文档中所处的位置,在图纸的四个边上分配索引栅格,用不同的字母或数字来表示这些栅格,用字母和数字的组合来代表由对应的垂直和水平栅格所确定的图纸中的区域。

(6)"显示边界"复选框用来设置图纸边框线的显示。选中该复选框后,图纸中将显示边框线。若未选中该复选框,将不会显示边框线,同时索引栅格也将无法显示。

(7)"显示绘制模板"复选框用来设置模板图形的显示。选中该复选框后,将显示模板图形;若未选该复选框,则不会显示模板图形。

(8)"模板"区域。"模板"区域用于设定文档模板,在该区域的"文件名"文本框内输入模板文件的路径即可。

(9)图纸颜色。图纸颜色设置包括图纸"边界颜色"(边框)和"方块电路颜色"(图纸底色)的设置。

在图 2-4 中,"边界颜色"(边框)选择项用来设置边框的颜色,默认的设置为黑色。单击右边的颜色框,系统将弹出"选择颜色"对话框,如图 2-7 所示,设计者可通过它来选取新的边框颜色。

"方块电路颜色"(图纸底色)栏负责设置图纸的底色,默认的设置为浅黄色。要改变底色时,单击右边的颜色框,系统将弹出"选择颜色"对话框,如图 2-7 所示,然后选择新的图纸底色。

"选择颜色"对话框的"基本的"选项卡中列出了当前可用的 239 种颜色,并定位于当前所使用的颜色。如果设计者希望改变当前使用的颜色,可直接在"标准的"选项卡或"定制的"选项卡中用鼠标单击选取。

如果设计者希望自己定义颜色,切换到"标准的"选项卡,如图 2-8 所示,选择好颜色后单击"添加到自定义颜色"按钮,即可把颜色添加到"定制的"中。

(10)栅格设置。在设计原理图时,图纸上的栅格为放置元器件、连接线路等设计工作带来了极大的方便。在进行图纸的显示操作时,可以设置网格的种类以及是否显示网格。在图 2-4 所示的"文档选项"对话框中"栅格"区域可以对电路原理图的图纸"栅格"和"电栅格"进行设置。

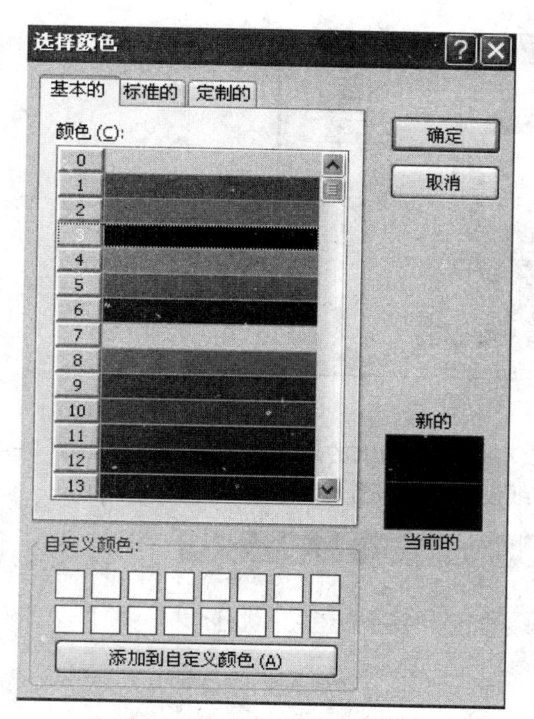

图 2-7　“选择颜色”对话框

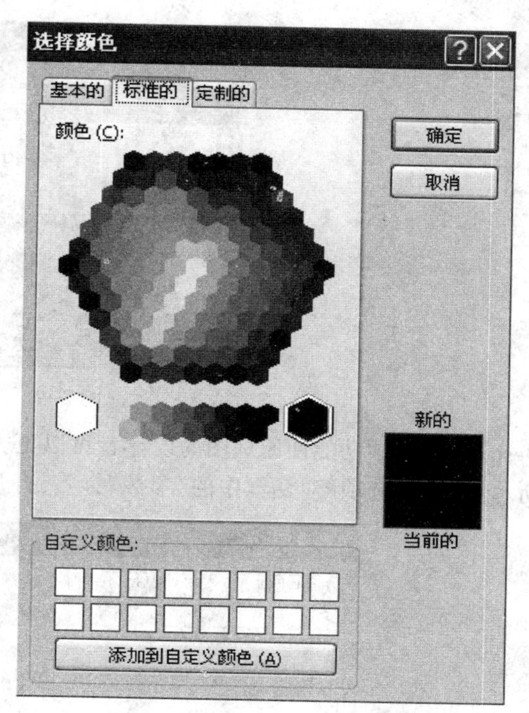

图 2-8　设计者自己定义颜色

具体设置内容介绍如下:

①Snap(捕获栅格):表示设计者在放置或者移动“对象”时,光标移动的距离。捕获功能的使用,可以在绘图中快速地对准坐标位置。若要使用捕获栅格功能,先选中 Snap 选项左边的复选框,然后在右边的输入框中输入设定值。

②可见的(可视栅格,Visible):表示图纸上可视的栅格。要使栅格可见,选中“可见的”选项左边的复选框,然后在右边的输入框中输入设定值。建议在该输入框中设置与 Snap 输入框中相同的值,使显示的栅格与捕捉栅格一致。若未选中该复选框,则不显示栅格。

③电栅格(电气栅格,Electrical Grid):用来设置在绘制图纸上的连线时捕获电气节点的半径。该选项的设置值决定系统在绘制导线时,以鼠标当前坐标位置为中心,以设定值为半径向周围搜索电气节点,然后自动将光标移动到搜索到的电气节点表示电气连接有效。实际设计时,为能准确快速地捕获电气节点,电气栅格应该设置得比当前捕获栅格稍微小一些,否则电气对象的定位会变得相当困难。

栅格的使用和正确设置可以使设计者在原理图的设计中准确地捕捉元器件。使用可视栅格,可以使设计者大致把握图纸上各个元素的放置位置和几何尺寸,电气栅格的使用大大地方便了电气连线的操作。在原理图设计过程中恰当地使用栅格设置,可方便电路原理图的设计,提高电路原理图绘制的速度和准确性。

(11)系统字体设置。在图 2-4 所示的“文档选项”对话框中,单击“更改系统字体”按钮,系统会弹出“字体”对话框,如图 2-9 所示,可以对字体、大小、颜色等进行设置。选择好字体后,单击“确定”按钮即可完成字体的重新设置。

(12)图纸的设计信息。图纸的设计信息记录了电路原理图的设计信息和更新记录。Altium

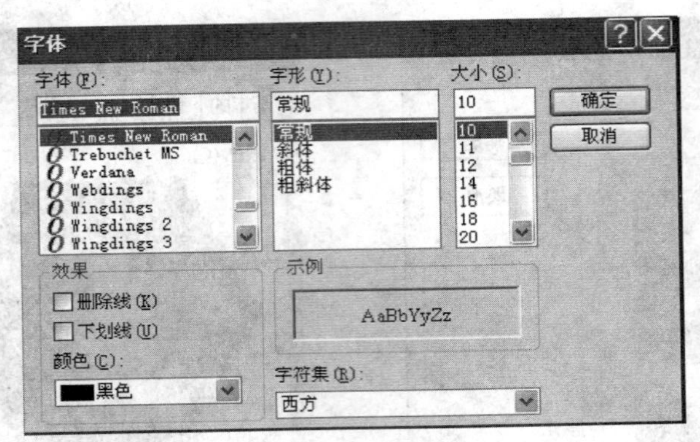

图 2-9 “字体”对话框

Designer 的这项功能使原理图的设计者可以更方便、有效地对图纸的设计进行管理。单击图 2-4 所示的“文档选项”对话框中的“参数”标签,打开图纸设计信息设置对话框,如图 2-10 所示。

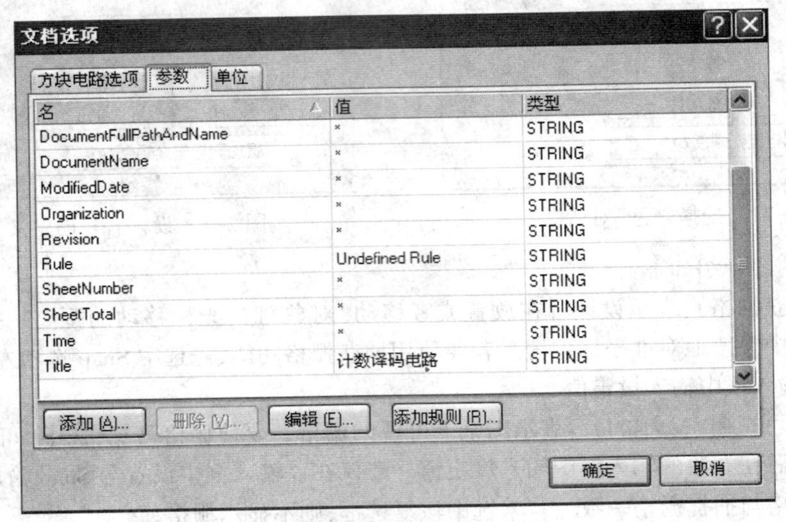

图 2-10 图纸设计信息对话框

“参数”选项卡为原理图文档提供 20 多个文档参数,供用户在图纸模板和图纸中放置。设计者为参数赋值前,需要设置“转换特殊字符串”。选择“DXP”→“优先选项”命令,弹出“优先选项”对话框,在 Schematic 项下 Graphical Editing 页,选中“转化特殊串”复选框,如图 2-11 所示,单击“应用”→“确定”按钮关闭该对话框。此时在图 2-10“参数”选项卡为参数赋值后,会在图纸上显示所赋参数值。

在图 2-10 所示对话框中可以设置的选项很多,其中常用的有以下几个:

Address:设计者所在的公司以及个人的地址信息。

Approved By:原理图审核者的名字。

Author:原理图设计者的名字。

Checked By:原理图校对者的名字。

Company Name:原理图设计公司的名字。

Current Date:系统日期。

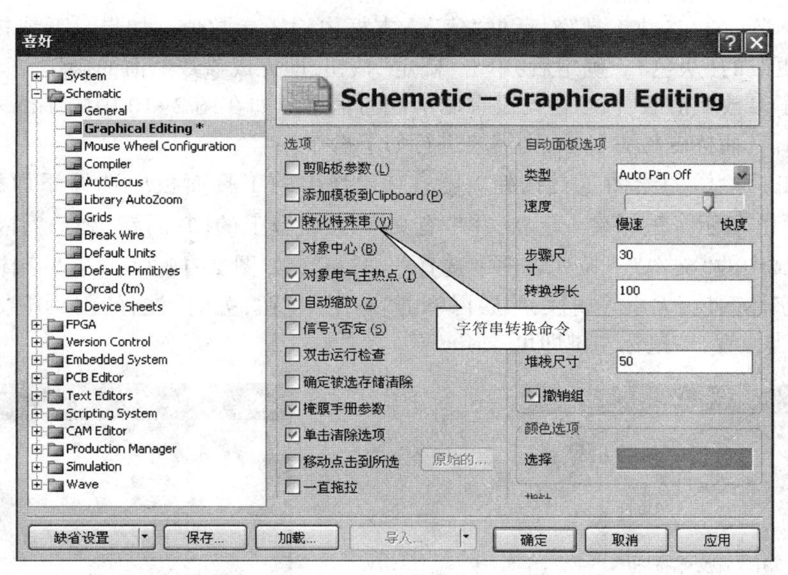

图 2-11　“优先选项”对话框

Current Time：系统时间。

Document Name：该文件的名称。

Sheet Number：原理图的页面数。

Sheet Total：整个设计项目拥有的图纸数目。

Title：原理图的名称 。

上述选项中的填写信息包括：设置参数的“值”和“类型”。设计者可以根据需要添加新的参数值。填写的方法有以下几种：

单击欲填写参数名称的“值”文本框，把*去掉，可以直接在文本框中输入参数。

单击要填写参数名称所在的行，使该行变为选中状态，然后单击对话框下方的“编辑”按钮，弹出“参数编辑”对话框，如图 2-12 所示，这时设计者可以根据需要在对话框中填写参数。

双击要编辑参数所在行的任意位置，系统也将弹出参数编辑对话框，如图 2-12 所示。

在图纸设计信息对话框中单击“添加”按钮，系统自动弹出参数属性编辑对话框，此时可以添加新的参数。

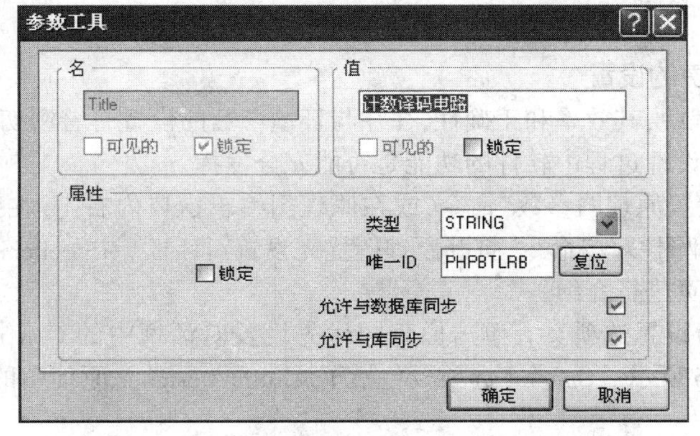

图 2-12　参数设置对话框

在图 2-12 所示的“参数工具”对话框“值”文本框内输入参数值。如果是系统提供的参数，其参数名是不可更改的(灰色)。确定后，单击“确定”按钮，即完成参数赋值的操作。

如果完成了参数赋值后，标题栏内没有显示任何信息。如在图 2-10 中的 Title 栏处，赋了“计数译码电路”的值，而标题栏无显示，则需要进行如下操作：

单击实用工具栏中的绘图工具按钮“ ”，在弹出的工具面板中选择添加放置文本按钮“A”，如图 2-13 所示。鼠标呈十字状，并带有文字，按键盘上的【Tab】键，弹出“注释”对话框，在“属性”选项区域中的“文本”下拉列表框中选择“=Title”，如图 2-14 所示，在“字体”处，单击“更改”按钮，设置字体颜色、大小等属性，然后再单击“确定”按钮，关闭“注释”对话框，光标在标题栏中 Title 处的适当位置，按鼠标左键即可。

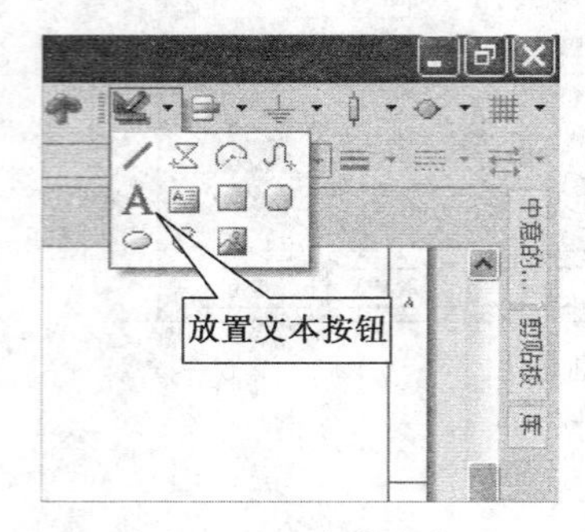

图 2-13　放置文本

图 2-14　文本注释对话框

(13)在图 2-4 所示的“文档选项”对话框中单击“单位”标签，弹出图纸单位设置对话框，如图 2-15 所示。可以设置图纸是用英制单位(Imperial)或公制(Metric)单位。

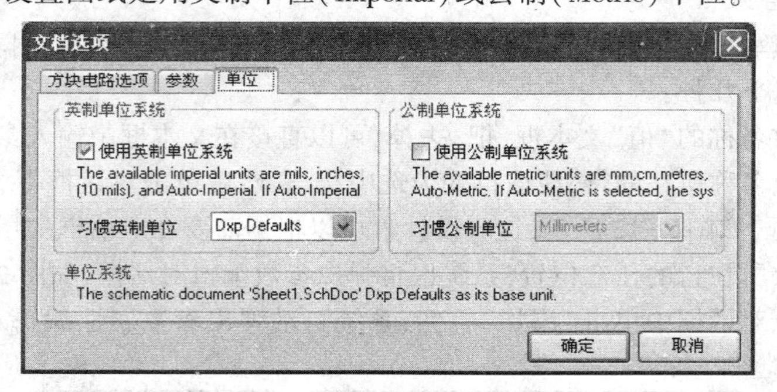

图 2-15　图纸单位设置对话框

3. 原理图工作环境的设置

在原理图绘制过程中，其效率和正确性，往往与环境参数的设置有着密切的关系。参数设置的合理与否，直接影响到设计过程中软件的功能是否能充分发挥。

选择“工具”→“设置原理图参数”命令，或在原理图编辑窗口内右击，在弹出的快捷菜单中选择“选项”→“ 设置原理图参数”命令，打开原理图优先设置对话框。在 Schematic 项下有 12 个标签页，下面就常用的标签页进行介绍。

(1)General(常规)设置选项页。单击原理图优先设置对话框中的 General 标签，打开 General 设置选项页，如图 2-16 所示。General 选项页包括了 Altium Designer 原理图的一些常规设定，现分成各区域分别介绍。

①“选项”(Options)区域：

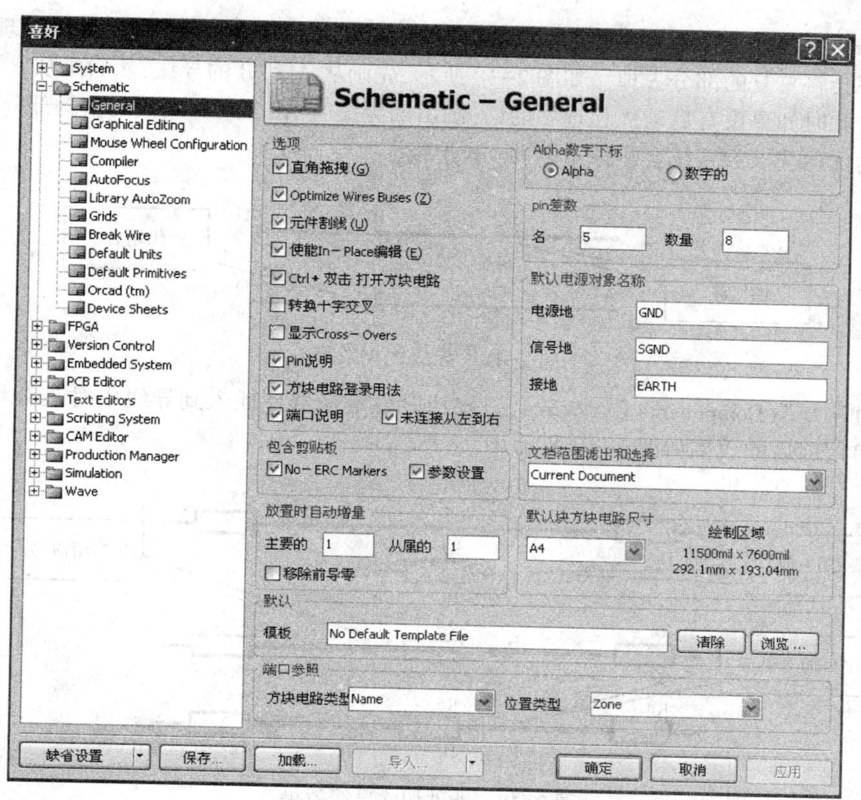

图 2-16 General(常规)设置选项页

a. “直角拖拽”(Drag Orthogonal)。拖拽与移动不同,移动器件时器件上的电气连线不会随着移动,所以会破坏原先的电气连接;拖拽则是在保持电气连接关系的情况下移动器件。选择菜单栏“编辑”→“移动”→“拖动”的命令,即可使鼠标进入拖拽状态,进而拖拽器件。直角拖拽时,电气连线会以直角的模式走线,而非直角拖拽时,电气连线可以沿任何方向走线。直角拖动的效果如图 2-17 所示。

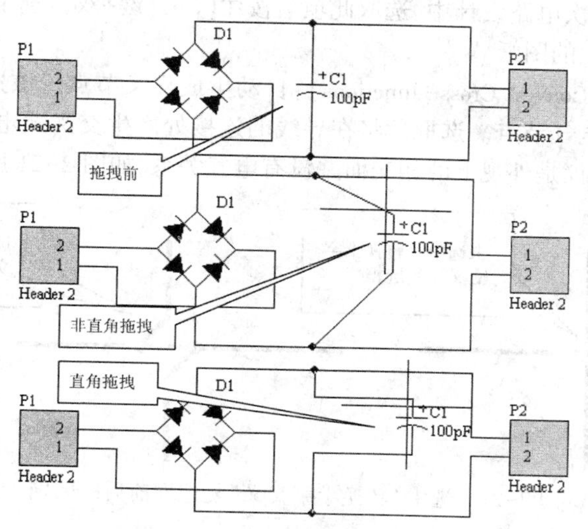

图 2-17 直角拖拽的效果

b. “Optimize Wires&Buses”(导线和总线优化)。该优化是针对布线的,在线路出现重复走线时,优化程序会将重复的部分去掉。如图 2-18 所示,先画从 A 到 B 的导线,然后画从 C 到 D 与 AB 有重叠导线,此时如果没有启动优化选项的话,画出的导线有 AB 和 CD 两段的重叠部分,C、D 两点为交点,启动优化选项后系统会删掉重复的 CB 走线。

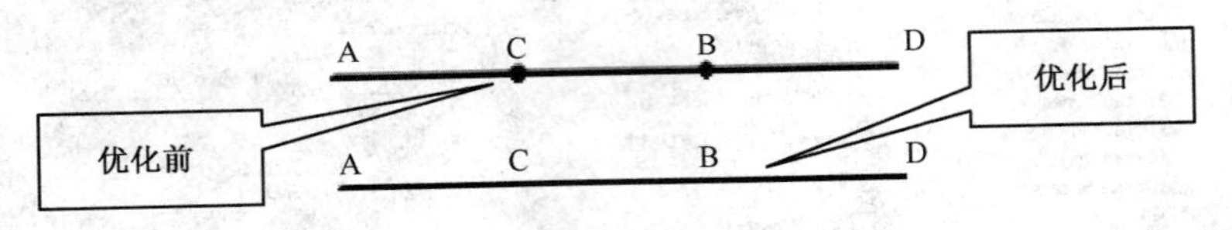

图 2-18　导线优化效果

c. “元件割线”(Components Cut Wires)。该功能设定当器件插入到导线中时是否将器件自动串入导线,启用前后的效果如图 2-19 所示。

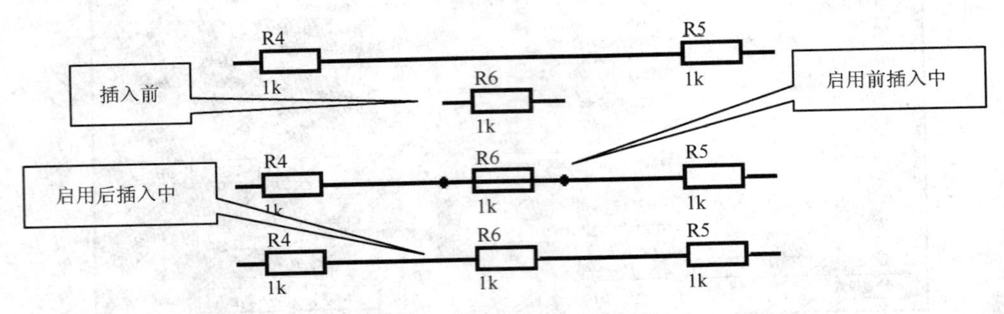

图 2-19　器件切除导线效果

d. “使能 In-Place 编辑”(Enable In-Place Editing):允许在线编辑。该功能是针对绘图区内的文字内容,直接在绘图区内编辑文字,而无须打开属性页。如图 2-20 所示,鼠标左键单击 R? 字符串,选中该字符串,再次左键单击选中的字符串即可进入在线编辑状态。

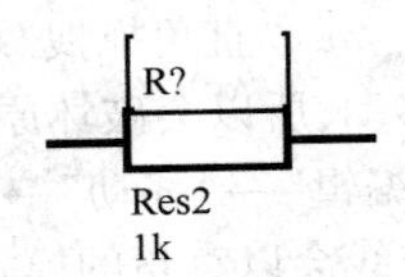

图 2-20　允许在线编辑

e. “Ctrl + 双击打开方块电路”(Ctrl+Double Click Opens Sheet):按住【Ctrl】键+双击打开图纸。在层次电路设计中,选取此项后按住【Ctrl】键+双击选定的图纸符号即可打开相关联的图纸。

f. “转换十字交叉”(Convert Cross-Junctions):自动生成交叉节点。该选项用于设定当两条导线相交时是否自动产生电气节点。选取后将在导线的连接处产生交叉式电气节点形成电气连接;若不选取,则两条导线仅仅是外观上的相交而并没有电气关系,如图 2-21 所示。

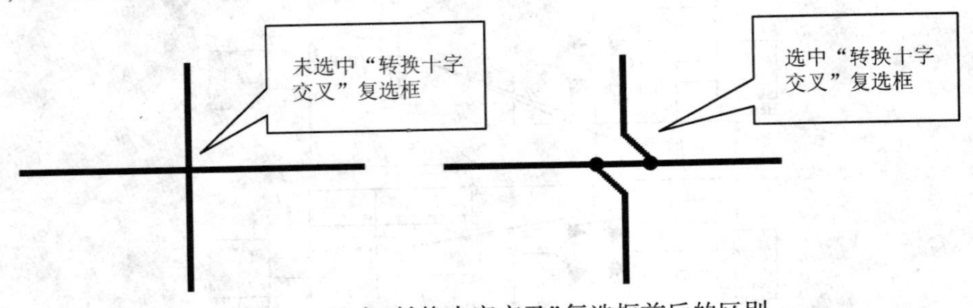

图 2-21　选中“转换十字交叉”复选框前后的区别

g.“显示 Cross-Overs”(Display Cross-Overs):显示交叉跨越。选中该复选框后,两条没有电气关系的导线相交时会在相交处显示弧形跨越符号,若未选中该复选框,交叉处仅仅是直角相交。效果如图 2-22 所示。

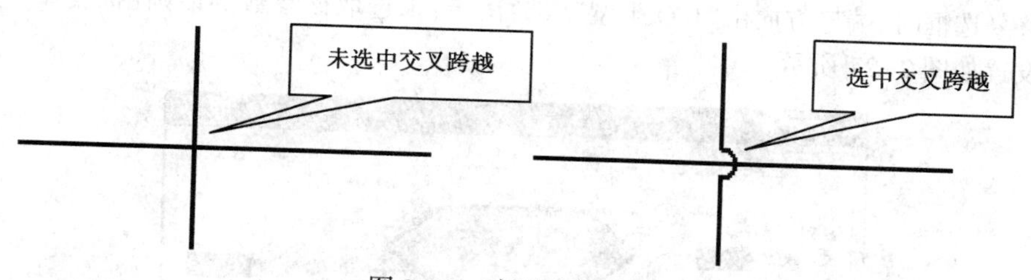

图 2-22　交叉跨越效果

h.“Pin 说明”(Pin Direction):引脚方向。设定元器件引脚是否显示信号方向,选中此复选框,则在元器件的引脚上显示信号流向;反之则不显示。效果如图 2-23 所示。

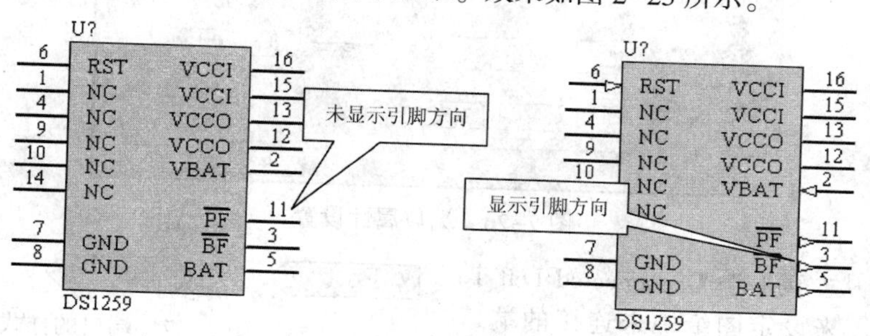

图 2-23　引脚方向显示效果

i.“方块电路登录用法”(Sheet Entry Direction):图纸入口方向。该选项用来设定采用层次式原理图设计时子图的入口方向设置。双击图纸入口 0符号。弹出图 2-24 所示对话框,该对话框中有“类型”和“I/O 类型”两个下拉列表框设置项。“类型”用来设置该图纸入口符号的样式,而“I/O 类型”则用来设定该 I/O 口的信号流向。倘若选中了 Sheet Entry Direction(方块电路登录用法)选项,则该图纸入口符号的方向由“种类”参数设定;反之则由“类型”参数设定。图纸入口属性设置如图 2-25 所示。

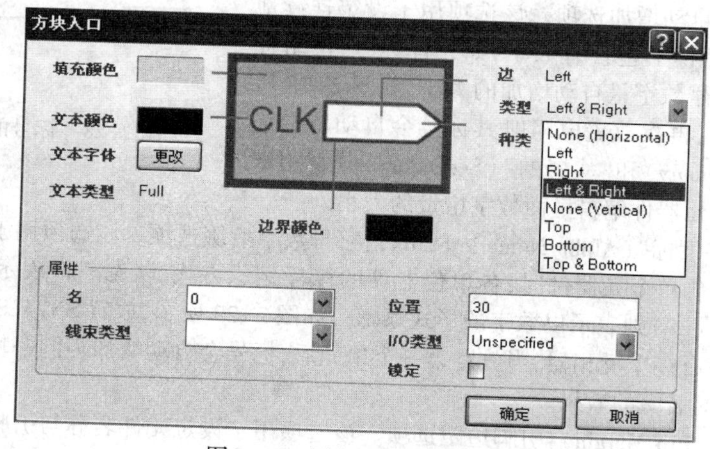

图 2-24　图纸入口属性设置

j."端口说明"(Port Direction):端口入口方向设定。该选项与"方块电路登录用法"(Sheet Entry Direction)图纸入口方向设置类似。双击放置端口 Port 符号,弹出图 2-26 所示对话框。选中该复选框时,端口方向由"I/O 类型"参数决定;未选取该参数的话则由"类型"参数决定。端口属性设置如图 2-27 所示。

图 2-25　图纸入口的样式

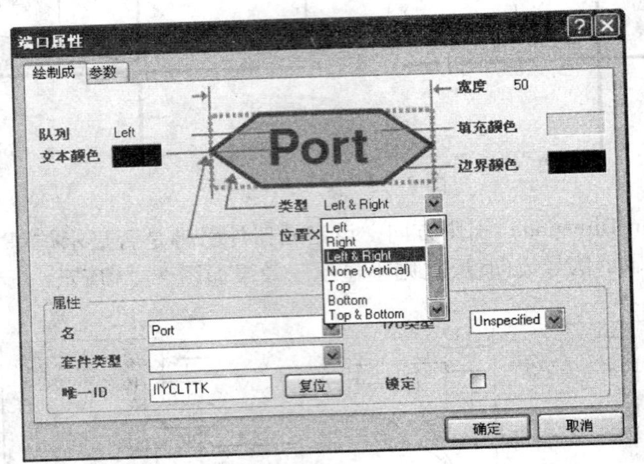

图 2-26　端口属性设置

k."未连接从左到右"(Unconnected Left To Right):该选项用来设定图纸中未连接的端口样式一律采用从左到右的方式。必须在选中"端口说明"(Port Direction)复选框时该复选框才有效;若不选中该复选框,端口的样式由其属性对话框中的"I/O 类型"参数决定。

图 2-27　端口的样式

②"包含剪贴板"(Include with Clipboard and Prints)。该选项可以设定在使用剪切和打印功能时是否包含"No-ERC Markers"(忽略 ERC 标记)和"参数设置"(Parameter Sets),可在下面的复选框中设置。

③"放置时自动增量"(Auto-Increment During Placement):放置器件时自动增加选项。该选项用于设定连续地放置器件时,倘若器件上包含有数字,如元件标号、网络标号、引脚标号等,标号数字量自动增加的大小,如图 2-28 所示,放置电阻 R1 后,再次放置电阻时其标号会自动增加为 R2。"主要的"(Primary)和"从属的"(Secondary)分别用来设定电路图编辑和元器件编辑里面数字增量的大小。

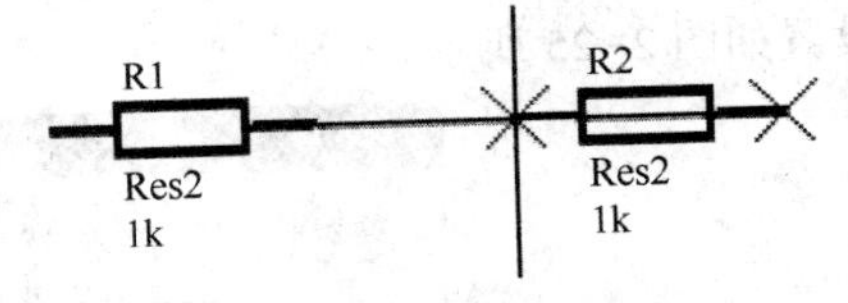

图 2-28　标号的自动增加

④"Alpha 数字下标"(Alpha Numeric Suffix):字母数字后缀选项。该选项用于设定当放置具有复合封装器件里面的单个元器件时,各单位器件的标号显示方式。"Alpha"表示以字母的形式显示;"数字的"(Numeric)则表示以数字的形式显示。如图 2-29 所示,放置 SN74LS04D 反相器,由于一块芯片里面包含有多个反相器,当放置第一个单元后,标号会自动增加为同一块芯片的第二个单元,图中为选择不同后缀的效果。

⑤"Pin 差数"(Pin Margin):引脚边距选项。该选项用于设定元件名称与引脚数字编号和元件边框之间的距离,其中"名"(Name)用于设定元件名称与边框之间的距离;"数量"(Number)用于

设定引脚编号与元件边框之间的距离，如图 2-30 所示。

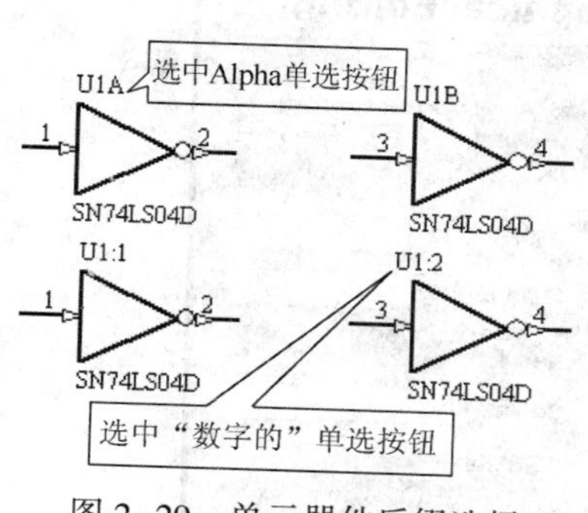

图 2-29　单元器件后缀选择

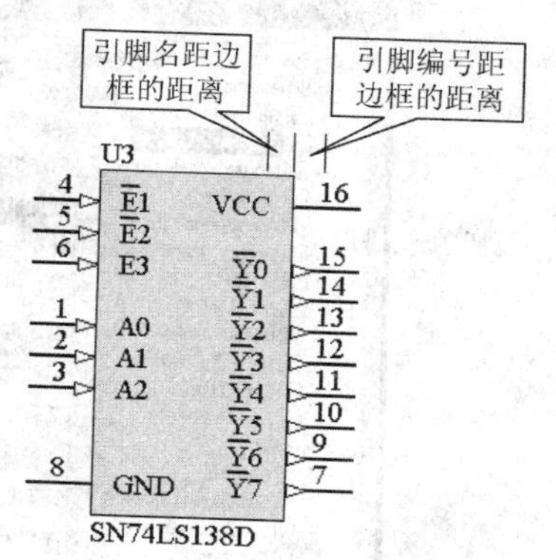

图 2-30　边距设定

⑥“默认电源对象名称”（Default Power Object Name）：默认电源对象名称选项。该选项用于设定各种电源接地符号的默认网络名：如“电源地”（Power Ground）的默认网络名称为 GND；“信号地”（Signal Ground）的默认网络名称为 SGND；机壳“接地”（Earth）的默认网络名称为 EARTH。

⑦“文档范围滤出和选择”（Document Scope for Filtering and Selection）：文档过滤和选择的范围选项。该选项用于设定进行筛选或是选择时的作用域，其下可选择的范围有：

a. Current Document（当前文档）；

b. Open Documents（所有打开的文档）。

⑧“默认方块电路尺寸”（Default Blank Sheets Size）：默认空白图纸尺寸选项。该选项用于设定新建电路图纸时默认图纸的尺寸大小，相关尺寸已经在前面的选项中介绍过。

⑨“默认”（Defaults）：默认设置选项。该选项用于设定图纸使用的模板。可以通过“浏览”（Browse）按钮添加模板或是通过“清除”（Clear）按钮清除当前选择的模板。

⑩“端口参照”（Port Cross References）。该选项用于设定端口交叉引用时的样式。可以设定图纸样式“方块电路类型”（Sheet Style），包括是否显示图纸名，以及显示图纸名或是编号；“位置类型”显示坐标的样式。

（2）Graphical Editing（图形编辑）选项页。Graphical Editing 选项页中包含了电路图图形设计时的相关设定，设置主界面如图 2-31 所示。

①“选项”（Options）区域：

a.“剪贴板参数”（Clipboard Reference）。该选项用于设定在剪切和复制操作时，执行剪切或复制命令后是否还要用鼠标选择一个参考点，粘贴时再以该参考点为原点放置图件。该选项是为了适应 Protel 99SE 用户而设定的，在以前的版本中为了定位的准确，剪切和复制操作需要选取参考点。

b.“添加模板到 Clipboard”（Add Template to Clipboard）：将模板加入到剪切板选项。该选项用于设定执行剪切和复制命令时是否将模板一起选入，若选中该复选框，则图纸中的模板会一同复制到剪切板中。

c.“转化特殊串”（Convert Special Strings）：转换特殊字符串选项。该选项用于设定是否将特殊字符串转化为其内容显示。如图 2-32 所示，当选中该复选框后，对应的 Title 就会变成实际的图纸名显示，特殊字符串的设置可参考前面“设计信息”参数设置。

d.“对象中心”（Center of Object）：对象居中选项。若选中该复选框，当鼠标拖拽圆形、矩形等

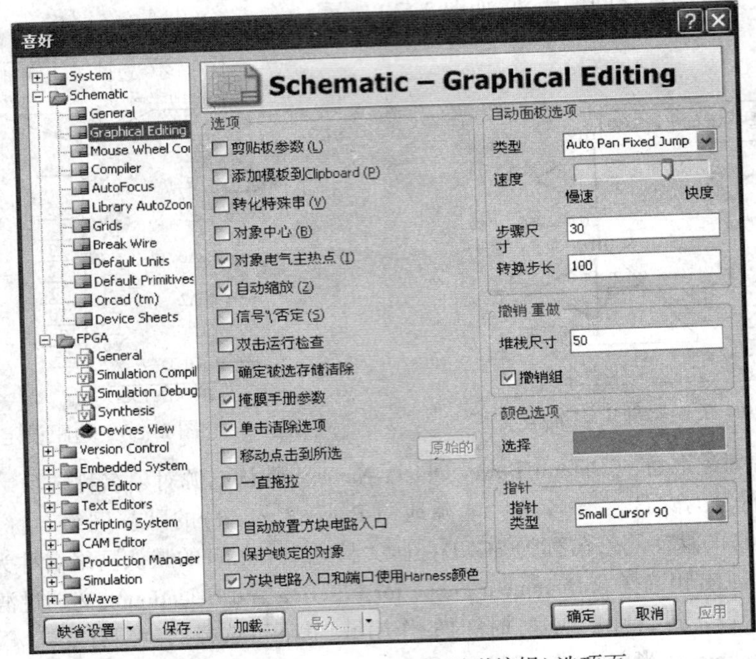

图 2-31　Graphical Editing(图形编辑)选项页

非电气对象时,鼠标指针会指向该对象的中心点;若不选中该复选框,则鼠标指针则会固定在最初的选取点。

=Title → Title 计数译码电路 Size Number

图 2-32　特殊字符串的转化

e."对象电气主热点"(Object's Electrical Hot Spot):对象的电气热点选项。该选项用于设置选取电气对象时光标的位置。若选中该复选框,选取电气对象并拖动时,则光标会移至离光标最近的引脚;若不选中该复选框,则光标会固定在最初的选取点。

f."自动缩放"(Auto Zoom):自动缩放选项。该选项用于设定当着重显示某个电气元件时,编辑区是否自动缩放以便将该器件以最佳的方式显示。

g."信号'\'否定"(Single '\' Negation):单字符"\"表示否定选项。该选项用于设定在原理图符号编辑时,以"\"字符作为引脚名上画线,选中该复选框后,在引脚 Name 后添加"\"符号后,引脚名上方就显示短横线。如图 2-33所示,为一个 Name 项设置为"R\S\T\"的引脚在选择"信号'\'否定"复选框后的显示情况。

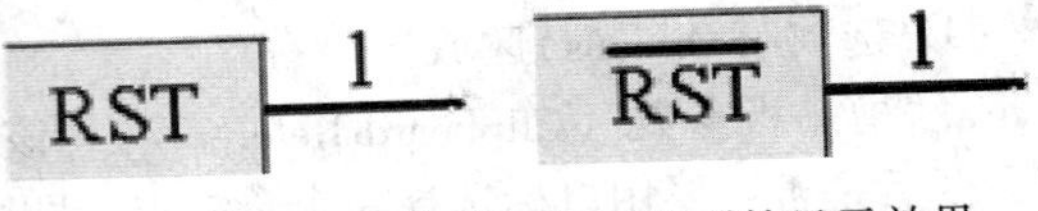

图 2-33　选择"信号\否定"选项的显示效果

h."双击运行检查"(Double Click Runs Inspector):双击运行检查器选项。该选项用于设定当双击图件时,该图件的属性是以属性对话框的形式显示还是以 Inspector 的形式显示,两种不同的显示效果如图 2-34 和图 2-35 所示。图 2-34 为未选中该复选框时的元件属性显示。图 2-35 为选中该复选框时的 Inspector 的形式显示。

i."确定被选存储清除"(Confirm Selection Memory Clear)。该选项设定的当清除选定的内存区域时是否需要确认。

j."掩膜手册参数"(Mark Manual Parameters):标记人工参数选项。该选项用于设定是否显示

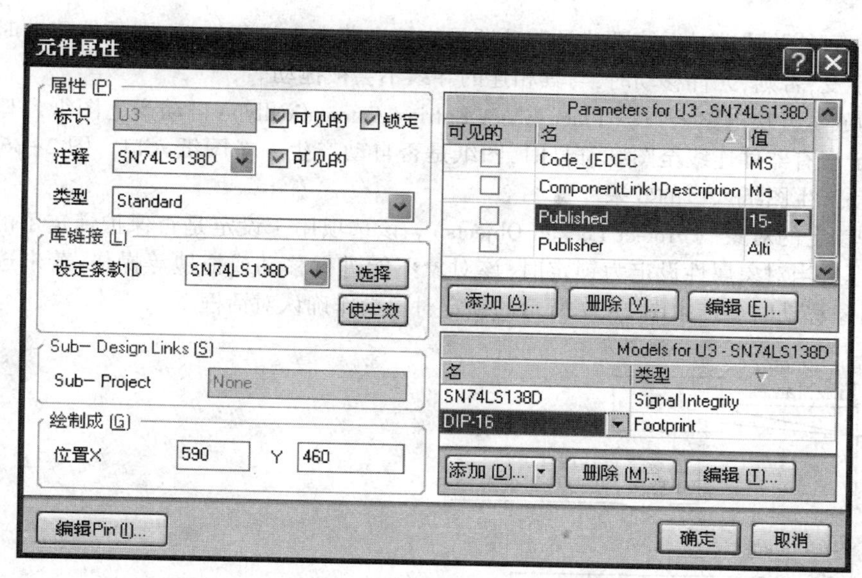

图 2-34　未选中"双击运行检查"复选框时的显示

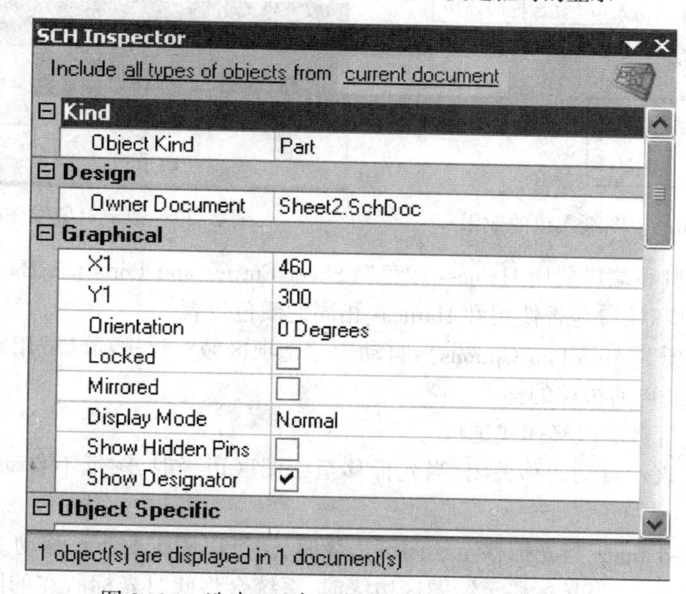

图 2-35　选中"双击运行检查"复选框时的显示

人工参数标记。

k. "单击清除选项"（Click Clears Selection）。该选项用于设定当编辑区内选择了器件时若要取消选择只需将鼠标移至绘图区空白处后单击即可。若不选中该复选框，取消选择就只能通过选择"编辑"→"取消选中"→"所有打开的当前文件"命令或单击" "按钮来执行。

l. "移动点击到所选"（Shift Click to Select）。按住【Shift】键，单击鼠标选择。选中该复选框后，选择图件时需要按住【Shift】键的同时单击鼠标左键才能选中图件。使用此功能会使原理图编辑很不方便，建议设计者不要选择。

m. "一直拖拉"（Always Drag）。前面已经介绍过拖拽与拖动的区别，该选项用于设定当用鼠标左键选取电气元件并移动时系统默认是移动还是拖拽。若选中该复选框，则元件移动时保持原来的电气关系不变；否则，元件移动时，与其相连的导线不会被拖动。

n. “自动放置方块电路入口”(Place Sheet Entries Automatically)：自动产生图纸入口选项。该选项用于设定当有器件连线至图纸符号时，图纸是否自动产生一个图纸入口。图 2-36 是选中该复选框后自动产生图纸入口的效果。

o. “保护锁定的对象”(Protect Locked Objects)。该选项用于设定是否保护锁定了的对象。若选中该复选框且当对象属性设定为锁定时，该对象不能进行移动或拖拽等操作；若未选中该复选框，锁定的对象移动时会产生图 2-37 所示的锁定对象操作确认对话框。

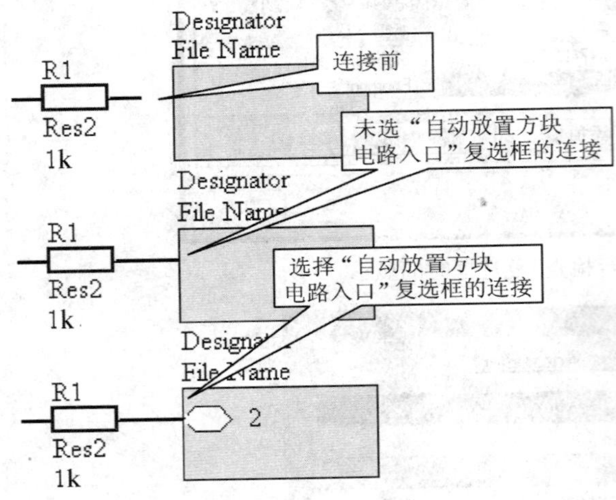

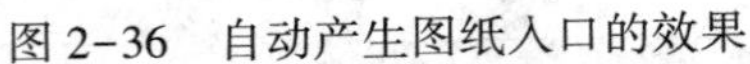

图 2-36　自动产生图纸入口的效果

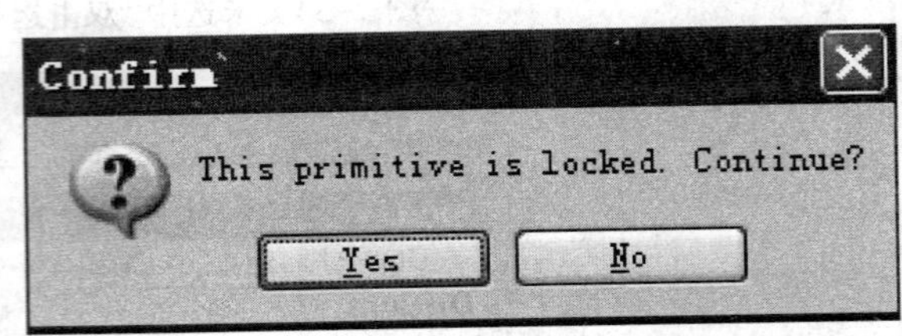

图 2-37　锁定对象操作确认对话框

p. “方块电路入口和端口使用 Harness 颜色”(Sheet Entries and Ports use Harness Color)。该选项用于设定图纸入口和端口是否使用和 Harness 相同的颜色设置。

②“自动面板选项”(Auto Pan Options)：自动边移选项区域。该选项区域用来设置当光标移至绘图区的边缘时，图纸自动边移的样式。

a. “类型”(Style)：自动边移样式选项。

- Auto Pan Off 表示自动边移关闭，当光标移至绘图区边缘时，图纸不自动移动，建议初学者选择该项。
- Auto Pan Fixed Jump 当光标移至绘图区边缘时，图纸以固定的步长移动。
- Auto Pan ReCenter 当光标移至绘图区边缘时，系统会将此时光标所在的图纸位置移至绘图区中央，即将图纸整体移动半个绘图区位置。

b. “速度”(Speed)：自动边移速度设置。拖动滑块向右移动，则自动边移的速度变快；向左移动，则自动边移的速度变慢。

c. “步骤尺寸”(Step Size)。图纸自动边移时的步长，此选项必须配合 Auto Pan Fixed Jump 设置。

d. “转换步长”(Shift Step Size)。此选项设置按住【Shift】键时自动边移的步长。同理，此选项也需配合 Auto Pan Fixed Jump 设置。

③“撤销重做”(Undo/Redo)。此选项用来设置最多“撤销/重做”指令的次数，可在“堆栈尺寸”(Stack Size)文本框中设置；“撤销组”(Group Undo)复选框是设置相同的操作指令可以一次性

全部撤销。

④“颜色选项”(Color Options)。此选项用来设置原理图中处于选中状态的图件所标示的颜色。单击“选择”(Selections)后面的颜色框,弹出图 2-38 所示的“选择颜色”对话框,可从中选择合适的颜色设置。

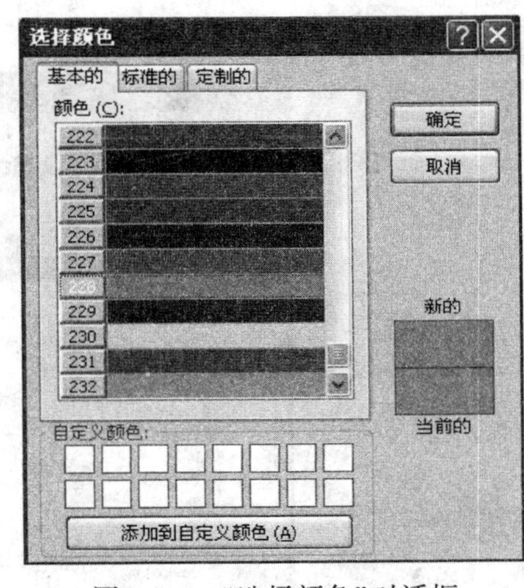

图 2-38　“选择颜色”对话框

⑤“指针”(Cursor)。该选项用来设置鼠标处于选取状态时的光标样式,有四种“指针类型”(Cursor Type)供用户选择:

Large Cursor 90:90°的大光标,贯穿整个绘图区;

Small Cursor 90:90°的小光标,正常的十字形指针;

Small Cursor 45:45°的小光标,正常的“×”形指针;

Tiny Cursor 45:45°微型指针:微型“×”形指针。

各种光标样式如图 2-39 所示。

(3) Mouse Wheel Configuration(鼠标滚轮设定)选项页。倘若使用者使用的是带有中间滚轮的鼠标,还需要对鼠标滚轮进行设置,使用鼠标滚轮可以大大方便原理图的操作。如图 2-40 所示,鼠标滚轮可对四个命令进行快捷操作,选中其中的复选框就可以设置滚动鼠标滚轮时必须配合的功能键。

①Zoom Main Window(绘图区主窗口的缩放):按住【Ctrl】键的同时向上滚动鼠标滚轮则图纸放大,向下滚动鼠标滚轮则图纸缩小。

②Vertical Scroll(图纸的垂直滚动):向上滚动鼠标滚轮则图纸向上移动,向下滚动鼠标滚轮则图纸向下移动。

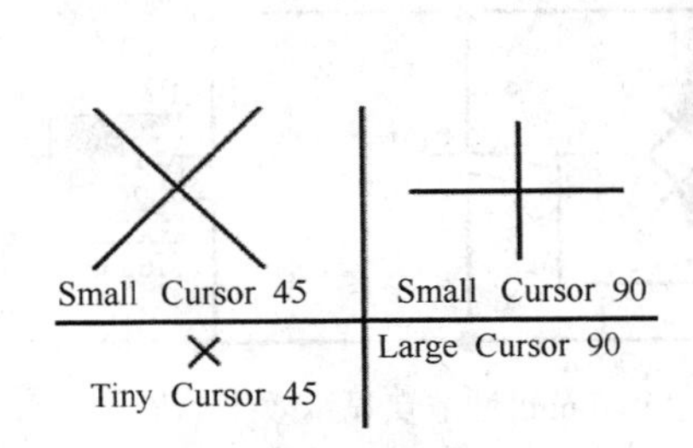

图 2-39　各种光标样式

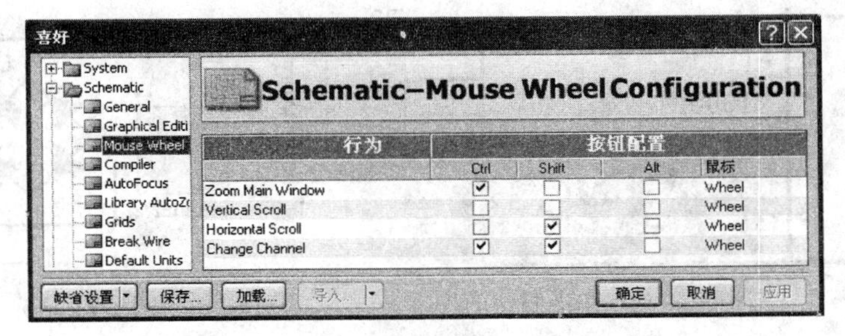

图 2-40　鼠标滚轮设置

③Horizontal Scroll(图纸的水平滚动):按住【Shift】键的同时向上滚动鼠标滚轮则图纸向左移动,向下滚动鼠标滚轮则图纸向右移动。

④Change Channel(通道切换):同时按住【Ctrl】键和【Shift】键并滚动鼠标滚轮则图纸在不同的通道之间进行切换。

(4)“Compiler”(编译器设定)选项页。编译器设置选项页主要负责编译时产生的错误和警告的提示以及节点样式的设定,如图 2-41 所示。

①“错误警告”(Errors&Warnings)区域。该区域设置不同等级的错误显示样式。错误信息主要分为三个等级,即 Fatal Error(致命错误)、Error(错误)和 Warning(警告)。在其后的“显示”(Display)复选框中可以设置该类型的错误是否在绘图区显示,显示的颜色在颜色框里面选择。图 2-42 就显示了器件由于编号重复导致的编译错误,将光标置于错误上并停留一段时间系统便会自动显

示错误的具体信息,如图 2-41 所示。

图 2-41　编译器设置选项

②"自动连接"(Auto-Junction):自动节点区域。该区域用于设置布线时系统自动产生的节点的样式,其中有线路节点"线上显示"(Display On Wires)和总线上的节点"总线上显示"(Display On Buses),可以分别设置节点的大小和颜色,如图 2-43 所示。

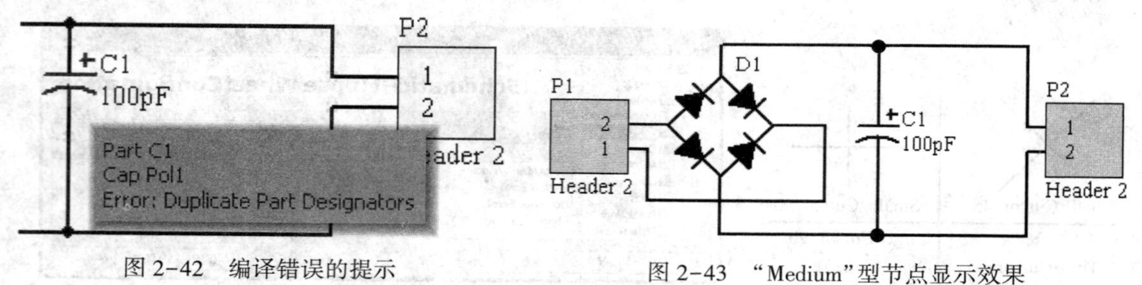

图 2-42　编译错误的提示　　　　图 2-43　"Medium"型节点显示效果

③"手动连接状态"(Manual Junctions Connection Status):手动添加节点连接状态显示。如图 2-44 所示,可以通过"放置"菜单的"手工节点"命令来手动添加电气节点,手动添加的电气节点可以无实际的电气连接,通过设定有电气连接的节点外显示圆晕来区分有无电气连接。本选项区域则用于设置这种状态圆晕的样式。

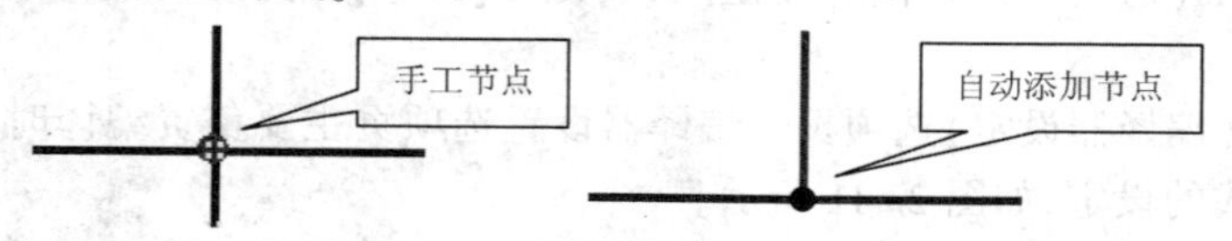

图 2-44　手动添加节点效果

④"编译名称扩展"(Compiled Names Expansion):主要用来设置要显示对象的扩展名。若选中相应的复选框后,如"指示者",则在电路原理图上会显示标志的扩展名。

(5)Grids(网格设定)选项页。网格设定选项页用于设定网格的显示方式,以及捕获网格、电气网格和可视网格的大小及颜色,如图 2-45 所示。

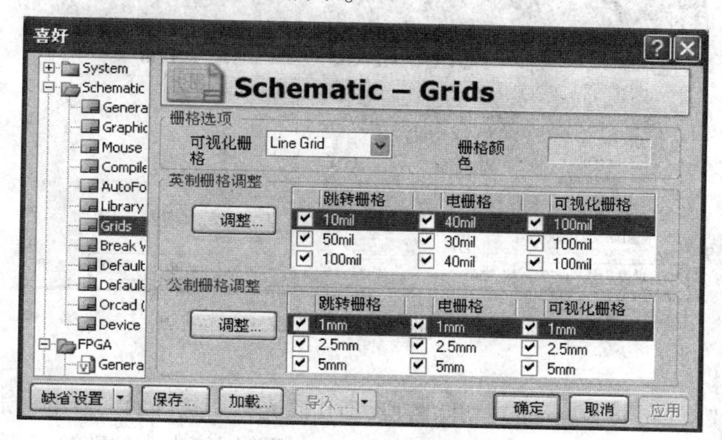

图 2-45 Grids(网格设定)选项页

①“栅格选项”(Grids Option)。网格选项里面的“可视化栅格”(Visible Grid)设置网格显示的样式,可以选择 Dot Grid(点网络)或是 Line Grid(线网络),后面的颜色框可以设置网络的显示颜色,如图 2-46 所示。

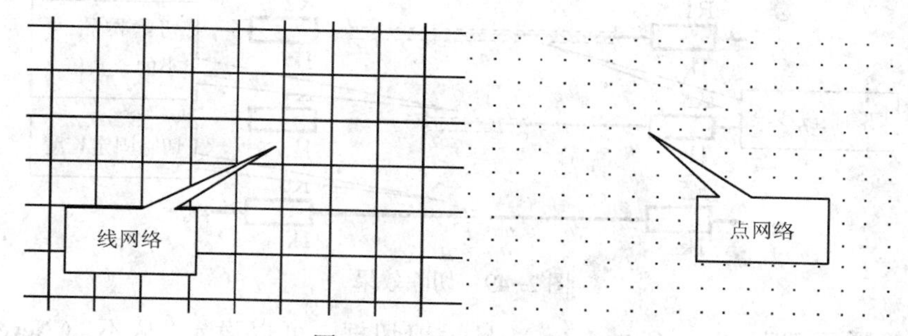

图 2-46 线网络与点网络

②“英制栅格调整”(Imperial Grid Presets):英制栅格预设项目。该区域设置预置的网格大小,在编辑中可以按快捷键【G】来进行不同大小网格的切换。在图 2-45 中可以看到,网格设置包括了“跳转栅格”(Snap Grid)即捕捉网格、“电栅格”(Electrical Grid)即电气栅格和“可视化栅格”(Visible Grid)即可视栅格。单击前面的“调整”(Presets)按钮弹出图 2-47 所示的选项框。其中包括了六组设置,可以选定其中的一组设置,在右边会详细显示该组设置的具体网格规格,在绘图时可按【G】键在不同的网格规格之间切换。

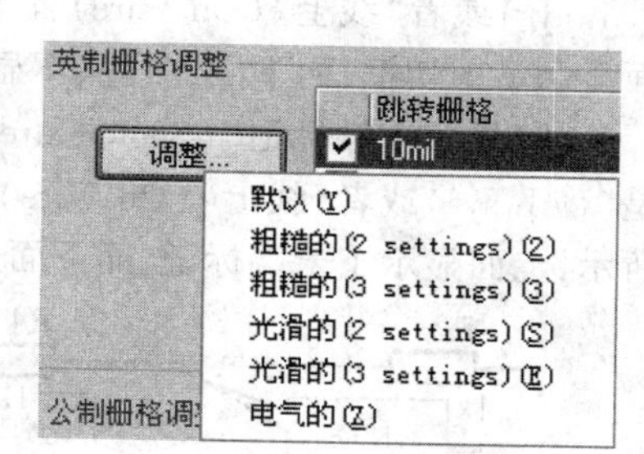

图 2-47 预设网格选项

③“公制栅格调整”(Metric Grid Presets):公制网格预设项目。该区域的设置与英制网格预设相同,只不过采用了公制单位。单击“调整”(Presets)按钮选定相应的设置,在绘图时就可以使用了。

(6)Break Wire(切线设定)选项页。切线顾名思义就是切断电气连线,选择“编辑”→“打破线”命令,就可以执行切线命令,在这里是对切线的尺寸以及样式进行设定,如图 2-48 所示。

①“切削长度”(Cutting Length):切线长度。即执行一次切线命令所截断的电气走线长度,有

图 2-48　Break Wire(切线设定)选项页

三个选项:

a."折断片断"(Snap to Segment):切除整段,即切除光标所选择的一段电气走线。

b."折断多重栅格尺寸"(Snap Grid Size Multiple):切除网格大小的整数倍,在其后的文本框中设置网格大小的倍数。

c."固定长度"(Fixed Length):切除固定长度,在后面的文本框中设置切除的长度。切除效果如图 2-49 所示,分别为切除整段线段、切除网格大小的 20 倍和切除固定长度为 10 的线段。

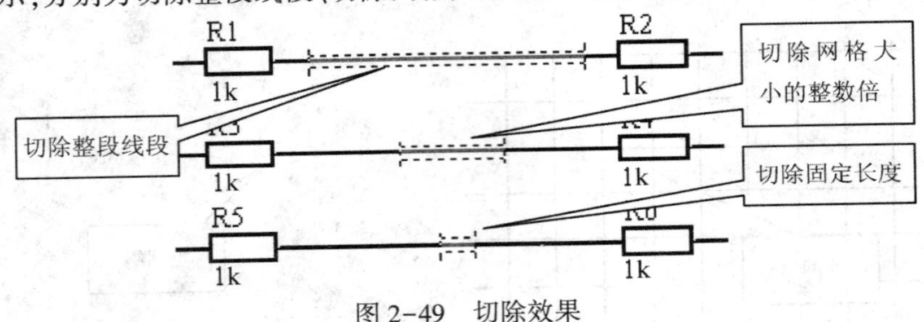

图 2-49　切除效果

②"显示箱形刀架"(Show Cutter Box):显示剪切框。可以设定"从不"(Never)、"总是"(Always)或者"线上"(On Wire)置于导线上时显示剪切框,剪切框的显示效果如图 2-50 所示,上面显示了剪切框,而下面选择从不显示。

③"显示末端标记"(Show Extremity Markers):显示末端标记。可以设定"从不"(Never)、"总是"(Always)或者"线上"(On Wire)置于导线上时显示末端标记,末端标记的显示效果如图 2-51 所示,上面显示了末端标记,而下面选择从不显示。

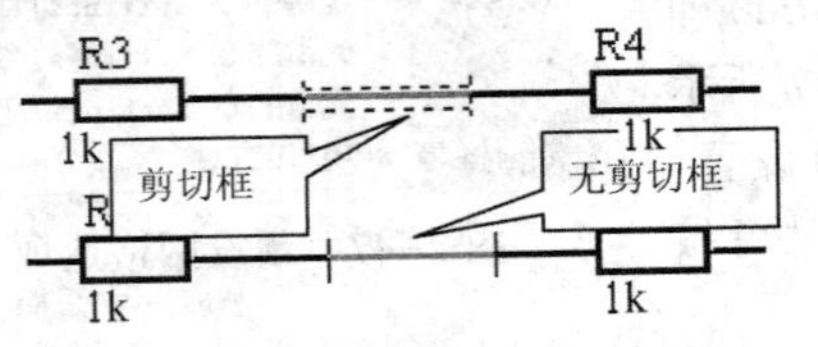

图 2-50　剪切框的显示效果

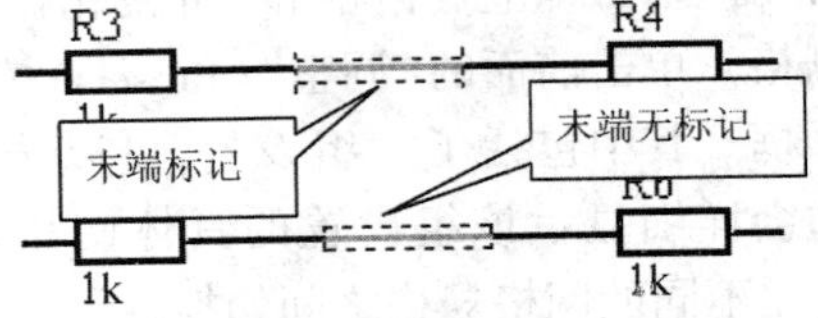

图 2-51　显示末端标记效果

(7)Default Units(默认单位设定)选项页。系统的单位设定主要是指采用英制系统还是公制系统,可以在图 2-52 所示的选项页中选定英制系统或是公制系统,并在下拉列表框中选择系统的单位大小;下面的"单位系统"(Unit System)显示了当前系统所采用的单位制。详细的单位设置可参考原理图"文档选项"的"单位"选项卡参数设置,在此就不详细论述。

(8)Default Primitives(默认图件参数设定)。默认图件参数设定是用来设置编辑原理图放置图

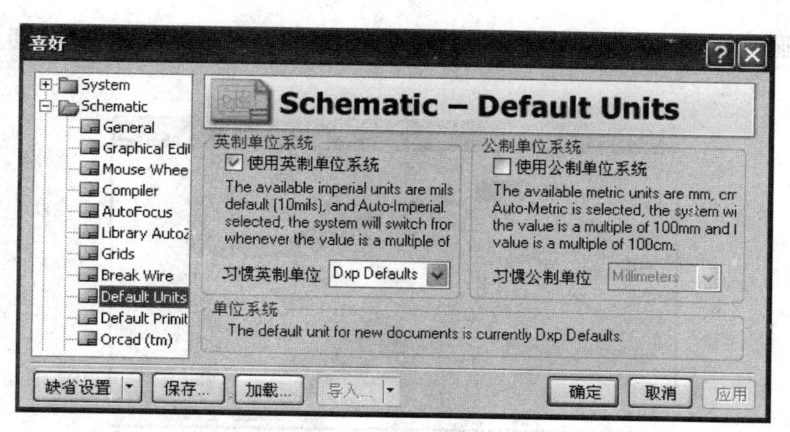

图 2-52　Default Units(默认单位设定)选项页

件时图件的默认参数的,如图 2-53 所示。“原始列表”(Primitives List)为图件的分类表,单击该下拉列表框按钮可看到图 2-54 所示的图件的分类,选择相应的分类,则在下面的“原始的”(Primitives)列表框中显示该分类所有的图件,“All”选项为显示全部图件。

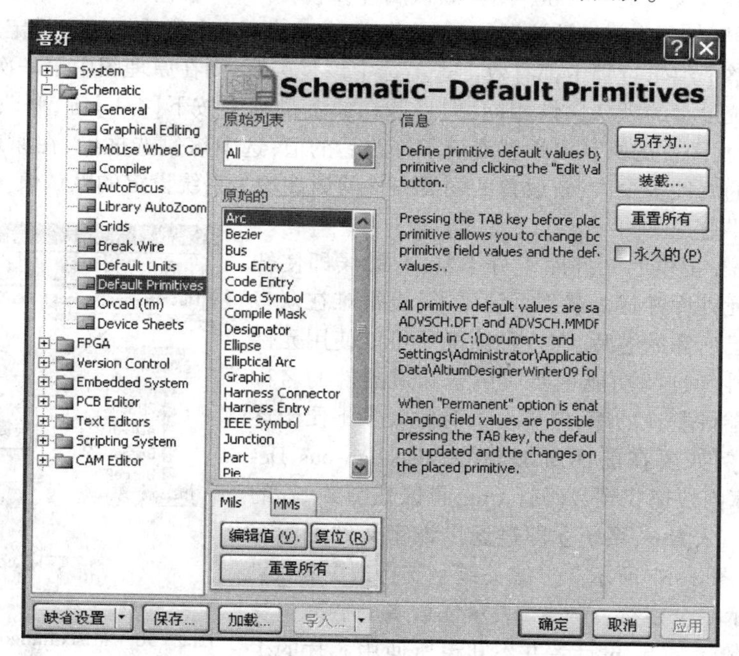

图 2-53　Default Primitives(默认图件参数设定)选项页

在“原始的”(Primitives)列表框中选择相应的图件,双击或是单击下面的“编辑值”(Edit Values)按钮打开图件默认属性设置对话框。例如双击“Arc”选项打开图 2-55 所示的 Arc(圆弧)默认属性对话框,该对话框与布线时按下【Tab】键所显示 的属性对话框相同,只不过这里设置的是放置图件时的默认属性。

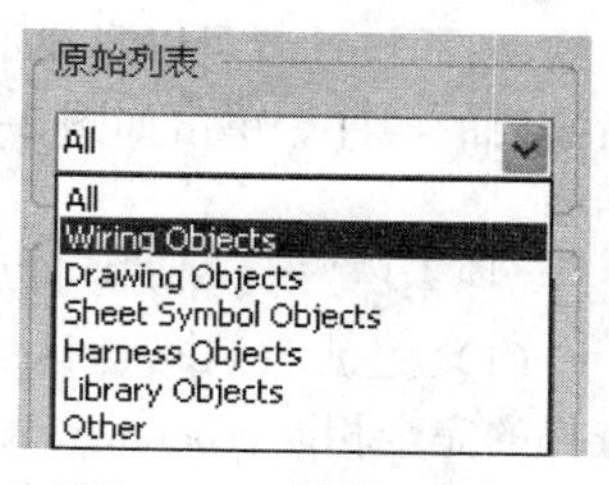

图 2-54　图件的分类

下方还有“复位”(Reset)、“重置所有”(Reset All)两个按钮。“复位”(Reset)按钮用于复位选中的图件,“重置所有”(Reset All)按钮则是复位英制或者公制单位下所有图件属性。另外,还可以分别对 Mils(英制)和 MMs(公制)下的默认参数分别设定。

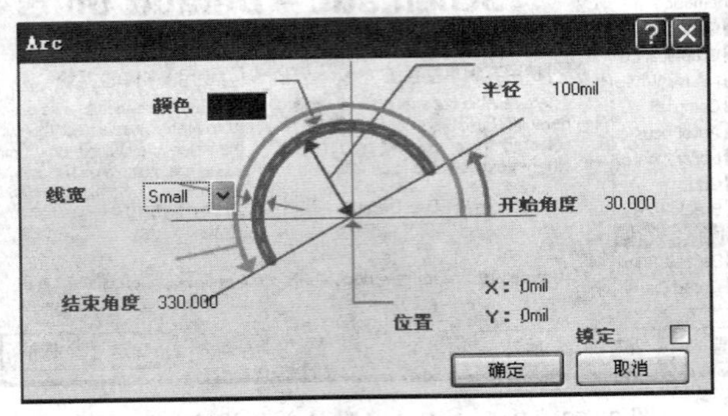

图 2-55　Arc 默认属性对话框

图 2-53 中间的“信息”(Information)选项显示了图件操作的相关帮助信息。右方有三个按钮,其中“另存为”(Save as)按钮可将当前的图件默认属性设置保存为“ *. dft”文件。同理,“装载”(Load)按钮可以载入现成的“ *. dft”图件默认属性设置文件。“重置所有”(Reset All)按钮则是复位所有图件,包括英制和公制的默认属性。“永久的”(Permanent)复选框用于设定默认参数的改变是否在原理图的整个编辑过程中都有效。若不选中该复选框,则在原理图中第一次放置该图件时,图件的属性与系统设置的默认属性相同,但是若在放置过程中按下【Tab】键,修改图件属性后,下次放置同类图件时,图件的默认属性就变成了修改后的值;选中该复选框后,在原理图的绘制过程中不论修改图件的属性多少次,新放置的同类图件的属性均为系统设定的默认值。

4. 原理图元件的查找

Altium Designer 提供的元件库十分丰富,有时候即使知道了芯片所在的元件库并且加载到系统中了,也很难在众多的元件中找到自己所需的芯片,在这种情况下可以使用元件筛选的功能。元件筛选的功能主要应用于知道器件的名称并且已经载入该器件所在的库,但是由于器件太多不便于逐个查找的情况。例如要在前面所加载的 Miscellaneous Device. IntLib 元件库内快速找到数码管 Dpy,可以在图 2-56 的关键字过滤栏中填入 Dpy,系统立即过滤出该库文件中所有的数码管 Dpy,如图 2-57 所示。过滤关键字支持通配符“?”和“ * ”。“?”表示一个字符,而“ * ”表示任意多个字符。

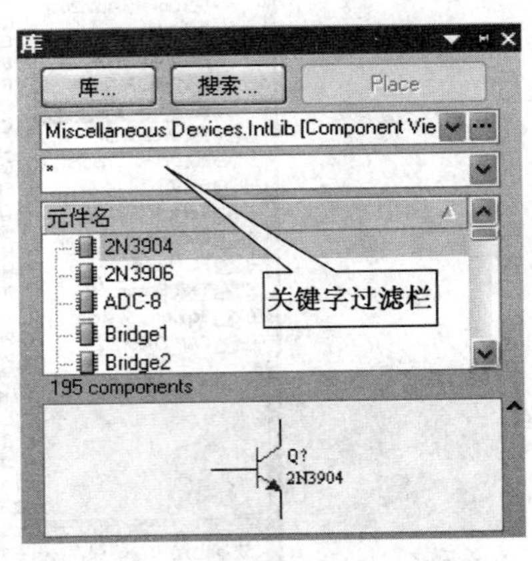

图 2-56　Miscellaneous Device.IntLib 元件库

可能在大多数情况下,设计者并不知道所使用芯片的生产公司和分类,或者系统元件库中根本就没有该器件的原理图模型,而设计者可以寻找不同公司生产的类似元器件来代替,这就需要在系统元件库中搜寻自己所需要的器件。单击如图 2-57 所示库面板上部的“搜索”按钮,进入图 2-58 所示的“搜索库”对话框。

“搜索库”对话框中可以设定搜索条件和搜索范围等内容,下面分别介绍:

(1)“过滤”(Filters)区域。在该区域的“运算符”(Operator)区域内有四个选项:equals,表示与查找的完全相同;contains,表示其中部分相同;starts with,表示前部相同;ends with,表示尾部相同。选择 contains 选项。在“值”(Value)域添加所要查找的元件,如 SN74LS138D,“域”(Field)不用改。

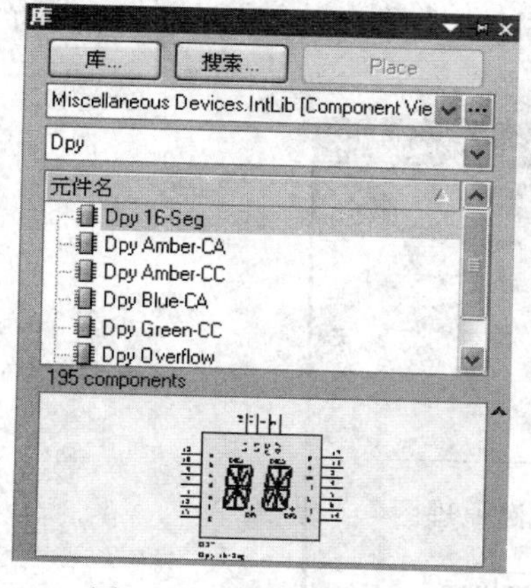

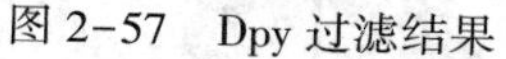
图 2-57　Dpy 过滤结果

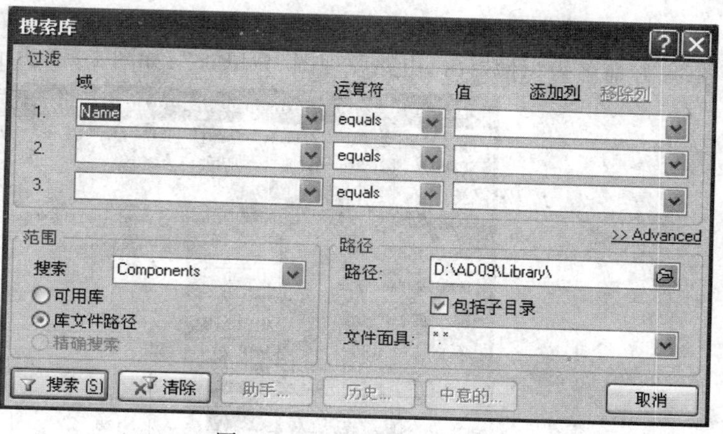

图 2-58　“搜索库”对话框

(2)“范围”(Scope)区域:

①“搜索”(Search in)用来设定搜索的类型,是搜索 Components(元件)、FootPrints(封装)、3D Models(3D 模型),还是 Database Components(数据库元件)。当然本次任务是搜索 Components(元件)。

②“可用库”(Available Libraries)单选按钮,选中该单选按钮,系统会在已经加载的元件库中查找。

③“库文件路径”(Libraries on Path)单选按钮,选中该单选按钮,系统会按照设置的路径进行查找。

④“精确搜索”(Refine Last Search)单选按钮,选中该单选按钮,系统会在上次查询结果中进行查找。

(3)“路径”(Path)区域:

①设定搜索的路径,只有选中“库文件路径”(Libraries on Path)单选按钮,在指定路径中搜索后才需要设置此项。通常将路径设置为“C:\Program Files\ Altium Designer Winter 09\Library”即 Altium Designer Winter 09 的默认库文件夹。

②“包括子目录”(Include Subdirectories)复选框,是指在搜索过程中还要搜索子文件夹。

③“文件面具”(File Mask),文件过滤用来设定搜索的文件类型,可以设定为“ *. PcbLib”PCB 封装库文件、“ *. SchLib”原理图元件库文件或“ *. * ”所有文件等。

(4)“搜索”(Search)按钮。设置好搜索条件后,单击“搜索”(Search)按钮系统将关闭元件搜索对话框,并在“库”(Libraries)面板中显示搜索的结果。

(5)“清除”(Clear)按钮。用于清空搜索条件框中的搜索条件,以便进行下一次全新的搜索。

(6)“助手”(Helper)按钮,搜索助手。单击该按钮弹出搜索助手对话框。搜索助手是用来辅助生成搜索条件的。同样也由若干部分组成。

(7)“历史”(History)按钮,搜索历史。单击该按钮弹出搜索历史对话框,框中列出了以前搜索过的条件。

(8)“中意的”(Favorites)按钮,喜好管理。单击该按钮弹出喜好收藏管理对话框。设计者可将自己的搜索喜好加入到该收藏管理器中以便方便调用。

5. 绘制计数译码电路原理图

了解了对原理图的环境参数如何进行设置,现在开始绘制图 2-1 所示计数译码电路。

(1)首先在硬盘上建立一个“计数译码电路”的文件夹,然后建立一个“计数译码电路

. PrjPCB"项目文件并把它保存在"计数译码电路"的文件夹下,新建一个原理图,自定义原理图的图纸,并命名为"计数译码电路原理图 . SchDoc",如图 2-59 所示。

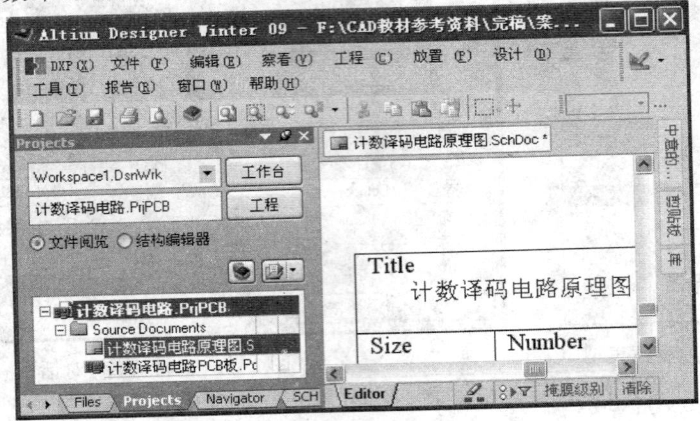

图 2-59　原理图图纸

(2)在原理图上任意位置右击,在弹出的快捷菜单中选择"选项"→"文档选项"命令,弹出"文档选项"对话框,设置图纸为 A4 图纸;在"参数"页设置参数 Title 的"值"为"计数译码电路原理图",并使其显示在图纸标题栏的 Title 栏;在"单位"页,默认为英制单位。

(3)放置元件。计数译码电路元件表如表 2-3 所示。

表 2-3　计数译码电路元件表

说明	编号	封装	元件名称
电阻	R2、R3、R4、R5、R6、R7、R8、R9	AXIAL-0. 3	Res2
电容	C2	RAD-0. 1	Cap
连接器	P1、P2	HDR1X2	Header 2
发光二极管	D2、D3、D4、D5、D6、D7、D8、D9	DIODE-0. 4	LED3
双 D 触发器	U1、U2	DIP-14	SN74LS74AD
3 线-8 线译码器	U3	DIP-16	SN74LS138D

①放置电阻、电容、发光二极管及连接器。电阻、电容及发光二极管在通用元件集成库 Miscellaneous Device. IntLib 中。连接器在连接器集成库 Miscellaneous Connectors. IntLib 中。

单击工作区右侧的"库"按钮,打开库面板。在库名下拉列表中选择通用元件集成库 Miscellaneous Device. IntLib,在元件过滤器输入电阻名(局部或全部)"Res",选择"Res2"选项,如图 2-60 所示。单击"Place Res2"按钮或双击电阻名"Res2",光标上附着电阻。此时,按下【Tab】键,弹出"元件属性"对话框,如图 2-61 所示。"标识"设置为 R2,取消选中注释中的"可见的"复选框,阻值保持不变,将封装修改为 AXIAL-0. 3(参考项目一的知识)。然后单击"确定"按钮按顺序放置电阻 R2、R3、R4 等,电阻号会自动增加。当然也可先放置电阻,然

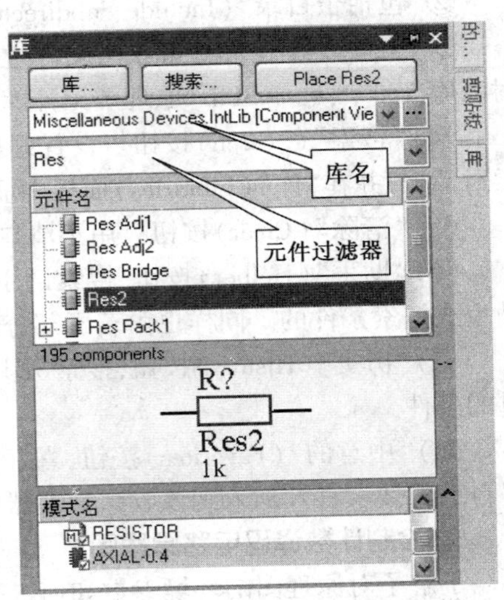

图 2-60　元件库面板

后双击元件，打开“元件属性”对话框后修改属性，绘图速度较慢。

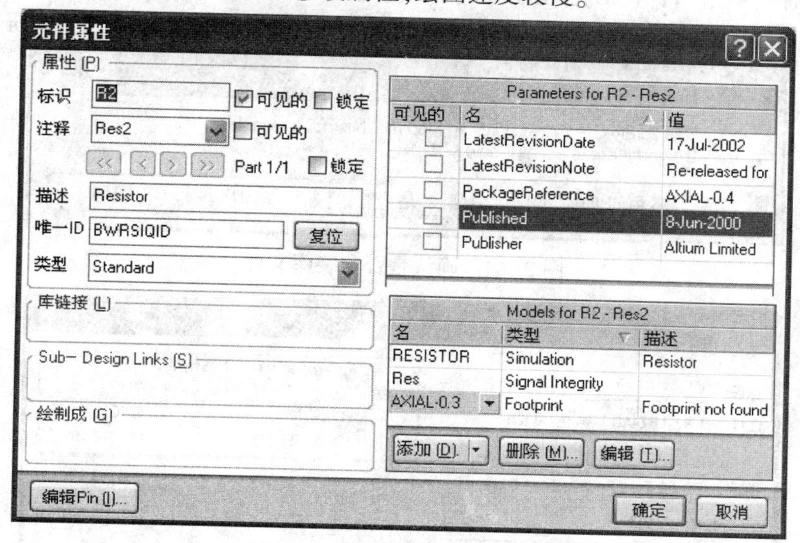

图 2-61　“元件属性”对话框

用同样的方法放置电容、发光二极管及连接器。

②放置双 D 触发器（SN74LS74AD）及 3 线-8 线译码器（SN74LS138D）。Altium Designer 为了管理大量的电路标识，电路原理图编辑器提供了强大的库搜索功能。首先在库面板查找 SN74LS74AD 和 SN74LS138D 两个元件，并根据需要加载相应的库文件。

首先来查找型号为 SN74LS74AD 的元件。单击库面板标签，显示库面板。在库面板中单击“搜索”按钮，或选择“工具”→“发现器件”命令，打开“搜索库”（Libraries Search）对话框，将“运算符”（Operator）区域内选项改为 contains，在“值”（Value）域添加 SN74LS74AD，如图 2-62 所示。

单击“搜索”按钮开始查找。搜索启动后，搜索结果如图 2-63 所示。

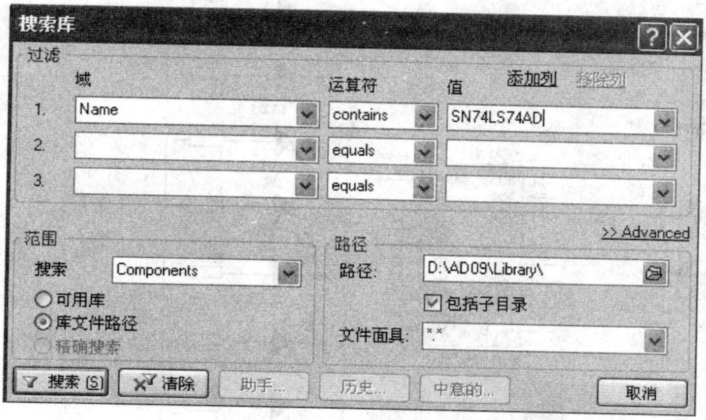

图 2-62　“搜索库”对话框

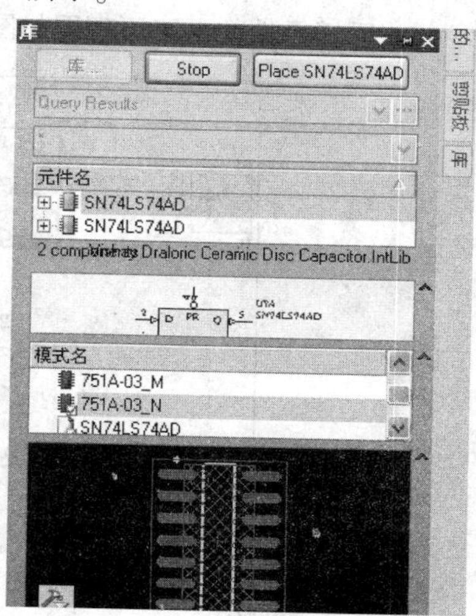

图 2-63　搜索结果

单击 PlaceSN74LS74AD 按钮，弹出 Confirm 对话框，如图 2-64 所示。确认是否安装元件 SN74LS74AD 所在的库文件 TI Interface Display Driver. IntLib，单击“是”（Yes）按钮，即安装该库文件；

若不需要安装该库，单击“否”(NO)按钮。光标上附着元件。此时，按下【Tab】键，弹出“元件属性”对话框如图 2-65 所示。“标识”设置为 U1，将封装修改为 DIP-14。然后单击“确定”按钮，放置元件。

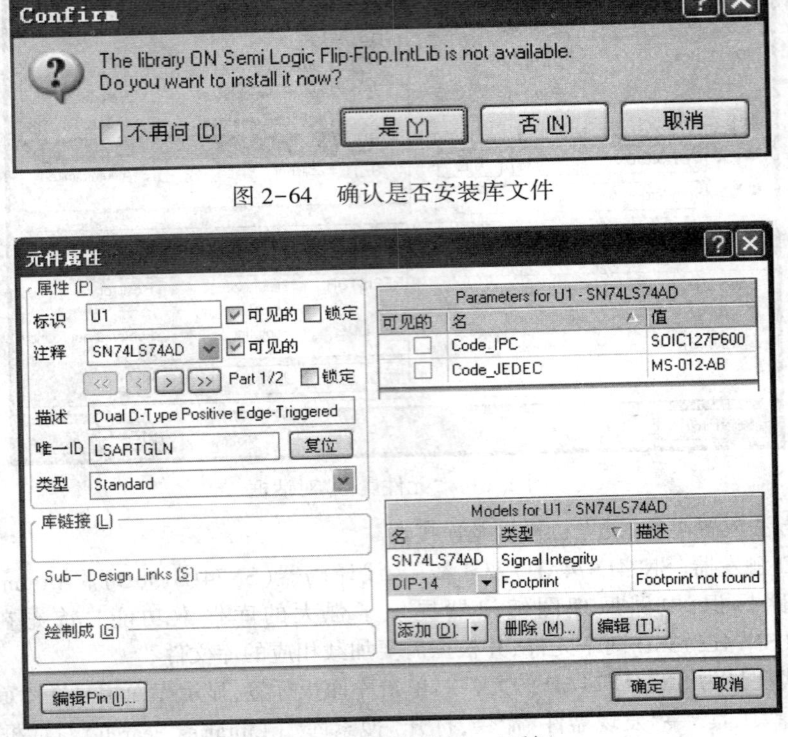

图 2-64　确认是否安装库文件

图 2-65　“元件属性”对话框

用以上方法查找并放置 SN74LS138D。

放置好元件的电路原理图如图 2-66 所示。

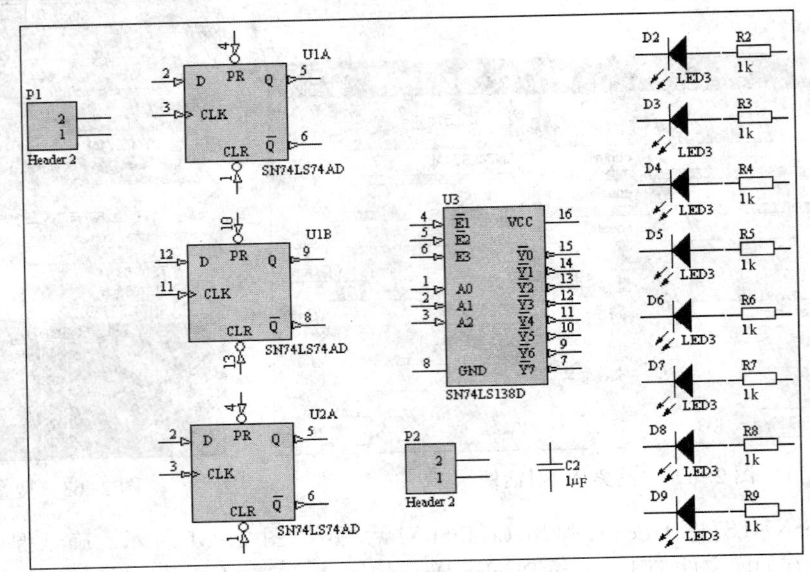

图 2-66　放置好元件的电路原理图

(4)原理图对象的编辑:

①元件的排列与对齐。在布置元件时,为使电路图美观及连线方便,应将元件摆放整齐、清晰,这就需要使用 Altium Designer Winter 09 中的排列与对齐功能。

a. 元件的排列。首先选中要排列的元件,然后选择"编辑"→"对齐"子菜单中的一个命令,执行元件的排列,如图 2-67 所示。子菜单包括:"左对齐"、"右对齐"、"水平中心对齐"、"水平分布"、"顶对齐"、"底对齐"、"垂直中心对齐"、"垂直分布"和"对齐到栅格上"等命令。

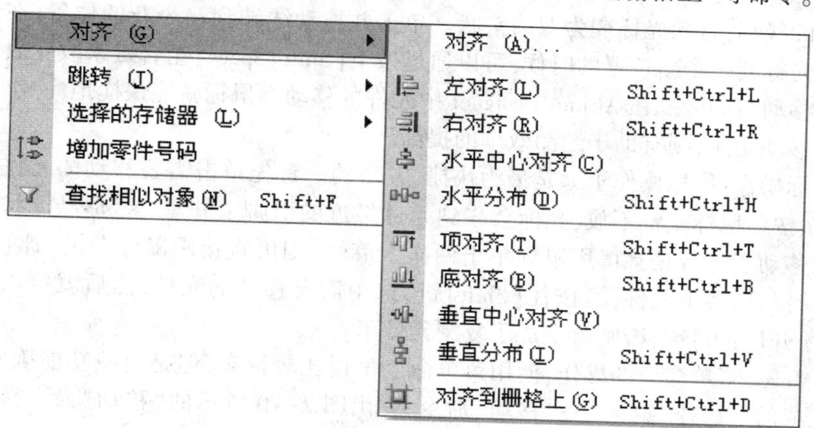

图 2-67　"对齐"子菜单

b. 元件的对齐。选择"编辑"→"对齐"→"对齐"命令,弹出图 2-68 所示的"排列对象"对话框。

选中相应的单选按钮,执行相应的排列命令,作用与上面"对齐"子菜单相同。

②对已有导线的编辑。对已有导线的编辑可有多种方法:移动线端、移动线段、移动整条线或者延长导线到一个新的位置。设计者也可以通过双击导线,打开"线"(Wire)对话框,对其中的"顶点"(Vertices)线端进行编辑、添加或者移除,如图 2-69 所示。

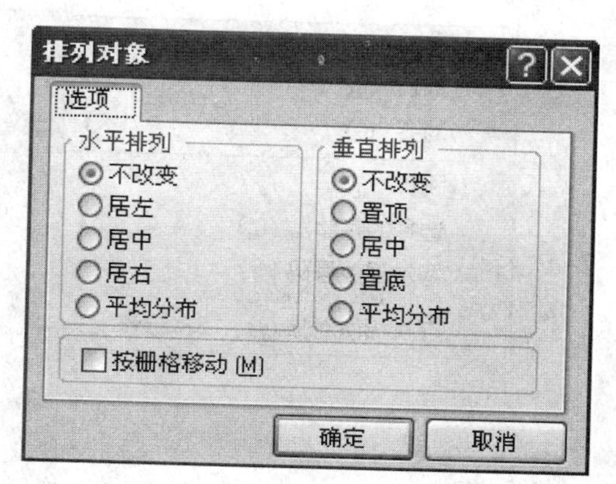

图 2-68　"排列对象"对话框

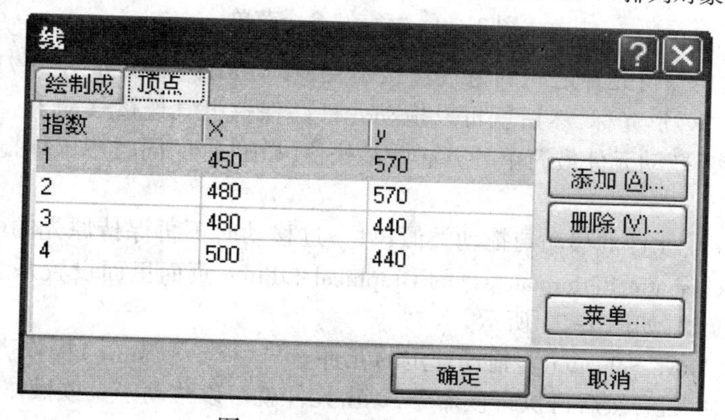

图 2-69　对线端进行编辑

a. 移动线端。要移动某一条导线的线端，应该先选中它。将光标定位在设计者想要移动的那个线端，此时光标会变为双箭头状；然后单击并拖动该线端到一个新的位置即可。

b. 移动线段。设计者可以对线的一段进行移动。先选中该导线，并移动光标到用户要移动的那一段上，此时光标会变为十字箭头状；然后单击并拖动该线段到一个新的位置即可。

c. 移动整条线。要移动整条线而不改变它的形状，单击并拖动它之前请不要选中它。

d. 延长导线到一个新的位置。已有的导线可以延长或者补画。选中导线并将光标定位在设计者需要移动的线端，直到光标变为双箭头状。单击并拖动线端到一个新的位置，在新位置单击。在设计者移动光标到一个新位置的时候，可以通过按下【Shift+Space】组合键来改变放置模式。

③元件的移动与旋转。在 Altium Designer 中元件的移动靠鼠标就能快捷地完成。若熟悉了系统提供的其他移动功能，则有助于绘图效率的提高。

移动的鼠标操作：鼠标操作永远是最为快捷、方便的。首先单击需要移动的元件，使元件处于选中状态，再次按住鼠标左键不放，光标会移到元件最近的引脚上并呈“×”形悬浮状，此时就可以抓住元件随意移动了。若是觉得用鼠标单击两次太麻烦，则可直接用鼠标左键“抓住”元件，即可移动。要是同时移动多个元件，可按住【Shift】键，选中需要移动的元件，然后就可以移动元件了。移动时，需要松开【Shift】键，否则就变成了复制元件了。

“移动”（Move）菜单命令的操作：使用菜单命令虽说比较繁杂，但是有些功能确实是简单的鼠标操作难以完成的。选择“编辑”→“移动”命令，弹出图 2-70 所示的“移动”命令菜单，下面来详细介绍个命令功能：

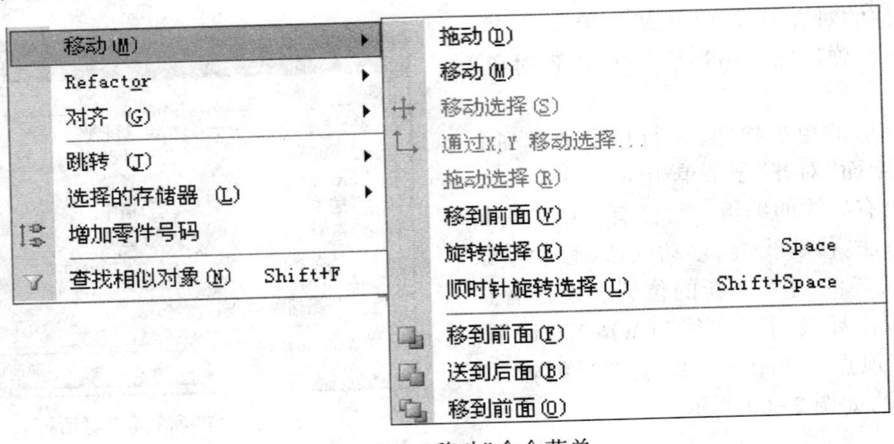

图 2-70 “移动”命令菜单

a. “拖动”（Drag）：保持元件之间的电气连接不变，移动元件位置，如图 2-71 所示。选择该命令后，光标上浮动着“×”形光标，然后就可以拖动元件并保持电气连接移动了。拖动完成后右击，退出拖动状态。其实，拖动元件最简单的方法就是按住【Ctrl】键的同时用鼠标拖动器件，实现不断线拖拽动

b. “移动”（Move）：元件的移动与拖动类似，只不过移动时不再保持原先的电气连接。可以在“原理图优选项”（Schematic Performances）的 Graphical Editing 页面里面设置系统默认鼠标按住器件移动是移动还是拖动，如图 2-71 所示。

c. “移动选择”（Move Selection）：拖动选定的元件。与“移动”（Move）操作类似，只不过先要使移动的元件处于选中状态，然后再执行该命令，单击元件就可以移动了。该操作主要用于多个元件

的移动。

d."通过 X,Y 移动选择"(Move Selection by X,Y):将元件移动到指定的位置。执行该命令首先要选中需要移动的元件,选择该命令后,弹出图 2-72 所示的对话框,在框中填入所需移动的距离,如 X 表示水平移动,右方向为正;Y 表示垂直移动,上方向为正,最后单击"确定"按钮,元件即移动到指定位置。

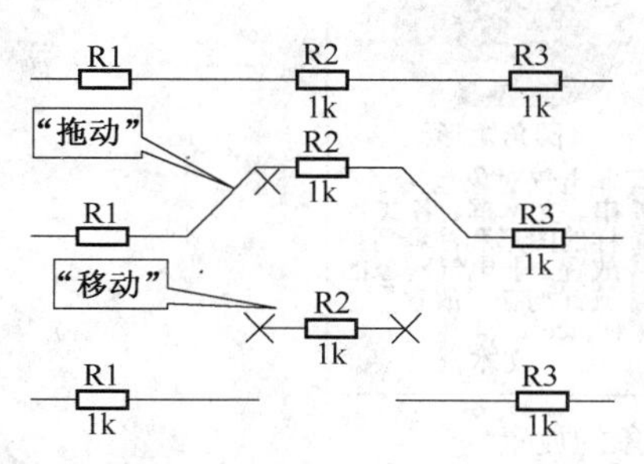

图 2-71　元件的拖动与移动

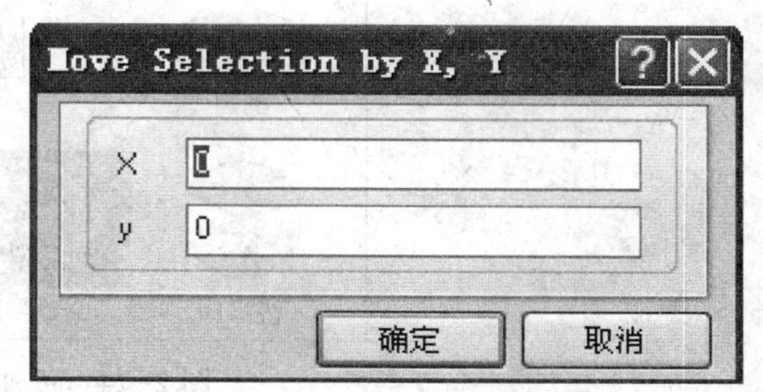

图 2-72　"通过 X,Y 移动选择"(Move Selection by X,Y)对话框

e."拖动选择"(Drag Selection):拖动选中对象。该操作与"拖动"(Drag)类似,在移动过程中保持电气连接不变。

放置非电气对象:非电气对象包括字符串、文本框、各式各样的图形和注释等的放置。非电气对象的放置均在"放置"(Place)菜单下,也可以单击实体工具栏的" "按钮,弹出图 2-73 所示的放置非电气对象菜单。这些对象并没有任何的电气意义,但是可以增加电路图的可读性。

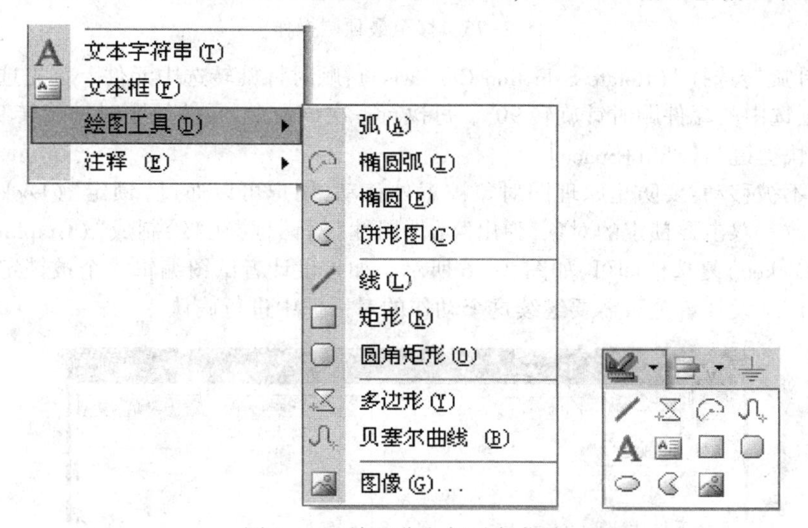

图 2-73　放置非电气对象菜单

各种非电气对象的放置如图 2-74 所示,双击它们可以打开相应的属性对话框进行修改。

f."移到前面"(Move to Front):移至最顶层。该操作是针对非电气对象的,如图 2-75 所示,圆角矩形的图形与矩形相重叠,圆角矩形置于顶层,要将矩形移至绘图区的顶层。选择"移到前面"命令,单击矩形,矩形就移至绘图区的最顶层,此时矩形仍处于浮动状态,可移动鼠标将矩形移动到绘图区的任何位置。

g."旋转选择"(Rotate Selection):逆时针旋转选中元件。首先选中对象,然后执行该命令,则

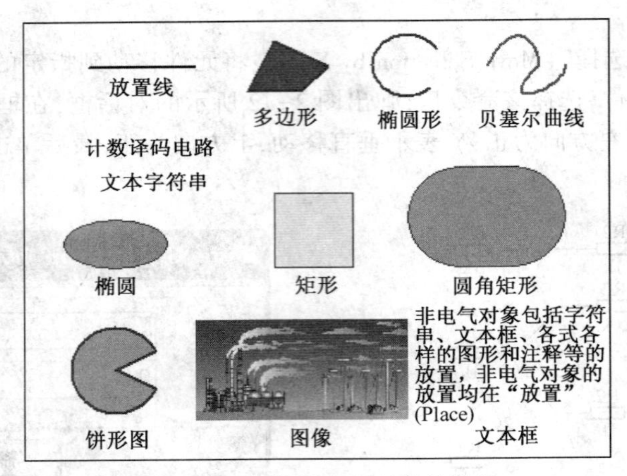

图 2-74　各种非电气对象的放置

选中的元件逆时针旋转 90°。每执行一次该命令，元件便逆时针旋转 90°，可多次执行。该命令的快捷键为键盘的【Space】键。

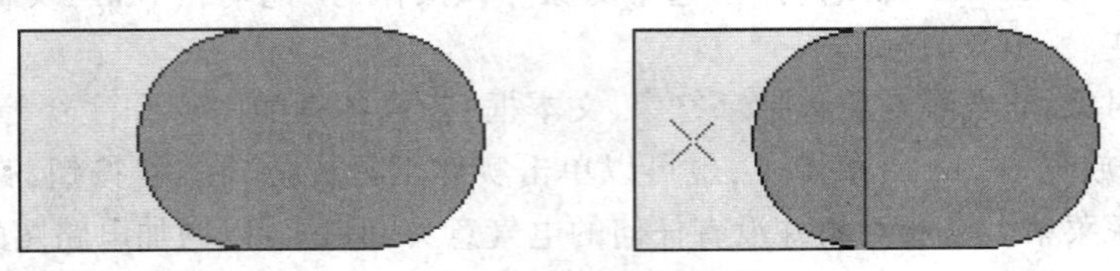

图 2-75　移至最顶层操作

h. “顺时针旋转选择”(Rotate Selection Clockwise)：顺时针旋转选中元件。首先选中对象，然后执行该命令，则选中的元件顺时针旋转 90°。每执行一次该命令，元件便顺时针旋转 90°，可多次执行。该命令的快捷键为【Shift+Space】。

锁定对象不被移动：要防止原理图对象被意外移动，用户可以通过“锁定”(Locked)属性来保护它们不被修改。双击要锁定的对象，弹出“元件属性”对话框，在“绘制成”(Graphical)选项区中选中“锁定”(Locked)复选框即可，如图 2-76 所示。如果设计者试图编辑一个被锁定的设计对象，需要在弹出的询问设计者是否需要继续这个动作的对话框中进行确认。

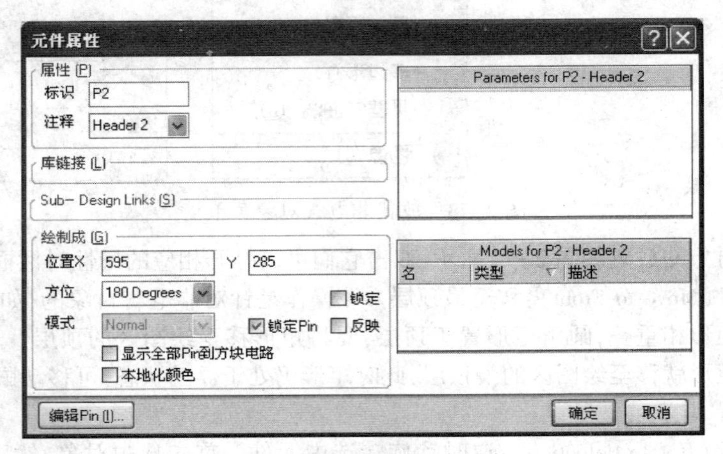

图 2-76　选中“锁定”复选框

提示：如果“优先选项(喜好)”(Preference)对话框下的“Schematic→Graphical Editing”页面中的“保护锁定的对象”(Protect Locked Object)复选框被选中，则对对象的移动不会有效，同时不会有任何确认提示。当设计者试图选择一系列包括被锁定对象在内的对象时，被锁定的对象将不能被选中。

④当绘制的导线起点和终点不在一条水平或垂直线上时，导线会转弯以便垂直走线，但是在一条导线的绘制过程中系统只会自动转弯一次，要想多次转弯，可在转弯处单击，形成一个节点。系统有多种走线模式，其中有垂直水平直角模式、45°布线模式、任意角度模式和自动布线模式，如图2-77所示。各种模式之间可按【Shift+Space】键切换，在使用其中一种模式布线时又可按空格键改变转弯的方向。

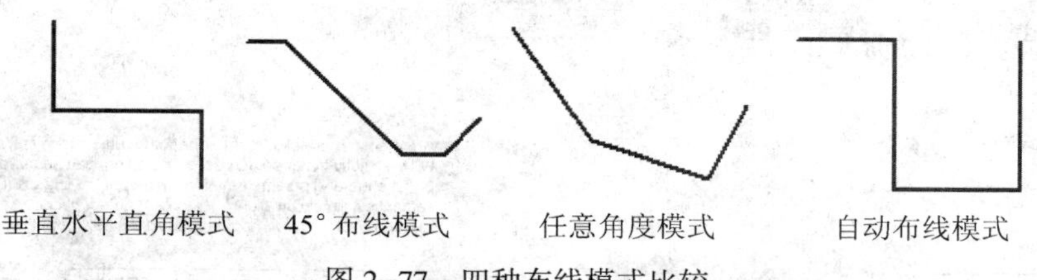

图2-77 四种布线模式比较

(5)使用复制和粘贴。在原理图编辑器中，用户可以在原理图文档中或者文档间复制和粘贴对象。例如，一个文档中的元件可以被复制到另一个原理图文档中。设计者可以复制这些对象到Windows剪贴板，再粘贴到其他文档中。文本可以从Windows剪贴板中粘贴到原理图文本框中。用户还可以直接复制、粘贴诸如Microsoft Excel之类的表格型内容，或者复制任何栅格型控件到文档中。通过智能粘贴可以获得更多的复制/粘贴功能。

选择设计者要复制的对象，选择“编辑”→“拷贝”命令【Ctrl+C】和单击以设定粘贴对象时需要精确定位的那个复制参考点。

提示：如果“优先选项”(Preference)对话框下的Schematic→Graphical Editing页面中的“剪贴板参数”(Clipboard References)复选框被选中，设计者被提示单击一次来设置参考点。

(6)标注和重标注。原理图设计中每一个元件的标号都是唯一的，倘若标注重复或是未定义，则系统编译都会报错。但是Altium Designer在放置元件时，元件的默认都是未定义状态，即“字母+?”，例如芯片的默认标号为“U?”、电阻为“R?”、电容为“C?”，用户需要为每个元件重新编号。当然，设计者可以为每一类的第一个元件编号，然后其他同类的元件系统会自动递增编号，但是元件一多难免也会出现错误。其实，最好的解决方法是在原理图编辑完成后，利用系统的Annotate工具统一为元件编号。

Altium Designer提供了一系列的元件标注命令，选择“工具”(Tools)菜单栏，在展开的菜单中有各种方式的元件标注命令，如图2-78所示，其实各命令都是以“注解”(Annotate Schematic)命令为基础的，并在此基础上进行简化或者应用于不同的范围。下面先详细介绍“注解”命令的应用。

选择“注解”命令，弹出图2-79所示的元件标注工具对话框，下面来分别介绍各选项的意义。

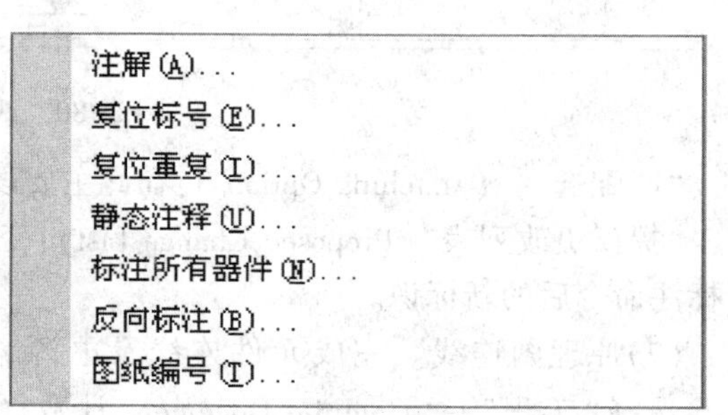

图2-78 元件标注命令

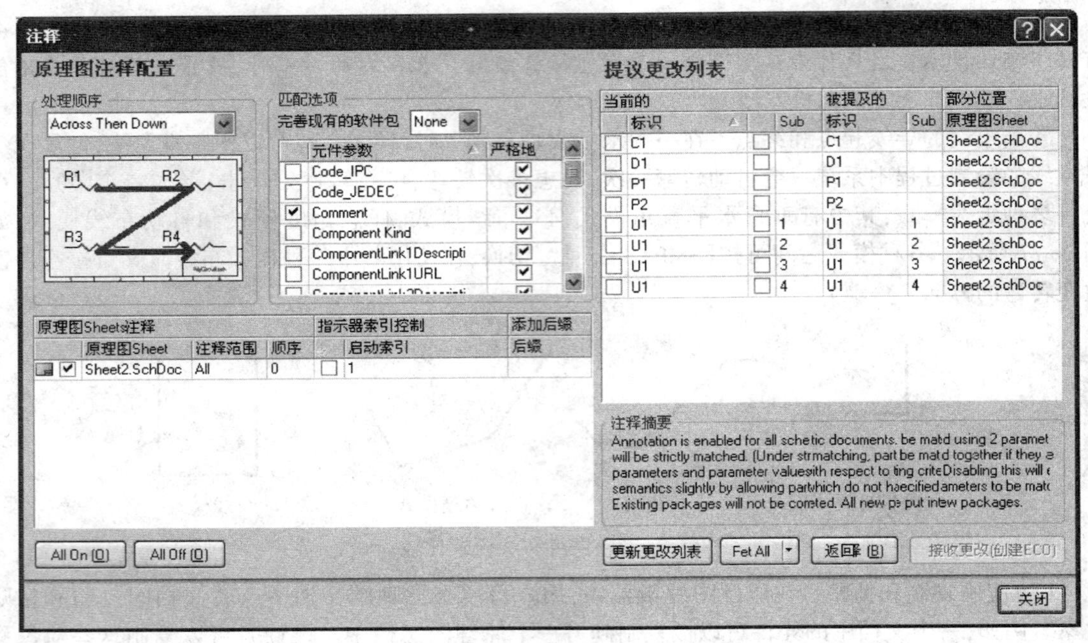

图 2-79　元件标注工具对话框

“处理顺序”(Order of Processing):排序执行顺序。即元件编号的上下左右顺序,Altium Designer 提供了四种编号顺序:

Up Then Across:先由下而上,再由左至右;

Down Then Across:先由上而下,再由左至右;

Across Then Up:先由左至右,再由下而上;

Across Then Down:先由左至右,再由上而下。

四种排序的顺序如图 2-80 所示。

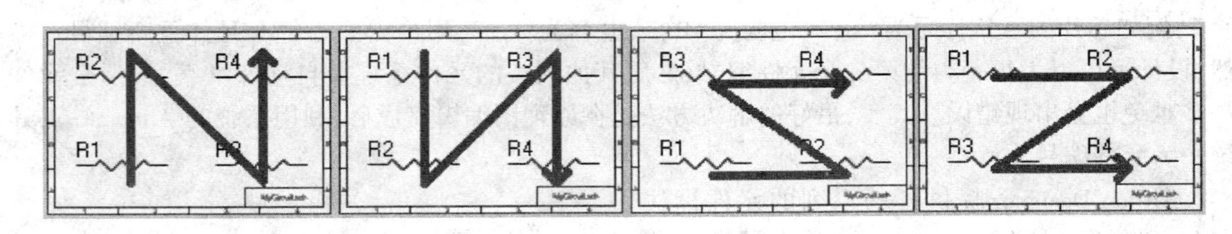

图 2-80　四种排序的顺序

“匹配选项”(Matching Options):在此主要设置复合式多模块芯片的标注方式。

“提议更改列表”(Proposed Change List):变更列表。在该区域内列出了元件的当前标识和执行标注命令后的新标识。

(7)原理图连线。完成元件连线及电源、接地符号的计数译码电路原理图如图 2-81 所示。选择“工程”→“Compile Docement 计数译码电路原理图 . SchDoc”命令,对完成的电路进行检查。

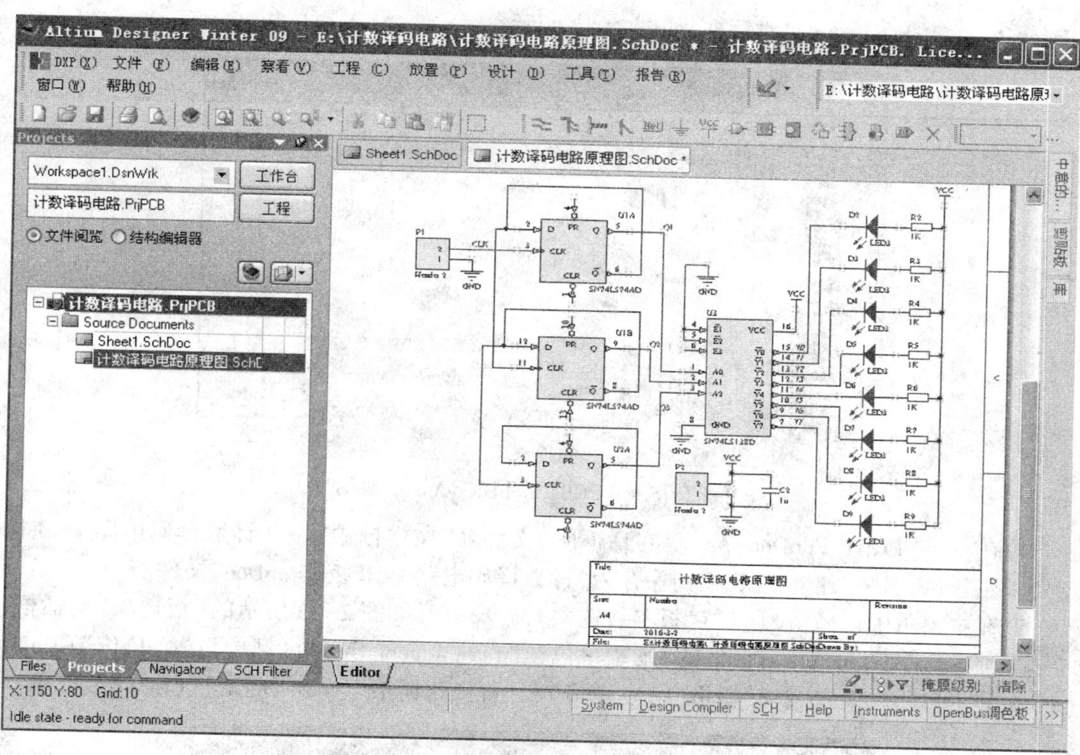

图 2-81　计数译码电路原理图 . SchDoc

任务二　计数译码电路 PCB 设计

任务描述

本任务是在完成计数译码电路原理图设计后，手动创建 PCB，用自动布线方式完成计数译码电路 PCB 设计并进行 3D 显示。通过本任务的学习，掌握手动创建 PCB 的方法；熟悉可视栅格、跳转栅格、电气栅格等板参数选项设置；熟悉元件封装的布局、排列及封装调整；了解 PCB 设计规则；掌握常用 PCB 规则设置；掌握 PCB 自动布线、调整布线方法及布线策略设置；会进行布线规则检查；会在 3D 模式下查看 PCB 设计整体情况。

任务实现

1. 创建 PCB 文档

在项目一中介绍了用 PCB 向导产生空白 PCB 轮廓的方法。本任务将介绍另一种方法产生空白的 PCB。

(1)启动 Altium Designer，打开"计数译码电路 . PrjPCB"的项目文件，再打开"计数译码电路原理图 . SchDoc"的原理图。

(2)产生一个新的 PCB 文件。方法如下：选择"文件"→"新建"→"PCB"命令，在"计数译码电路 . PrjPCB"项目中新建一个名称为"PCB1. PcbDoc"的 PCB 文件。

(3)在新建的 PCB 文件名 PCB1. PcbDoc 上右击，在弹出的快捷菜单中选择"保存为"命令，打开 Save[PCB1.PcbDoc]As... 对话框,如图 2-82 所示。

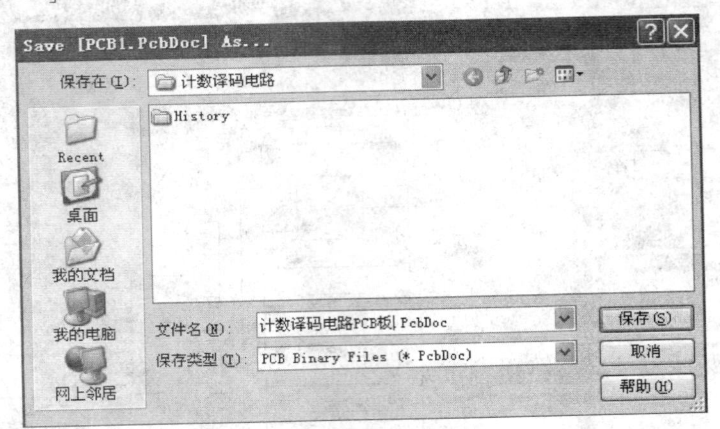

图 2-82　Save[PCB1.PcbDoc]As... 对话框

(4)在 Save[PCB1.PcbDoc]As... 对话框的“文件名”文本框中输入“计数译码电路 PCB 板”,单击“保存”按钮,将新建的 PCB 文档保存为“计数译码电路 PCB 板.PcbDoc”文件。

(5)在主菜单中选择“设计”→“板参数选项”命令,打开如图 2-83 所示的“板选项”对话框,如图 2-83 所示。在“板选项”对话框的“度量单位”(Measurement Unit)区域中设置“单位”(Unit)为 Imperial;按图 2-83 设置“跳转栅格”、“电栅格”和“可视化栅格”,单击“确定”按钮。

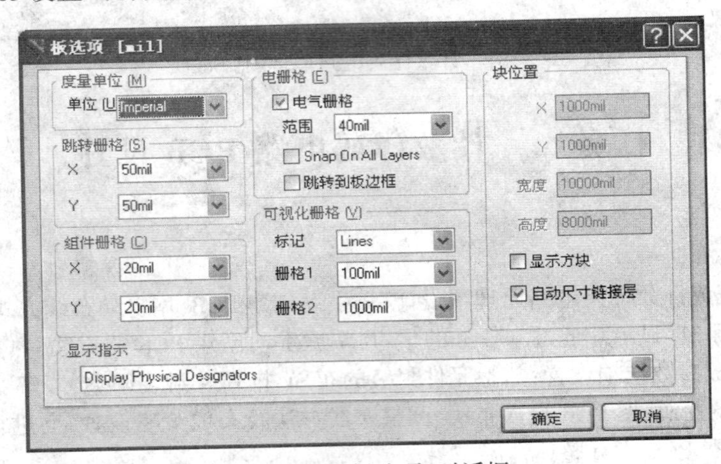

图 2-83　“板选项”对话框

注意:以上设置可根据绘图需要随时改变。

(6)设置原点。单击工具栏“应用工具”(Utilities) 按钮,弹出应用工具下拉菜单,单击“原点设置”按钮,如图 2-84 所示。此时,光标呈十字状,在 PCB 工作区左下角适当位置单击,就可重新设置 PCB 工作原点。如光标在原点位置,此时状态栏坐标 X、Y 均为 0mil,状态栏坐标 X、Y 随着光标的移动而改变,如图 2-85 所示。

(7)单击工作区下部的 Keep-Out Layer 层标签,选择 Keep Out Layer 层,重新定义 PCB 的边框。

①单击工具栏“应用工具”(Utilities)“ ”按钮,弹出应用工具下拉菜单,单击“放置走线”按钮,如图 2-86 所示。此时,光标呈十字状,从 PCB 工作区左下角的原点开始移动光标,按顺序连接工作区内坐标为(0,0)、(2500,0)、(2500,2000)和(0,2000)的四个点,然后光标回到(0,0)处,光

标处出现一个小方框，按鼠标左键（注意：每完成一段走线时单击鼠标两次），即绘制 Keep Out 布线的矩形区域，右击，退出布线状态（单位：mil）。

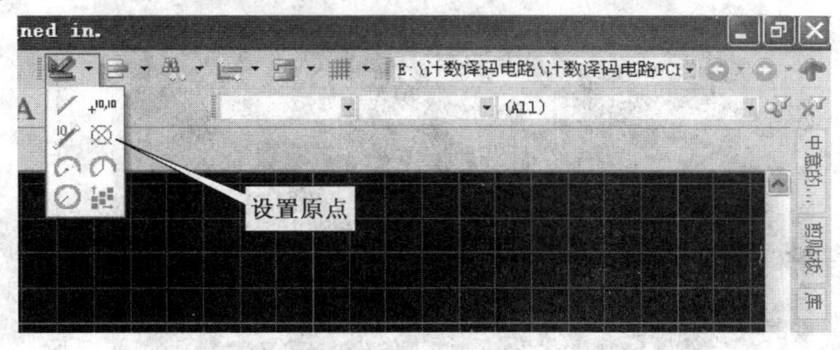

图 2-84　PCB 原点设置①

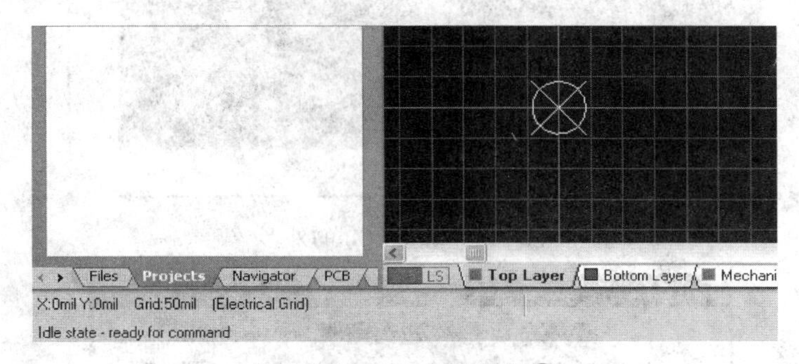

图 2-85　PCB 原点设置②

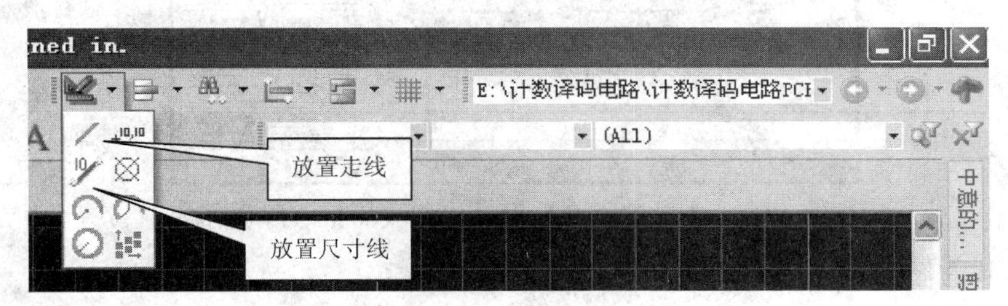

图 2-86　定义 PCB 的边框①

②单击工具栏“应用工具”（Utilities）“ ”按钮，弹出应用工具下拉菜单，单击“放置标准尺寸”按钮，如图 2-86 所示。此时，光标呈十字状，从 PCB 一个边界开始移动光标到另一边界，即绘制出尺寸线，右击，退出放置状态。

绘制完成的 PCB 边框如图 2-87 所示。

（8）定义 PCB 的外形。选择“设计”→“板子外形”→“重新定义板子外形”命令，光标呈十字状，按 PCB 边框走线，完成后右击退出，就可定义 PCB 的外形，如图 2-88 所示。

（9）在主菜单中，选择“设计”→“层叠管理”命令，弹出“层堆栈管理器”（Layer Stack

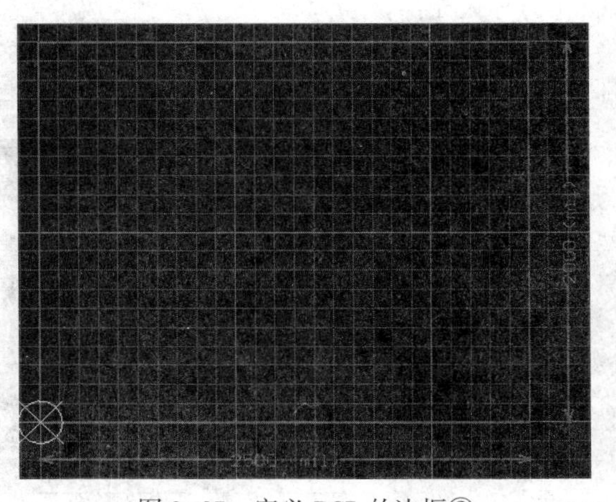

图 2-87　定义 PCB 的边框②

Manager)对话框。在该对话框中选中“顶层绝缘体”(Top Dielectric)复选框和“底层绝缘体”(Bottom Dielectric)复选框,设置电路板为有阻焊层的双层板,单击“确定”按钮,如图 2-89 所示。

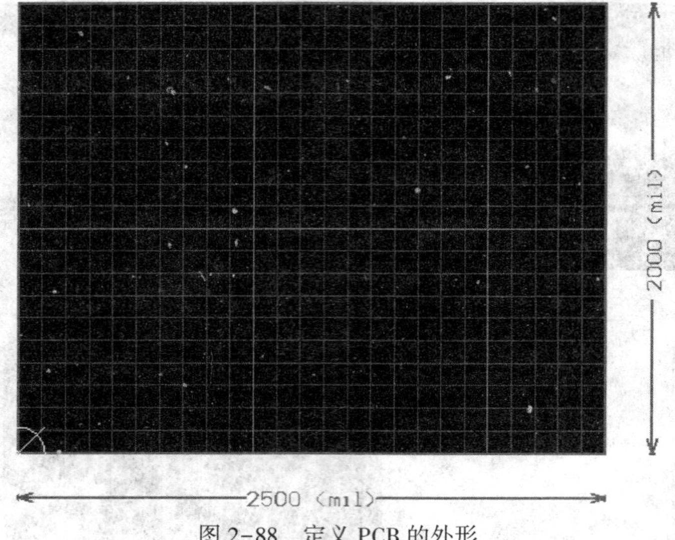

图 2-88　定义 PCB 的外形

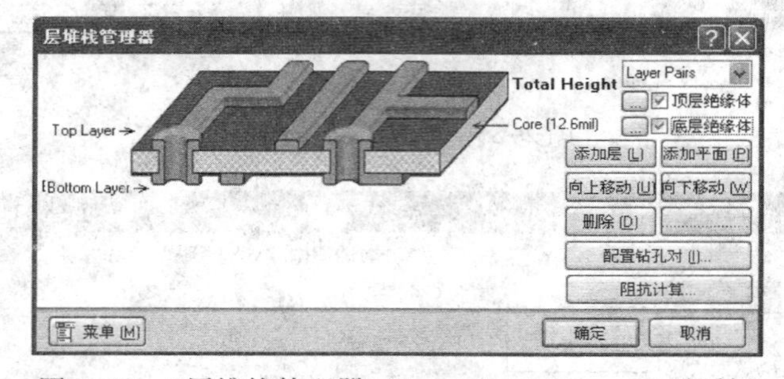

图 2-89　“层堆栈管理器”(Layer Stack Manager)对话框

至此,PCB 的形状、大小,布线区域和层数就设置完毕了。

2. PCB 的布局

(1)导入元件:

①在原理图编辑器下,用封装管理器检查每个元件的封装是否正确。在菜单栏中,选择“工具”→“封装管理器”命令,弹出封装管理器对话框,如图 2-90 所示。

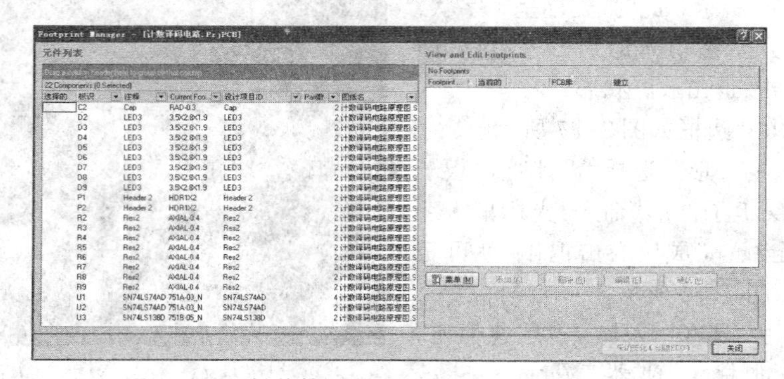

图 2-90　“封装管理器”(Footprint Manager)对话框

②在主菜单中，选择“设计”→“Update PCB Document 计数译码电路PCB板.PcbDoc”命令，弹出“工程更改顺序”对话框，如图2-91所示。

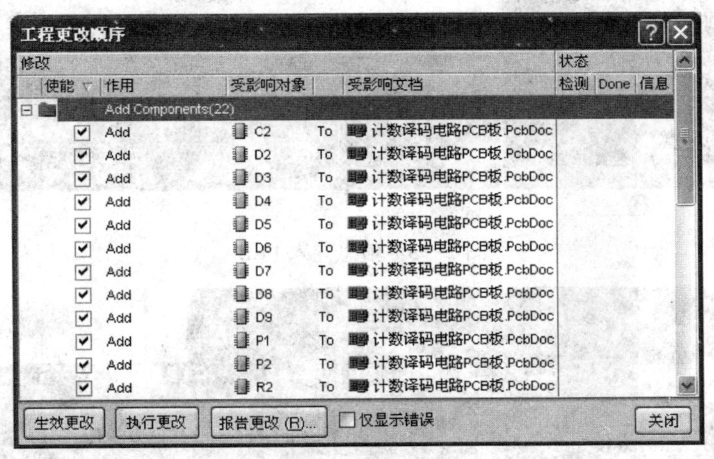

图2-91　“工程更改顺序”对话框

③单击“生效更改”按钮，验证一下有无不妥之处，若执行成功，则在状态列表“检测”中会显示符号；若执行过程中出现问题，则会显示符号，关闭对话框。若有错误，检查Messages错误信息面板查看错误原因。如果单击“生效更改”按钮，没有错误，则单击“生效更改”按钮，将信息发送到PCB。当完成后，状态列表“Done”中将被标记符号，如图2-92所示。

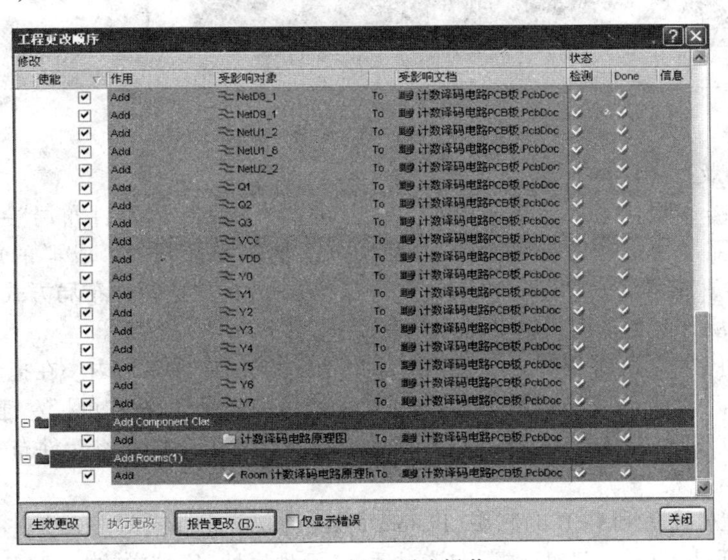

图2-92　报告更改操作

④单击“关闭”按钮，目标PCB文件打开，并且元件放在PCB边框的外部右侧。如果设计者在当前视图不能看见元件，则可选择“察看”→“适合文件”命令查看文件，如图2-93所示。

⑤元件暗红色底色区域为“元件屋”，鼠标左键单击住“元件屋”，将封装整体拖入PCB，如图2-94所示。将仍在PCB外的元件都拖入PCB内，然后，单击选中“元件屋”，按【Delete】键将其删除。

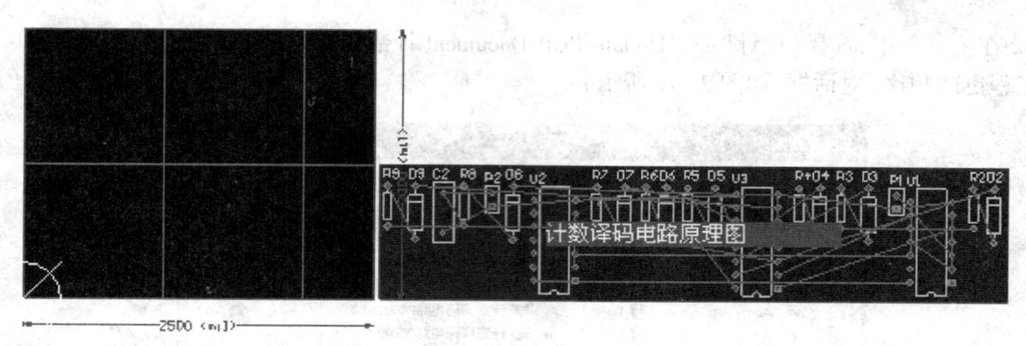

图 2-93　信息导入 PCB

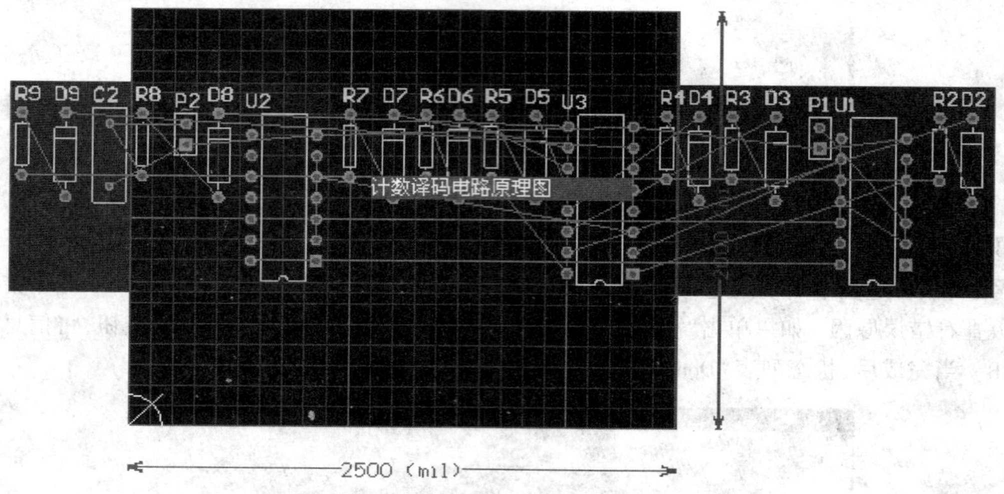

图 2-94　用“元件屋”将元件拖入 PCB

(2)元件布局及封装调整：

①Altium Designer 提供了自动布局功能。方法：选择“工具”→“器件布局”→ “自动布局”命令，弹出“自动放置”(Auto Place)对话框。在该对话框内可以选择“成群的放置项”(Cluster Placer)和“统计的放置项”(Statistical Placer)两种布局方式，目前这两种布局方式布局的效果不尽人意，所以设计者最好还是采用手动布局。方法如下：

单击 PCB 图中的元件，将其一一拖入 PCB 中的 Keep-Out 布线区域内。在拖动元件到 PCB 中的 Keep-Out 布线区域时，可以一次拖动多个元件，如选择三个元件，按住鼠标左键将它拖动到 PCB 中部用户需要的位置时松开鼠标左键，在导入元件的过程中，系统自动将元件布置到 PCB 的顶层(Top Layer)。

如果需要将元件布置到 PCB 的底层(Bottom Layer)，双击元件或单击选中并按【Tab】键，打开图 2-95 所示的“元件 U2[mil]”对话框，在该对话框“元件属性”区域内的“层”(Layer)下拉列表中选择 Bottom Layer 项，单击“确定”按钮，关闭该对话框。此时，元件连同其标志文字都被调整到 PCB 的底层。

②放置其他元件布置到 PCB 顶层，然后调整元件的位置。调整元件位置时，按照与其他元件连线最短，交叉最少的原则，可以按【Space】键，让元件旋转到最佳位置，再松开鼠标左键。

③如果元件排列不整齐，如电阻排列不整齐，可以选中这些元件，选择“编辑”→“对齐”→“对齐”命令，打开“排列对象”对话框，如图 2-96 所示。方法同原理图中的元件排列。

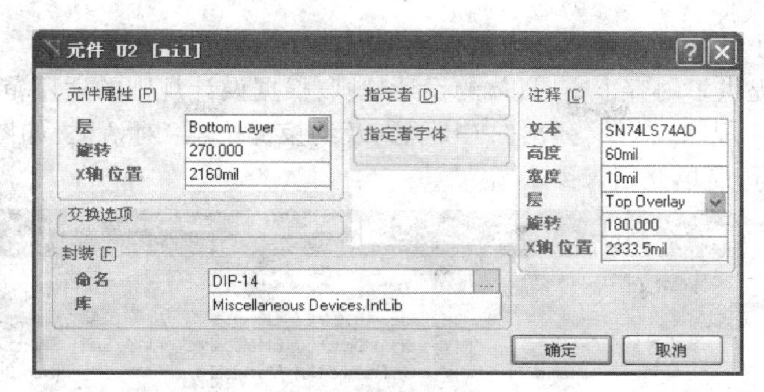

图 2-95　将元件置于底层(Bottom Layer)

也可在工具栏上单击“ ”按钮,弹出下拉工具列表,选择相应的排列图标后,即可把电阻布置整齐,如图 2-97 所示。

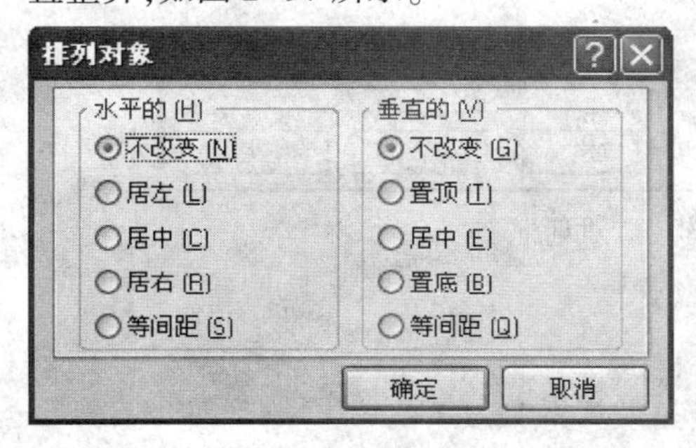

图 2-96　“排列对象”对话框

图 2-97　元件排列图标

④在放置元件的过程中,可以按【G】键,调整设置元件的“捕捉栅格”(Snap Grid)及“元件栅格”(Component Grid),以方便元件摆放整齐。

⑤元件 C2 的封装不符合要求,需要调整。双击元件 C2,弹出“元件属性”对话框,方法参考项目一的封装修改。

布置完成后的 PCB 如图 2-98 所示。至此,元件布局完毕。

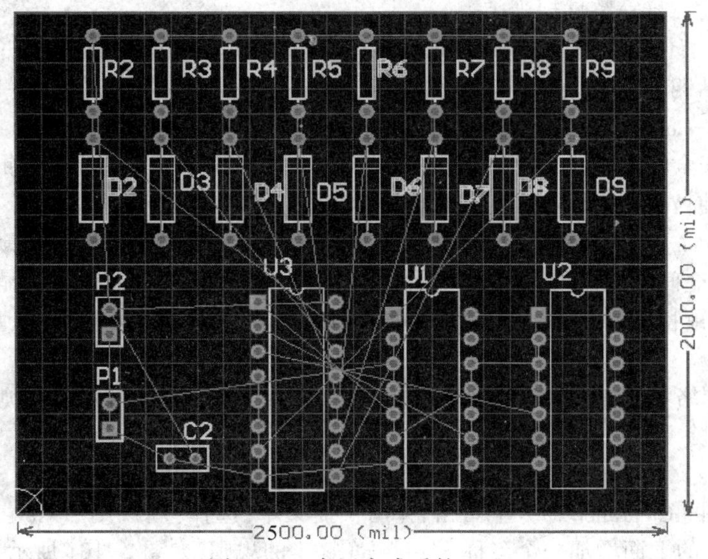

图 2-98　布置完成后的 PCB

3. 设计规则介绍

Altium Designer 提供了内容丰富、具体的设计规则,根据设计规则的适用范围共分为如下十个类别。选择“设计”→“规则”命令,弹出“PCB 规则及约束编辑器”对话框,如图 2-99 所示。下面对经常使用的规则进行简单介绍。

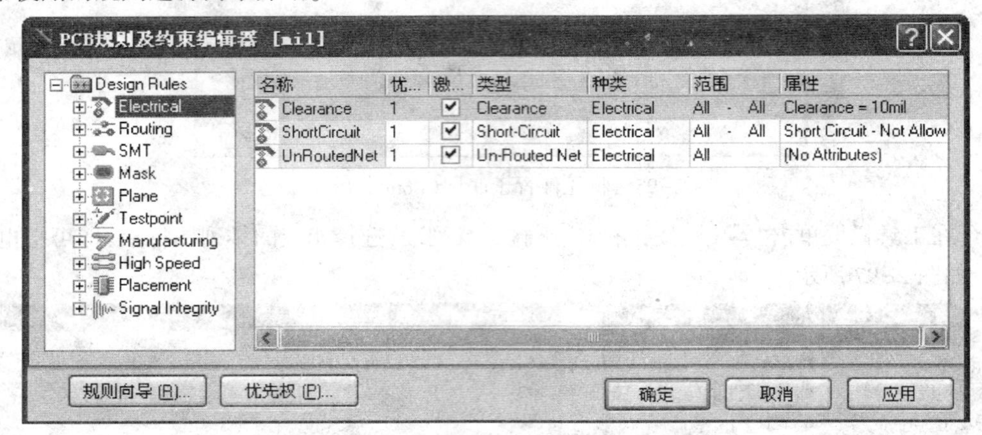

图 2-99 “PCB 规则及约束编辑器”对话框

Electrical:电气规则类。

Routing:布线规则类。

SMT:SMT 元件规则类。

Mask:阻焊膜规则类。

Plane:内部电源层规则类。

Testpoint:测试点规则类。

Manufacturing:制造规则类。

High Speed:高速电路规则类。

Placement:布局规则类。

Signal Integrity:信号完整性规则类。

(1)Electrical 设计规则。Electrical 设计规则(电气规则)设置在电路板布线过程中所遵循的电气方面的规则,包括四方面:Clearance(安全间距)、Short-Circuit(短路规则)、Un-Rounted Net(未布线网络规则)和 Un-Connected Pin(未连接引脚)。

①Clearance(安全间距):主要用来设置 PCB 设计中的导线、焊盘、过孔及覆铜等导电对象之间的最小安全间距,使彼此之间不会因为太近而产生干扰。

单击 Clearance 命令,安全间距的各项规则名称以树形结构形式展开。系统默认的有一个名称为“Clearance”的安全间距规则设置,单击这个规则名称,对话框的右边区域将显示这个规则使用的范围和规则的约束特性,相应设置对话框如图 2-100 所示。默认情况下,整个版面的安全间距为 10 mil。

下面以 VCC 网络和 GND 网络之间的安全间距设置 20 mil 为例,演示新规则的建立方法。其他规则的添加和删除方法与此类似。

具体步骤如下:

在图 2-100 中的 Clearance 命令上右击,弹出快捷菜单,选择“新规则”(New Rules)命令,则系统自动在 Clearance 的上面增加一个名称为 Clearance-1 的规则,如图 2-101 所示。

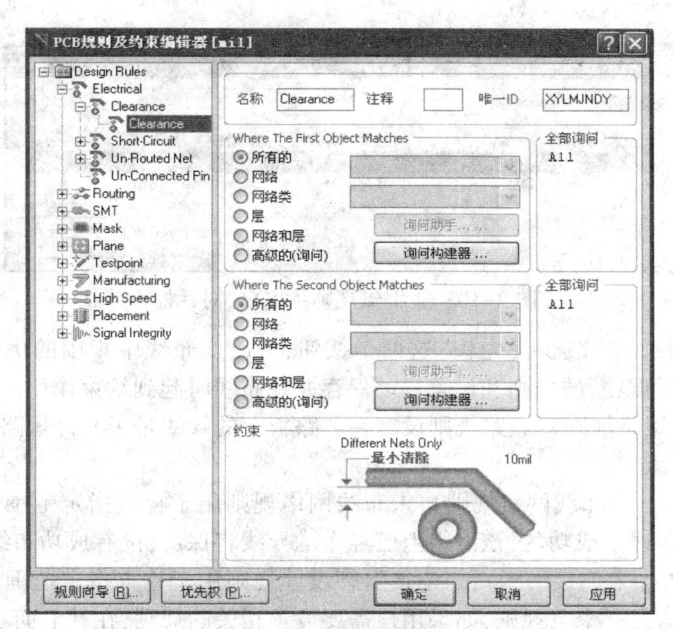

图 2-100　安全间距设置对话框

单击 Clearance-1，弹出设置新规则设置对话框，如图 2-102 所示。

在 Where The First Object Matches 区域中选中“网络”(Net)单选按钮，在“全部询问”(Full Query)区域中出现 InNet()。单击“所有的”(All)选项右侧的下拉按钮，从弹出的菜单中选择 VCC。此时，“全部询问”区域会更新为 InNet(‘VCC’)。用同样的方法在 Where The Second Object Matches 单元中设置网络 GND。将光标移到“约束”(Constraints)区域，将“最小清除”(Minimum Clearance)修改为 20 mil，修改规则名称为 VCCGND。

图 2-101　设置新规则

图 2-102　建立新规则对话框

此时，在 PCB 的设计中同时有两个电气安全间距的规则，因此必须设置它们之间的优先权。单击图 2-102 对话框中左下角的“优先权”按钮，打开“编辑规则优先权”对话框如图 2-103 所示。

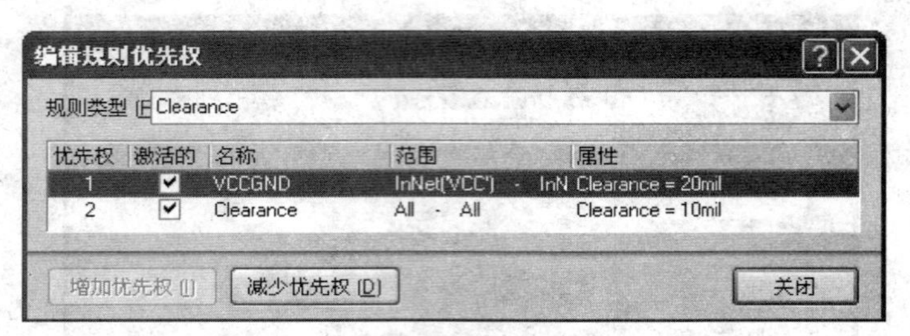

图 2-103 “编辑规则优先权”对话框

单击“增加优先权”和“减少优先权”这两个按钮,可改变布线中规则的优先次序。设置完毕后,一次关闭设置对话框,新的规则和设置自动保存并在布线时起到约束作用。

②Short-Circuit(短路规则):短路规则设定在电路板上的导线是否允许短路。默认设置为不允许短路。

③Un-Rounted Net(未布线网络规则):未布线网络规则用于检查指定范围内的网络是否布线成功,如果网络中有布线不成功的,该网络上已经布的导线将保留,没有成功布线的将保持飞线。

④Unconnected Pin(未连接引脚):未连接引脚设计规则用于检查指定范围内的元件引脚是否连接成功。默认时,这是一个空规则,如果用户需要设置相关的规则,在其上面右击添加规则,然后进行相关设置。

(2)Routing 设计规则。Routing 设计规则(布线规则)是自动布线器进行自动布线的重要依据,其设置是否合理将直接影响到布线质量的好坏和布通率的高低。

单击 Routing 前面的“⊞”图标,展开布线规则,可以看到有八项子规则,如图 2-104 所示。

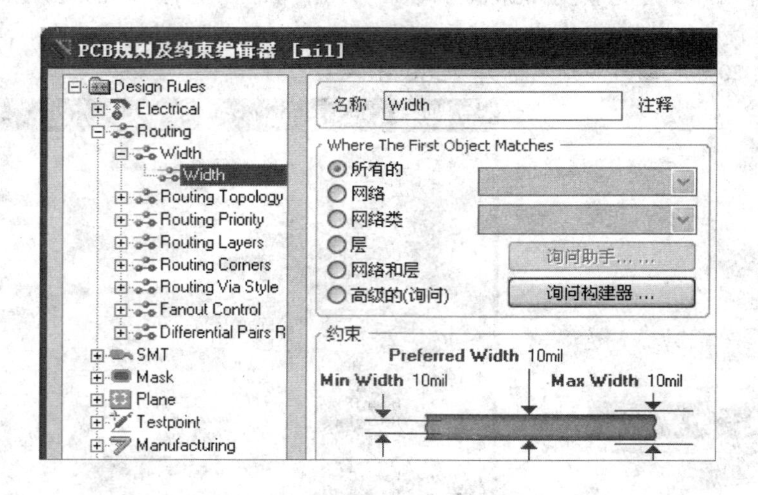

图 2-104 布线规则

①Width(布线宽度)。Width 主要用于设置 PCB 布线时允许采用的导线的宽度,有最大、最小和优选之分。最大和最小宽度确定了导线的宽度范围,而优选尺寸则为导线放置时系统默认采用的宽度值,它们的设置都是在“约束”区域内完成的。在此将接地线(GND)的宽度设为 30 mil,电源线(VCC)的宽度设为 20 mil。其他线的宽度:最小值(Min Width)为 10 mil、首选宽度(Preferred Width)为 15 mil、最大值(Max Width)为 20 mil。

注意：铜箔导线宽度的设定要考虑PCB的大小、元件的多少、导线的疏密、印制板制造厂家的生产工艺等多种因素。

具体步骤如下：

在图2-104中的Width命令上右击，弹出快捷菜单，如图2-105所示。

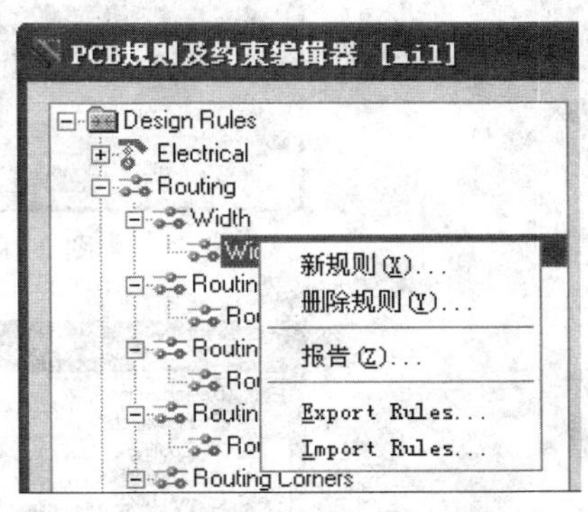

图2-105　设置新规则

选择"新规则"(New Rules)命令，则系统自动在Width的上面增加一个名称为Width-1的规则，单击Width-1，编辑规则右击菜单弹出设置新规则设置对话框，如图2-106所示。

在Where The First Object Matches区域中选中"网络"(Net)单选按钮，在"全部询问"(Full Query)区域中出现InNet()。单击"所有的"(All)选项右侧的下拉按钮，从弹出的菜单中选择GND。此时，"全部询问"(Full Query)区域会更新为InNet('GND')。将光标移到"约束"(Constraints)区域，将最小宽度(Min Width)、首选宽度(Preferred Width)、最大宽度(Max Width)均修改为30 mil，修改规则名称为GND，如图2-106所示。

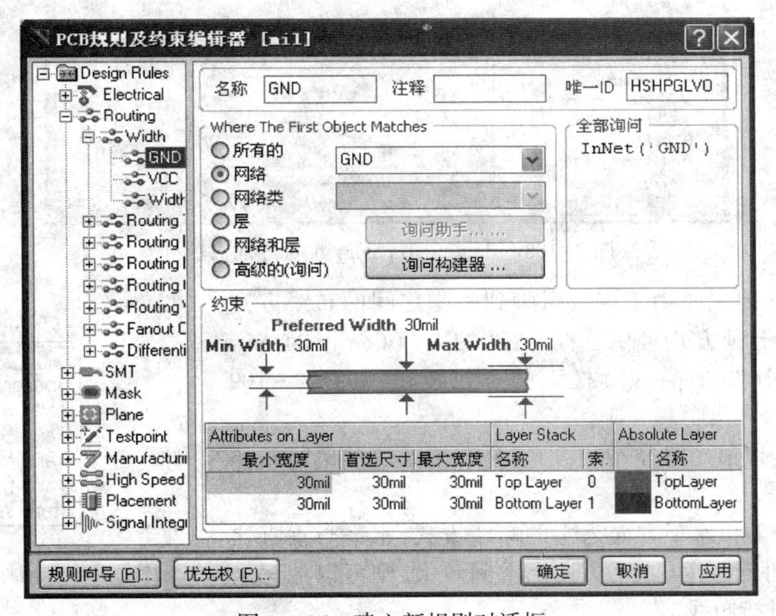

图2-106　建立新规则对话框

用同样的方法设置电源VCC的线宽为20 mil。其他线宽为10 mil。

单击图2-106对话框中左下角的"优先权"按钮，打开"编辑规则优先权"对话框如图2-107所示。

单击"增加优先权"和"减少优先权"这两个按钮，可改变布线中规则的优先次序。设置完毕后，一次关闭设置对话框，新的规则和设置自动保存并在布线时起到约束作用。

②Routing Topology(布线方式)。Routing Topology规则主要用于设置自动布线时的拓扑逻辑，即同一网络内各个节点间的布线方式。设置窗口如图2-108所示。

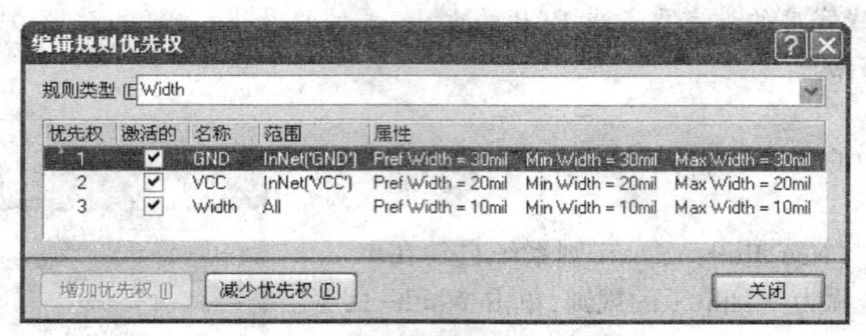

图 2-107 “编辑规则优先权”对话框

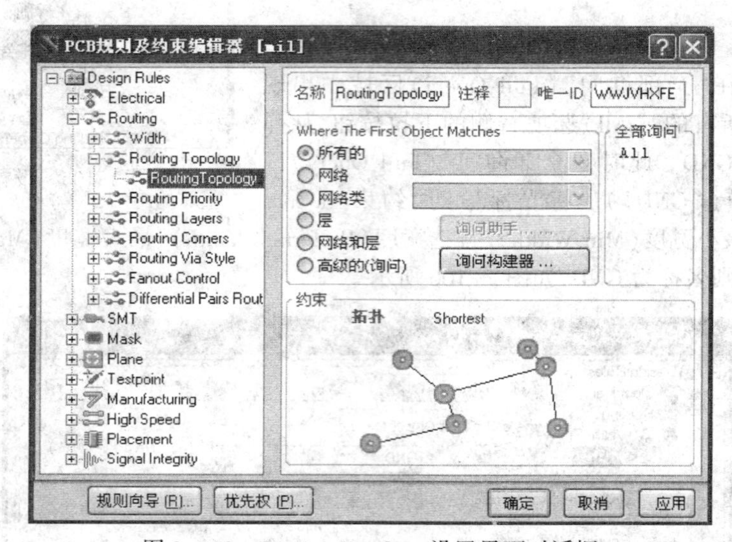

图 2-108 Routing Topology 设置界面对话框

布线方式规则主要用于定义引脚到引脚之间的布线方式规则，此规则有七种方式可供选择。在“约束”(Constraints)区域中，单击“拓扑”(Topology)栏下的下拉按钮，如图 2-109 所示。

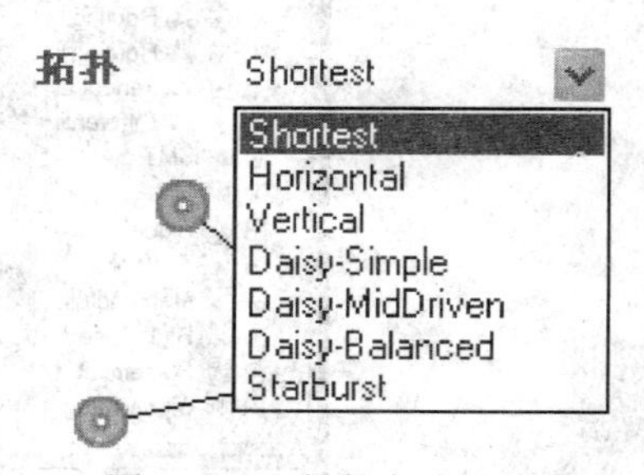

图 2-109 拓扑方式选择

a. Shortest：以最短路径布线方式，是系统默认使用的拓扑规则。

b. Horizontal：以水平方向为主的布线方式，水平与垂直比为 5∶1。若元件布局时，水平方向上空间较大，则可以考虑采用该拓扑逻辑进行布线。

c. Vertical：优先竖直布线逻辑。与上一种逻辑刚好相反，采用该逻辑进行布线时，系统将尽可能地选择竖直方向的布线，垂直与水平比为 5∶1。

d. Daisy-Simple：简单链状方式。该方式需要指定起点和终点，其含义是在起点和终点之间连通网络上的各个节点，并且使连线最短，如果设计者没有指定起点和终点，系统将会采用 Shortest 布线。

e. Daisy-MidDriven：中间驱动链状方式，也是链式方式。该方式也需要指定起点和终点，其含义是以起点为中心向两边的终点连通网络上的各个节点，起点两边的中间节点数目不一定相同，但要使连线最短。如果设计者没有指定起点和两个终点，系统将采用 Shortest 布线。

f. Daisy-Balanced：平衡链状方式，也是链式方式。该方式也需要指定起点和终点，其含义是将中间节点数平均分配成组，所有的组都连接在同一个起点上，起点间用串联的方式连接，并且使连线最短，如果设计者没有指定起点和终点，系统将会采用 Shortest 布线。

g. Starburst：星状扩散连接方式。该方式是指网络中的每个节点都直接和起点相连接，如果设计者指定了终点，那么终点不直接和起点连接。如果没有指定起点，那么系统将试着轮流以每个节点作为起点去连接其他各个节点，找出连线最短的一组连线作为网络的布线方式。

③Routing Priority（布线优先级别）。Routing Priority 主要用于设置 PCB 中网络布线的先后顺序。优先级别高的网络先进行布线，优先级别低的网络后进行布线。优先级别可以设置范围是 0~100，数字越大，级别越高。布线优先级别规则的添加、删除和规则使用范围的设置等操作方法与前述相似，这里不再重复。优先级别在“约束”（Constraints）区域的“布线优先权”（Routing Priority）选项中设置，可以直接输入数字，也可以增减按钮调节，如图 2-110 所示。

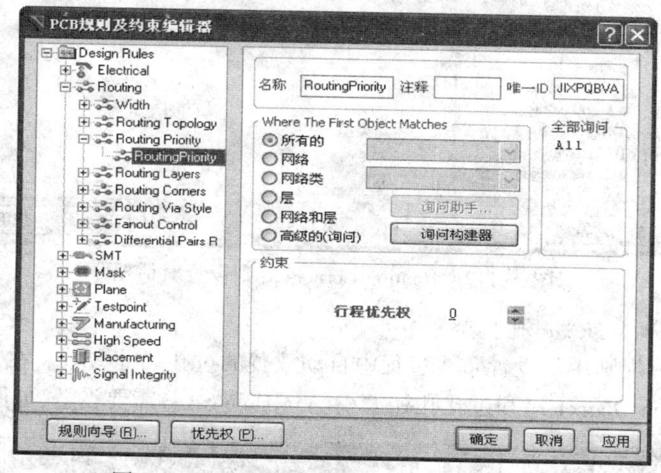

图 2-110　Routing Priority 规则设置对话框

④Routing Layers（布线板层）。Routing Layers 规则用于设置允许自动布线的板层，如图 2-111 所示。通常为了降低布线间耦合面积，减少干扰，不同层的布线需要设置成不同的走向，如双面板，默认状态下顶层为垂直走向，底层为水平走向。如果用户需要更改布线的走向可重新设置。

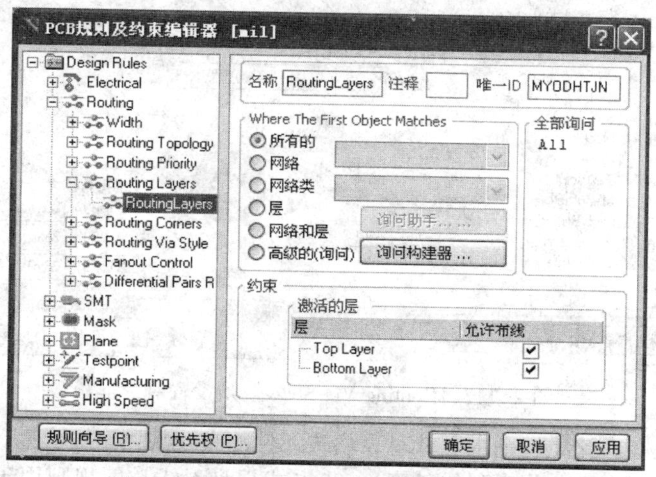

图 2-111　Routing Layers 规则设置对话框

⑤Routing Corners(布线转角)。Routing Corners 规则用于设置走线的转角方式。转角方式共有 90 Degrees、45 Degrees 及 Rounded(圆弧转角)三种,如图 2-112 所示。

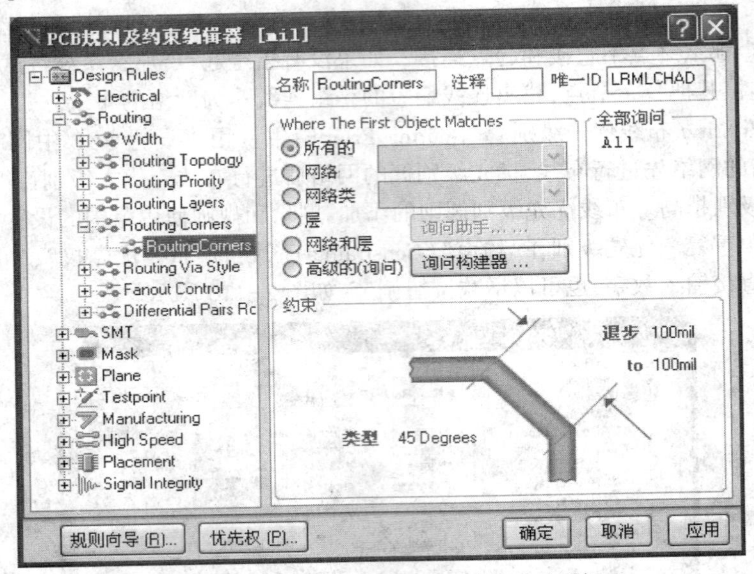

图 2-112　Routing Corners 规则设置对话框

⑥Routing Via Style(布线过孔类型)。

Routing Via Style 规则用于设置布线过程中自动放置的过孔尺寸参数。在“约束”(Constraints)区域,有过孔直径(Via Diameter)和过孔孔径大小(Via Hole Size)需要设置,如图 2-13 所示。

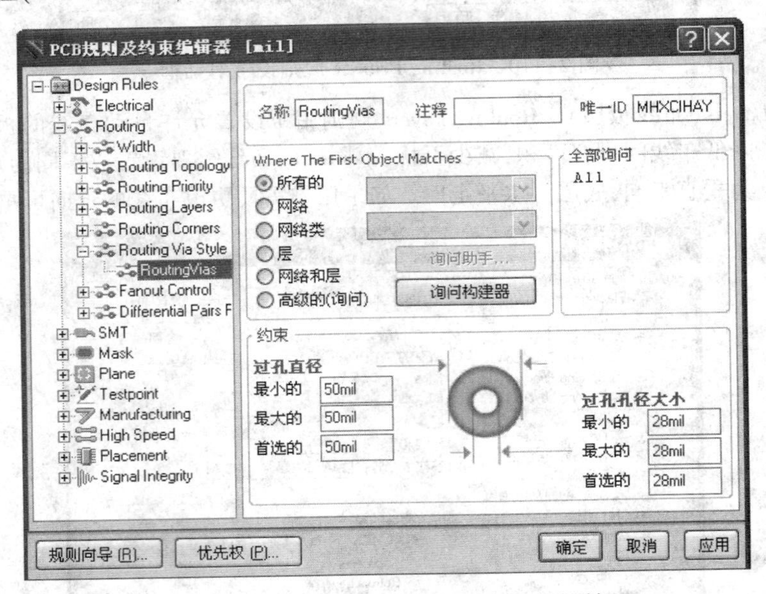

图 2-113　Routing Via Style 规则设置对话框

(3)SMT 设计规则。此类规则主要针对表贴式元件的布线规则。

①SMD To Corner(表贴式焊盘引线长度)。表贴式焊盘引线长度规则用于设置 SMD 元件焊盘

与导线拐角之间的最小距离。表贴式焊盘的引出线一般都是引出一段长度之后才开始拐弯,这样就不会出现和相邻焊盘太近的情况。

用右击 SMD To Corner 命令,在弹出的快捷菜单中选择“新规则”(New Rule)命令,在 SMD To Corner 下出现一个名称为 SMD ToCorner 的新规则,单击新规则打开规则对话框设置界面,在“约束”(Constraints)区域进行设置,如图 2-114 所示。

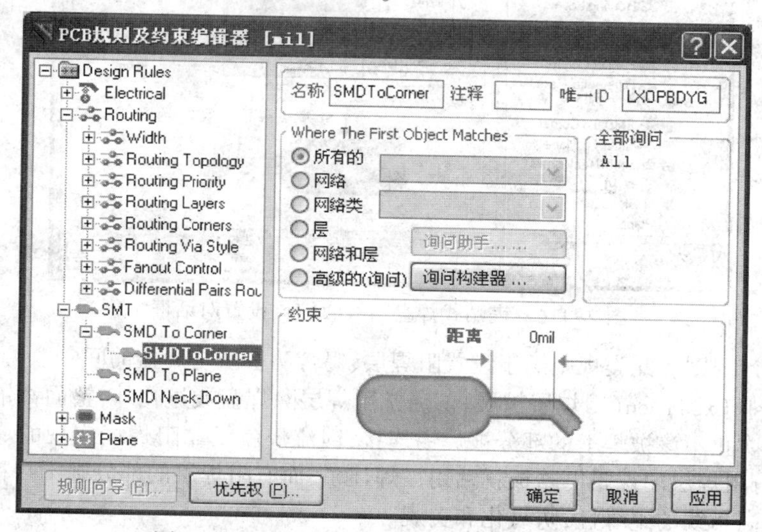

图 2-114　表贴式焊盘引线长度设置对话框

②SMD To Plane(表贴式焊盘与内电层的连接间距)。表贴式焊盘与内电层的连接间距规则用于设置 SMD 与内电层(Plane)的焊盘或过孔之间的距离。表贴式焊盘与内电层连接只能用过孔来实现,这个规则设置指出要离 SMD 焊盘中心多远才能使用过孔与内电层连接。默认值为 0mil,如图 2-115 所示。

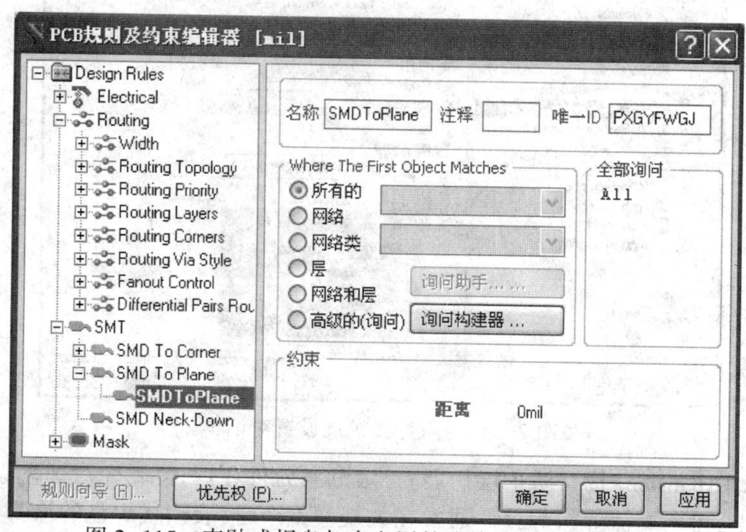

图 2-115　表贴式焊盘与内电层的连接间距设置对话框

③SMD Neck Down(表贴式焊盘引线收缩比)。表贴式焊盘引线收缩比规则用于设置 SMD 引线宽度与 SMD 元件焊盘宽度之间的比值关系。默认值为 50%,如图 2-116 所示。

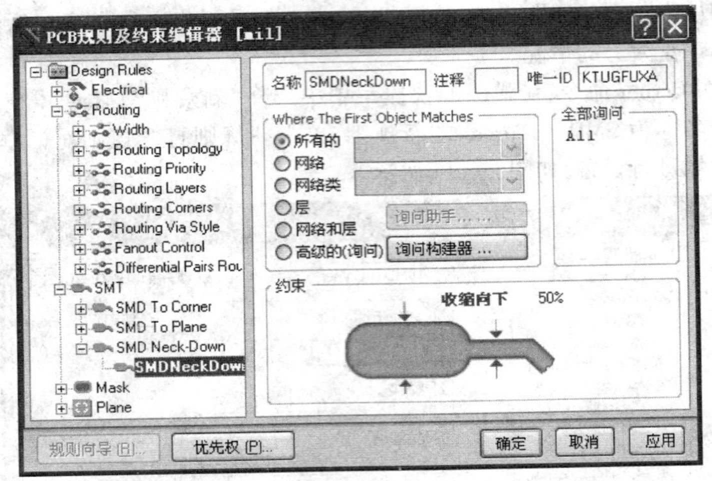

图 2-116 表贴式焊盘引线收缩比设置对话框

(4) Mask 设计规则。此类规则用于设置阻焊层、锡膏防护层与焊盘的间隔。

①Solder Mask Expansion(阻焊层扩展)。通常阻焊层除焊盘或过孔外,整面都铺满阻焊剂。阻焊层的作用就是防止不该被焊上的部分被焊锡连接,回流焊就是靠阻焊层实现的。板子整面经过高温的锡水,没有阻焊层的裸露电路板就粘锡被焊住了,而有阻焊层的部分则不会粘锡。阻焊层的另一作用就是提高布线的绝缘性,防氧化和美观。

在电路板制作时,把阻焊剂(防焊漆)印制到电路板上时,焊盘或过孔被空出,空出的面积要比焊盘或过孔大一些,这就是阻焊层扩展设置。如图 2-117 所示,在"约束"(Constraints)区域设置"扩充"(Expansion)参数,即阻焊层相当于焊盘的扩展规则。

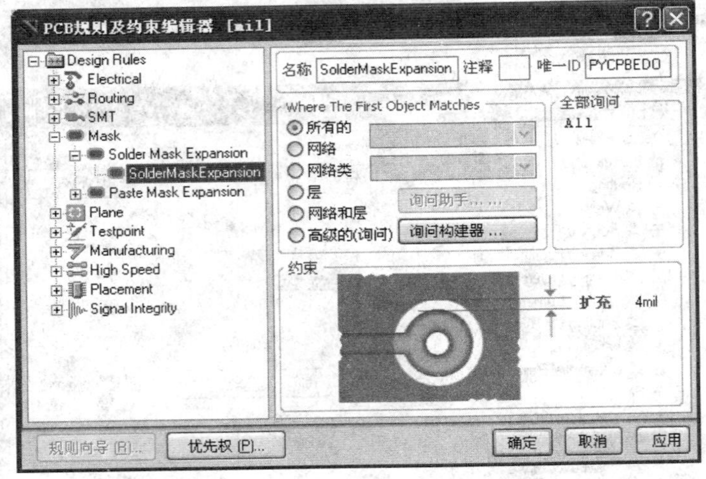

图 2-117 阻焊层扩展设置对话框

②Paste Mask Expansion(锡膏防护层扩展)。表贴式元件在焊接前,先对焊盘涂一层锡膏,然后将元件贴在焊盘上,再用回流焊机焊接。通常在大规模生产时,表贴式焊盘的涂膏是通过一个钢模完成的。钢模上对应焊盘的位置按焊盘形状镂空,涂膏时将钢模覆盖在电路板上,将锡膏放在钢模上,用刮板来回刮,锡膏透过镂空的部分涂到焊盘上。PCB 设计软件的锡膏层或锡膏防护层的数据层就是用来制作钢模的,钢模上镂空的面积要比设计焊盘的面积小,此处设置的规则即为这个差

值的最大值。如图2-118所示，在“约束”(Constraints)区域设置“扩充”(Expansion)的数值，即钢模镂空比设计焊盘收缩多少，默认值为0mil。

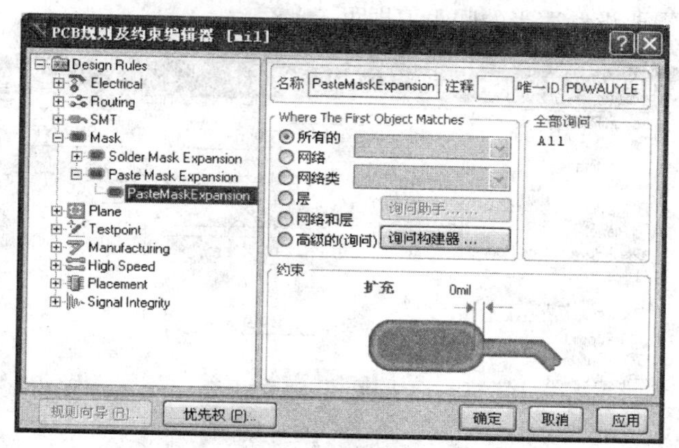

图2-118　锡膏防护层扩展设置对话框

(5)Plane设计规则。焊盘和过孔与内电层之间连接方式可以在Plane(内层规则)中设置。

①Power Plane Connect Style(内电层连接方式)。Power Plane Connect Style规则主要用于设置属于内电层网络的过孔或焊盘与内电层的连接方式，设置对话框如图2-119所示。

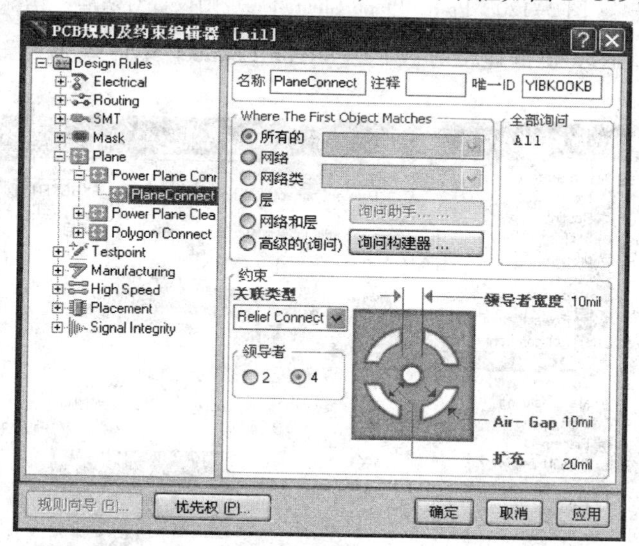

图2-119　Power Plane Connect Style规则设置对话框

在“约束”(Constraints)区域内，“关联类型”下提供了三种连接方式。

a. Relief Connect(辐射连接)。即过孔或焊盘与内电层通过几根连接线相连接，是一种可以降低热扩散速度的连接方式，避免因散热太快而导致焊盘和焊锡之间无法良好融合。在这种连接方式下，需要选择连接导线的数目(2或4)，并设置导线宽度、空隙间距和扩展距离。

b. Direct Connect(直接连接)。在这种连接方式下，不需要任何设置，焊盘或者过孔与内电层之间阻值会比较小，但焊接比较麻烦。对于一些有特殊导热要求的地方，可采用该连接方式。

c. No Connect(不进行连接)。

系统默认设置为Relief Connect，这也是工程制版常用的方式。

②Power Plane Clearance（内电层安全间距）。Power Plane Clearance 规则主要用于设置不属于内电层网络的过孔或焊盘与内电层之间的间距，设置对话框如图 2-120 所示。“约束”（Constraints）区域内只需要设置适当的间距值即可。

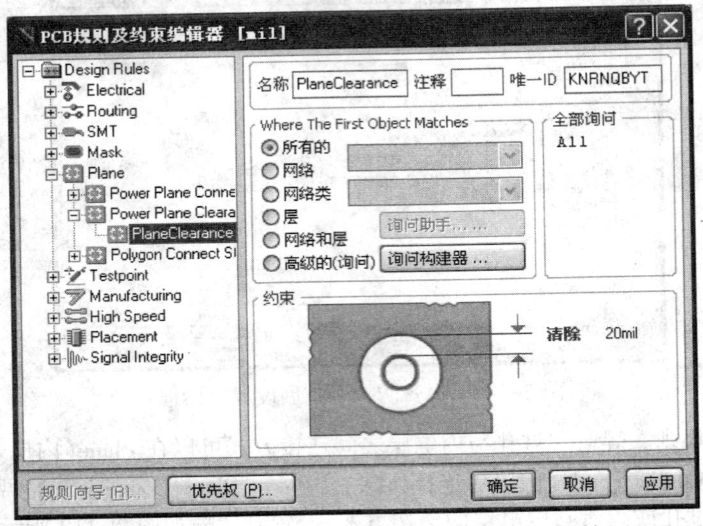

图 2-120　Power Plane Clearance 规则设置对话框

③Polygon Connect Style（覆铜连接方式）。Polygon Connect Style 规则设置对话框如图 2-121 所示。

图 2-121　Polygon Connect Style 规则设置对话框

可以看到，与 Power Plane Connect Style 规则设置窗口基本相同。只是在 Relief Connect 方式中

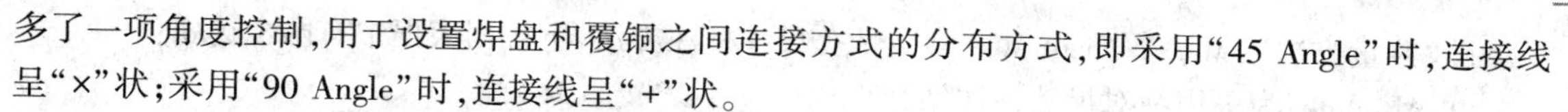

多了一项角度控制，用于设置焊盘和覆铜之间连接方式的分布方式，即采用“45 Angle”时，连接线呈“×”状；采用“90 Angle”时，连接线呈“+”状。

（6）Manufacturing 设计规则。此类规则主要设置与电路板制造有关的规则。

①Minimum Annular Ring（最小环宽）。最小环宽规则用于设置最小环形布线宽度，即焊盘或过孔与其钻孔之间的直径之差。用右击 Minimum Annular Ring 命令，在弹出的快捷菜单中选择“新规则”（New Rule）命令，在 Minimum Annular Ring 下出现一个名称为 MinimumAnnularRing 的新规则，单击新规则打开规则对话框设置界面，在“约束”（Constraints）区域设置，如图 2-122 所示。

②Acute Angle（最小夹角）。最小夹角规则用于设置具有电气特性布线之间的最小夹角。最小夹角应该不小于 90°，否则容易在蚀刻后残留药物，导致过度蚀刻，如图 2-123 所示。

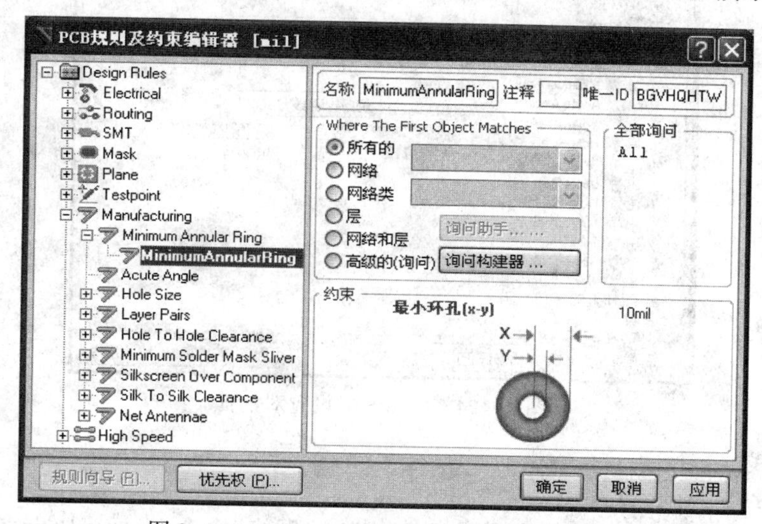

图 2-122　Minimum Annular Ring 设置对话框

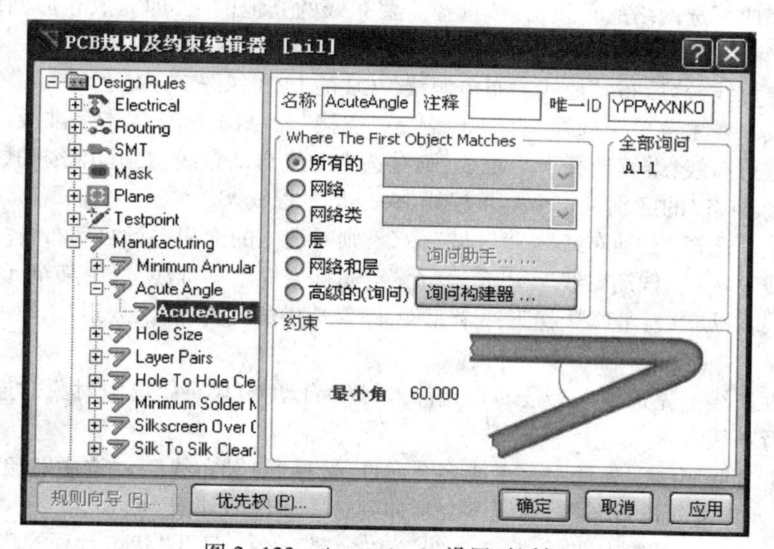

图 2-123　Acute Angle 设置对话框

③Hole Size（钻孔尺寸）。钻孔尺寸规则用于钻孔直径的设置，如图 2-124 所示。

a. “测量方法”(Measurement Method):钻孔尺寸标注方法,下拉列表框中有两个选项:

- Absolute:为采用绝对尺寸标注钻孔直径。
- Percent:为采用钻孔直径最大尺寸和最小尺寸的百分比标注钻孔尺寸。

b. “最小的”(Minimum):设置钻孔直径的最小尺寸。

c. “最大的”(Maximum):设置钻孔直径的最大尺寸。

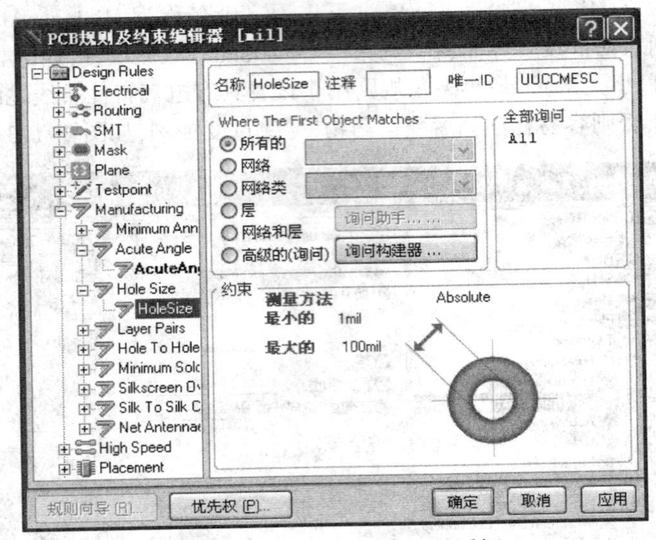

图 2-124 Hole Size 设置对话框

4. PCB 布线

(1)自动布线:

①网络自动布线。在主菜单中选择“自动布线”→“网络”命令,光标变成十字准线,选中需要布线的网络即完成所选网络的布线,继续选择需要布线的其他网络,即完成相应网络的布线,按鼠标右键或【Esc】键退出该模式。

可以先布电源线,然后布其他线。布电源线 VCC 的 PCB 如图 2-125 所示。

②单根布线。在主菜单中选择“自动布线”→“连接”命令,光标变成十字准线,选中某根线,即对选中的连线进行布线,继续选择下一根线,则对选中的线自动布线,要退出该模式,按鼠标右键或【Esc】键。它与“网络”的区别是一个是单根线,一个是多根线。

③面积布线。选择“自动布线”→“区域”命令,则对选中的面积进行自动布线。

④元件布线。选择“自动布线”→“元件”命令,光标变成十字准线,选中某个元件,即对该元件引脚上所有连线自动布线;继续选择下一个元件,即对选中的元件布线,要退出该模式,按鼠标右键或【Esc】键。

⑤选中元件布线。先选中一个或多个元件,选择“自动布线”→“选中对象的连接”命令,则对选中的元件进行布线。

⑥选中元件之间布线。先选中一个或多个元件,选择“自动布线”→“选中对象之间的连接”命令,则在选中的元件之间进行布线,布线不会延伸到选中元件的外面。

⑦自动布线。在主菜单中选择“自动布线”→“全部”命令,打开“状态行程策略”(Situs Routing Strategies)对话框,如图 2-126 所示。单击“编辑层用法”按钮,打开“层说明”对话框,如图 2-127 所示。默认为 Top Layer(顶层)Vertical(垂直)布置,Bottom Layer(底层)Horizontal(水平)布置。在

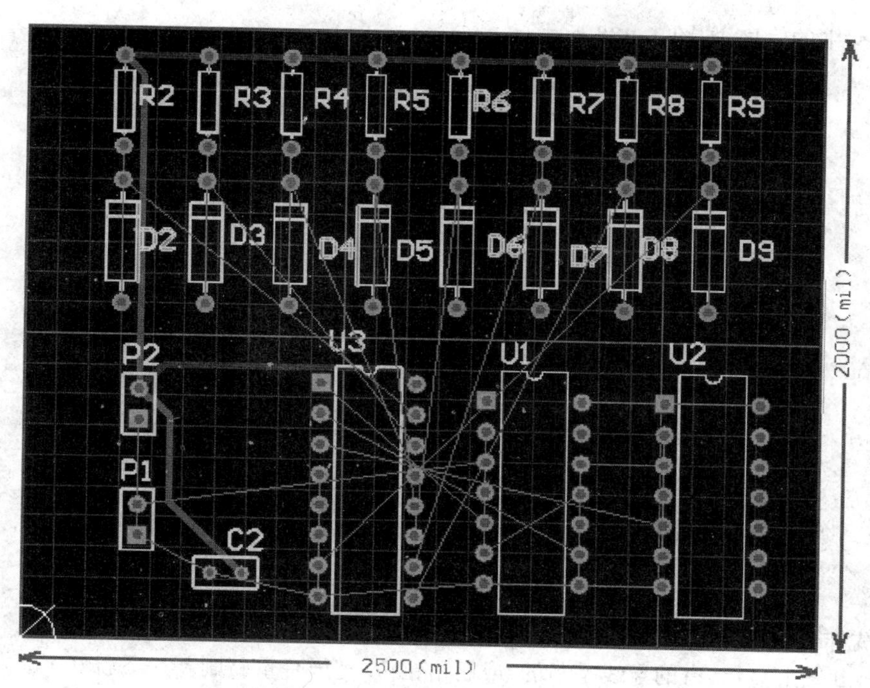

图 2-125　布电源线 VCC 的 PCB

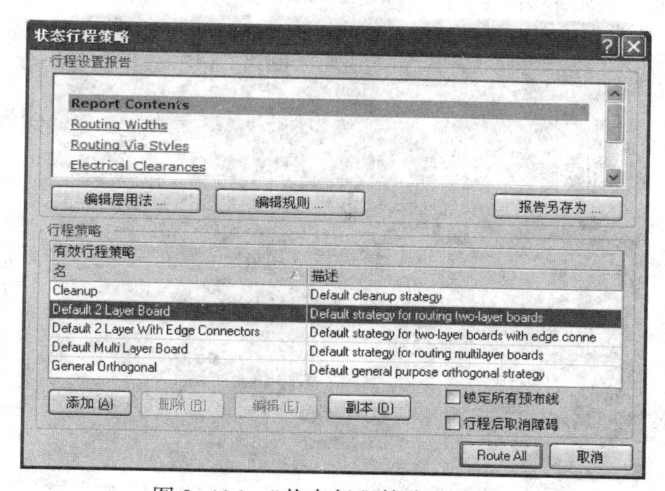

图 2-126　“状态行程策略”对话框

“当前设定”下拉列表框中可选择各种布线形式：Not Used（不布线）、Horizontal（水平）、Vertical（垂直）、Any（任意）、1 0" Clock（1 点钟方向）等。设置完成后单击“确定”按钮，关闭对话框。

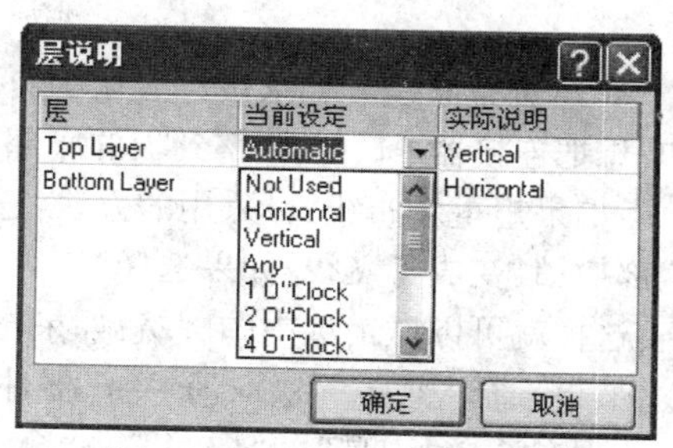

图 2-127　“层说明”对话框

在“状态行程策略”对话框内的“有效行程策略”（Available Routing Strategies）列表中选择 Default2 Layer Board 命令，单击 Route All 按钮，启动 Situs 自动布线器。

自动布线结束后，系统弹出 Messages 工作面板，显示自动布线过程中的信息，如图 2-128 所示。

Messages

Class	Document	Sou...	Message	Time	Date	N..
Sit...	计数译码...	Situs	Routing Started	9:47:38	2016-3-10	1
Ro...	计数译码...	Situs	Creating topology map	9:47:38	2016-3-10	2
Sit...	计数译码...	Situs	Starting Fan out to Plane	9:47:38	2016-3-10	3
Sit...	计数译码...	Situs	Completed Fan out to Plane in 0 Seconds	9:47:38	2016-3-10	4
Sit...	计数译码...	Situs	Starting Memory	9:47:38	2016-3-10	5
Sit...	计数译码...	Situs	Completed Memory in 0 Seconds	9:47:39	2016-3-10	6
Sit...	计数译码...	Situs	Starting Layer Patterns	9:47:39	2016-3-10	7
Ro...	计数译码...	Situs	Calculating Board Density	9:47:39	2016-3-10	8
Sit...	计数译码...	Situs	Completed Layer Patterns in 0 Seconds	9:47:39	2016-3-10	9
Sit...	计数译码...	Situs	Starting Main	9:47:39	2016-3-10	10
Ro...	计数译码...	Situs	Calculating Board Density	9:47:39	2016-3-10	11
Sit...	计数译码...	Situs	Completed Main in 0 Seconds	9:47:39	2016-3-10	12
Sit...	计数译码...	Situs	Starting Completion	9:47:39	2016-3-10	13
Sit...	计数译码...	Situs	Completed Completion in 0 Seconds	9:47:39	2016-3-10	14
Sit...	计数译码...	Situs	Starting Straighten	9:47:39	2016-3-10	15
Sit...	计数译码...	Situs	Completed Straighten in 0 Seconds	9:47:39	2016-3-10	16
Ro...	计数译码...	Situs	43 of 43 connections routed (100.00%) in 0 :	9:47:39	2016-3-10	17
Sit...	计数译码...	Situs	Routing finished with 0 contentions(s). Faile	9:47:39	2016-3-10	18

图 2-128　Messages 工作面板

本例，先布电源线 VCC，然后再自动布线后的 PCB 如图 2-129 所示。

如果 PCB 图上显示，有的导线是断的，或栅格错位，把屏幕重新刷新一下就好了。

方法：选择“察看”→“刷新”命令（快捷键为【V】、【R】或【End】）。

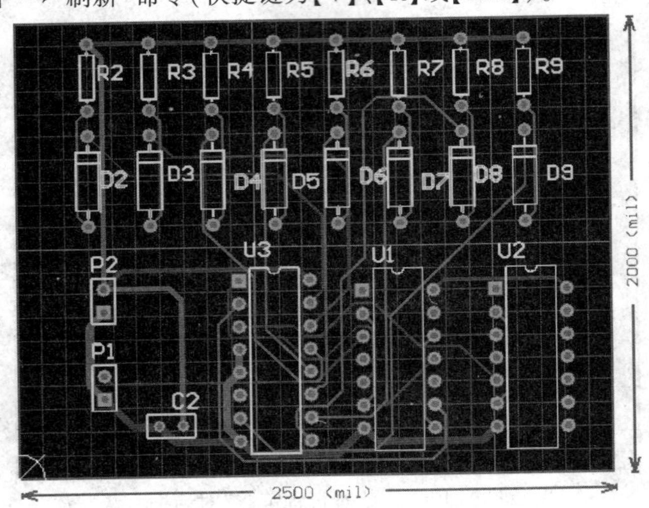

图 2-129　自动布线后的 PCB

（2）调整布线。如果设计者认为自动布线的效果不令人满意，可以重新调整元件的布局。例如，想把连接器 P1、P2 调整到板的底部，需要重新调整。

如果想重新布线，可采用的方法：选择“工具”→“取消 ”→“全部”命令，就把所有已布的线路全部撤销，变成了飞线；如果选择“工具”→“取消 ”→“网络”命令，就可用鼠标单击需要撤销的网络，这样就可以撤销选中的网络；如果选择“工具”→“取消 ”→“连接”命令，就可以撤销选中的连线；如果选择“工具”→“取消 ”→“器件”命令，用鼠标单击元件，相应元件上的线就全部变为飞线。

现在选择“工具”→“取消 ”→“全部”命令，撤销所有已布的线。然后移动元件，调整元件布局后的 PCB 如图 2-130 所示。

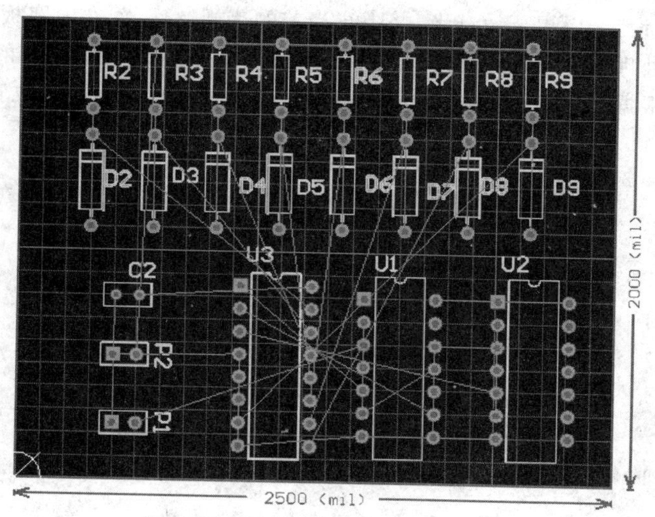

图 2-130　调整元件布局后的 PCB

选择“自动布线”→“全部”命令，布线后的 PCB 如图 2-131 所示。

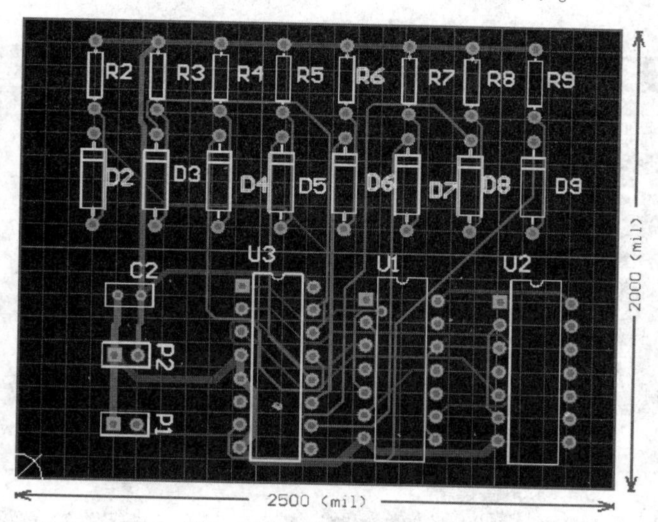

图 2-131　重新布局自动布线后的 PCB

从操作过程中可以看出，PCB 的布局对自动布线的影响很大，所以用户在设计 PCB 时一定要把元件的布局设置合理，这样自动布线的效果才会理想。

自动布线完成后，认为某局部布线不理想可手工调整，调整布线是在自动布线的基础上完成的。例如想对 U2 的 2 引脚和 6 引脚之间的连线重新布线，选择“放置”→Interactive Routing 命令，光标呈十字状，重新绘线如图 2-132 所示。可对任何不理想的布线重新布置。

观察自动布线的结果可知，对于比较简单的电路，当元件布局合理，布线规则设置完善时，Altium Designer 中的 Situs 布线器的布线效果相当令人满意。

单击保存按钮“”，保存 PCB 文件。

(3)验证 PCB 设计。启用设计规则检测(DRC)验证 PCB 设计情况。设计规则检测主要有两种方式，即在线 DRC 和批处理 DRC。在 PCB 的具体设计过程中，若开启了在线 DRC 功能，系统会随时以绿色标志违规设计，以提醒设计者，并阻止当前的违规操作；而在电路板布线完毕，文件输出之前，则可以使用批处理 DRC 对电路板进行一次完整的设计规则检查，相应的违规设计也将以绿色进行标志，设计者根据系统的有关提示，可以对自己的设计进行必要的修改和进一步的完善。

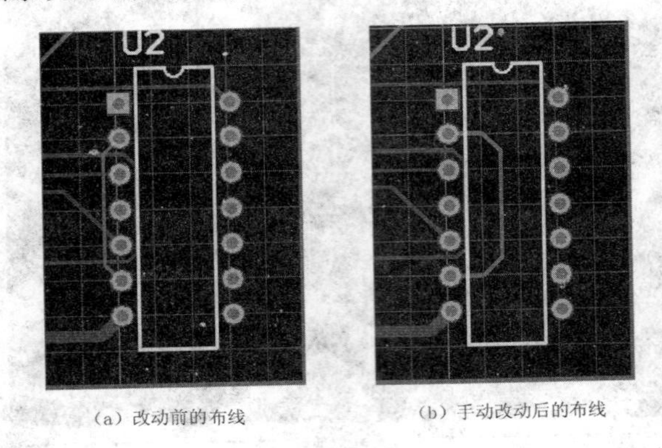

（a）改动前的布线　　（b）手动改动后的布线

图 2-132　手动布线前后的布线

①在主菜单中选择“工具”→“设计规则检查”命令，打开图 2-133 所示的“设计规则检测”对话框。

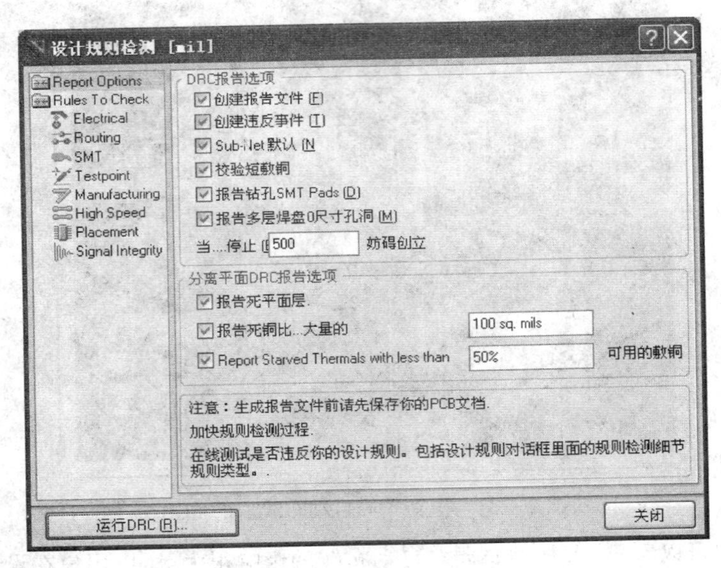

图 2-133　“设计规则检测”对话框

②单击“运行 DRC”按钮，启动设计规则测试。

设计规则测试结束后，系统自动生成图 2-134 所示的检查报告网页。查看检查报告，查看系统设计中是否存在违反设计规则的问题，进行必要的修改和完善，直至系统布线成功。

5. 在 3D 模式下查看 PCB 设计

(1)设计时的 3D 显示状态。要在 PCB 编辑器中切换到 3D 显示模式，只需选择“察看”→“切换到三维显示”(Switch To 3D)命令(快捷键【3】)，或者从 PCB 标准工具栏中选择一个 3D 视图配置，如图 2-135 所示。

customize

Design Rule Verification Report

Date : 2016-3-10
Time : 11:18:00
Elapsed Time : 00:00:01
Filename : E:\计数译码电路\计数译码电路PCB板.PcbDoc

Warnings: 0
Rule Violations: 39

Summary

Warnings	Count
Total	0

Rule Violations	Count
Short-Circuit Constraint (Allowed=No) (All),(All)	0
Un-Routed Net Constraint ((All))	0
Clearance Constraint (Gap=10mil) (All),(All)	0
Power Plane Connect Rule(Relief Connect)(Expansion=20mil) (Conductor Width=10mil) (Air Gap=10mil)	0

图 2-134　检查报告网页

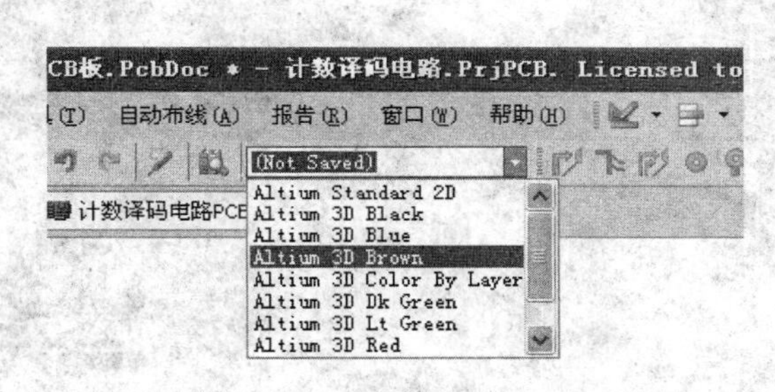

图 2-135　选择 3D 显示

进入 3D 模式时,一定要使用下面的操作来显示 3D,否则就要出错,提示:Action not available in 3d view。

①缩放:按【Ctrl】键+鼠标右拖,或者按【Ctrl】键+鼠标滚轮,或者按住鼠标滚轮拖动,或者按【Page Up】/【Page Down】键。

②平移:滚动鼠标滚轮,向上/向下移动;按下【Shift】键,滚动鼠标滚轮,向左/右移动;右击拖动鼠标可向任何方向移动。

③旋转:按住【Shift】键不放,再按鼠标右键,进入 3D 旋转模式。光标处以一个定向圆盘的方式来表示,如图 2-136 所示。该模型的旋转运动是基于圆心的,使用以下方式控制。

a. 用鼠标右键拖拽圆盘中心点(Center Dot),任意方向旋转视图。

b. 用鼠标右键拖拽圆盘水平方向箭头(Horizontal Arrow),关于 Y 轴旋转视图。

c. 用鼠标右键拖拽圆盘垂直方向箭头(Vertical Arrow),关于 X 轴旋转视图。

从 PCB 标准工具栏中,从 3D 视图配置列表中选择 Altium 3D Color By Layer 命令,可显示整体电路的布线情况,如图 2-137 所示。

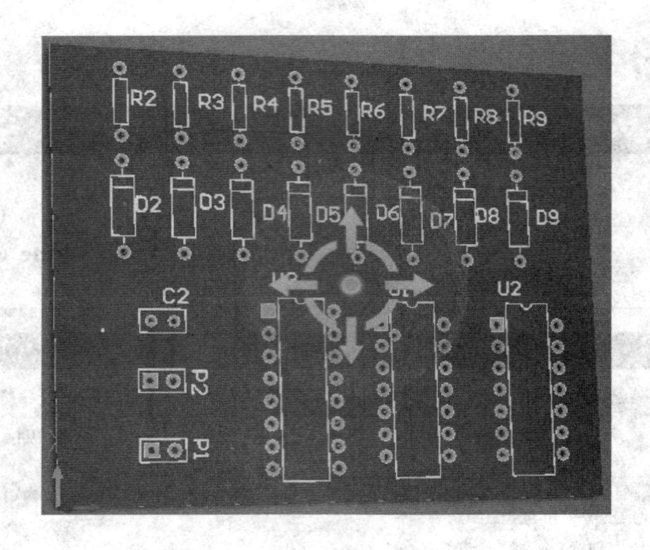

图 2-136　PCB 的 3D 显示

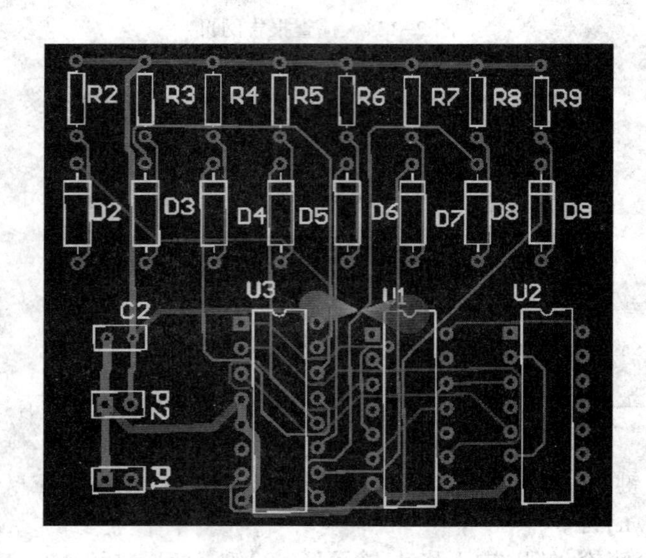

图 2-137　Altium 3D Color By Layer 显示

(2)3D 显示设置。使用上述的操作命令,设计者可以非常方便地在 3D 显示状态下,实时查看正在设计 PCB 的每一个细节。使用板层和颜色设置对话框可以修改这些设置,通过选择“设计”→“板层颜色”命令或者快捷键【L】来访问此对话框,如图 2-138 所示。用该对话框,设计者根据 PCB 的实际情况设置相应的板层颜色,或者调用已经存储的板层颜色设置。这样,3D 显示的效果会更加逼真。

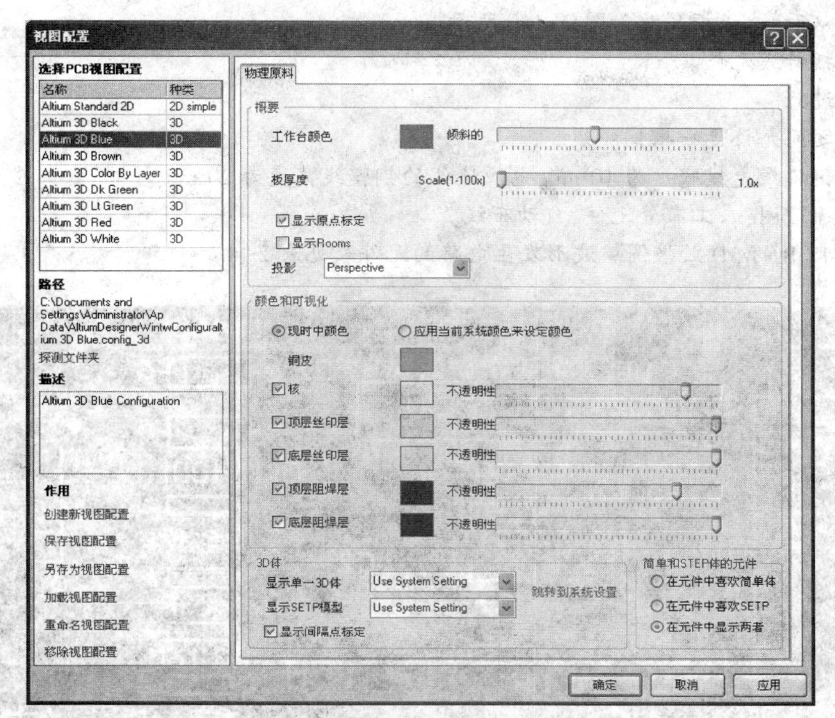

图 2-138　板层和颜色设置对话框

1. 试画图 2-139 所示的波形发生电路，要求：

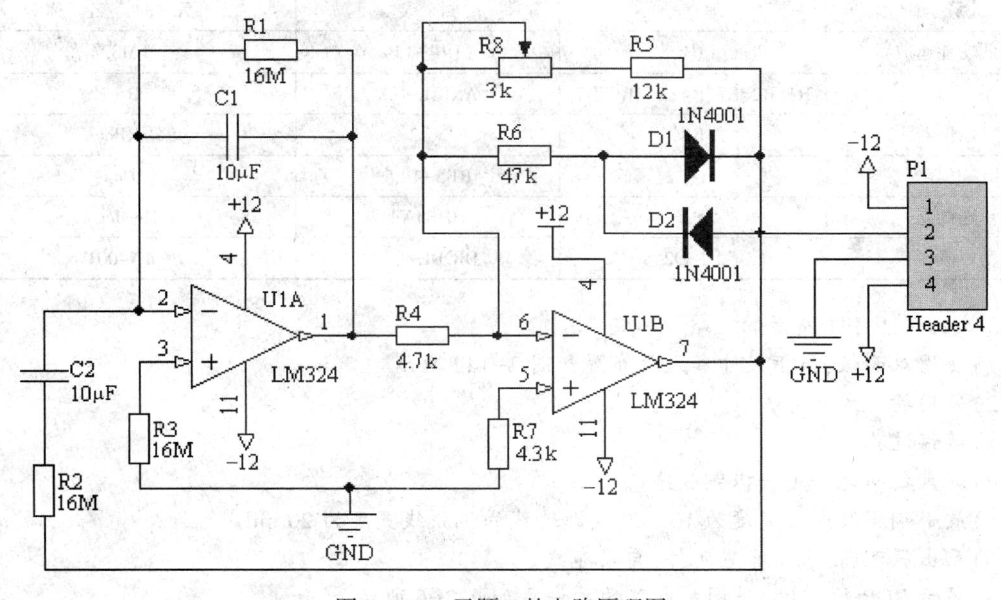

图 2-139　习题 1 的电路原理图

(1)使用双面板,板框尺寸如图 2-140 所示。

(2)采用插针式元件。

(3)镀铜过孔。

(4)焊盘之间允许走一根铜膜线。

(5)最小铜膜线走线宽度为 10 mil,电源地线的铜膜线宽度为 20 mil。

(6)画出原理图,人工布置元件,自动布线。

(7)显示 PCB 的 3D 效果图。波形发生电路的元件表见表 2-4。

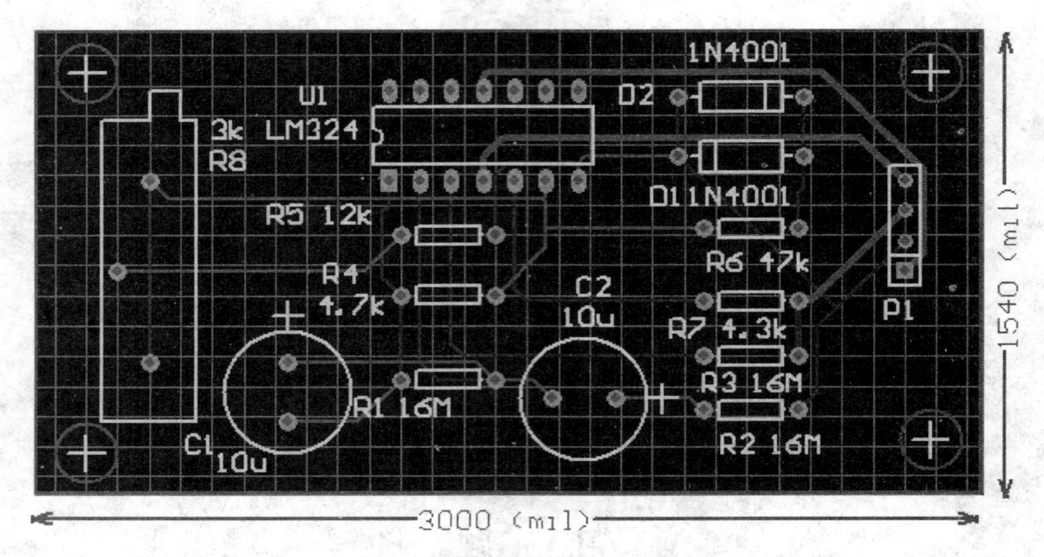

图 2-140　习题 1 的电路板图

表 2-4　习题 1 电路的元件表

说　明	编　号	封　装	元　件　名　称
低功耗运放	U1	DIP-14	LM324
电阻	R1、R2、R3、R4、R5、R6、R7	AXIAL-0.3	Res2
电位器	R8	VR2	RPot
电容	C1、C2	RB5-10.5	Cap
连接器	P1	HDR1X4	Header 4
二极管	D1、D2	DIODE-0.4	1N4001

2. 试画图 2-141 所示的电路,要求:

(1)使用双面板,板框尺寸和元件布置如图 2-142 所示。

(2)采用插针式元件。

(3)镀铜过孔。

(4)焊盘之间允许走一根铜膜线。

(5)最小铜膜线走线宽度为 10 mil,电源地线的铜膜线宽度为 20 mil。

(6)画出原理图,人工布置元件,自动布线。

(7)显示 PCB 的 3D 效果图。电路的元件表如表 2-5 所示。

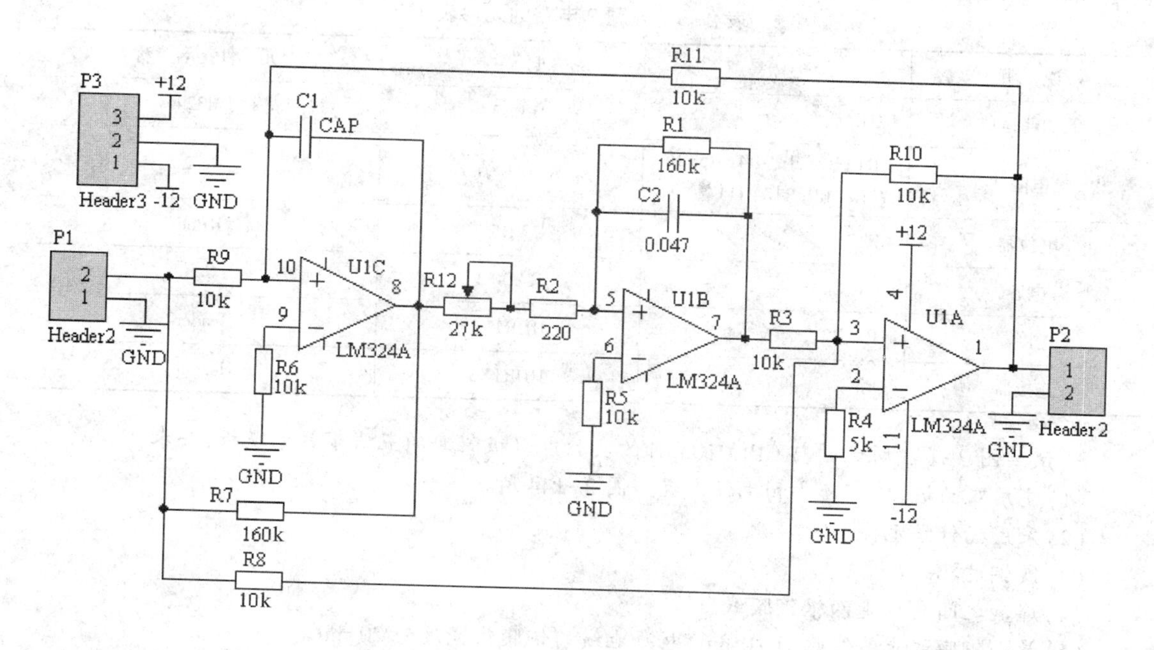

图 2-141　习题 2 的电路原理图

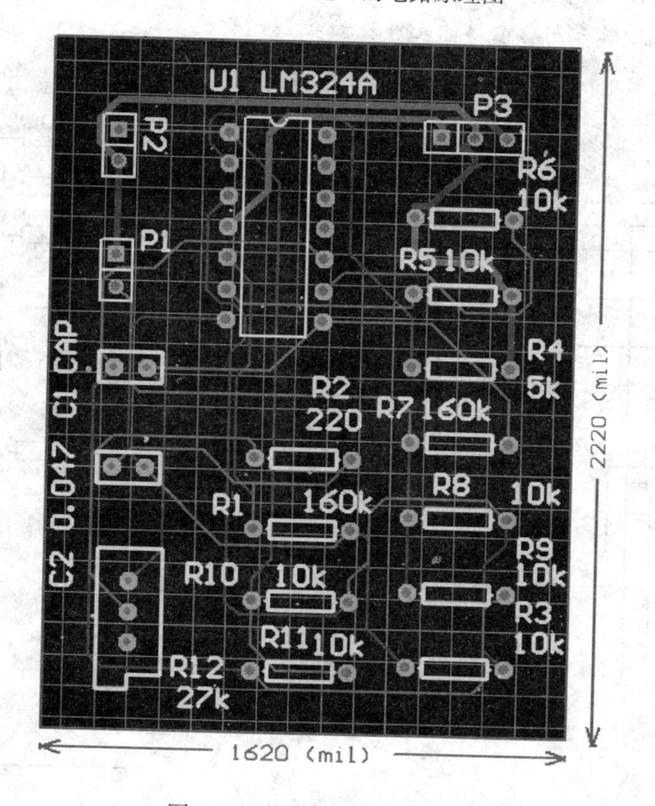

图 2-142　习题 2 的电路板图

表 2-5　习题 2 电路的元件表

说　明	编　号	封　装	元　件　名　称
低功耗运放	U1	DIP-14	LM324
电阻	R1、R2、R3、R4、R5、R6、R7、R8、R9、R10、R11	AXIAL-0.3	Res2
电位器	R12	VR5	RPot
电容	C1、C2	RAD0.1	Cap
连接器	P1、P2	HDR1X2	Header2
连接器	P3	HDR1X3	Header3

3. 试画图 2-143 所示的与 CPLD1032E 的实验电路板配套的五线下载电缆板，要求：

(1) 使用双面板，板框尺寸和元件布置如图 2-144 所示。

(2) 采用插针式元件。

(3) 镀铜过孔。

(4) 焊盘之间允许走两根铜膜线。

(5) 最小铜膜线走线宽度为 10 mil，电源地线的铜膜线宽度为 20 mil。

(6) 画出原理图，人工布置元件，自动布线。

(7) 显示 PCB 的 3D 效果图。电路的元件表如表 2-6 所示。

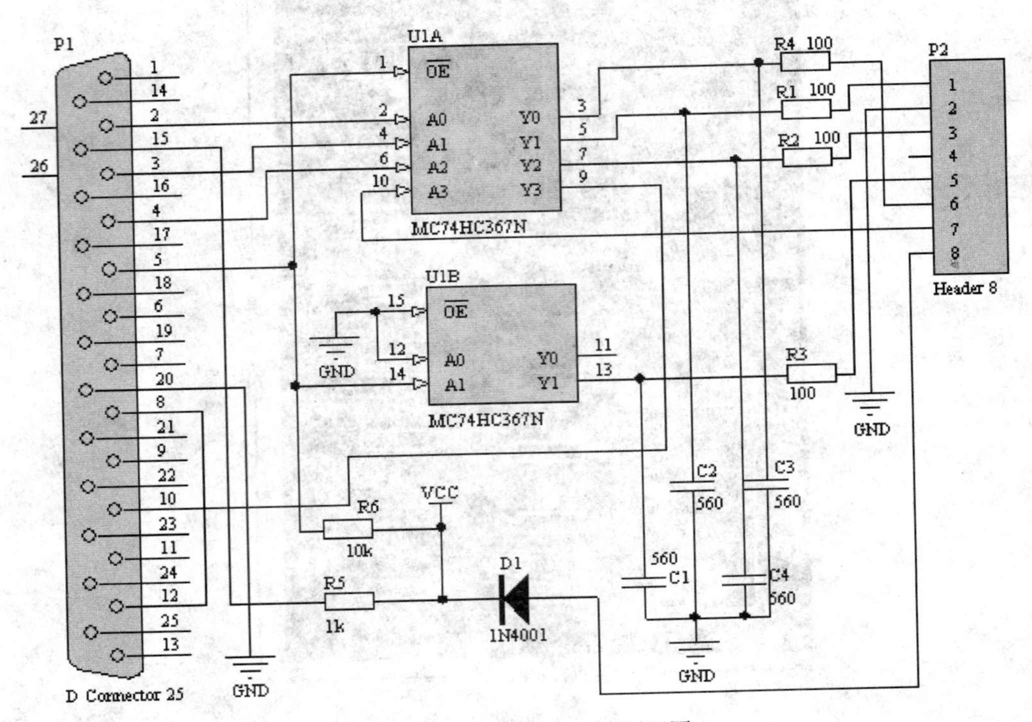

图 2-143　习题 3 的电路原理图

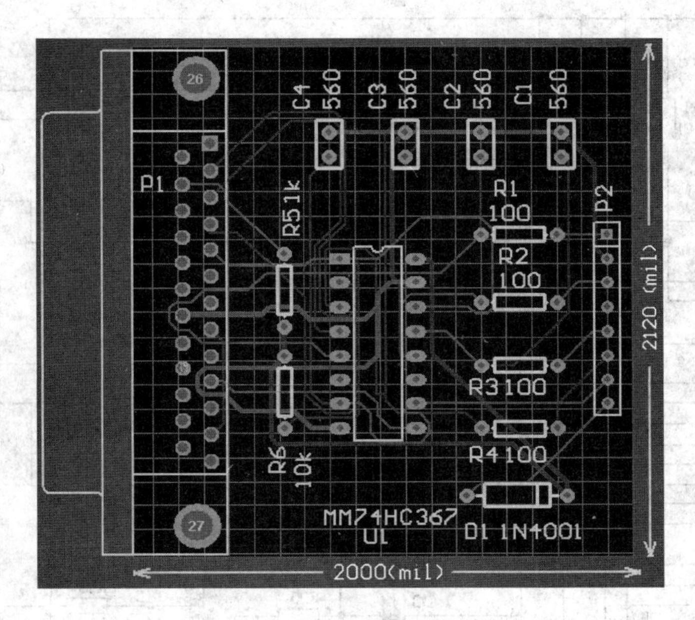

图 2-144　习题 3 的电路板图

表 2-6　习题 3 电路的元件表

说　明	编　号	封　装	元　件　名　称
具有三态的六总线驱动器	U1	DIP-16	MC74HC367N
电阻	R1、R2、R3、R4、R5、R6	AXIAL-0.3	Res2
二极管	D1	DIODE-0.4	DIODE
电容	C1、C2、C3、C4	RAD0.1	Cap
连接器	P1	DSUB1. 385-2H25A	D Connector 25
连接器	P2	HDR1X8	Header8

4. 试画图 2-145 所示的与 CPLD1032E 的实验电路板配套的四线下载电缆板，要求：

(1)使用双面板，板框尺寸和元件布置如图 2-146 所示。

(2)采用插针式元件。

(3)镀铜过孔。

(4)焊盘之间允许走一根铜膜线。

(5)最小铜膜线走线宽度为 10 mil，电源地线的铜膜线宽度为 20 mil。

(6)画出原理图，人工布置元件，自动布线。

(7)显示 PCB 的 3D 效果图。电路的元件表如表 2-7 所示。

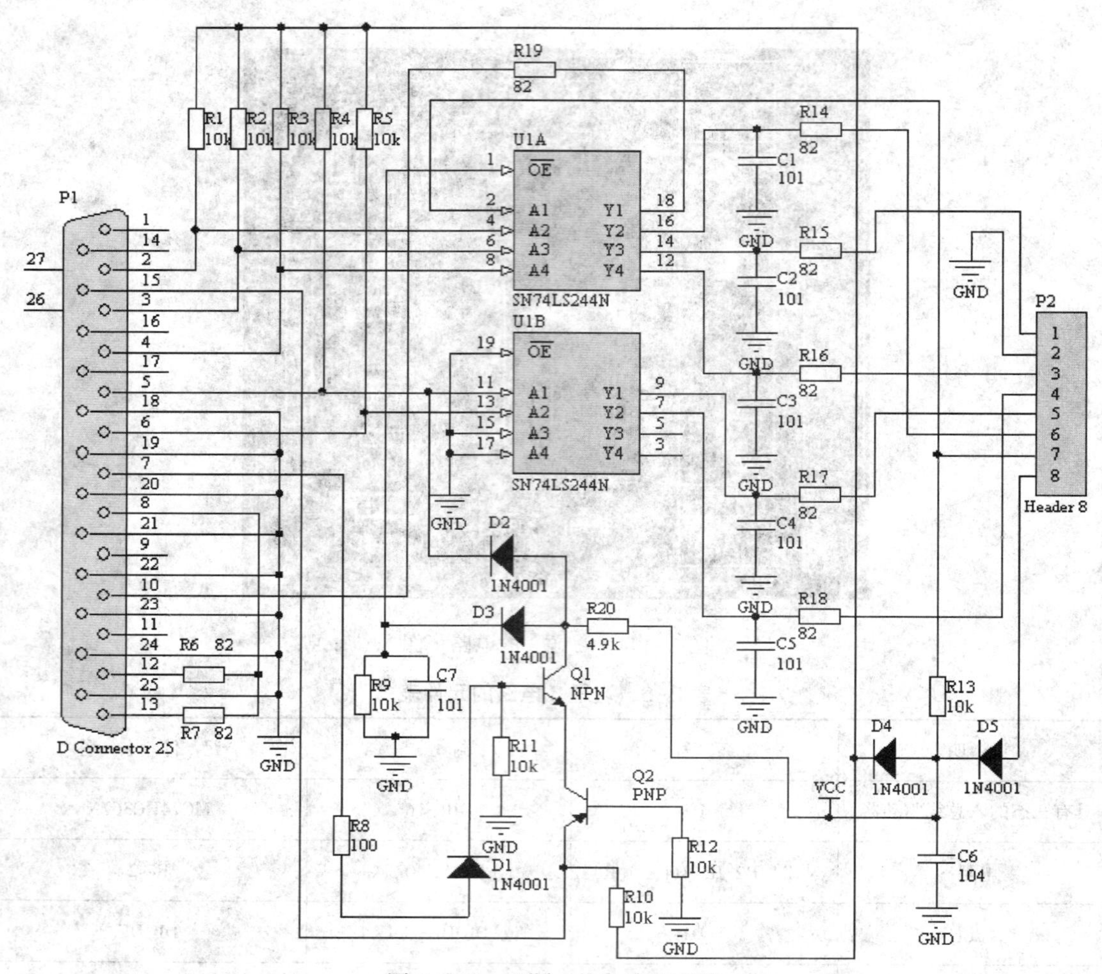

图 2-145　习题 4 的电路原理图

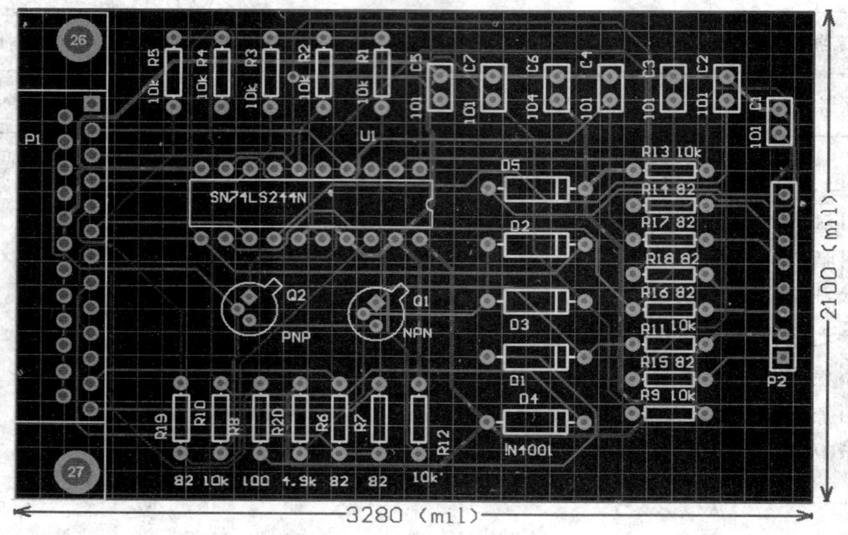

图 2-146　习题 4 的电路板图

表 2-7　习题 4 电路的元件表

说　明	编　号	封　装	元　件　名　称
三态输出八缓冲器	U1	DIP-20	SN74LS244N
电阻	R1、R2、R3、R4、R5、R6、R7、R8、R9、R10、R11、R12、R13、R14、R15、R16、R17、R18、R19、R20	AXIAL-0.3	Res2
二极管	D1、D2、D3、D4、D5	DIODE-0.4	DIODE
电容	C1、C2、C3、C4、C5、C6、C7	RAD0.1	Cap
晶体管	Q1	TO-18	NPN
晶体管	Q2	TO-18	PNP
连接器	P1	DSUB1. 385-2H25A	D Connector 25
连接器	P2	HDR1X8	Header8

5. 试画图 2-147 所示的降压整流滤波电路的电路板，要求：

(1)使用双面板，板框尺寸和元件布置如图 2-148 所示。

(2)采用插针式元件。

(3)镀铜过孔。

(4)焊盘之间允许走一根铜膜线。

(5)所有铜膜线走线宽度为 50 mil，线间最小间距为 30 mil。

(6)画出原理图，人工布置元件，自动布线。

(7)显示 PCB 的 3D 效果图。电路的元件表如表 2-8 所示。

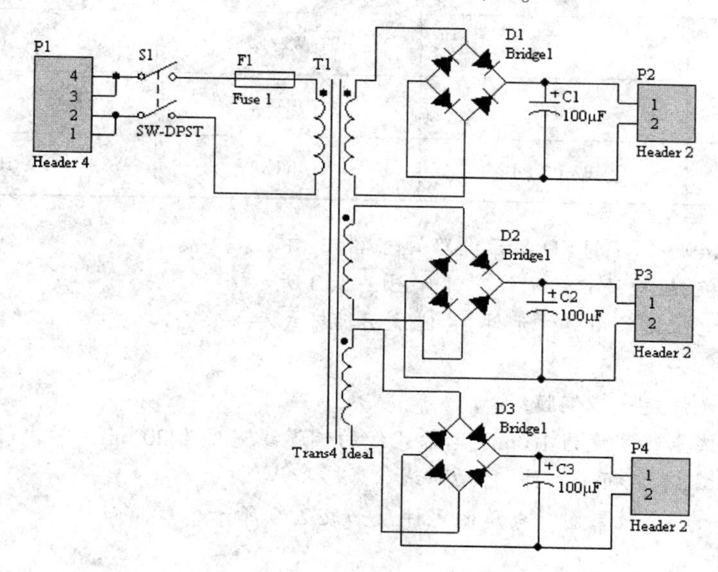

图 2-147　习题 5 的电路原理图

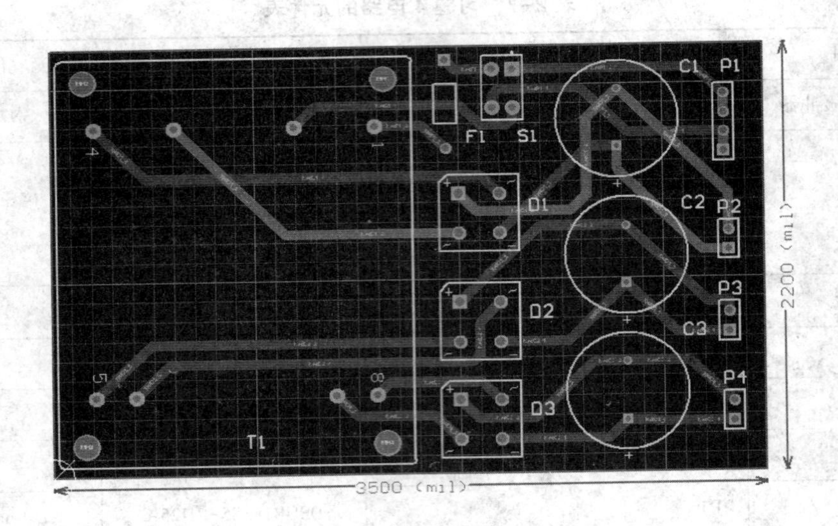

图 2-148　习题 5 的电路板图

表 2-8　习题 5 电路的元件表

说　明	编　号	封　装	元　件　名　称
变压器	T1	TRF_8	Trans4 Ideal
整流桥	D1、D2、D3	D-38	Bridgel
电解电容	C1、C2、C3	RB7.6-15	Cap Pol1
开关	S1	DPST-4	SW-DPST
熔断器	F1	PIN-W2/E2.8	Fuse 1
连接器	P1	HDR1X4	Header4
连接器	P2 P3 P4	HDR1X2	Header2

6. 试画图 2-149 所示的 LED 显示电路的电路板，要求：

(1) 使用双面板，板框尺寸和元件布置如图 2-150 所示。

(2) 锁存器及电阻排采用贴片元件，其他采用插针式元件。

(3) 镀铜过孔。

(4) 焊盘之间允许走一根铜膜线。

(5) 最小铜膜线走线宽度为 10 mil，电源地线的铜膜线宽度为 20 mil。

(6) 画出原理图，人工布置元件，自动布线。

(7) 显示 PCB 的 3D 效果图。电路的元件表如表 2-9 所示。

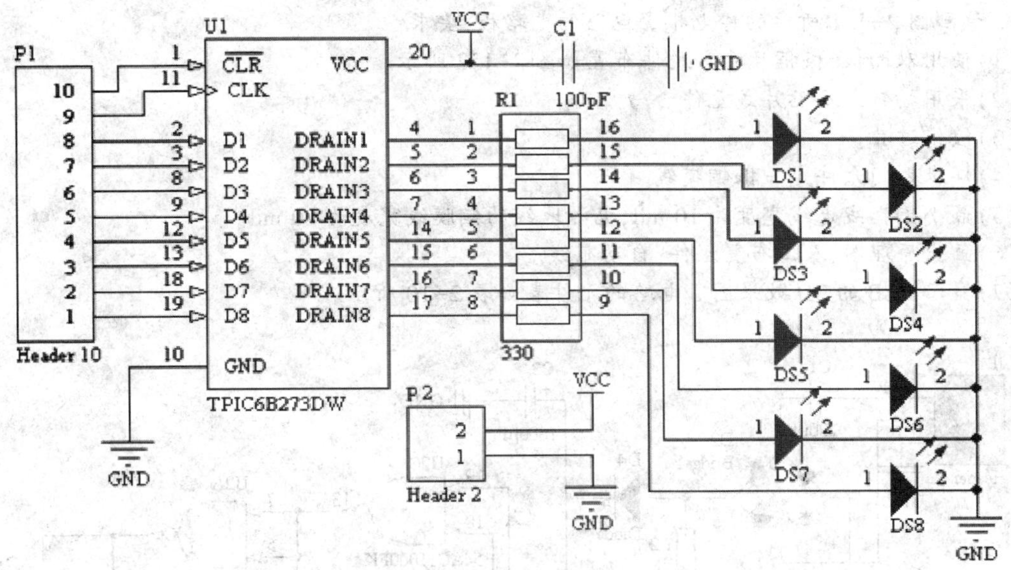

图 2-149　习题 6 的电路原理图

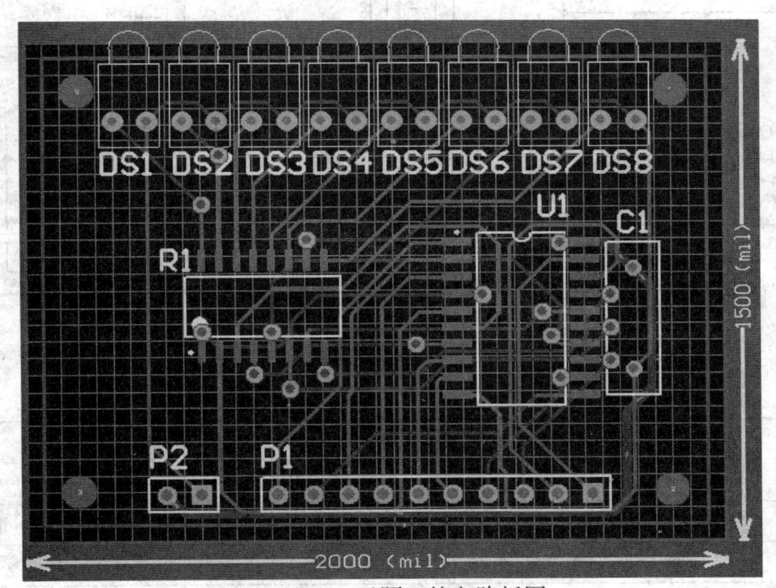

图 2-150　习题 6 的电路板图

表 2-9　习题 6 电路的元件表

说　明	编　号	封　装	元　件　名　称
功率逻辑八 D 锁存器	U1	DW020_N	TPIC6B273DW
电阻排	R1	SO-16_L	Res Pack3
电容	C1	RAD-0.3	Cap
发光二极管	DS1、DS2、DS3、DS4、DS5、DS6、DS7、DS8	LED-1	LED1
连接器	P1	HDR1X10	Header10
连接器	P2	HDR1X2	Header2

7. 试画图 2-151 所示的停电报警电路的电路板，要求：

(1)使用双面板，板框尺寸和元件布置如图 2-152 所示。

(2)采用插针式及贴片式元件。

(3)镀铜过孔。

(4)焊盘之间允许走一根铜膜线。

(5)最小铜膜线走线宽度为 10 mil，电源地线的铜膜线宽度为 20 mil。

(6)画出原理图，人工布置元件，自动布线。

(7)显示 PCB 的 3D 效果图。电路的元件表如表 2-10 所示。

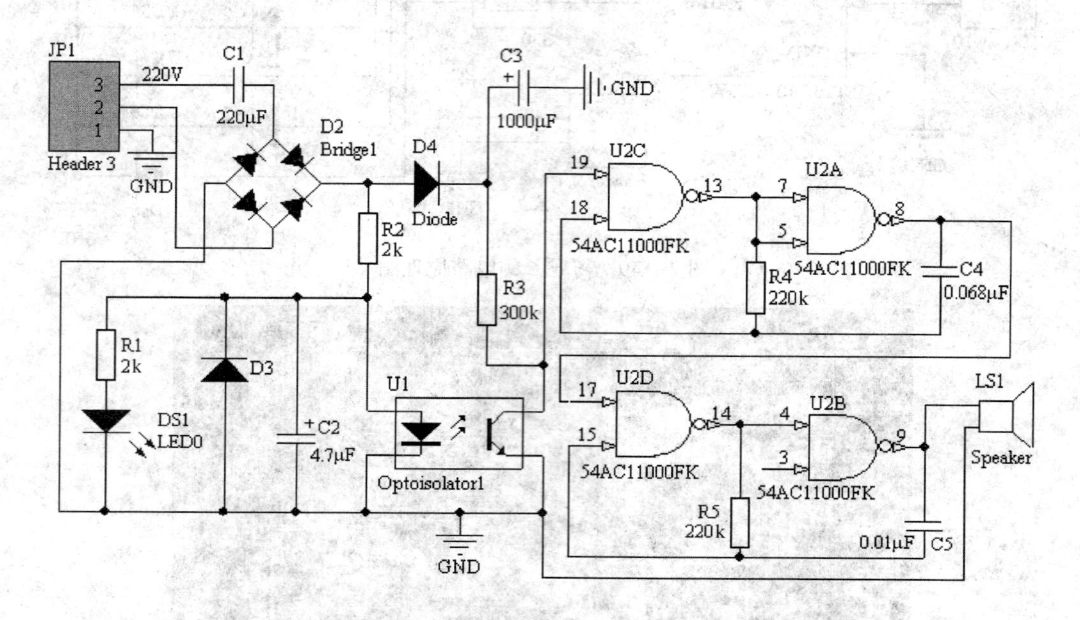

图 2-151　习题 7 的电路原理图

表 2-10　习题 7 电路的元件表

说　明	编　号	封　装	元 件 名 称
与非门	U2	FK020D	54AC11000FK
整流桥	D2	D-38	Bridgel
光耦合器	U1	DIP-4	Optoisolator1
发光二极管	DS1	LED-0	LED0
二极管	D3、D4	SMC	DIODE
电容	C1、C4、C5	RAD-0.3	Cap
电解电容	C2、C3	POLAR0.8	Cap Pol2
电阻	R1、R2、R3、R4、R5	AXIAL-0.3	Res1
连接器	JP1	HDR1X3	Header3
扬声器	LS1	PIN2	Speaker

8. 试画图 2-153 所示的频率合成电路的电路板，要求：

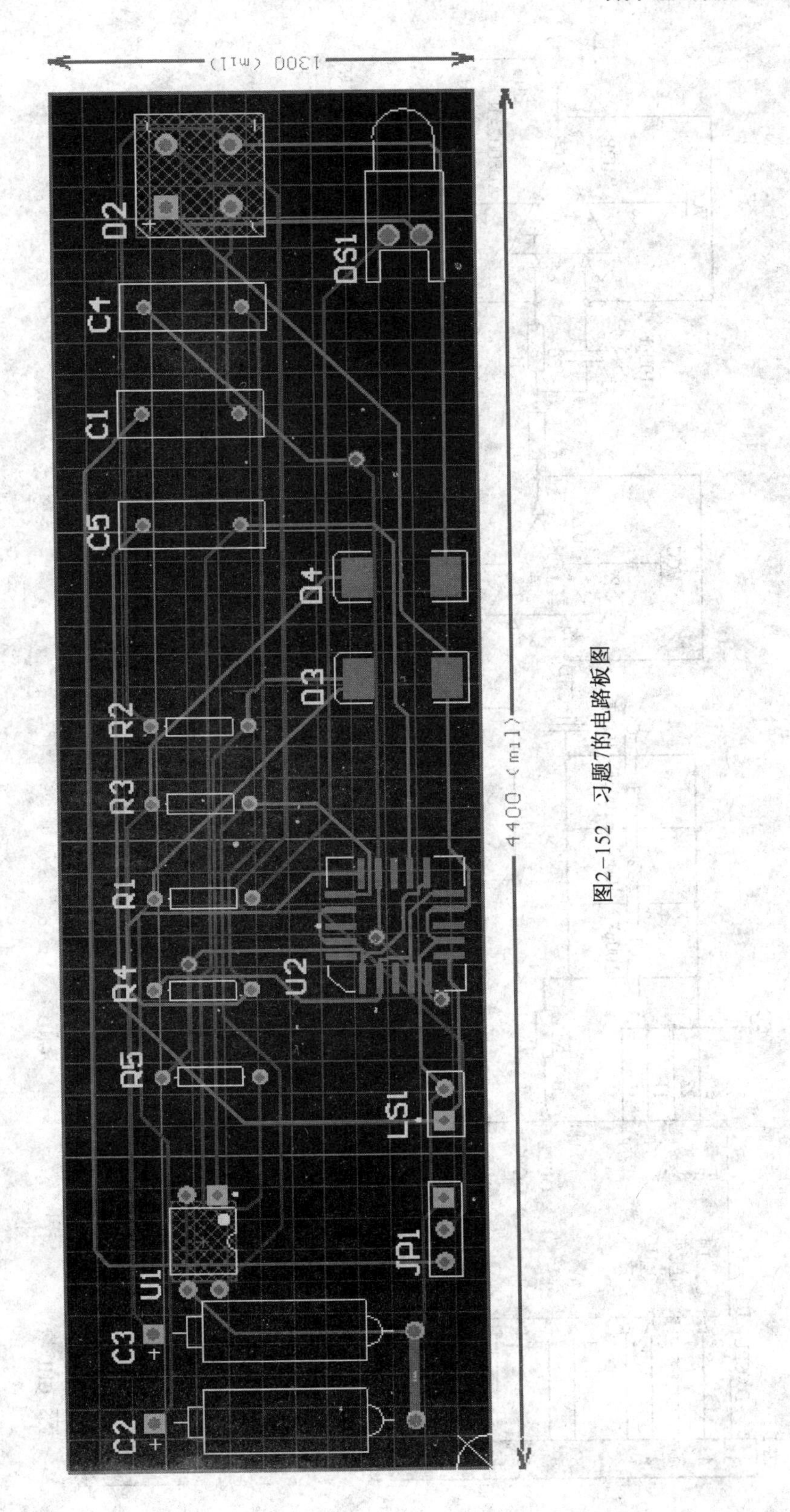

图2-152　习题7的电路板图

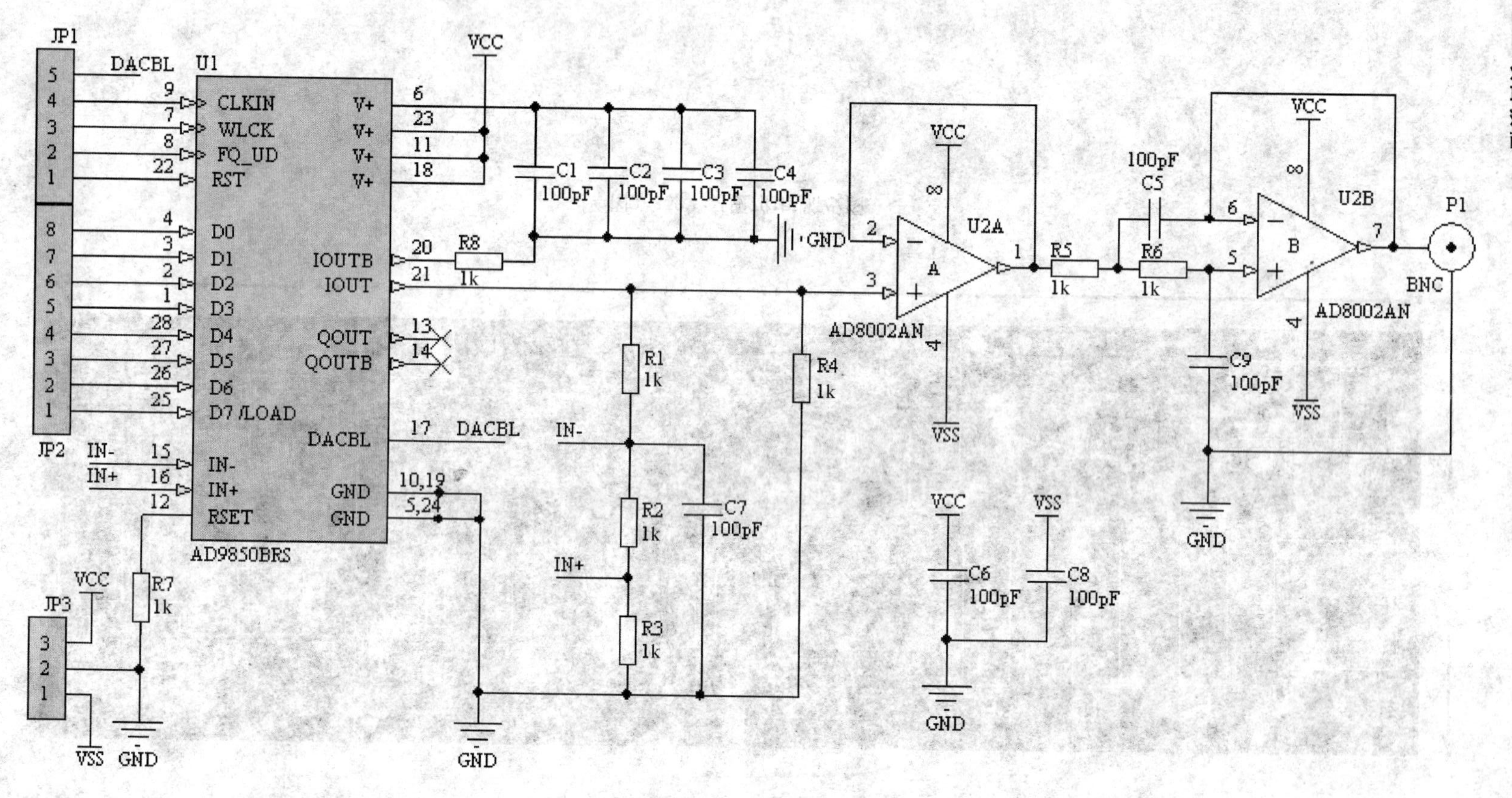

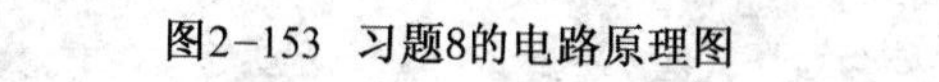
图2-153　习题8的电路原理图

(1)使用双面板,板框尺寸和元件布置如图 2-154 所示。

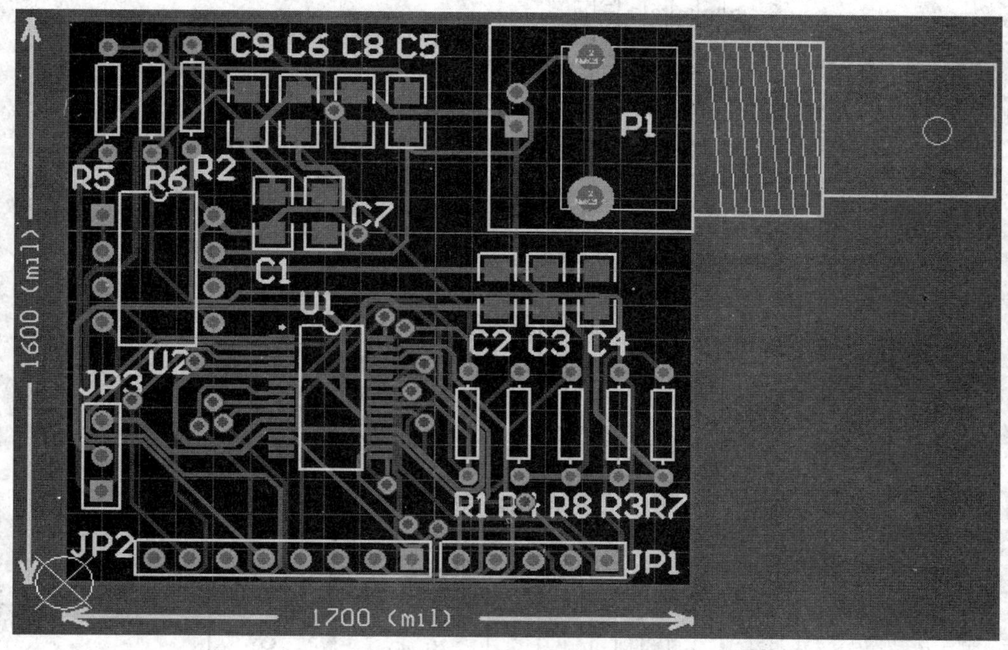

图 2-154　习题 8 的电路板图

(2)采用插针式及贴片式元件。

(3)镀铜过孔。

(4)焊盘之间允许走一根铜膜线。

(5)最小铜膜线走线宽度为 10 mil,电源地线的铜膜线宽度为 20 mil。

(6)画出原理图,人工布置元件,自动布线。

(7)显示 PCB 的 3D 效果图。电路的元件表如表 2-11 所示。

表 2-11　习题 8 电路的元件表

说　明	编　号	封　装	元　件　名　称
频率合成器	U1	RS-28	AD9850BRS
运算放大器	U2	DIP-8	AD8002AN
电容	C1、C2、C3、C4、C5、C6、C7、C8、C9	C1206	Cap Semi
电阻	R1、R2、R3、R4、R5、R6、R7	AXIAL-0. 3	Res1
连接器	P1	BNC_RA CON	BNC
连接器	JP1	HDR1X5	Header5
连接器	JP1	HDR1X8	Header8
连接器	JP1	HDR1X3	Header3

9. 试画图 2-155 所示的单片机电路板,要求:

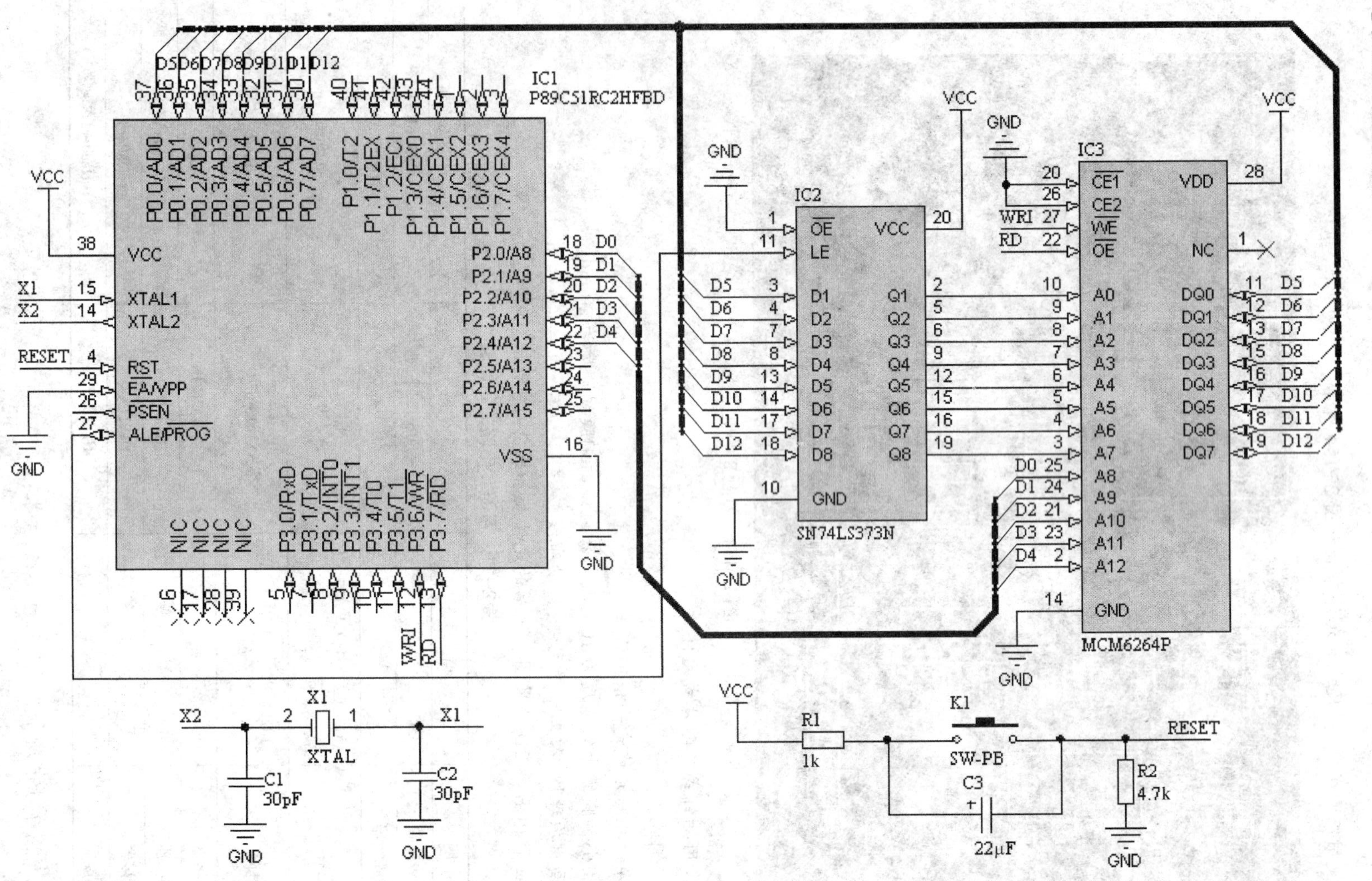

图2-155　习题9的电路原理图

(1)使用双面板,板框尺寸和元件布置如图 2-156 所示。
(2)单片机为贴片元件,其他采用插针式元件。
(3)镀铜过孔。
(4)焊盘之间允许走一根铜膜线。
(5)最小铜膜线走线宽度为 10 mil,电源地线的铜膜线宽度为 20 mil。
(6)画出原理图,人工布置元件,自动布线。电路的元件表如表 2-12 所示。

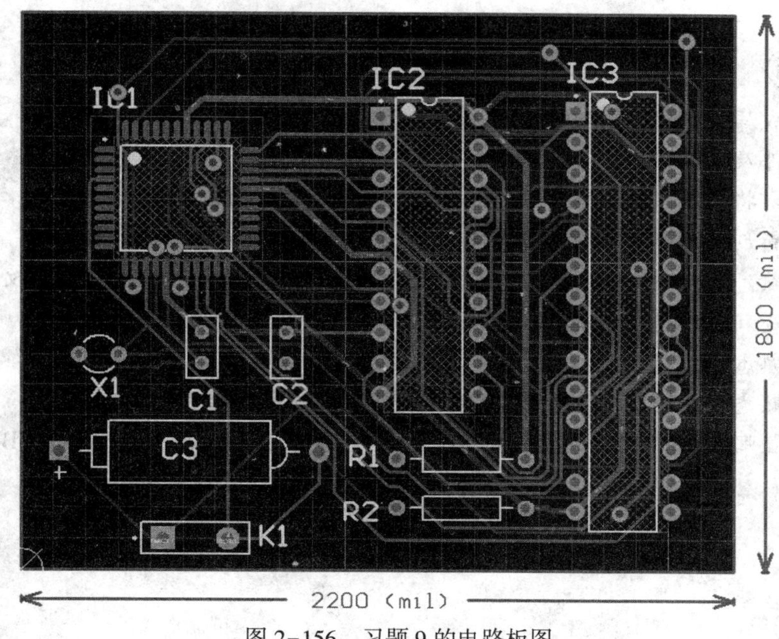

图 2-156　习题 9 的电路板图

表 2-12　习题 9 电路的元件表

说　明	编　号	封　装	元 件 名 称
单片机	IC1	SOT389-1_N	P89C51RC2HFBD
锁存器	IC2	DIP-20	SN74LS373N
存储器	IC3	DIP-28	MCM6264P
晶振	X1	R38	XTAL
电阻	R1、R2	AXIAL-0.4	Res2
电容	C1、C2	RAD-0.1	Cap
电解电容	C3	POLAR0.8	Cap Pol2
按钮	K1	SPST-2	SW-PB

项目三 数码管电路设计

学习目标

- 掌握集成库、原理图库、封装库的创建方法；
- 掌握元件及封装的制作；
- 掌握如何将集成库、原理图库、封装库添加到库工作面板；
- 会利用新创建的原理图元件、封装绘制原理图及 PCB；
- 进一步熟悉原理图工作环境常用设置及元件属性页内容的相关调整修改；
- 掌握检查及编辑原理图的方法；
- 进一步熟悉常用 PCB 规则设置；
- 进一步熟悉 PCB 自动布线、调整布线方法及布线策略设置；
- 了解放置泪滴、放置过孔或焊盘作为安装孔，布置多边形覆铜区域等 PCB 的设计技巧。

任务一 创建元件库

任务描述

尽管 Altium Designer 提供了丰富的元件封装库文件供设计者使用，但随着技术的进步，或者当前使用的软件版本不够新，在实际的设计过程中总会出现一些当前元件库中找不到的元件及封装。因此，Altium Designer 提供了相应的制作元件库的工具。在本任务中需要完成集成库、原理图元件库、封装库的创建。在原理图元件库中完成 D 触发器、数码管、2 输入四与门芯片 74LS08 原理图元件的制作。在封装库中手工完成创建数码管封装，通过使用 PCB 元件封装向导制作 DIP14 封装及在库中复制添加封装。通过本任务的学习，了解集成库、原理图库、封装库、模型的概念；掌握集成库、原理图库、封装库的创建方法；掌握元件的制作方法；掌握采取从其他库复制元件的形式制作新元件的方法；掌握制作多部件原理图元件的方法；掌握手工创建封装的方法；掌握使用 PCB Component Wizard 创建封装的方法；掌握将已有的封装库的封装复制到自己建立的封装库的方法；了解制作完成的元件检查及生成报表的方法；了解元件设计规则检查；会编译集成库文件。

任务实现

1. 创建集成库

(1)集成库概述。Altium Designer 采用了集成库的概念。在集成库中的元件不仅具有原理图中代表元件的符号，还集成了相应的功能模块。例如，Foot Print 封装，电路仿真模块，信号完整性分析模块等。集成库具有以下一些优点：集成库便于移植和共享，元件和模块之间的连接具有安全性。集成库在编译过程中会检测错误，如引脚封装对应等。

(2)集成库创建。集成库(扩展名为 . LibPkg)与项目(扩展名为 . PrjPCB)的结构类似。项目下为原理图(扩展名为 . SchDoc)和 PCB(扩展名为 . PcbDoc),集成库下为元件库(扩展名为 . SchLib)和封装库(扩展名为 . PcbLib)。集成库的创建也与项目的创建类似。

下面介绍集成库创建的步骤:

(1)在菜单栏选择"文件"→"新建"→"工程"→"集成库"命令,如图 3-1 所示。

另外,设计者可以在工作区右侧的 Files 面板中的"新的"区域中单击 Blank Project (Library Package),如图 3-2 所示,如果这个面板未显示,单击工作区面板底部的 Files 标签即可。

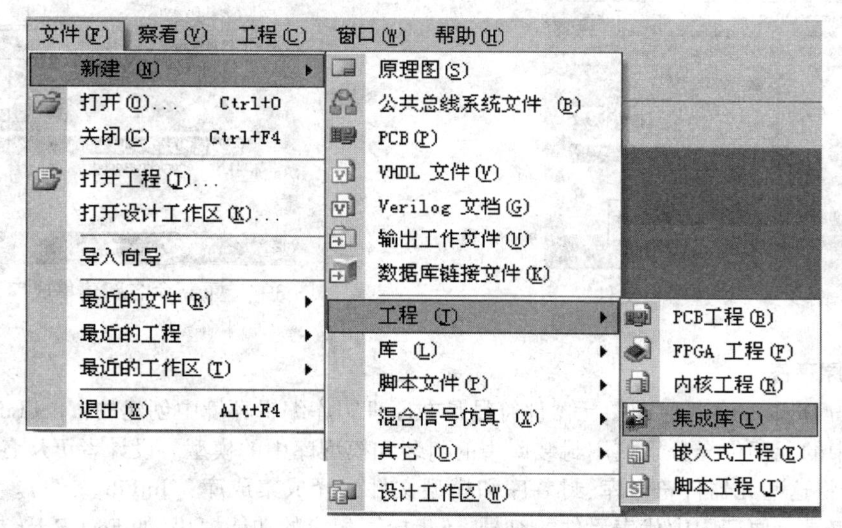

图 3-1　创建集成库(1)

图 3-2　创建集成库(2)

(2)新项目文件 Integrated_Library1. LibPkg 与 No Documents Added 文件夹一起列在工作区右侧的 Projects 面板中,如图 3-3 所示。

(3)重新命名集成库文件。通过选择“文件”→“保存工程为”命令或右击 Projects 面板中的 Integrated_Library1. LibPkg 命令,在弹出的快捷菜单中选择“保存工程为”命令来将新项目重命名为“数码管电路集成库 . LibPkg”,并单击“保存”按钮,如图 3-4 所示。在保存集成库时,注意选择好保存路径,集成库路径选择好后,原理图元件库和封装库会自动保存在同一路径下。

图 3-3 新建项目文件

图 3-4 重新命名新建集成库文件

2. 创建原理图库

在 Altium Designer 中,原理图元器件符号是在原理图库编辑环境中创建的(. SchLib 文件)。之后原理图库中的元器件会分别使用封装库中的封装和模型库中的模型。设计者可从各元件库放置元件,也可以将这些元器件符号库、封装库和模型文件编译成集成库(. IntLib 文件)。在集成库中的元器件不仅具有原理图中代表元件的符号,还集成了相应的功能模块,如 Foot Print 封装、电路仿真模块、信号完整性分析模块等。

集成库是通过分离的原理图库、PCB 封装库等编译生成的。在集成库中的元器件不能够被修改,如要修改元器件可以在分离的库中编辑然后再进行编译,产生新的集成库即可。

在上面新建的集成库下创建元件库的步骤如下:

(1)在某单栏选择“文件”→“新建”→“库”→“原理图库”命令,如图 3-5 所示。一个默认名为 Schlib1. SchLib 的空白元件库出现在设计窗口中,自动进入电路图新元件的编辑界面,并且该元件库自动添加(连接)到集成库中,这个元件库会建在集成库的 Source Documents 文件夹下,如图 3-6 所示。

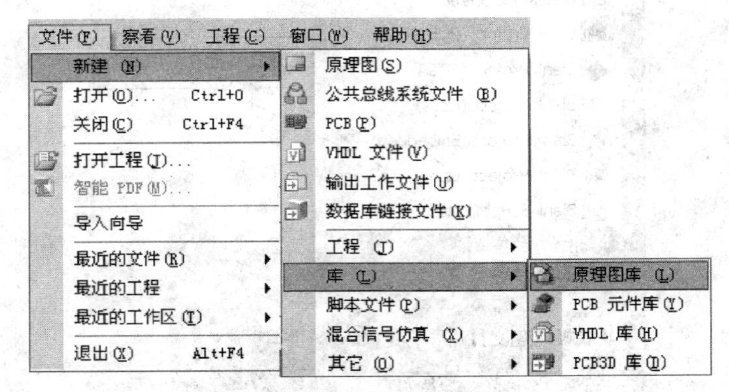

图 3-5 创建元件库文件

图 3-6　新建元件库的编辑界面

(2)重新命名元件库文件。通过选择“文件”→“保存为”命令或右击 Projects 面板中的 Schlib1. SchLib 命令,在弹出的快捷菜单中选择“保存为”命令来将新元件库重命名为“数码管电路元件库 . SchLib”,并单击“保存”按钮,如图 3-7 所示。

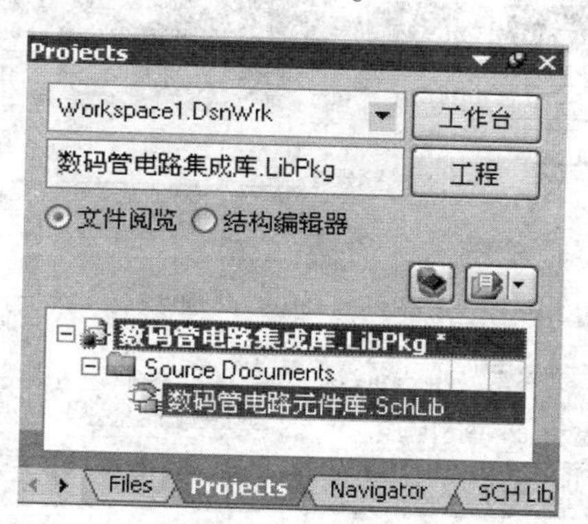

图 3-7　新建数码管电路元件库文件

3. 创建库元件 D 触发器

下面以绘制 D 触发器为例,详细介绍原理图符号的绘制过程。

(1)单击刚创建的原理图库界面工作面板的 SCH Library 标签,打开 SCH Library 面板,如图3-8 所示。如果 SCH Library 标签未出现,单击主设计窗口右下角的 SCH 按钮并从弹出的菜单中选择 SCH Library 命令即可(√表示选中)。

原理图库元器件编辑器 SCH Library 面板各组成部分介绍如下:

① “元件”(Components)区域。该区域用于对当前元件库中的元进行管理,可以在“元件”区域对元件进行放置、添加、删除和编辑等工作。在图 3-8 中,由于是新建的一个原理图元件库,其中只包含一个新的名称为 Component_1 的元件。Components 区域上方的空白区域用于设置元器件过滤项,在其中输入需要查找的元器件起始字母或者数字,在“元件”区域便显示相应的元器件。

a. “放置”(Place)按钮将“元件”区域中所选择的元器件放置到一个处于激活状态的原理图

中。如果当前工作区没有任何原理图打开，则建立一个新的原理图文件，然后将选择的元器件放置到这个新的原理图文件中。

b."添加"(Add)按钮可以在当前库文件中添加一个新的元件。

c."删除"(Delete)按钮可以删除当前元件库中所选择的元件。

d."编辑"(Edit)按钮可以编辑当前元件库中所选择的元件。单击此按钮，屏幕将弹出如图3-9所示的元件属性设置对话框，可以对该元件的各种参数进行设置。

②"别名"(Aliases)区域。该区域显示在"元件"区域中所选择的元件的别名。

a. 单击"添加"按钮，可为"元件"区域中所选中的元件添加一个新的别名。

b. 单击"删除"按钮，可以删除在"别名"区域中所选择的别名。

c. 单击"编辑"按钮，可以编辑"别名"区域中所选择的别名。

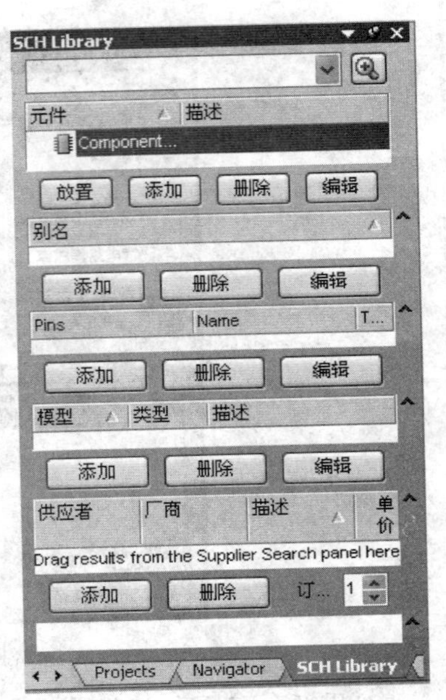

图 3-8 元件库管理面板

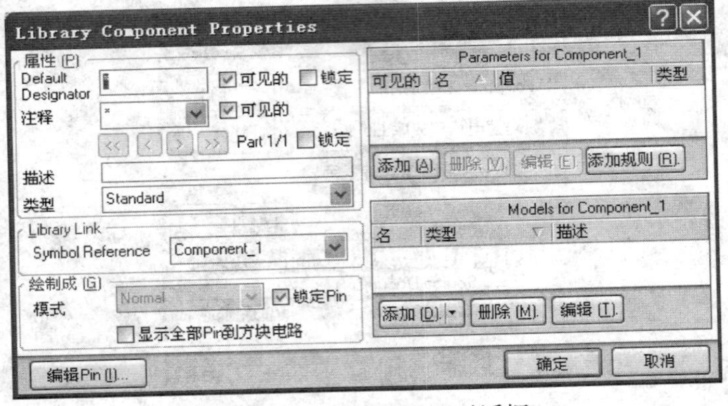

图 3-9 元件属性设置对话框

③"Pins"信息框。"Pins"信息框显示在"元件"区域中所选择元件的引脚信息，包括引脚序号、引脚名称和引脚类型等相关信息。

a. 单击"添加"(Add)按钮，可以为元件添加引脚。

b. 单击"删除"(Delete)按钮，可以删除在 Pins 区域中所选择的引脚。

c. 在 Pins 区域中选中某一引脚，单击"编辑"按钮，可以重新编辑该引脚。

④"模型"(Model)信息框。设计者可以在"模型"信息框中为"元件"区域中所选择元件添加 PCB 封装(PCB Footprint)模型、仿真模型和信号完整性分析模型等。

(2)创建新的原理图元件 D 触发器。设计者可在一个已打开的库中选择"工具"→"新器件"命令，如图 3-10 所示，新建一个原理图元件。由于新建的库文件中通常已包含一个空的元件，因此一般只需要将 Component_1 重命名就可开始对第一个元件进行设计，这里以 D 触发器为例介绍新元件的创建步骤。

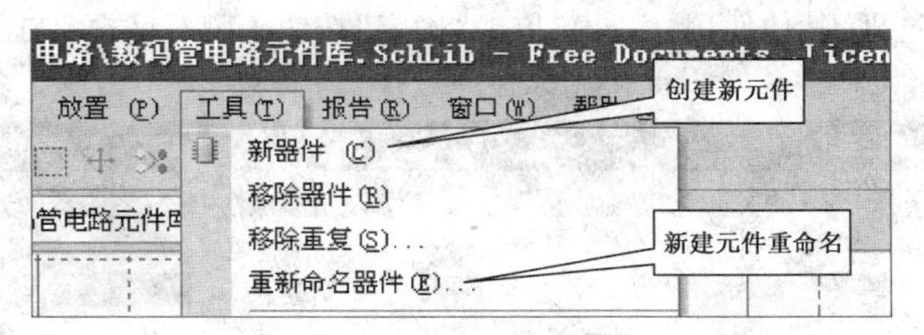

图 3-10 创建原理图元件

在原理图新元件的编辑界面内：

①在 SCH Library 面板上的“元件”列表中选中 Component_1，选择“工具”→“重新命名器件”命令，如图 3-10 所示，弹出 Rename Component 对话框，如图 3-11 所示，输入一个新的、可唯一标识该元件的名称，如 D 触发器，并单击“确定”按钮。同时显示一张中心位置有一个巨大十字准线的空元件图纸以供编辑，并且“元件”列表中 Component_1 名字变为 D 触发器，如图 3-12 所示。

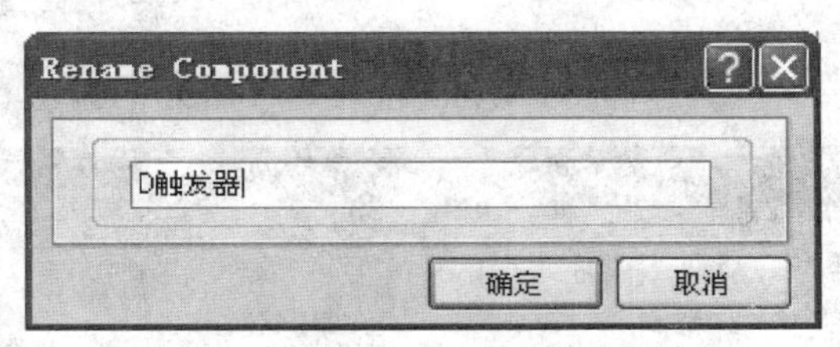

图 3-11 Rename Component 对话框

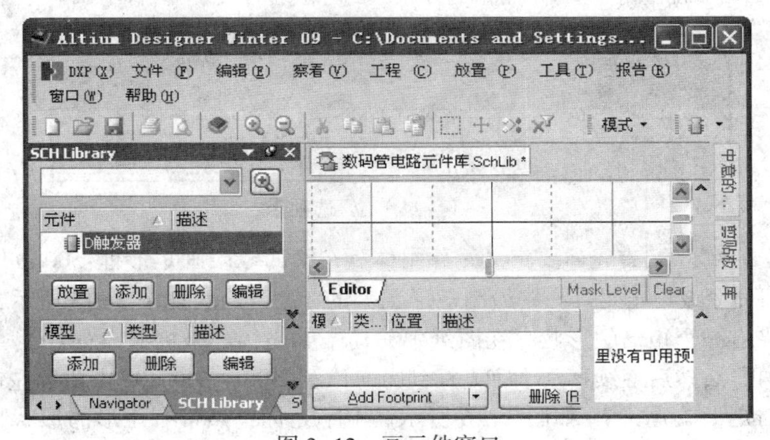

图 3-12 画元件窗口

②如有必要，选择“编辑”→“跳转”→“原点”命令（快捷键【J】、【O】），将设计图纸的原点定位到设计窗口的中心位置。检查窗口左下角的状态栏，确认光标已移动到原点位置。新的元件将在原点周围上生成，此时可看到在图纸中心有一个十字准线。设计者应该在原点附近创建新的元件，因为在以后放置该元件时，系统会根据原点附近的电气热点定位该元件。

③选择“工具”→“文档选项”命令（快捷键【T】、【D】），弹出“库编辑器工作台”（Library Editor Workspace）对话框，可在对话框中设置单位、Snap（捕获网格）和可视网格等参数，如图 3-13 所示。选中“总是显示注释/指定者”（Always Show Comment/Designator）复选框，以便在当前文档中显示元器件的注释和标识符。切换到“单位”选项卡，如图 3-14 所示，选中“使用英制单位系统”（Use Imperial Unit System)复选框,其他使用默认值,单击“确定”按钮关闭对话框。注意缩小和放大均围绕光标所在位置进行,所以在缩放时需保持光标在原点位置。

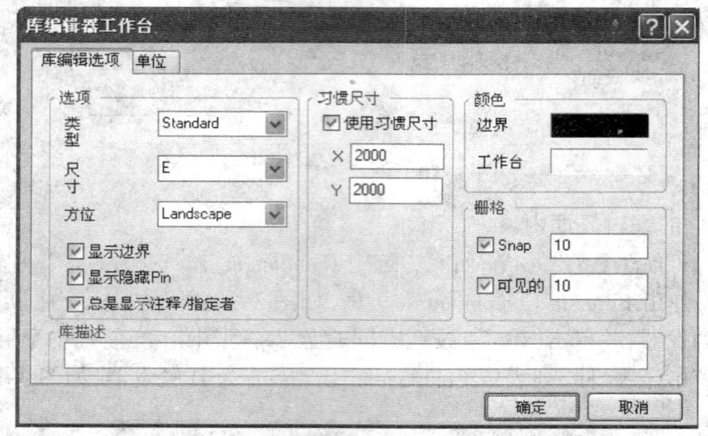

图 3-13　在对话框设置单位和其他图纸属性

图 3-14　“单位”选项卡

④为了创建 D 触发器,首先需要定义元件主体。在第四象限画矩形框:500 mil×600 mil;选择“放置”→“矩形”命令或单击工具栏中绘制矩形工具的“□”按钮,如图 3-15 所示,此时光标箭头变为十字状,并带有一个矩形的形状。在图纸中移动十字光标到坐标原点(0,0),单击鼠标左键,确定矩形的一个顶点;然后继续移动十字光标到另一位置(500,-600),单击鼠标左键,确定矩形的另一个顶点,这时矩形放置完毕,如图 3-16 所示。十字光标仍然带有矩形的形状,可以继续绘制其他矩形。右击退出放置模式。

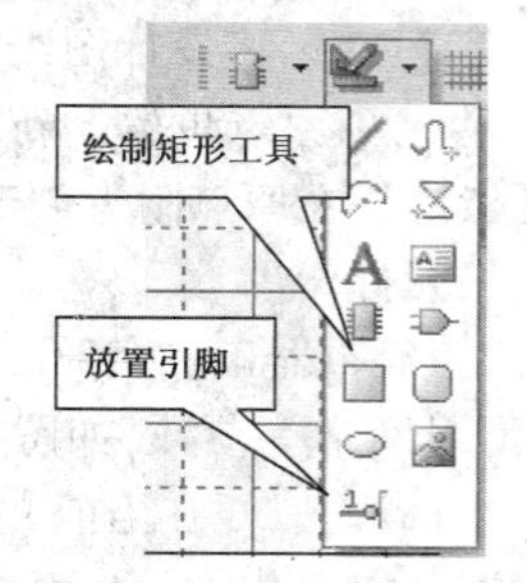

图 3-15　绘制元件画图工具

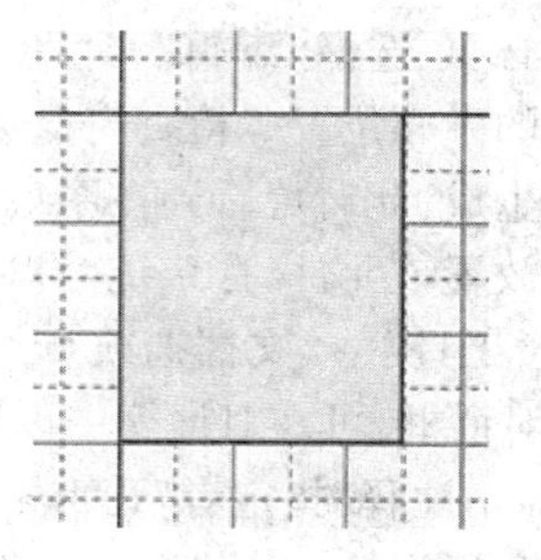

图 3-16　绘制元件主体

⑤元件引脚代表了元件的电气属性,为元件添加引脚的步骤如下:

a. 选择“放置”→“引脚”命令(快捷键【P】、【P】)或单击工具栏绘图工具中的“ ”按钮,如图3-15所示,光标处浮现引脚,带电气属性。

b. 放置之前,按【Tab】键弹出“Pin特性”(Pin Properties)对话框,如图3-17所示。如果设计者在放置引脚之前先设置好各项参数,则放置引脚时,这些参数成为默认参数,连续放置引脚时,引脚的编号和引脚名称中的数字会自动增加。

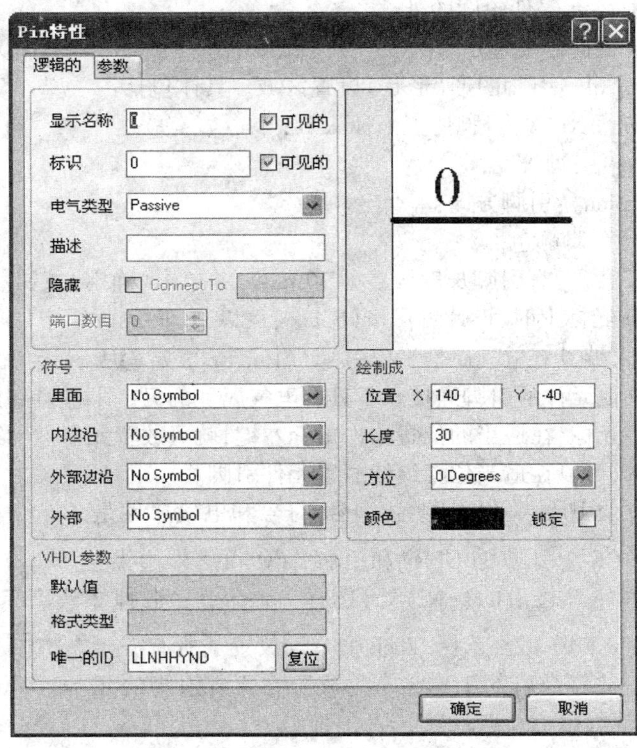

图3-17　放置引脚前设置其属性

c. 在“Pin特性”(Pin Properties)对话框中,“显示名称”(Display Name)文本框输入引脚的名字:D,在“标识”(Designator)文本框中输入唯一(不重复)的引脚编号:1,此外,如果设计者想在放置元件时,引脚名和标识符可见,则需选中“可见的”(Visible)复选框。

d. 在“电气类型”(Electrical Type)栏,从下拉列表中设置引脚的电气类型。该参数可用于在原理图设计图纸中编译项目或分析原理图文档时检查电气连接是否错误。在本例D触发器中,大部分引脚的“电气类型”设置成Passive,如果是VCC或GND引脚,则电气类型设置成Power。

注意:“电气类型”——设置引脚的电气性质,包括八项。具体如下:

- Input:输入引脚;
- I/O:双向引脚;
- Output:输出引脚;
- Open Collector:集电极开路引脚;
- Passive:无源引脚(如电阻、电容引脚);
- HiZ:高阻引脚;

- Emitter：射极输出；
- Power：电源（VCC 或 GND）。

e. “符号”（Symbols）：引脚符号设置区域。具体包括：

- “里面”（Inside）：元器件轮廓的内部；
- “内边沿”（Inside Edge）：元器件轮廓边沿的内侧；
- “外部边沿”（Outside Edge）：元器件轮廓边沿的外侧；
- “外部”（Outside）：元器件轮廓的外部。

每一项里面的设置根据需要选定。

f. “绘制成”（Graphical）：引脚图形（形状）设置区域。具体包括：

- “位置”（Location ）X　Y：引脚位置坐标 X、Y；
- “长度”（Length）：引脚长度；
- “方位”（Orientation）：引脚方向；
- “颜色”（Color）：引脚颜色。

⑥本例设置引脚长度（所有引脚长度设置为 30 mil），并单击“确定”按钮。

⑦当引脚‘悬浮’在光标上时，设计者可按【Space】键以 90°间隔逐级增加来旋转引脚。

记住，引脚只有其末端具有电气属性，又称热点（Hot End）如●所示，也就是在绘制原理图时，只有通过热点才能与其他元件的引脚连接。不具有电气属性的另一末端毗邻该引脚的名字字符。

在图纸中移动十字光标，在适当的位置单击鼠标左键，就可放置元器件的第一个引脚。此时光标箭头仍保持为十字状，可以在适当位置继续放置元件引脚。

⑧继续添加元件剩余引脚，确保引脚名、编号、符号和电气属性是正确的。注意：引脚 2（$\overline{CK}$）、引脚 3（$\overline{CLR}$）和引脚 5（$\overline{Q}$）的“外边沿”（Outside Edge）（元器件轮廓边沿的外侧）处，选择 Dot 命令；引脚 2（$\overline{CK}$）的“内边沿”（Inside Edge）处，选择 Clock 命令。放置了所有需要的引脚之后，右击，退出放置引脚的工作状态。放置完所有引脚的元件如图 3-18 所示。

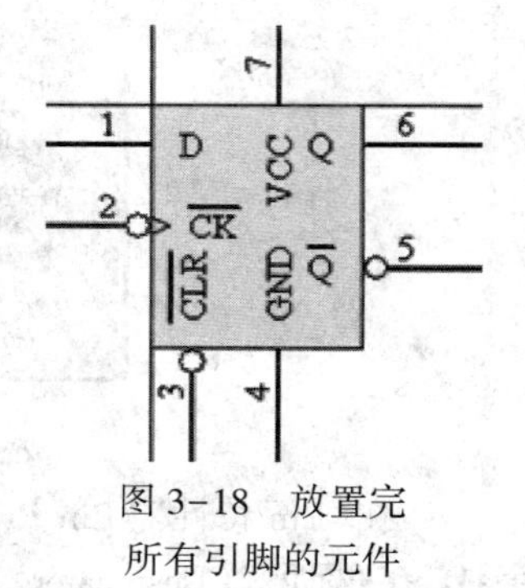

图 3-18　放置完所有引脚的元件

添加引脚注意事项如下：

a. 放置元件引脚后，若想改变或设置其属性，可双击该引脚或在 SCH Library 面板 Pins 列表中双击引脚，打开“Pin 特性”对话框。如果想一次多改变几个引脚的属性，按住【Shift】键，依次选定每个引脚，再按【F11】键显示 Inspector 面板，就可在该面板中编辑多个引脚的属性了。Inspector 面板的使用在后面项目中详细介绍。

b. 在字母后使用\（反斜线符号）表示引脚名中该字母带有上画线，如 C\L\R\将显示为“$\overline{CLR}$”。

c. 若希望隐藏电源和接地引脚，可选中“隐藏”（Hide）复选框。当这些引脚被隐藏时，系统将按“Connect To”区的设置将它们连接到电源和接地网络，比如 VCC 引脚被放置时将连接到 VCC 网络。

d. 选择“察看”→“显示隐藏引脚”命令，可查看隐藏引脚；不选择该命令，隐藏引脚的名称和编号。

e. 设计者可在“元件 Pin 编辑器”（Component Pin Editor）对话框中直接编辑若干引脚属性，如

图 3-19 所示，而无须通过“Pin 特性”对话框逐个编辑引脚属性。在 Library Component Properties 对话框中(见图 3-20)，单击左下角的“编辑 Pin”(Edit Pins)按钮，打开“元件 Pin 编辑器”(Component Pin Editor)对话框，如图 3-19 所示。

元件Pin编辑器

标识	名	Desc	类型	所有者	展示	数量	名
1	D		Passive	1	✔	✔	✔
2	C\K\		Passive	1	✔	✔	✔
3	C\L\R\		Passive	1	✔	✔	✔
4	GND		Passive	1	✔	✔	✔
5	Q\		Passive	1	✔	✔	✔
6	Q		Passive	1	✔	✔	✔
7	VCC		Passive	1	✔	✔	✔

添加 (A)...　删除 (R)...　编辑 (E)...　确定　取消

图 3-19　“元件 Pin 编辑器”(Component Pin Editor)对话框

f. 对于多部件的元件，被选中部件的引脚“元件 Pin 编辑器”对话框中将以白色背景方式加以突出，而其他部件的引脚为灰色。但设计者仍可以直接选中那些当前未被选中的部件的引脚，单击“编辑”按钮打开“Pin 特性”对话框进行编辑。

(3)设置原理图元件属性。每个元件的参数都跟默认的标识符、PCB 封装、模型，以及其他所定义的元件参数相关联。

设置元件参数的步骤如下：

① 在 SCH　Library 面板的“元件”列表中选择元件，单击“编辑”按钮或双击元件名，打开 Library Component Properties 对话框，如图 3-20 所示。

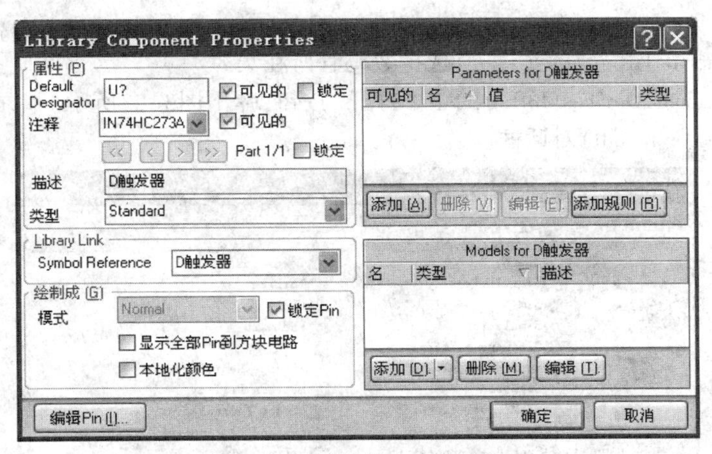

图 3-20　元件基本参数设置

②在“属性”区域的 Default Designator 处设置为“U?”。以方便在原理图设计中放置元件时，自动放置元件的标识符。如果放置元件之前已经定义好了其标识符(按【Tab】键进行编辑)，则标识符中的“?”将使标识符数字在连续放置元件时自动递增，如 U1，U2……要显示标识符，需选中 Default Designator 区的“可见的”(Visible)复选框。

③在“注释”(Comment)处为元件输入注释内容，如 IN74HC273A，该注释会在元件放置到原理

图设计图纸上时显示。该功能需要选中“注释”(Comment)区的“可见的”(Visible)复选框。如果“注释”栏是空白的,放置时,系统使用默认的 Library Reference。

④在“描述”(Description)区输入描述字符串。如输入:D 触发器,该字符会在库搜索时显示在“库”(Libraries)面板上。

⑤根据需要设置其他参数。

(4)完成绘制及参数设置后,选择“文件”→“保存”命令或单击工具栏“ ”按钮保存建好的元件。

4. 创建库元件数码管

本例采取从其他库复制元件的形式创建新的元件。有时设计者需要的元件在 Altium Designer 提供的库文件中可以找到,但它提供的元件图形不满足设计者的需要,这时可以把该元件复制到自己建的库里面,然后对该元件进行修改,以满足需要。下面介绍该方法,并为后面任务的数码管显示电路准备数码管元件 DPY-10。

(1) 在原理图库中查找元件。首先打开左侧库面板,在原理图库 Miscellaneous Devices. Schlib 中查找数码管元件,如 DPY Blue-CA,如图 3-21 所示。它明显不符合后面原理图中需要的数码管符号,但二者相似。

(2) 从其他库中复制元件。设计者可从其他已打开的原理图库中复制元件到当前原理图库,然后根据需要对元件属性进行修改。打开集成库文件的方法如下:

①选择“文件”→“打开”命令或单击工具栏中的“ ”按钮,弹出 Choose Document to Open 对话框如图 3-22 所示,找到 Altium Designer 的库安装的文件夹,选择数码管所在集成库文件:Miscellaneous Devices. IntLib,单击“打开”按钮,弹出图3-23所示“摘录源文件或安装文件”(Extract Sources or Install)对话框。

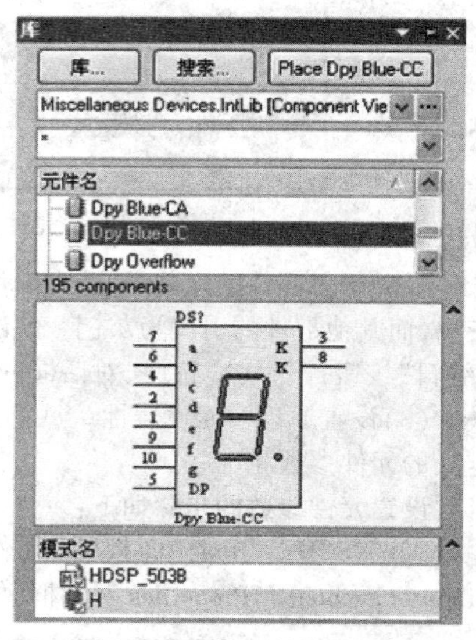

图 3-21 找到的数码管

图 3-22 打开 Miscellaneous Devices. IntLib 集成库

图 3-23　“摘录源文件或安装文件”(Extract Sources or Install)对话框

②在图 3-23 中,单击“摘取源文件”(Extract Sources)按钮,释放的库文件在 Projects 面板中,如图 3-24 所示。

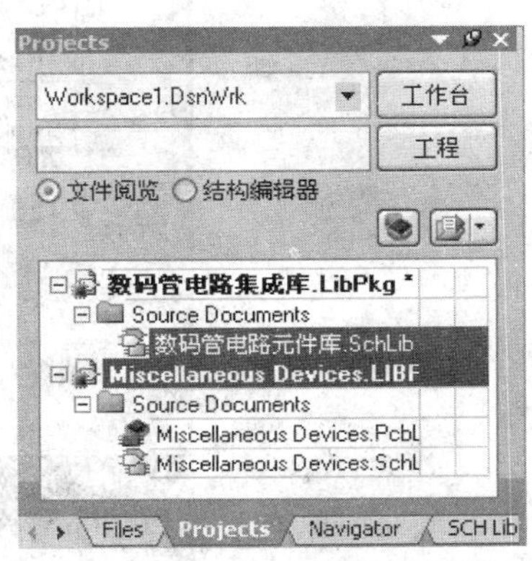

图 3-24　释放的库文件

③在 Projects 面板中打开该源库文件(Miscellaneous Devices. Schlib),双击该文件名。

④在 SCH Library 面板“元件”(Components)列表中选择想复制的元件,该元件将显示在设计窗口中(如果 SCH Library 面板没有显示,可单击窗口底部 SCH 按钮,弹出上拉菜单选择 SCH Library)。

⑤在“元件”列表中选择想复制的元件右击,选择“复制”命令。在 Projects 面板中打开数码管电路元件库文件,如图 3-25所示。

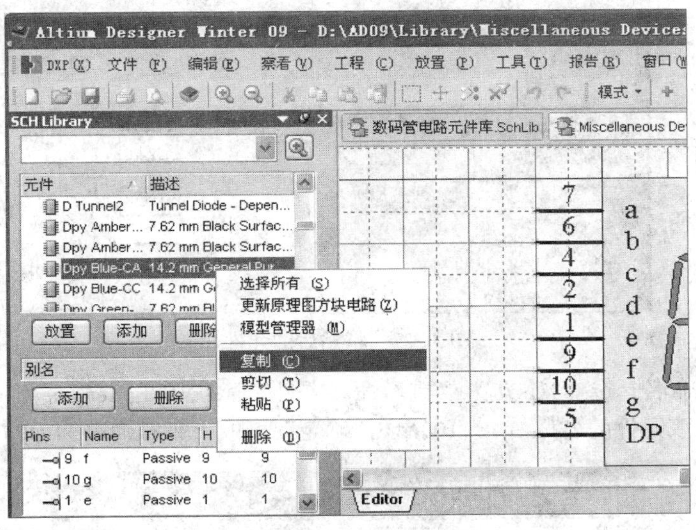

图 3-25　复制元件

⑥在 Projects 面板中打开数码管电路元件库,在 SCH Library 面板的“元件”列表中空白处右击,在弹出的快捷菜单中选择“粘贴”命令,所选元件被复制到目标元件库中,如图 3-26 所示。单击元件名,粘贴后的数码管就会显示在工作区中,如图 3-27 所示。元件可从当前库中复制到任一个已打开的库中。

设计者可以通过 SCH Library 面板一次复制一个或多个元件到目标库,按住【Ctrl】键并单击元件名可以离散地选中多个元件或按住【Shift】键并单击元件名可以连续地选中多个元件,保持选中状态并右击，在弹出的快捷菜单中选择“复制”命令；打开目标文件库，选择 SCH Library 命令，右击 Components 命令，在弹出的快捷菜单中选择“粘贴”命令，即可将选中的多个元件复制到目标库中。

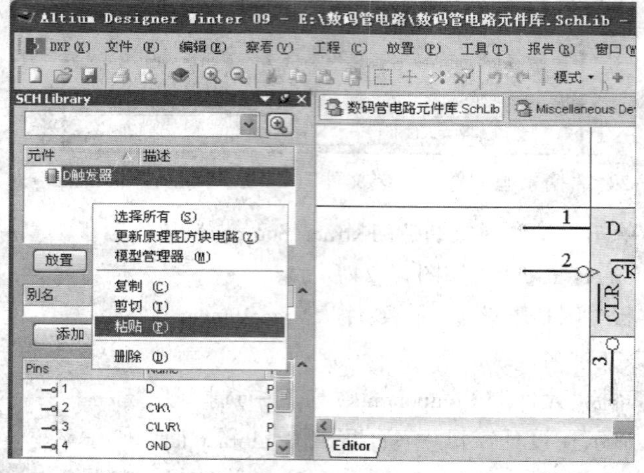

图 3-26　粘贴元件

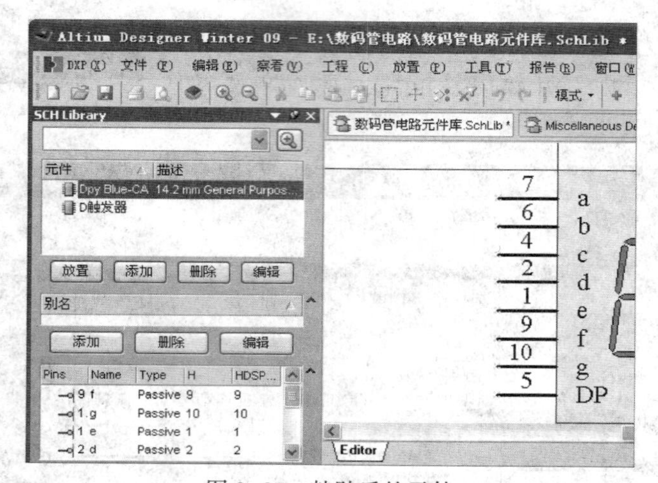

图 3-27　粘贴后的元件

（3）元件重新命名。选择“工具”→“重新命名器件”命令，弹出 Rename Component 对话框，如图 3-28 所示，输入该元件的名称 DPY-10，单击“确定”按钮，元件被命名为 DPY-10。

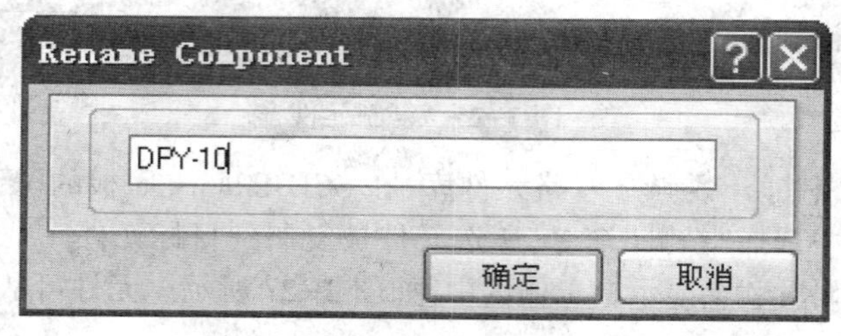

图 3-28　重新命名元件

（4）修改元件。把数码管改成需要的形状。

①移动引脚，如图 3-29 所示，移动过程中需要按【Space】键旋转引脚。

②选中元件外形边框，选中框边标记并拖动，改变框边到合适位置，如图 3-30 所示。

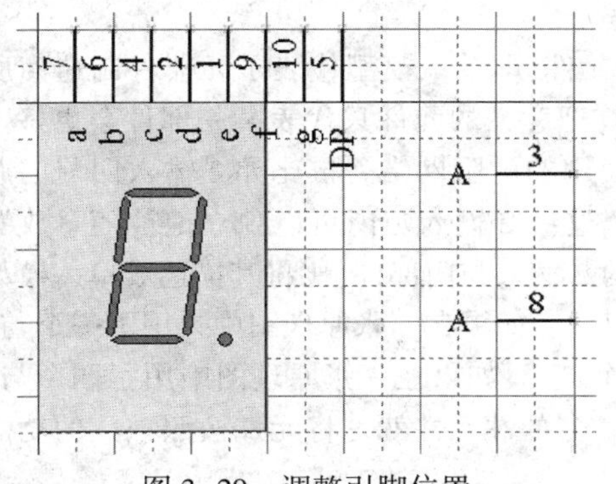

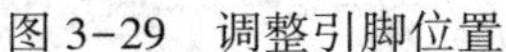
图 3-29　调整引脚位置

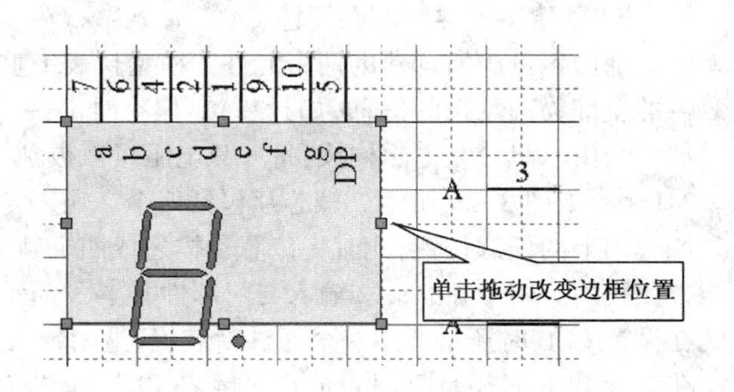

图 3-30　调整框的大小

③选中“8”和“ • ”，将其拖动到合适位置，如图 3-31 所示。

④调整 3 引脚和 8 引脚的位置，引脚重新命名为 COM。修改好的数码管如图 3-32 所示。

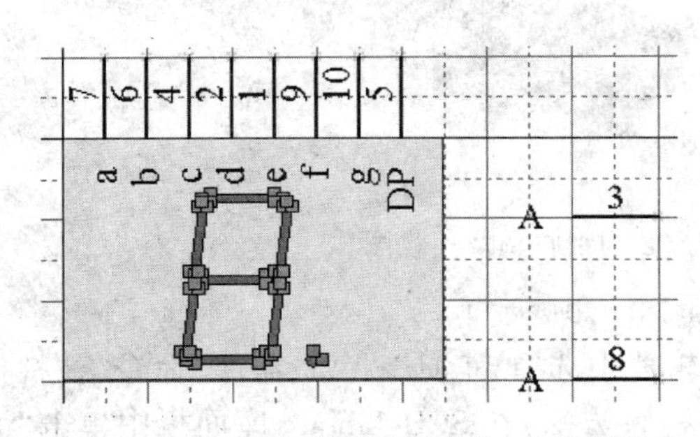

图 3-31　选中并调整“8”和“ • ”的位置

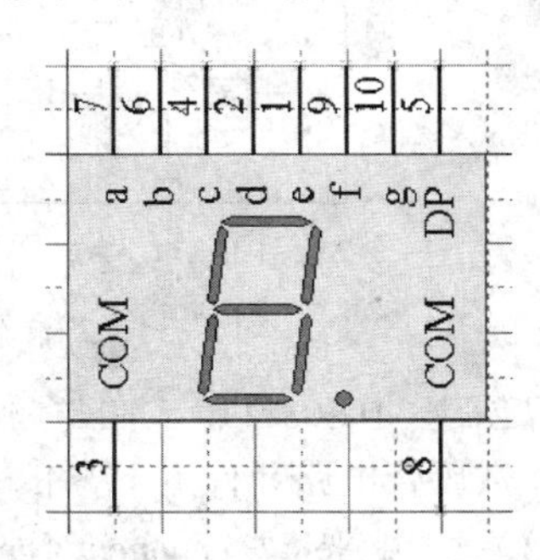

图 3-32　修改好的数码管

(5) 设置元件属性。在 SCH　Library 面板的“元件”列表中选择元件，单击“编辑”按钮或双击元件名，打开 Library Component Properties 对话框，如图 3-33 所示。在“属性”区域的 Default Designator 处设置为“DS?”在“注释”处为元件输入注释内容：数码管。

Library Component Properties
属性 (P)
Default Designator　DS?　☑可见的　☐锁定
注释　数码管　☑可见的
<<　<　>　>>　Part 1/1　☐锁定
描述　urpose Blue 7-Segment Display: CA, RH DP, Gray Surface
类型　Standard
Library Link
Symbol Reference　DPY-10
绘制成 (G)
模式　Normal　☑锁定Pin

可见的	名
☐	Colour
☐	ComponentLink1Description
☐	ComponentLink1URL
☐	DatasheetDocument
☐	LatestRevisionDate
☐	LatestRevisionNote
☐	MinimumIntensity
☐	Note
☐	PackageDocument
☐	PackageReference
☐	Published
☐	Publisher

图 3-33　元件基本参数设置

（6）完成绘制及参数设置后，选择“文件”→“保存”命令或单击工具栏“”按钮保存建好的元件。

5. 创建多部件原理图元件

前面示例中所创建的两个元件的模型代表了整个元件，即单一模型代表了元器件制造商所提供的全部物理意义的信息（如封装）。但有时候，一个物理意义的元件只代表某一部件会更好。比如一个由八只分立电阻构成，每一只电阻可以被独立使用的电阻网络。再比如 2 输入四与门芯片 74LS08，如图 3-34 所示。该芯片包括四个 2 输入与门，这些 2 输入与门可以独立地被随意放置在原理图上的任意位置，此时将该芯片描述成四个独立的 2 输入与门部件，比将其描述成单一模型更方便实用。四个独立的 2 输入与门部件共享一个元件封装，如果在一张原理图中只用了一个与门，在设计 PCB 时还是要用一个元件封装，只是闲置了三个与门；如果在一张原理图中用了四个与门，在设计 PCB 时还是只用一个元件封装，没有闲置与门。多部件元件就是将元件按照独立的功能块进行描绘的一种方法。

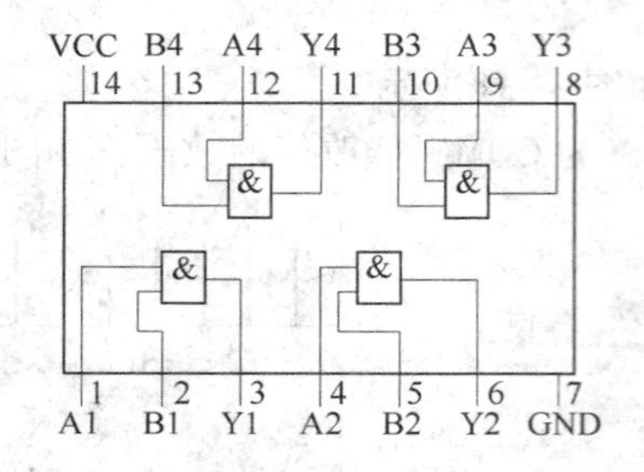

图 3-34　2 输入四与门芯片 74LS08 的引脚图及实物图

下面以创建 74LS08 2 输入四与门电路为例进行讲述。步骤如下：

（1）在数码管电路元件库下 Schematic Library 编辑器中选择“工具”→“新器件”命令（快捷键为【T】、【C】），弹出 New Component Name 对话框。另一种方法：在 SCH Library 库面板中单击“元件”列表处的“添加”按钮，弹出 New Component Name 对话框。

（2）在 New Component Name 对话框内，输入新元件名称：74LS08，单击“确定”按钮，在 SCH Library 面板“元件”列表中将显示新元件名，同时显示一张中心位置有一个巨大十字准线的空元件图纸以供编辑，如图 3-35 所示。

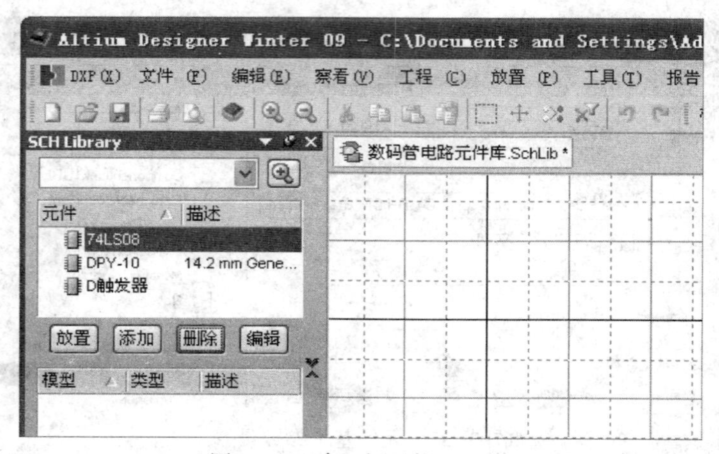

图 3-35　建立新元件 74LS08

(3) 下面将详细介绍如何建立第一个部件及其引脚,其他部件将以第一个部件为基础来建立,只需要更改引脚序号即可。

① 建立元件轮廓。元件体由若干线段和圆角组成,选择“编辑”→“跳转”→“原点”命令(快捷键为【J】、【O】)使元件原点在编辑页的中心位置,同时要确保网格清晰可见(快捷键为【Page UP】)。

② 放置线段:

a. 为了画出的符号清晰、美观及绘图方便,选择“工具”→“文档选项”命令,打开“库编辑器工作台”对话框,将Snap(捕捉栅格)设置为5,如图3-36所示。Snap常根据实际绘图需要调整。

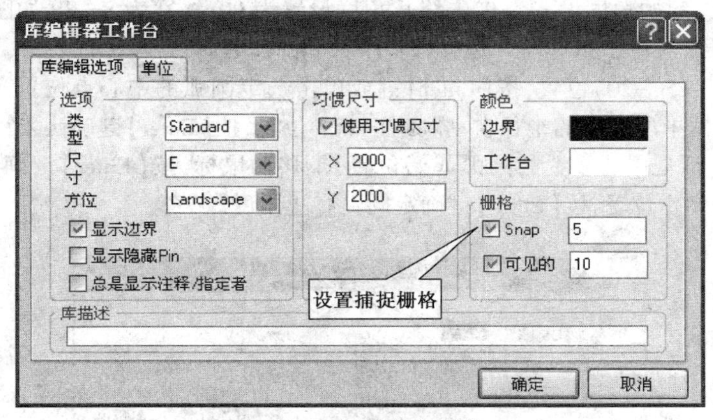

图3-36　调整捕捉栅格

b. 选择“放置”→“线”命令(快捷键为【P】、【L】)或单击工具栏中绘图工具中的“╱”按钮,如图3-37所示,光标变为十字准线,进入折线放置模式。

c. 按【Tab】键设置线段属性,在PolyLine对话框中设置线宽为Small,如图3-38所示。

d. 参考状态显示条左侧X,Y坐标值,将光标移动到(20,-5)位置,按左键选定线段起始点,之后移动鼠标分别画出折线的各段[单击位置分别为(0,-5),(0,-35),(20,-35)],如图3-39所示。画图时要考虑到引脚距边的距离。

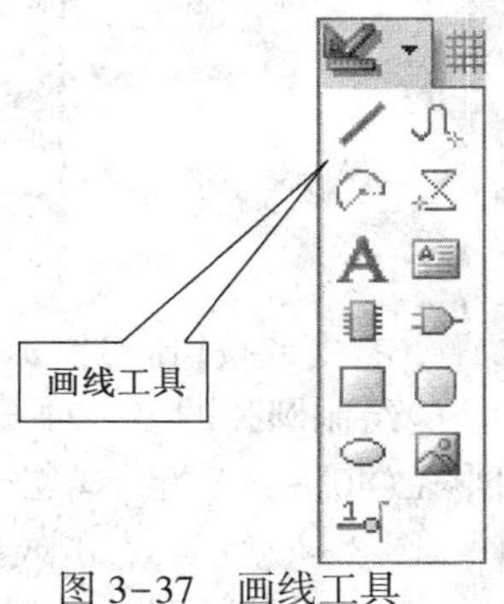

图3-37　画线工具

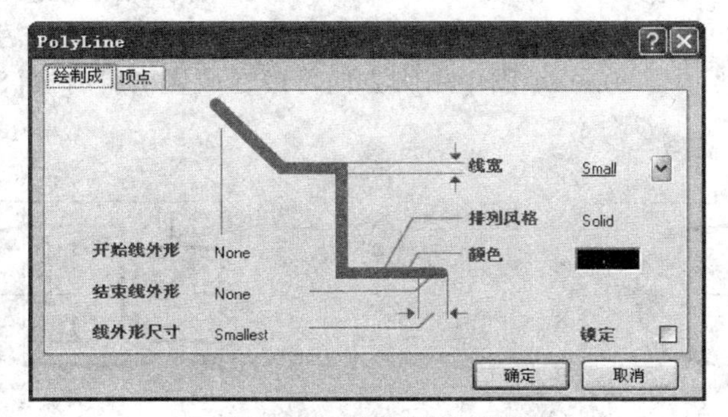

图3-38　设置画线宽度

e. 完成折线绘制后,右击或按【Esc】键退出放置折线模式,注意要保存元件。

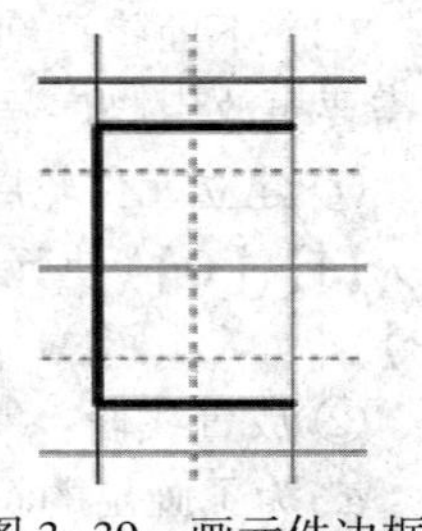

图 3-39 画元件边框

③绘制圆弧:放置一个圆弧需要设置四个参数:中心点、半径、圆弧的起始角度、圆弧的终止角度。注意:可以按【Enter】键代替单击方式放置圆弧。

a. 选择“放置”→“弧”命令(快捷键为【P】、【A】),光标处显示最近所绘制的圆弧,进入圆弧绘制模式。

b. 在执行画圆弧时,按【Tab】键,弹出 Arc 对话框,设置圆弧的属性,这里将半径设置为 15,起始角度设置为 270,终止角度设置为 90,线宽为 Small,如图 3-40 所示,单击“确定”按钮。也可通过单击鼠标左键选择圆弧半径和圆弧起始点。

c. 移动光标到(25,-20)位置,按【Enter】键或单击选定圆弧的中心点位置,无须移动鼠标,光标会根据 Arc 对话框中所设置的半径自动跳到正确的位置,按【Enter】键确认半径设置。

d. 光标跳到对话框中所设置的圆弧起始位置,不移动鼠标,按【Enter】键确定圆弧起始角度,此时光标跳到圆弧终止位置,按【Enter】键确定圆弧终止角度。

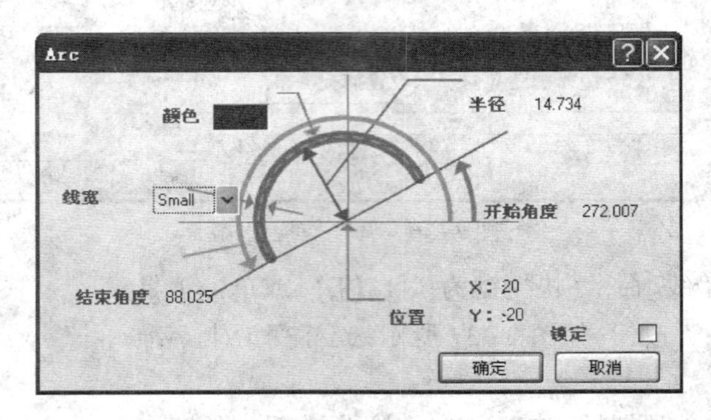

图 3-40 设置圆弧属性(可使用鼠标或直接输入数值)

e. 右击或按【Esc】键退出圆弧放置模式。

f. 绘制圆弧的另一种方法:选择 Place → Arc 命令,单击圆弧的中心(20,-20),鼠标单击圆弧的半径(40,-20),鼠标单击圆弧的起始点(20,-35),鼠标单击圆弧的终点(20,-5),即绘制好圆弧,如图 3-41 所示,右击或按【Esc】键退出圆弧放置模式。

④添加信号引脚。设计者可使用“创建 D 触发器”所介绍的方法为元件第一部件添加引脚,如图 3-42 所示,引脚 1 和引脚 2 在 Electrical Type 上设置为输入引脚(Input),引脚 3 设置为输出引脚(Output),所有引脚长度均为 20 mil。图中引脚方向可由在放置引脚时按【Space】键以 90°间隔逐级增加来旋转引脚时决定。

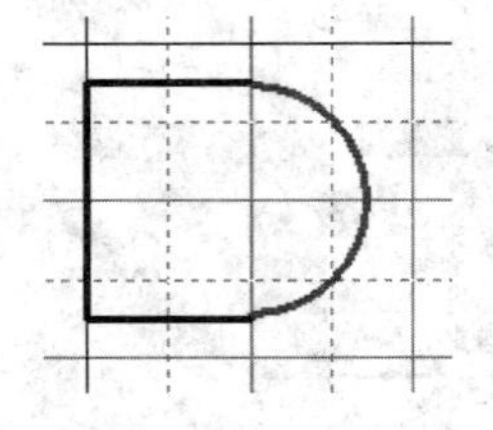

图 3-41 完成圆弧绘制

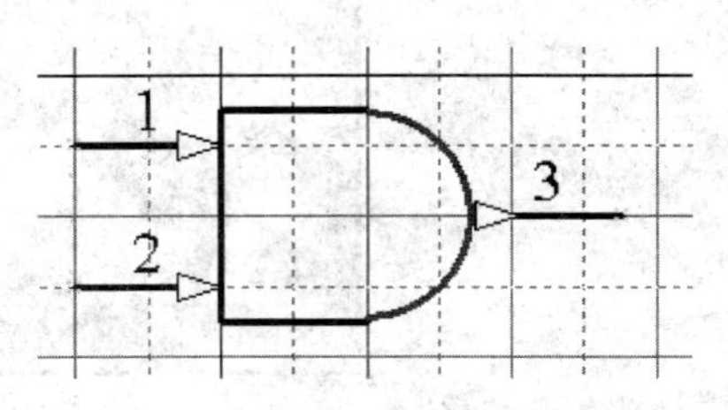

图 3-42 元件 74LS08 的部件 A

⑤建立元件其余部件：

a. 选择“编辑”→“选中”→“全部”命令（快捷键为【Ctrl+A】）选择目标元件。

b. 选择“编辑”→“复制”命令（快捷键为【Ctrl+C】）将前面所建立的第一部件复制到剪贴板。

c. 选择“工具”→“新部件”命令显示空白元件页面，此时若在 SCH Library 面板“元件”列表中单击元件名左侧“⊟”标识，将看到 SCH Library 面板元件部件计数被更新，包括 Part A 和 Part B 两个部件，如图 3-43 所示。

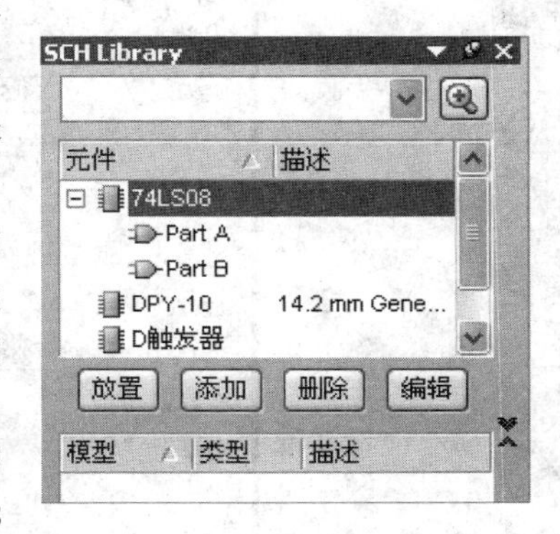

图 3-43　部件 B 添加到元件

d. 选中部件 Part B，选择“编辑”→“粘贴”命令（快捷键为【Ctrl+V】），光标处将显示元件部件轮廓，以原点（黑色十字准线为原点）为参考点，将其作为部件 B 放置在页面的对应位置，如果位置没对应好可以移动部件调整位置。

e. 对部件 B 的引脚编号逐个进行修改，双击引脚，在弹出的 Pin Properties 对话框中修改引脚编号和名称，修改后的部件 B 如图 3-44 所示。

f. 重复步骤 c～步骤 e 生成余下的两个部件：部件 C 和部件 D，如图 3-45 所示，并保存库文件。

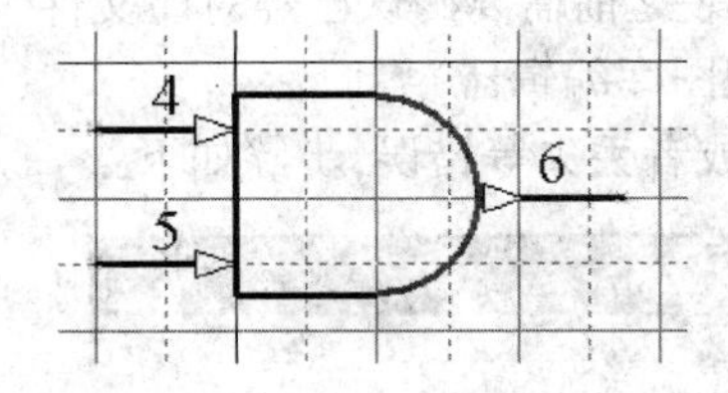

图 3-44　74LS08 部件 B

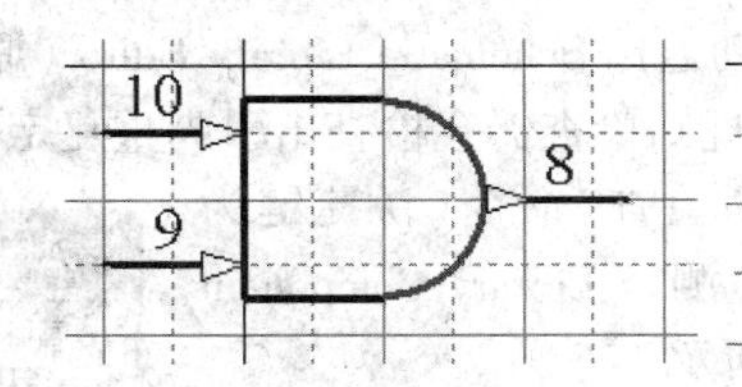

图 3-45　74LS08 部件 C 和部件 D

⑥添加电源引脚。设定元件电源引脚为隐藏引脚，它们不属于某一特定部件而是属于所有部件（不管原理图是否放置了某一部件，它们都会存在），只需要将引脚分配给一种特殊的部件——zero 部件，该部件存有其他部件都会用到的公共引脚。

a. 为元件添加 VCC（Pin14）和 GND（Pin7）引脚，将其“端口数目”（Part Number）属性设置为 0，“电气类型”（Electrical Type）设置为 Power，“隐藏”（Hide）状态设置为选中状态，Connect To 分别设置为 VCC 和 GND。

b. 选择“察看”→“显示隐藏管脚”命令以显示隐藏目标，可看到完整的元件如图 3-46 所示，注意检查电源引脚是否在每一个部件中都有。

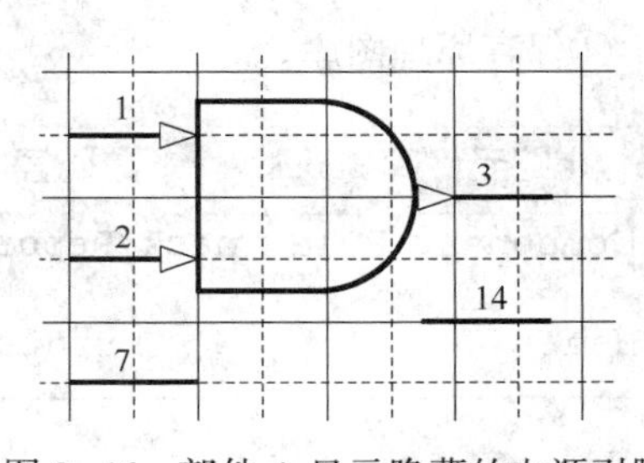

图 3-46　部件 A 显示隐藏的电源引脚

⑦设置元件属性：

a. 在 SCH Library 面板“元件”列表中选中目标元件后，单击“编辑”按钮进入 Library Component Properties 对话框，设置 Default Designator 为“U?”，“注释”为 74LS08，“描述”（Description）为 2 输入四与门，单击“确定”按钮，关闭对话框，如图 3-47 所示。

b. 选择“文件”→“保存”命令，保存该元件。

自此，在原理图库内创建了三个元件。掌握了原理图库创建的基本方法后，设计者可以根据需要在该库内创建多个元件。

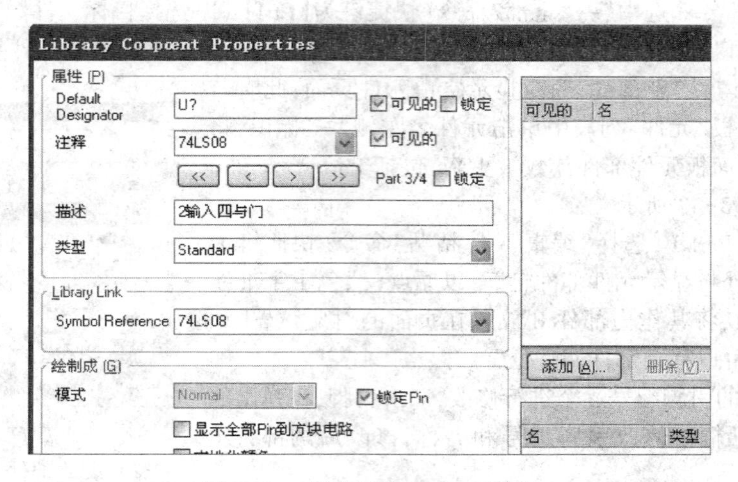

图 3-47 设置元件 74LS08 属性

6. 检查元件并生成报表

对建立一个新元件是否成功进行检查,会生成三个报表,生成报表之前需要确认已经对库文件进行了保存,关闭报表文件会自动返回 Schematic Library Editor(原理图库编辑器)界面。

(1)元件规则检查器。元件规则检查器会检查出引脚重复定义或者丢失等错误,步骤如下:

①选择"报告"→"器件规则检查"命令(快捷键为【R】、【R】),显示"库元件规则检测"(Library Component Rule Check)对话框,如图 3-48 所示。

②设置想要检查的各项属性,单击"确定"按钮,将在"文本编辑器"(Text Editor)中生成 Libraryname. ERR 文件,里面列出了所有违反了规则的元件,如图 3-49 所示。

③如果需要,对原理图库进行修改,重复上述步骤。

④保存原理图库。

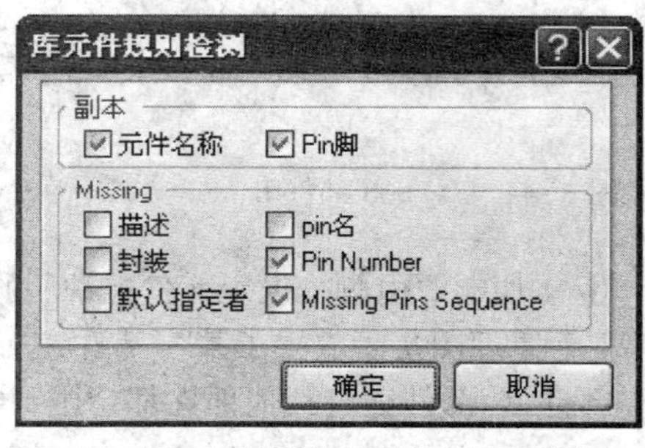

图 3-48 "库元件规则检测"对话框

```
码管电路元件库.SchLib    数码管电路元件库.ERR
Component Rule Check Report for : E:\数码管电路\数码管电路元件库.SchLib

Name                    Errors
-------------------------------------------------------------------
```

图 3-49 库元件违反规则报表

(2)元件报表。生成包含当前元件可用信息的元件报表的步骤如下:

①选择"报告"(Reports)→"器件"(Component)命令(快捷键为【R】、【C】)。

②系统显示 Libraryname. cmp 报表文件,里面包含了元件各个部分及引脚细节信息,如图3-50所示。

(3)库报表。为库里面所有元件生成完整报表的步骤如下:

①选择"报告"(Reports)→"库报告"(Library Report)命令(快捷键为【R】、【T】),弹出"库报告

设置"(Library Report Settings)对话框,如图 3-51 所示。

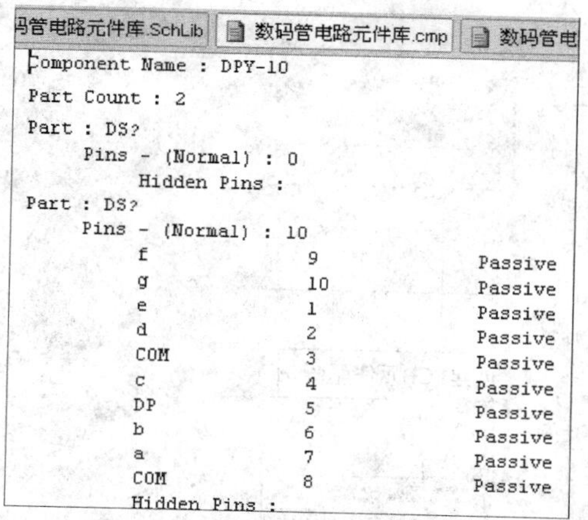

```
Component Name : DPY-10
Part Count : 2
Part : DS?
     Pins - (Normal) : 0
          Hidden Pins :
Part : DS?
     Pins - (Normal) : 10
          f              9              Passive
          g              10             Passive
          e              1              Passive
          d              2              Passive
          COM            3              Passive
          c              4              Passive
          DP             5              Passive
          b              6              Passive
          a              7              Passive
          COM            8              Passive
          Hidden Pins :
```

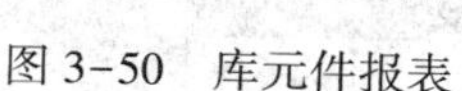

图 3-50　库元件报表

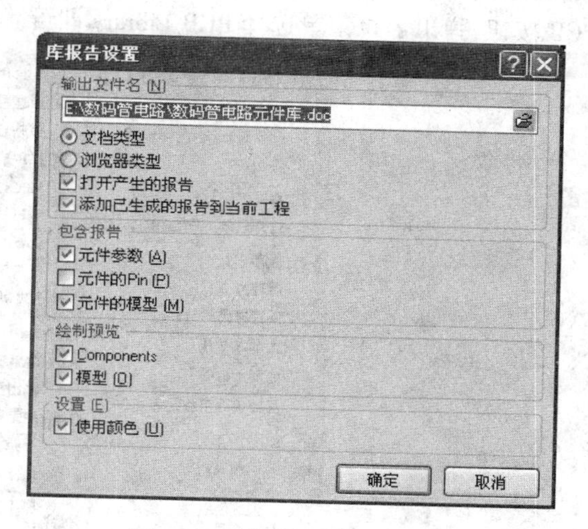

图 3-51　库报告设置对话框

②在弹出的"库报告设置"(Library Report Settings)对话框中配置报表各设置选项,报表文件可用 Microsoft Word 软件或网页浏览器打开,并取决于选择的格式。单击"确定"按钮,关闭"库报告设置"对话框,打开元件库报表,如图 3-52 所示。该报告列出了库内所有元件的信息。

完成元件库的创建工作后,选择"工程"→"Compile Integrated Library 数码管电路集成库 . LibPkg"命令,新建的元件库就会添加到工作区左侧的库面板中,如图 3-53 所示,就可用于原理图的绘制。

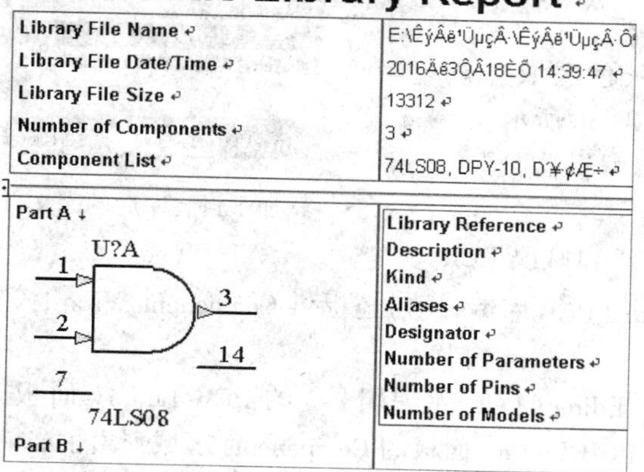

Schematic Library Report

Library File Name	E:\ÊýÂë'ÜµçÂ·\ÊýÂë'ÜµçÂ·Ô
Library File Date/Time	2016Äê3ÔÂ18ÈÕ 14:39:47
Library File Size	13312
Number of Components	3
Component List	74LS08, DPY-10, D¥¢Æ÷

Part A	Library Reference
	Description
	Kind
	Aliases
	Designator
	Number of Parameters
	Number of Pins
	Number of Models
Part B	

图 3-52　元件库报表

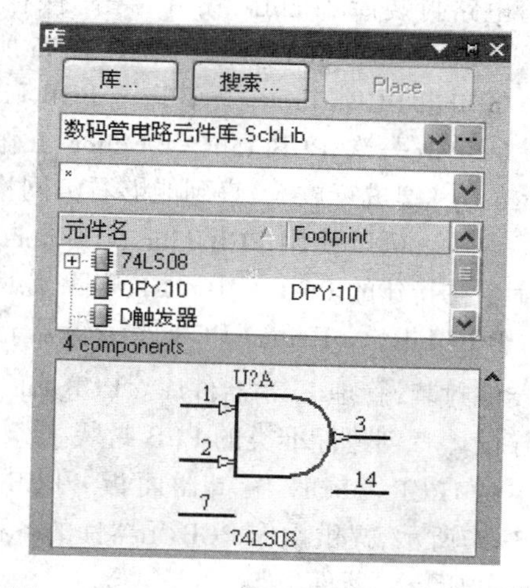

图 3-53　新创建的元件库添加到库面板

7. 建立一个新的 PCB 库

(1)建立新的 PCB 库包括以下步骤:

①在所建的数码管电路集成库下,选择"文件"→"新建"→"库"→"PCB 元件库"命令,如图 3-54所示,建立一个名为 PcbLibl. PcbLib 的 PCB 库文档,同时显示名为 PCB Component_1 的空

白元件页，并显示 PCB Library 库面板（如果 PCB Library 库面板未出现，单击设计窗口右下方的 PCB 按钮，弹出上拉菜单选择 PCB Library 即可）。

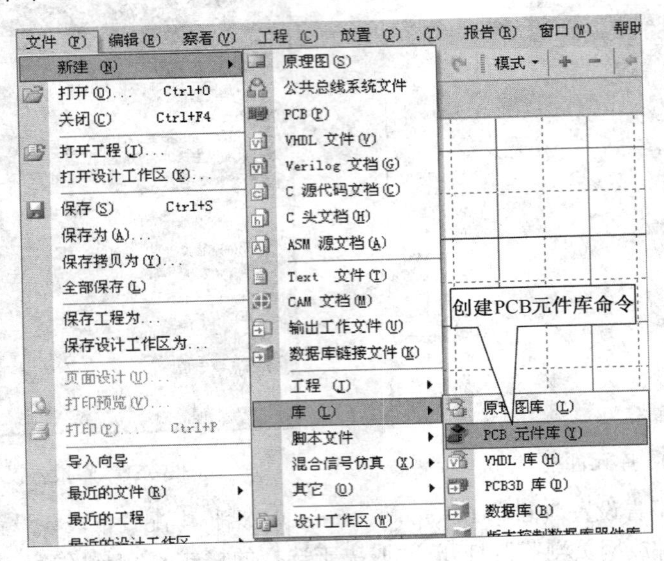

图 3-54　创建 PCB 元件库命令

②重新命名该 PCB 库文档。通过选择“文件”→“保存为”命令或右击 Projects：面板中的 PcbLibl. PcbLib 命令，在弹出的快捷菜单中选择“保存为”命令来将新 PCB 元件库重命名为数码管电路封装库 . PcbLib”，并单击“保存”按钮。新 PCB 封装库是集成库文件包的一部分，如图 3-55 所示。

图 3-55　添加了封装库后的库文件包

③单击 PCB Library 标签进入 PCB Library 面板。

④单击一次 PCB Library Editor 工作区的灰色区域并按【Page Up】键进行放大，直到能够看清网格，如图 3-56 所示。

现在就可以使用 PCB Library Editor（PCB 库编辑器）提供的命令在新建的 PCB 库中添加、删除或编辑封装了。

PCB Library Editor（PCB 库编辑器）用于创建和修改 PCB 元器件封装，管理 PCB 器件库。PCB Library Editor（PCB 库编辑器）还提供 Component Wizard，它将引导设计者创建标准类的 PCB 封装。

（2）PCB Library 编辑器面板。PCB Library Editor（PCB 库编辑器）的 PCB Library 面板，如图 3-57所示，提供操作 PCB 元器件的各种功能，PCB Library 面板的 Components 区域列出了当前选中库的所有元器件。

①在“组件”（Components）区域中右击，将显示菜单选项，设计者可以新建器件、编辑器件属性、复制或粘贴选定器件，或更新开发 PCB 的器件封装。

请注意右击菜单的 copy/paste 命令可用于选中的多个封装，并支持在库内部执行复制和粘贴操作，从 PCB 复制粘贴到库，以及在 PCB 库之间执行复制粘贴操作。

②“原始元件”（Components Primitives）区域列出了属于当前选中元器件的图元。单击列表中的图元，在设计窗口中高亮显示。

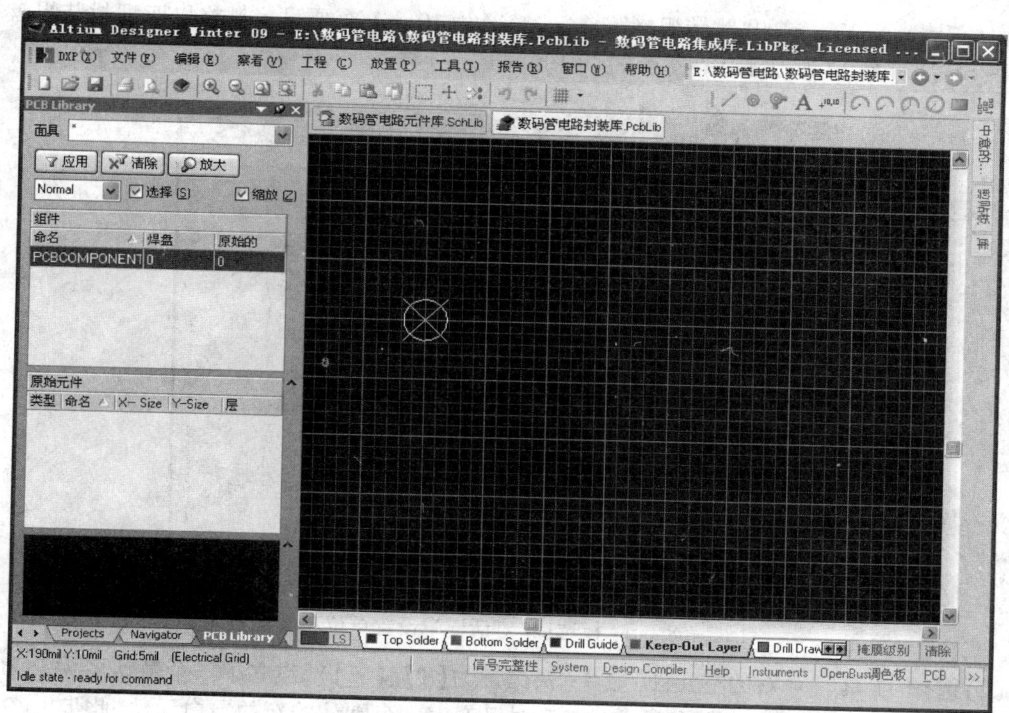

图 3-56　PCB Library Editor 工作区

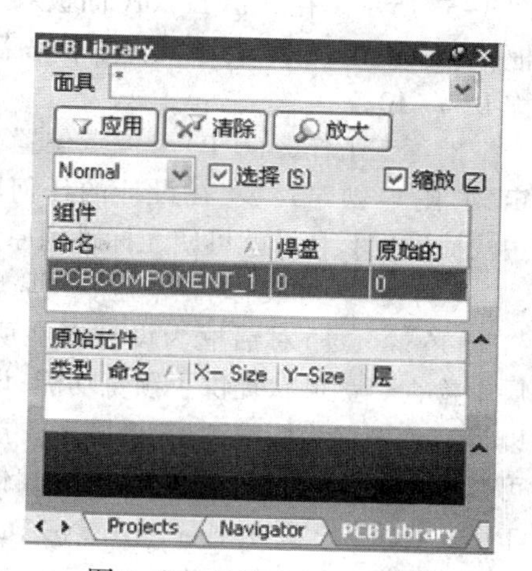

图 3-57　PCB Library 面板

选中图元的高亮显示方式取决于 PCB Library 面板顶部的选项：

启用“面具”（Mask）后，只有点中的图元正常显示，其他图元将灰色显示。单击 PCB Library 面板顶部“清除”按钮将删除过滤器并恢复显示。

启用“选择”（Select）后，设计者单击的图元将被选中，然后便可以对它们进行编辑了。

在“原始元件”区右击，可控制其中列出的图元类型。

③“原始元件”区域下是元器件封装模型显示区，该区有一个选择框，选择框选择哪一部分，设计窗口就显示那部分，可以调节选择框的大小。

8. 手动创建数码管封装

创建一个元器件封装，需要为该封装添加用于连接元器件引脚的焊盘和定义元器件轮廓的线段和圆弧。设计者可将所设计的对象放置在任何一层，但一般的做法是将元器件外部轮廓放置在 Top Overlay 层（顶层丝印层），焊盘放置在 Multilayer 层（对于直插元器件）或顶层（Top Layer）信号层（对于贴片元器件）。当设计者放置一个封装时，该封装包含的各对象会被放到其本身所定义的层中。

手动创建数码管 DPY Blue-CA 的封装步骤如下：

（1）先检查当前使用的单位和网格显示是否合适，选择“工具”→“器件库选项”命令（快捷键为【T】、【O】）打开“板选项”（Board Options）对话框，如图 3-58 所示。设置“单位”（Units）为

Imperial(英制),X、Y 方向的“跳转栅格”(Snap Grid)为 10 mil,需要设置栅格以匹配封装焊盘之间的间距,设置“栅格 1”为 10 mil,“栅格 2”为 100 mil。

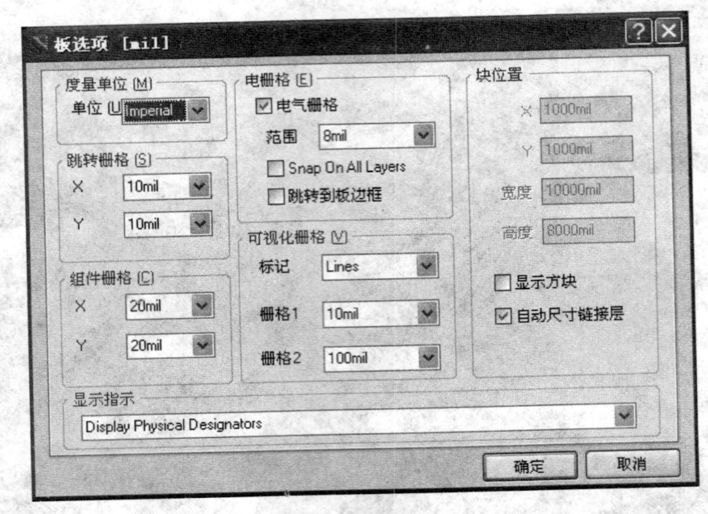

图 3-58　在“板选项”对话框中设置单位和网格

(2)选择“工具”→“新的空元件”命令(快捷键为【T】、【W】),建立了一个默认名为 PCBCOMPONENT_1 的新的空白元件。但在建立封装库时已产生一个默认的新的空白元件,此步可略去,如图 3-57 所示。在 PCB Library 面板双击该空的封装名 PCBCOMPONENT_1,弹出“PCB 库元件”对话框,如图 3-59 所示,为该元件重新命名,在“PCB 库元件”对话框中的“名称”(Name)处,输入新名称 DPY-10。

推荐在工作区(0,0)参考点位置(有原点定义)附近创建封装,在设计的任何阶段,使用快捷键【J】、【R】就可使光标跳到原点位置。

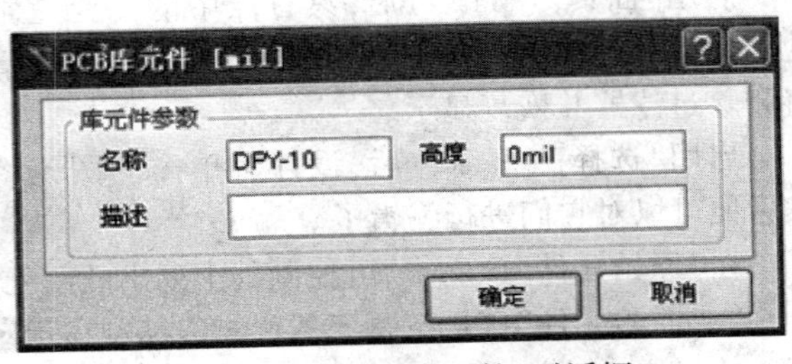

图 3-59　“PCB 库元件”对话框

(3)为新封装添加焊盘。“焊盘属性”(Pad Properties)对话框为设计者在所定义的层中检查焊盘形状提供了预览功能,设计者可以将焊盘设置为标准圆形、椭圆形、方形等,还可以决定焊盘是否需要镀金,同时其他一些基于散热、间隙计算,Gerber 输出,NC Drill 等设置可以由系统自动添加。无论是否采用了某种孔型,NC Drill Output(NC Drill Excellon format 2)将为三种不同孔型输出六种不同的 NC 钻孔文件。

放置焊盘是创建元器件封装中最重要的一步,焊盘放置是否正确,关系到元器件是否能够被正确焊接到 PCB 上,因此焊盘位置需要严格对应于器件引脚的位置。放置焊盘的步骤如下:

①选择“放置”→“焊盘”命令(快捷键为【P】、【P】)或单击工具栏中“◎”按钮,光标处将出现焊盘,放置焊盘之前,先按【Tab】键,弹出“焊盘[mil]”对话框,如图 3-60 所示。

②在图 3-60 所示对话框中编辑焊盘各项属性。在“孔洞信息”(Hole Information)选择框,设置“通孔尺寸”(Hole Size)(焊盘孔径)为 30 mil,孔的形状为圆形(Round);在“属性”(Properties)选择框的“设计者”(Designator)处,输入焊盘的序号 1,在“层”(Layer)处,选择 Multi-Layer(多层);“尺寸和外形”(Size and Shape)(大小和形状)选择框中,X-Size 设为 60 mil,Y-Size 设为 60 mil,外形

(Shape)设为 Rectangular(方形),其他选默认值,单击“确定”按钮,建立第一个方形焊盘。

③利用状态栏显示坐标,将第一个焊盘拖到(0,0)位置,单击或按【Enter】键确认放置。

④放置完第一个焊盘后,光标处自动出现第二个焊盘,按【Tab】键,弹出“焊盘[mil]”对话框,将焊盘 Shape(形状)改为圆形(Round),其他用上一步的默认值,将第二个焊盘放到(100,0)位置。注意:焊盘标识会自动增加。

⑤在(200,0)处放置第三个焊盘(该焊盘用上一步的默认值),X 方向每次增加 100 mil,Y 方向不变,依次放好第四个和第五个焊盘。

⑥然后在(400,600)处放置第六个焊盘(Y 的距离由实际数码管的尺寸而定),X 方向每次减少 100 mil,Y 方向不变,依次放好第七至第十个焊盘。

⑦右击或者按【Esc】键退出放置模式,所放置焊盘如图 3-61 所示。

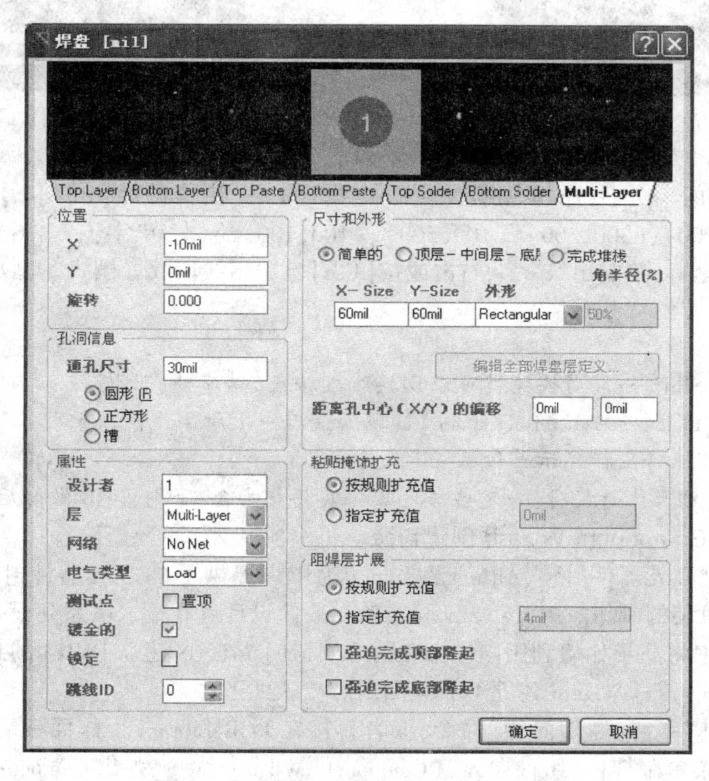

图 3-60　放置焊盘之前设置焊盘参数

(4)为新封装绘制轮廓。PCB 丝印层的元器件外形轮廓在 Top Overlay(顶层)中定义,如果元器件放置在电路板底面,则该丝印层自动转为 Bottom Overlay(底层)。

①在绘制元器件轮廓之前,先确定它们所属的层,单击编辑窗口底部的 Top Overlay 标签。

②选择“放置”→“走线”命令(快捷键为【P】、【L】)或单击“ ”按钮,放置线段前可按【Tab】键编辑线段属性,这里选默认值。移动光标到(-60,-60)处按鼠标左键,绘出线段的起始点,移动光标到(460,-60)处按鼠标左键绘出第一段线,移动光标到(460,660)处按鼠标左键绘出第二段线,移动光标到(-60,660)处按鼠标左键绘出第三段线,然后移动光标到起始点(-60,-60)处按鼠标左键绘出第四段线,数码管的外框绘制完成,如图 3-62 所示。

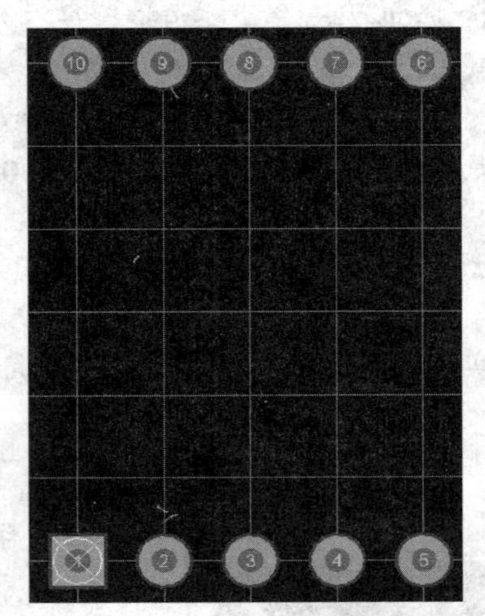

图 3-61　放置好焊盘的数码管

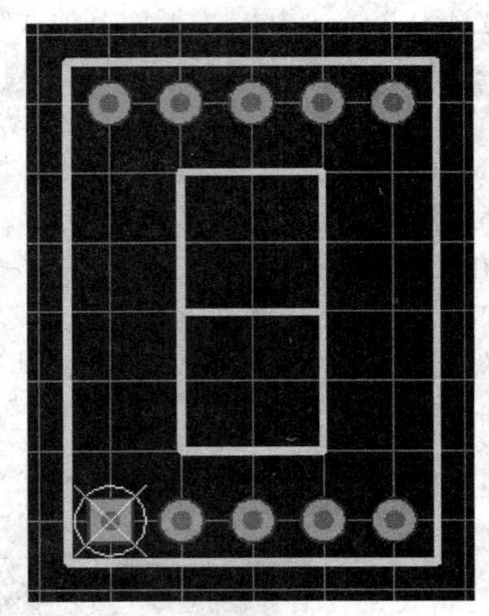

图 3-62　建好的数码管封装

③绘制数码管的“8”字，选择“放置”→“走线”命令（快捷键为【P】、【L】），单击以下坐标（100,100）、（300,100）、（300,500）、（100,500）、（100,100）绘制“0”字，右击，再单击（100,300），（300,300）这两个坐标，绘制出“8”字，右击或按【Esc】键退出线段放置模式。建好的数码管封装如图 3-62 所示。

注意：

①画线时，按【Shift+Space】快捷键可以切换线段转角（转弯处）形状。

②画线时如果出错，可以按【Backspace】键删除最后一次所画线段。

③按【Q】键，可以将坐标显示单位从 mil 改为 mm。

④在手工创建元器件封装时，一定要与元器件实物相吻合；否则，PCB 做好后，元件安装不上。

9. 使用 PCB Component Wizard 创建封装

对于标准的 PCB 元器件封装，Altium Designer 为用户提供了 PCB 元器件封装向导，帮助用户完成 PCB 元器件封装的制作。PCB Component Wizard 使设计者在输入一系列设置后就可以建立一个器件封装，接下来将演示如何利用向导为 2 输入四与门 74LS08 建立 DIP14 的封装。

使用 PCB Component Wizard 建立 DIP14 的封装步骤如下：

（1）选择“工具”→“元器件向导”命令，或者直接在 PCB Library 工作面板的“组件”列表中右击，在弹出的快捷菜单中选择“组件向导”（Component Wizard）命令，弹出 Component Wizard 对话框，如图 3-63 所示。

（2）单击“下一步”按钮，进入向导，对所用到的选项进行设置。建立 DIP14 封装需要进行如下设置：在模型样式栏内选择 Dual In-line Package（DIP）选项（封装的模型是双列直插），“选择单位”为 Imperial（mil）选项（英制）如图 3-64 所示。

（3）单击“下一步”按钮，进入焊盘大小选择对话框，如图 3-65 所示，圆形焊盘选择外径60 mil、内径 30 mil（直接输入数值修改尺寸大小）。

（4）单击 Next（下一步）按钮，进入焊盘间距选择对话框如图 3-66 所示。水平方向设为 300 mil、垂直方向设为 100 mil。

（5）单击 Next（下一步）按钮，进入元件轮廓线宽选择对话框，选默认设置（10 mil），如图 3-67 所示。

图 3-63　Component Wizard 对话框

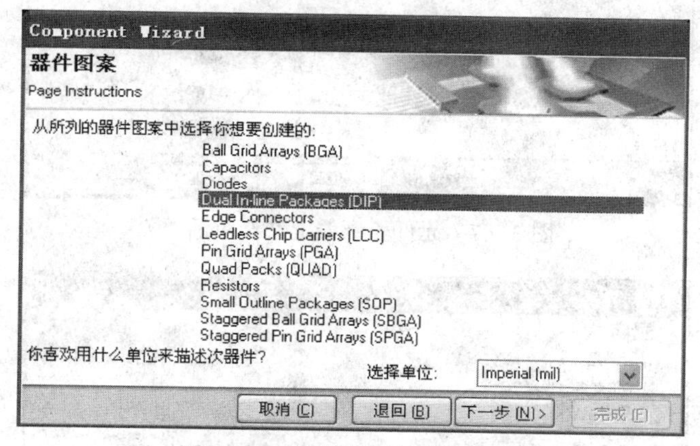

图 3-64　封装模型与单位选择

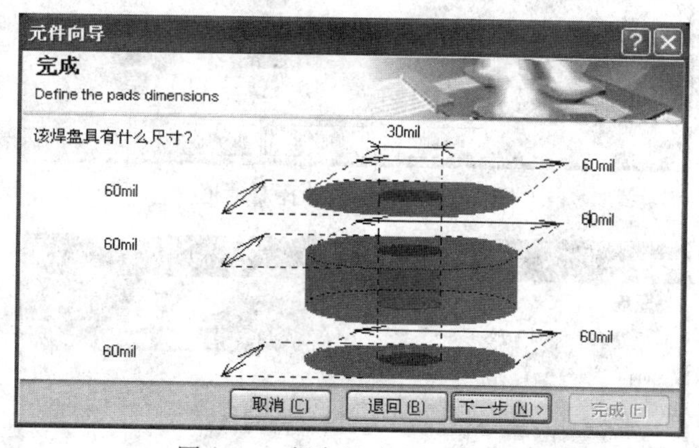

图 3-65　焊盘尺寸选择对话框

(6)单击 Next(下一步)按钮,进入焊盘数选择对话框,设置焊盘(引脚)数目为 14,如图 3-68 所示。

(7)单击 Next(下一步)按钮,进入封装命令设置对话框,默认的元件名为 DIP14,也可根据需要修改它,如图 3-69 所示。

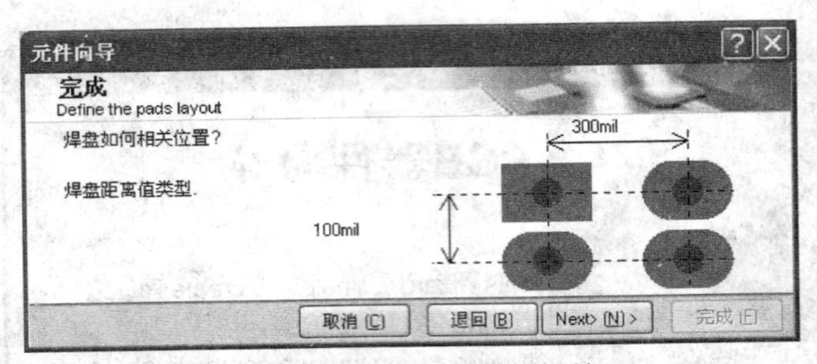

图 3-66　焊盘间距选择对话框

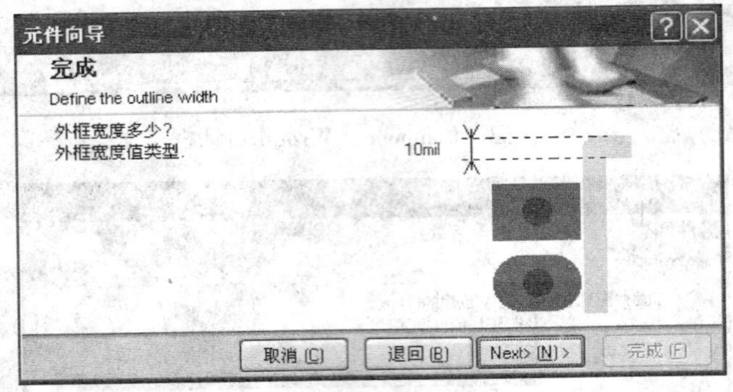

图 3-67　元件轮廓线宽选择对话框

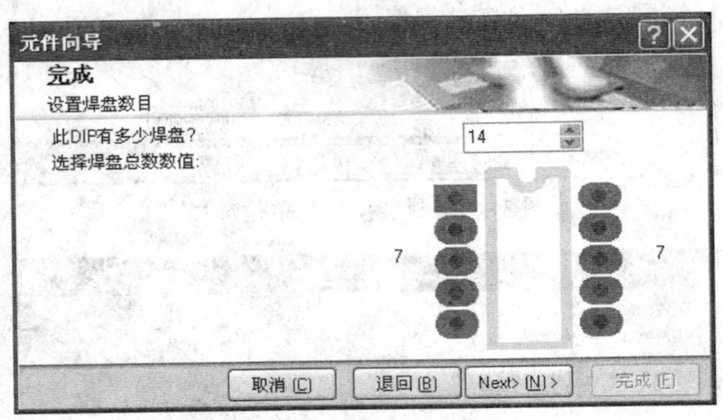

图 3-68　焊盘数选择对话框

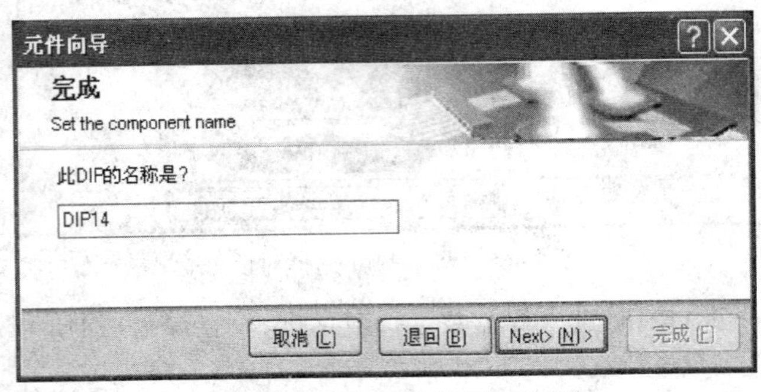

图 3-69　封装命名设置对话框

(8)单击 Next(下一步)按钮,进入封装制作完成对话框,如图 3-70 所示。

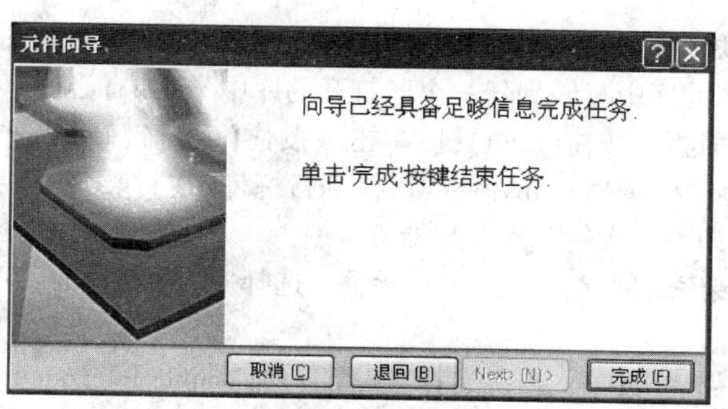

图 3-70　封装制作完成

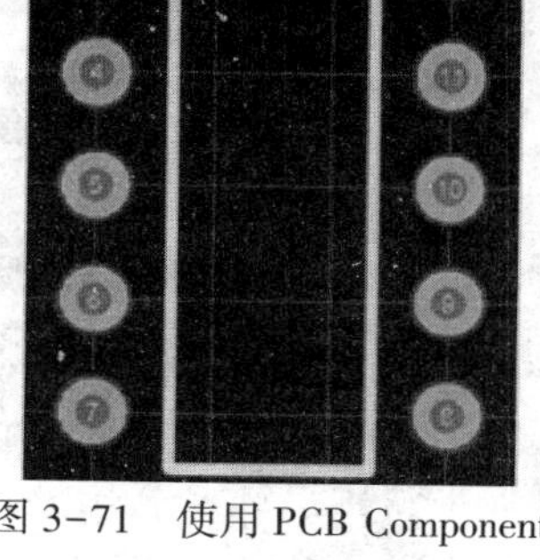

图 3-71　使用 PCB Component Wizard 建立 DIP14 封装

(9)单击"完成"(Finish)按钮结束向导,在 PCB Library 面板 Components 列表中会显示新建的 DIP14 封装名,同时设计窗口会显示新建的封装,如有需要可以对封装进行修改,如图 3-71 所示。

(10)选择"文件"→"保存"命令(快捷键为【Ctrl+S】)保存库文件。

10. 从其他来源添加封装

如需要一个三极管 TO-92A 的封装。该封装在 Miscellaneous Devices. PcbLib 库内。设计者可以将已有的封装复制到自己建的 PCB 库,并对封装进行重命名和修改以满足特定的需求,复制已有封装到 PCB 库可以参考以下方法。如果该元器件在集成库中,则需要先打开集成库文件。

(1)在 Projects 面板打开该源库文件(Miscellaneous Devices. PcbLib),如图 3-72 所示,双击该文件名。

(2)在 PCB Library 面板中查找 TO-92A 封装,找到后,在"组件"的"命名"列表中选择想复制的元器件 TO-92A,该器件将显示在设计窗口中。

(3)右击,在弹出的快捷菜单中选择"复制"(Copy)命令,如图 3-73 所示。

图 3-72　释放的集成库

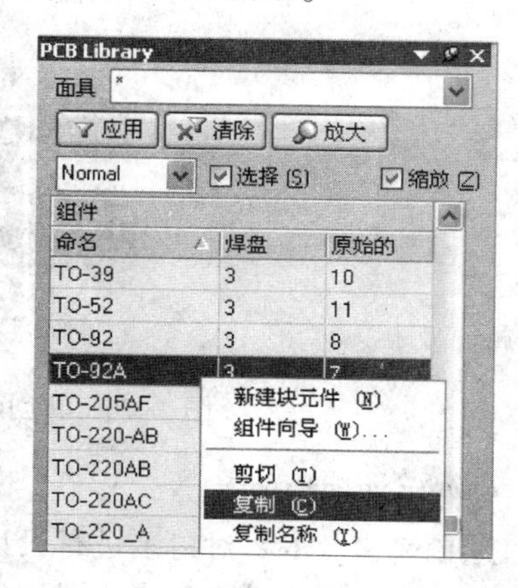

图 3-73　选择想复制的封装元件 TO-92A

(4)选择目标库的库文档(如数码管电路封装库 . PcbLib 文档),再单击 PCB Library 面板,在

“组件”区域，右击弹出快捷菜单，如图 3-74 所示，选择 Paste 1 Compoents 命令，器件将被复制到目标库文档中(器件可从当前库中复制到任一个已打开的库中)。如有必要，可以对器件进行修改。

(5)在 PCB Library 面板中按住【Shift】键+单击或按住【Ctrl】键+单击选中一个或多个封装，然后右击，在弹出的快捷菜单中选择 Copy 命令，切换到目标库，在封装列表栏中右击，在弹出的快捷菜单中选择 Paste 命令，即可一次复制多个元器件。

(6)至此完成了封装库的创建，如图 3-75 所示。选择“文件”→“保存”命令(快捷键为【Ctrl+S】)保存库文件。

完成元件封装库的创建工作后，再次选择“工程”→“Compile Integrated Library 数码管电路集成库 . LibPkg”命令，对集成库进行编译，新创建的元件封装库就会添加到工作区左侧的库面板中，如图3-76 所示。

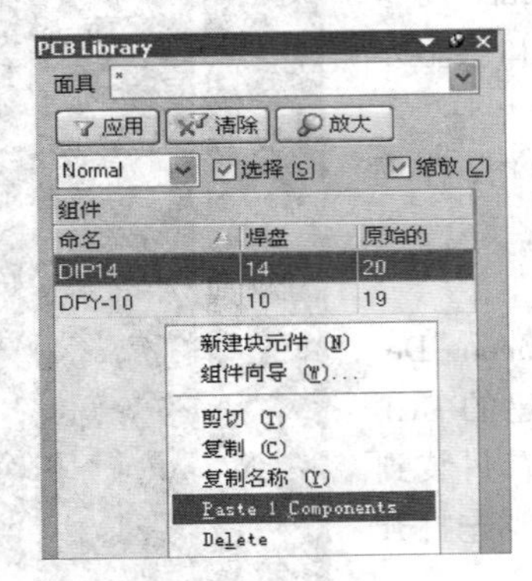

图 3-74 粘贴想复制的封装元件到目标库

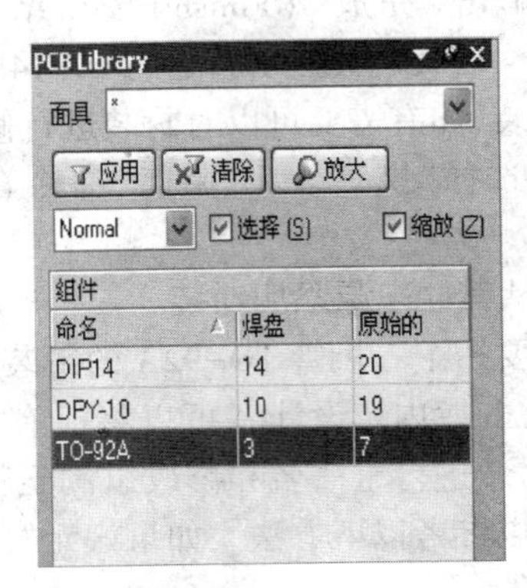

图 3-75 完成封装库的建立

图 3-76 新创建的元件封装库添加到库面板中

11. 元件设计规则检查

元件绘制完毕后需要对封装进行设计规则检查。选择“报告”→“元件规则检查”命令，弹出图 3-77所示的“组件规则检查”对话框，选取相应需要检查的项目，单击“确定”按钮开始检查，系统会自动生成“DSP. ERR”文件，检查结果如图 3-78 所示。

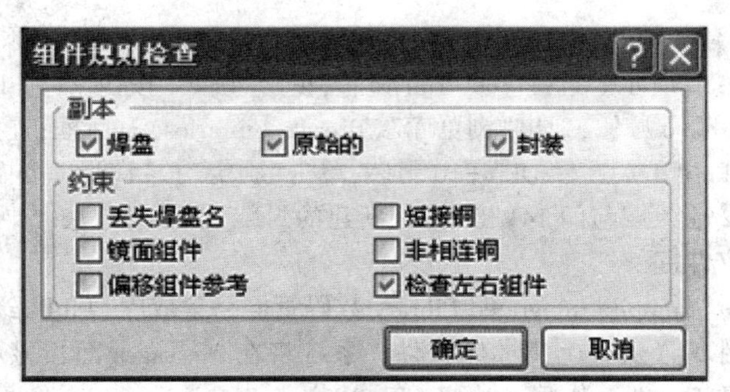

图 3-77　“组件规则检查”对话框

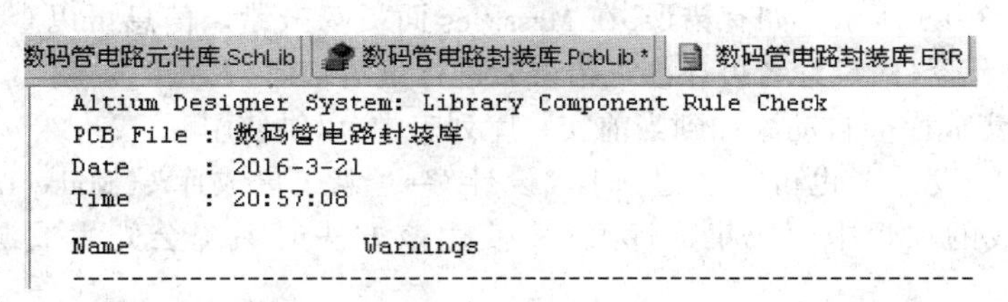

图 3-78　检查结果

12. 为原理图元件添加封装

新建的数码管电路元件库文件内含有数码管 DPY-10、2 输入四与门 74LS08 两个元件。下面将上面新建的两个封装 DPY-10 和 DIP14 分别添加到 DPY-10、74LS08 两个元件中。

为数码管 DPY-10 添加封装的步骤如下：

(1)在 SCH Library 面板的“元件”列表中选择数码管 DPY-10 元器件，单击“编辑”按钮或双击元件名，打开 Library Component Properties 对话框，如图 3-79 所示。

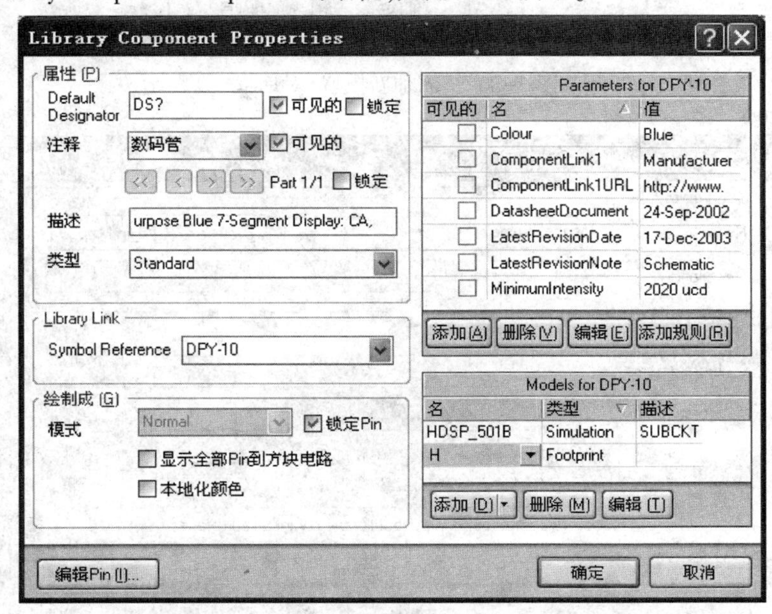

图 3-79　Library Component Properties 对话框

(2)在 Models for DPY-10 栏删除原来添加的 H 封装，选中该 H 封装，单击“删除”(Remove)按钮,然后添加设计者新建的 DPY-10 封装。单击“添加”(Add)按钮,弹出“添加新模型”(Add New Model)对话框,如图 3-80 所示。选择 FootPrint 命令,单击“确定”按钮,弹出 PCB Model 对话框,如图 3-81 所示。单击 Browse 按钮,弹出“浏览库”(Browse Libraries)对话框,查找新建的 PCB 库文件(数码管电路封装库.PcbLib),选择 DPY-10 封装,单击“确定”按钮即可,如图 3-82 所示。

用同样的方法为 2 输入四与门 74LS08 添加新建的封装 DIP14。

13. 编译集成库文件包

(1)选择“工程”→“Compile Integrated Library 数码管电路集成库.LibPkg”命令,将库文件包中的源库文件和模型文件编译成一个集成库文件。系统将在 Messages 面板显示编译过程中的所有错误信息。选择“察看”→“工作区面板”(Workspace Panels)→System→Messages 命令,打开 Messages 面板如图 3-83 所示。如有错误,在 Messages 面板双击错误信息可以查看更详细的描述,直接跳转到对应的元器件,设计者可在修正错误后进行重新编译。

(2)新生成的集成库会自动添加到当前安装库列表中,以供使用。

需要注意的是,设计者也可以通过选择“设计”→“生成集成库”(Make Integrated Library)命令从一个已完成的项目中生成集成库文件,使用该方法时系统会先生成源库文件,再生成集成库。

至此,读者应学会了建立电路原理图库文件,PCB 库文件和集成库文件的方法。

图 3-80 “添加新模型”对话框

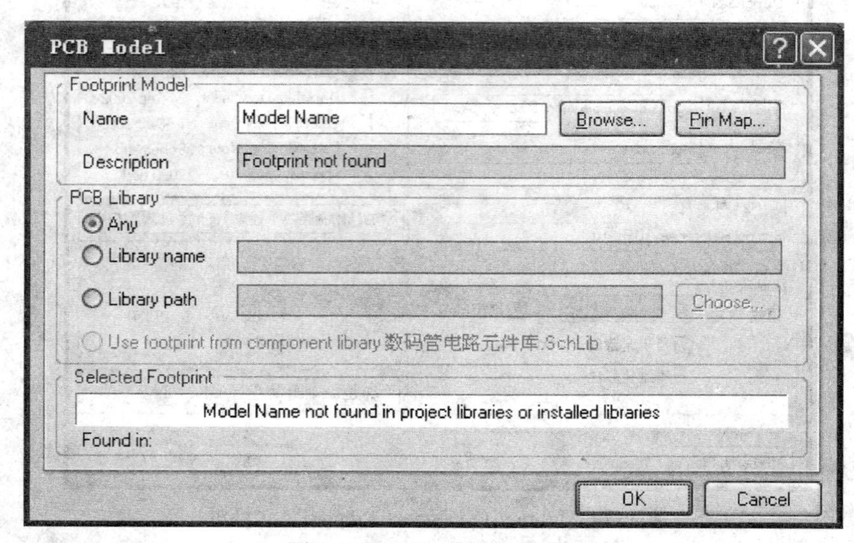

图 3-81 PCB Model 对话框

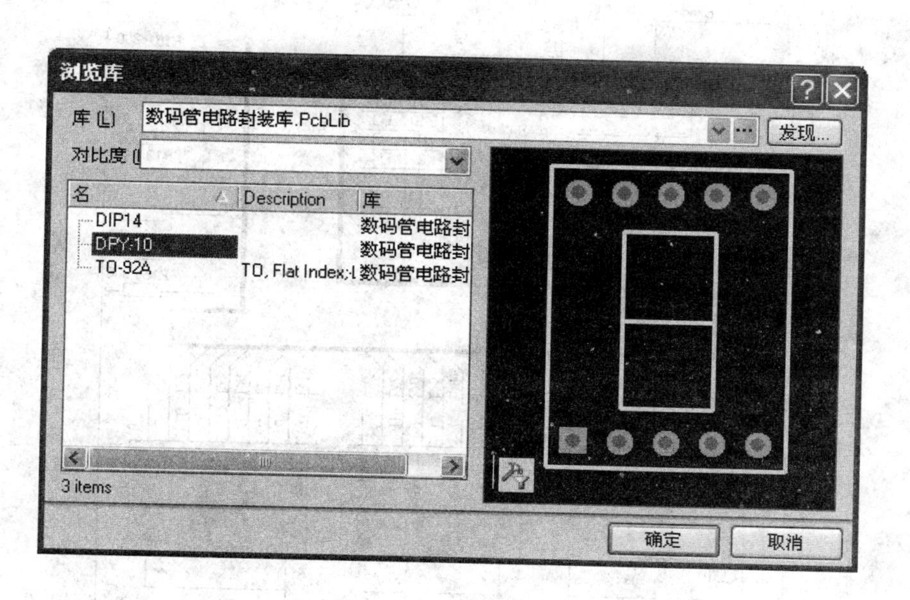

图 3-82　“浏览库”对话框

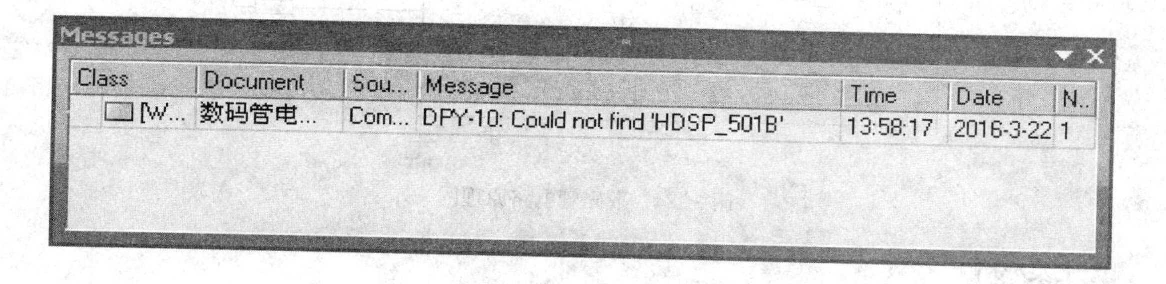

图 3-83　Messages 面板

任务二　绘制数码管电路原理图

任务描述

数码管电路是各种电子设备中常见的电路。本任务利用任务一中所制作的数码管元件完成绘制数码管电路原理图。通过本任务的学习，进一步熟悉原理图图纸设置方法；进一步熟悉原理图工作环境常用设置及元件属性页内容的相关调整修改；掌握放置导线、总线及总线入口的方法；了解如何检查原理图；熟悉原理图的编辑工作。

图 3-84 为数码管显示电路的局部电路，下面用上面创建的数码管元件完成该电路原理图的绘制工作。

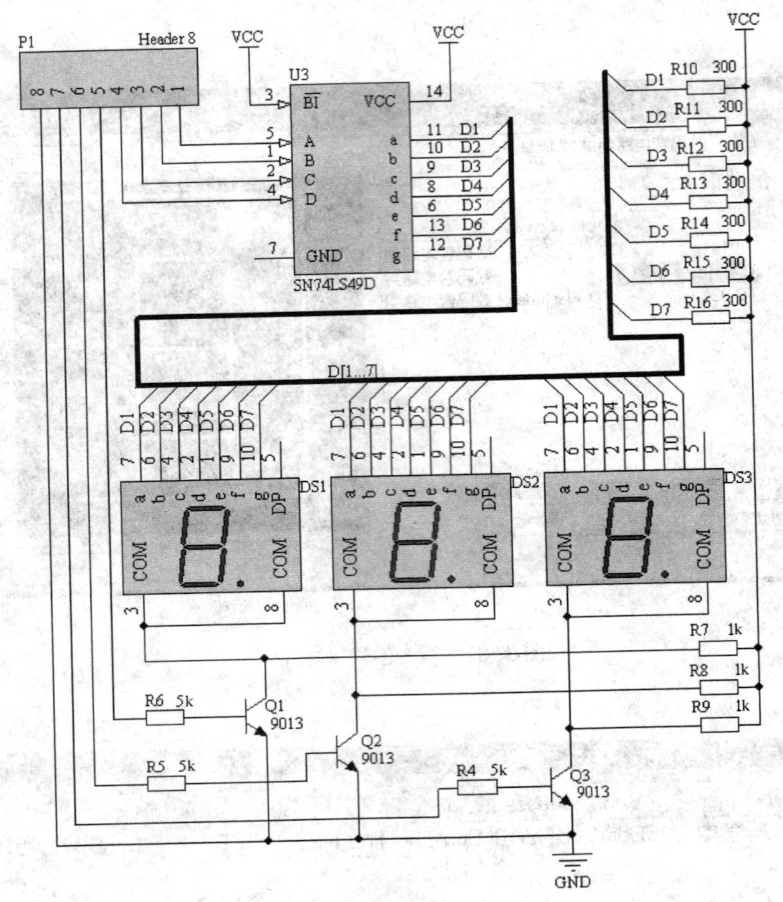

图 3-84　数码管电路原理图

任务实现

1. 绘制原理图首先要做的工作

(1)首先在硬盘上建立一个“数码管电路”的文件夹，然后建立一个“数码管显示电路 . PrjPCB”项目文件并把它保存在“数码管电路”的文件夹下；新建一个原理图图纸，并将其保存命名为“数码管电路原理图 . SchDoc”，如图 3-85 所示。

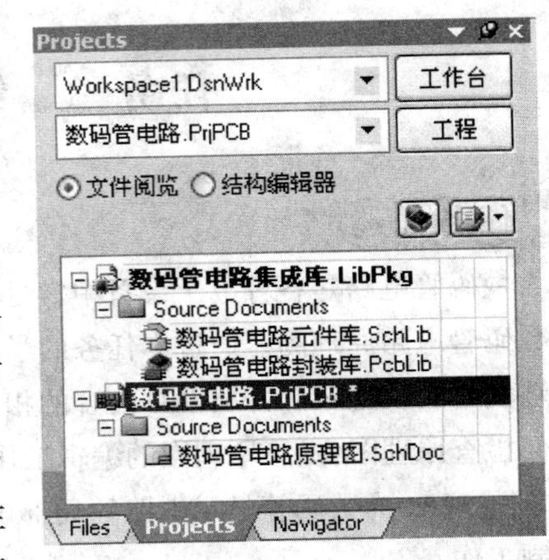

图 3-85　建立绘制数码管电路原理图图纸

(2)在原理图上的任意位置右击，在弹出的快捷菜单中选择“选项”(Options)→“文档选项”(Document Options)命令，打开图 3-86 所示的“文档选项”(Document Options)对话框。

(3)为了绘图方便，在“方块电路选项”标签中“选项”选择区域中不选中“标题块”(目的取消标题栏)复选框，在“栅格”区域中设置 Snap 项为 5。其他项目及标签页为默认。

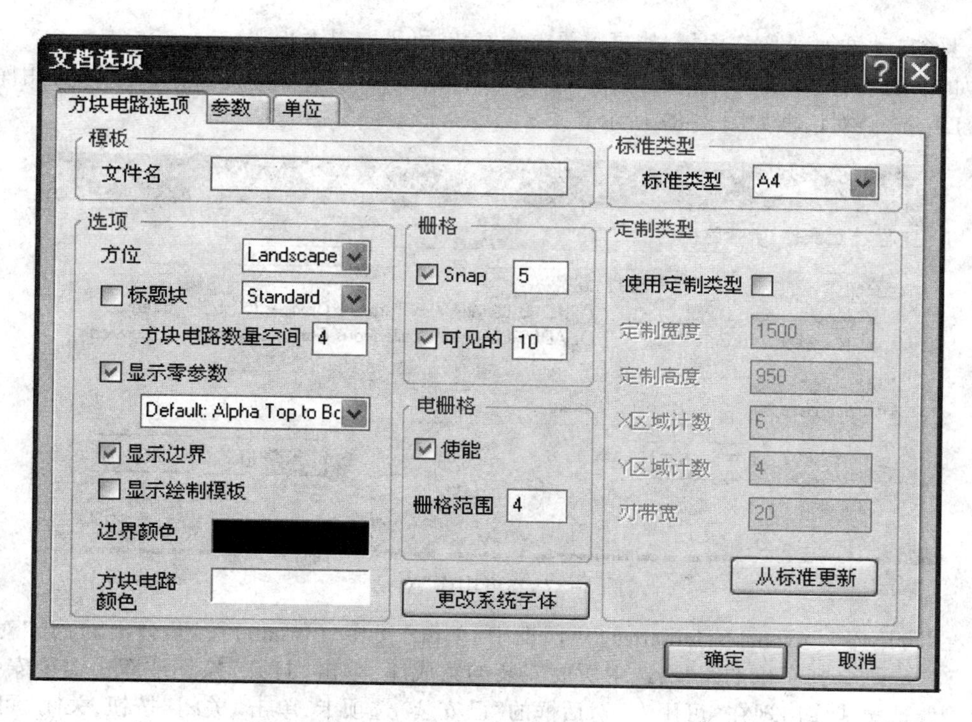

图 3-86　“文档选项”对话框

2. 放置元件

绘制数码管电路的元件表如表 3-1 所示。

表 3-1　数码管电路的元件表

说　明	编　号	封　装	元　件　名　称
电阻	R4、R5、R6、R7、R8、R9、R10、R11、R12、R13、R14、R15、R16	AXIAL-0.3	Res2
三极管	Q1、Q2、Q3	TO-226	9013
数码管	DS1、DS2、DS3	DPY-10	DPY-10
七段译码器	U3	DIP14	74LS49D
连接器	P1	HDR1X8	Header8

绘制数码管电路原理图所需要的元件大部分都在 Miscellaneous Devices. LibPkg 和数码管电路集成库 . LibPkg 中，都已加载到库面板，方便查找使用。但 74LS49D 不在上两个库中，需要查找。

(1) 首先来查找型号为 74LS49D 的元件。

①单击“库”标签，显示库面板，在库面板中单击 Search(搜索)按钮，或选择“工具”→“发现元件”(Find Component)命令，将打开“搜索库”(Libraries Search)对话框，按项目二任务一中的方法查找 74LS49D 元件。

②修改元件封装。查找到的 SN74LS49D 的封装可能不是我们所需要的封装 DIP14，可按项目一任务二中修改封装的方法修改封装。

(2) 安装前面所建立的集成库文件：数码管电路集成库 . IntLib。数码管电路集成库 . IntLib 在

编译时已经自动添加到"库"面板,如果需要重新安装,可采取以下步骤:

①如果用户需要添加新的库文件,单击"库"面板的"库"(Libraries)按钮,弹出"可用库"(Available Libraries)对话框如图 3-87 所示。

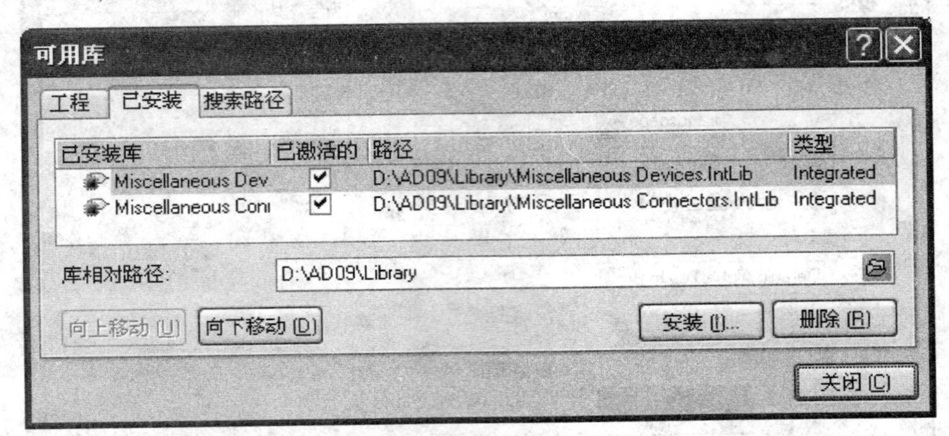

图 3-87 "可用库"对话框

②在"可用库"(Available Libraries)对话框中,单击"安装"(Install)按钮,弹出"打开"对话框,如图 3-88 所示,选择正确的路径,选中所要安装的集成库,单击"打开"按钮或双击需要安装的库名即可。所选集成库出现在"可用库"对话框的"已安装"选项卡,单击"关闭"按钮,关闭"可用库"对话框完成库的安装。

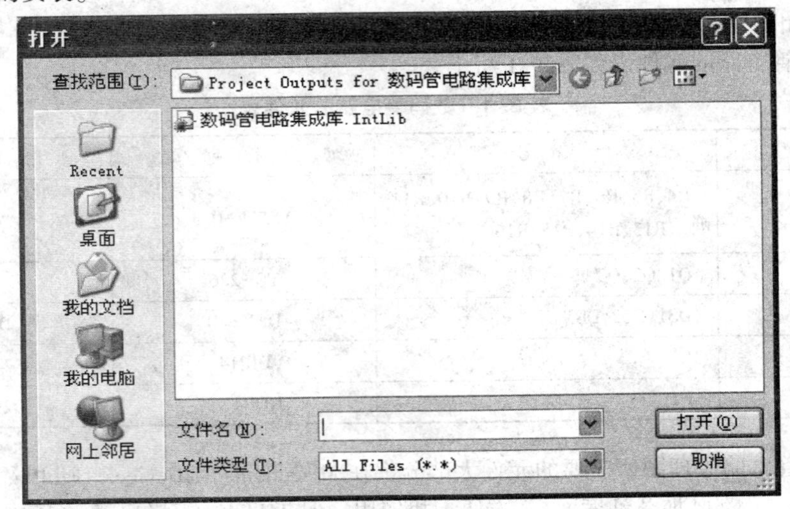

图 3-88 "打开"对话框

(3)放置其他元件。用前面介绍的方法完成其他所有元件的放置及封装的修改。注意:不是每个元件都需要搜索,只有在已经安装的库中找不到的元件才需要搜索查找,经常搜索查找元件会影响绘图时间,所以要经常浏览一些常用库。同时注意在放置元件的时候,一定要注意该元件的封装要与实物相符。

放置好元器件位置的数码管电路原理图如图 3-89 所示。放置元件时要总体考虑好图纸的总体布局,后面连接导线的方便。

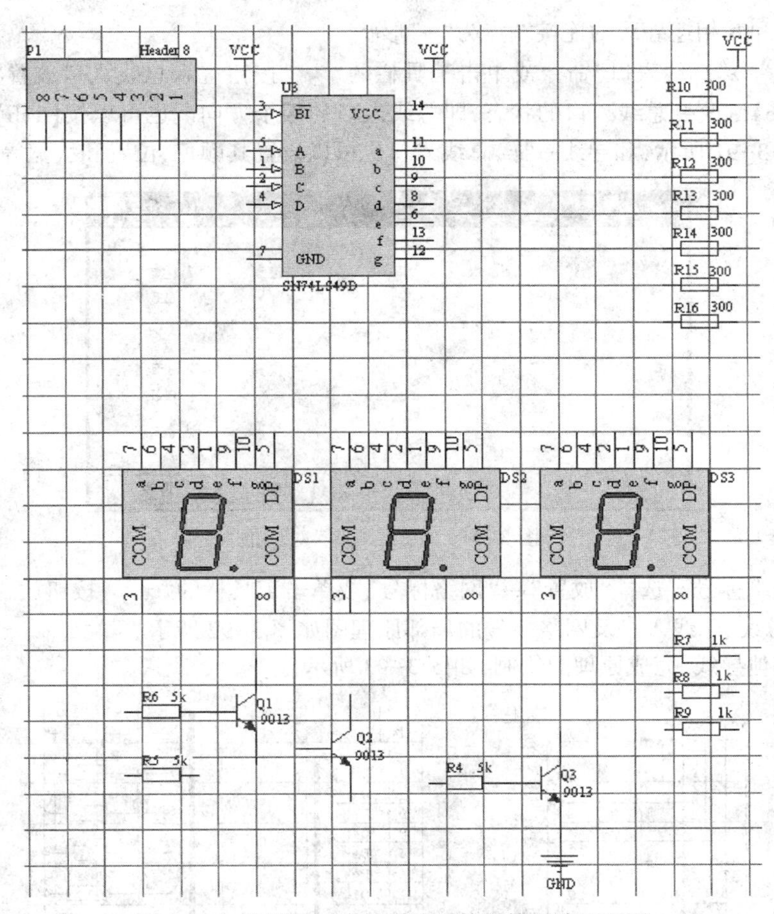

图 3-89　放置好元器件位置的数码管电路原理图

3. 放置导线

(1)放置总线。总线是一系列导线的集合,是为了方便布线而设计的一种线路。其实,总线本身是没有任何电气意义的,只有和总线入口、总线标示组成总线入口才能起到电气连接的作用。总线通常用在元件的数据总线和地址总线上,利用总线和网络标号进行元器件之间的连接不仅可以简化原理图,还可以使整个原理图更加清晰明了。

选择“放置”→“总线”命令或单击工具栏的“ ”按钮进入总线绘制状态。总线其实就是较粗的导线,因此总线的绘制方法和属性设置与导线一样,在绘制总线过程中可以按下【Tab】键设置总线属性,如图 3-90 所示,各属性项目与导线均相同,在此就不详述了。

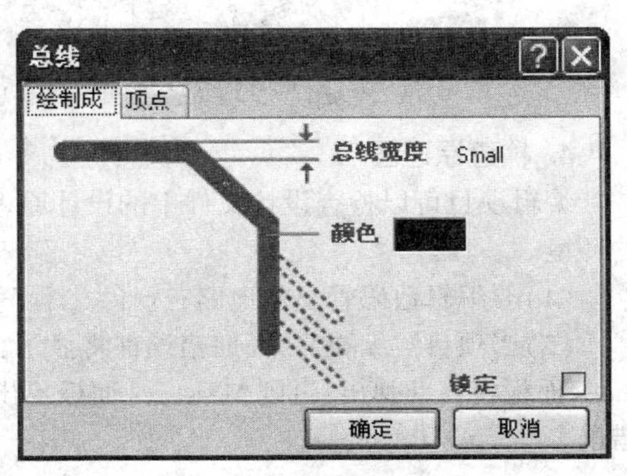

图 3-90　“总线”对话框

(2)放置总线入口。顾名思义,总线入口就是总线与其组成导线之间的接口。其实,总线入口与普通的导线连接没有本质的区别,所以总线入口也可以用普通导线连接代替,两者之间的区别仅在于总线入口,以及和其相连导线的连接端点为“+”形状。

选择“放置”→“总线入口”命令或单击工具栏的“ ”按钮进入总线入口放置状态,放置过程中可以按【Space】键改变总线入口的状态,即总线入口的四个方向。也可以按【Tab】键设置总线入口的属性,如图 3-91 所示,和导线一样,总线入口也可以设置其颜色、位置和线宽等属性。

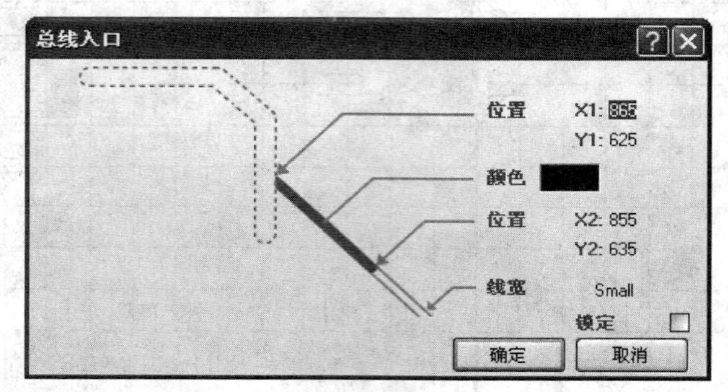

图 3-91 “总线入口”对话框

(3)放置网络标号。选择“放置”→“网络标号”或单击工具栏的“ ”按钮放置网络标号。放置好的总线、总线入口及网络标号的局部原理图如图 3-92 所示。

(4)放置其他导线,完成原理图绘制,如图 3-93 所示。

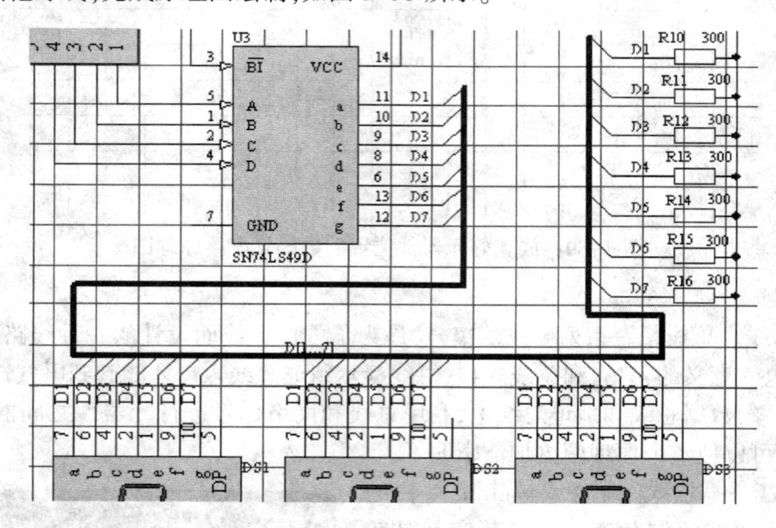

图 3-92 放置好的总线、总线入口及网络标号的局部原理图

4. 检查原理图

编辑项目可以检查设计文件中的设计原理图和电气规则的错误,并提供给用户一个排除错误的环境。

(1)要编辑数码管显示电路,选择“工程”→“Compile PCB Project 数码管电路 . PrjPCB”命令。

(2)当项目被编辑后,任何错误都将显示在 Messages 面板上。如果电路图有严重的错误,Messages 面板将自动弹出,否则 Messages 面板不出现。如果报告给出错误,则检查用户的电路并纠正错误。

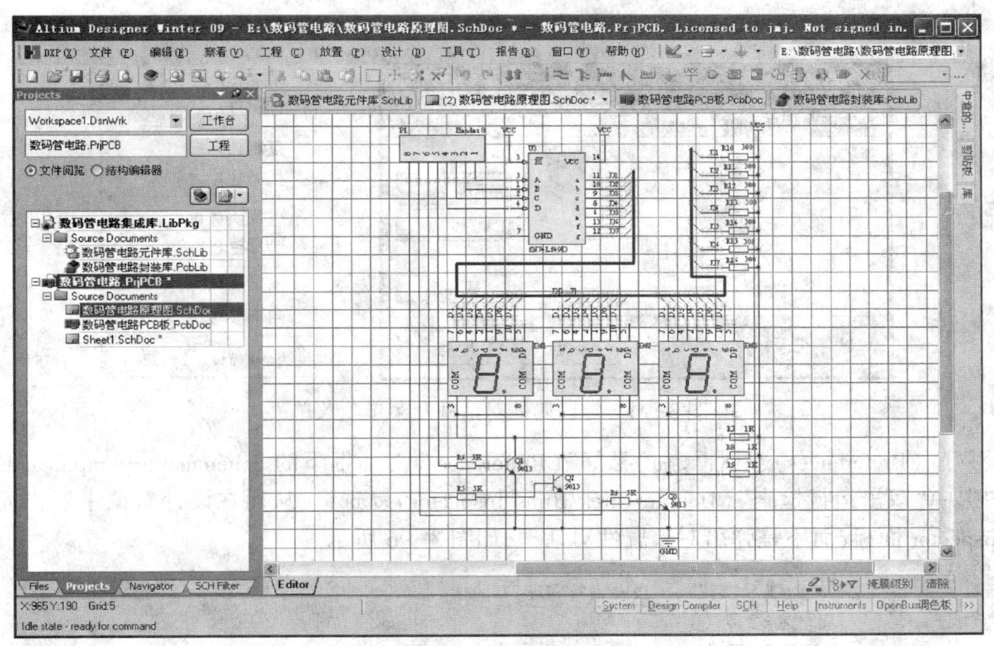

图 3-93　最后完成的原理图

5. 原理图编辑

可以通过以下方式打开对应的属性对话框来查看或者编辑对象的属性。

(1)当处在放置过程中,并且对象浮动在光标上时,按【Tab】键可以打开属性对话框。

(2)直接双击已放置对象可以打开对象的属性对话框。

(3)选择“编辑”→“改变”命令可以进入对象修改模式。单击对象进行编辑,也可以右击或者按【Esc】键退出对象的修改模式。

(4)单击以选中对象,然后在 SCH Inspector 或者 SCH List 面板中可以编辑对象的属性。

①通过属性对话框编辑顶点。用户可以通过属性对话框中的“顶点”(Vertices)选项卡编辑总线、导线、折线和多边形对象的坐标顶点。例如,导线的属性对话框包含了“顶点”(Vertics)列表,设计者可以根据需要编辑已选导线的起点。

在图纸的主要区域里,导线的所有顶点都已经被定义了。用户可以为导线增加新的顶点,编辑已有顶点的坐标,或者移除已有的顶点。

在导线属性对话框中,如图 3-94 所示,单击“菜单”(Menu)按钮以弹出菜单,其中设计者可以编辑、增加或者删除顶点,又可复制、粘贴、选中或移动图元。Move Wire By XY 命令可以用来移动整条导线对象,从打开的 Move Wire By 对话框中,可以输入增量值来应用于所有顶点的 X 和 Y 坐标中。

②在 SCH Inspector 面板中编辑对象。SCH Inspector 让设计者可以查询和编辑当前或已打开文档的一个或几个设计对象的属性。使用 SCH Filter 面板(【F12】键)或者 Find Similar Object 命令(【Shift + F】键,或者右击并选择 Find Similar Object 命令),设计者可以对多个同类对象进行修改。

选中一个或多个对象,并按【F11】键或者直接单击 SCH Inspector 标签可以显示 SCH Inspector 面板。如果面板不可见,可以单击状态栏上的 SCH 按钮,或者选择主菜单“察看”→“工作区面板”→SCH→ SCH Inspector 命令,如图 3-95 所示。设计者也可选择“工具”→“设置原理图参数”命令,

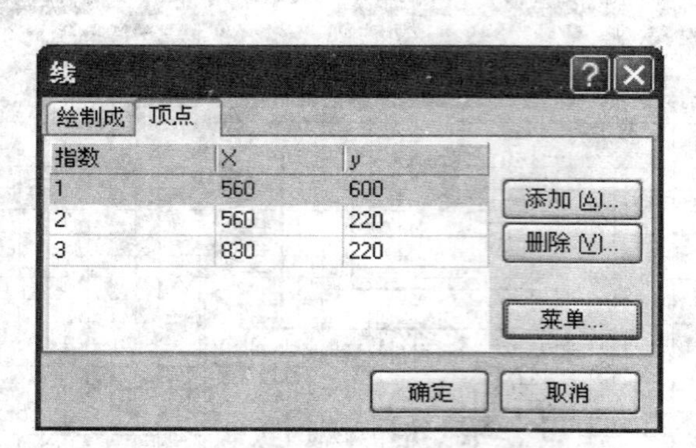

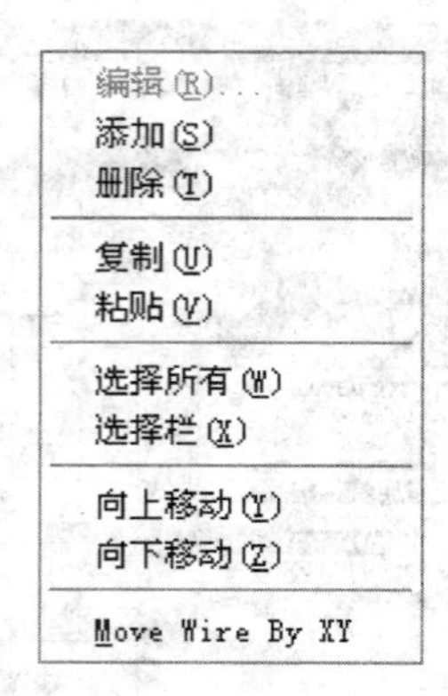

图 3-94　导线属性对话框及菜单项菜单

打开“喜好”(Preferences)对话框,在“喜好”(Preferences)对话框下的 Schemmatic-Graphical Editing 页面中选中“双击运行检查”(Double Click Runs Inspector)复选框,从而在设计对象中双击而弹出 SCH Inspector 面板,而不是弹出对象属性对话框,如图 3-96 所示。

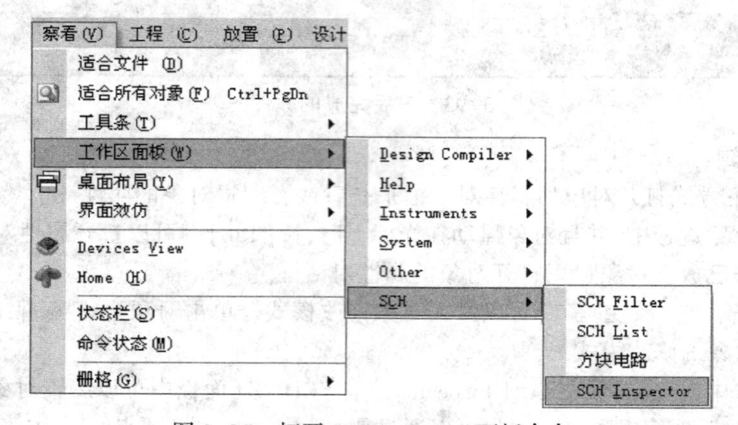

图 3-95　打开 SCH Inspector 面板命令

SCH Inspector 面板只显示所有被选对象的共有的属性。属性清单是可以在 SCH Inspector 面板中直接修改的。输入一个新的属性,选中复选框或者单击下拉列表中的选项均可。按【Enter】键或者单击面板的其他位置以执行这些改动。

例如要把图 3-84 中的所有电阻封装从 AXIAL-0.3 变为 AXIAL-0.4,如果依次单个修改太麻烦,这时就可以用 SCH Inspector 面板成批修改。方法如下:

①首先选择一个电阻,右击,从弹出的快捷菜单中选择“查找相似对象”(Find Similar Objects)命令,弹出“发现相似目标”(Find Similar Objects)对话框,如图 3-97 所示,在 Symbol Reference 的 Res2 处下拉列表中选择 Same,在 Current Footprint 的 AXIAL-0.3 处下拉列表中选择 Same,表示选择封装都是 AXIAL-0.3 的电阻,选中“选择匹配”复选框,然后单击“应用”按钮,再单击“确定”按钮,则图 3-84 中的所有电阻被选中,如图 3-98 所示。

②选择 SCH Inspector 面板,在该面板上,将 Current Footprint 处的 AXIAL-0.3 改为 AXIAL-0.4 即可。这时在图 3-84 所示的原理图上检查每个电阻的封装,它们都为 AXIAL-0.4。单击工具栏中“ ”按钮,取消当前过滤状态。

检查完后,为了后面绘制 PCB,再将电阻的封装用同样的方法恢复为 AXIAL-0.3。

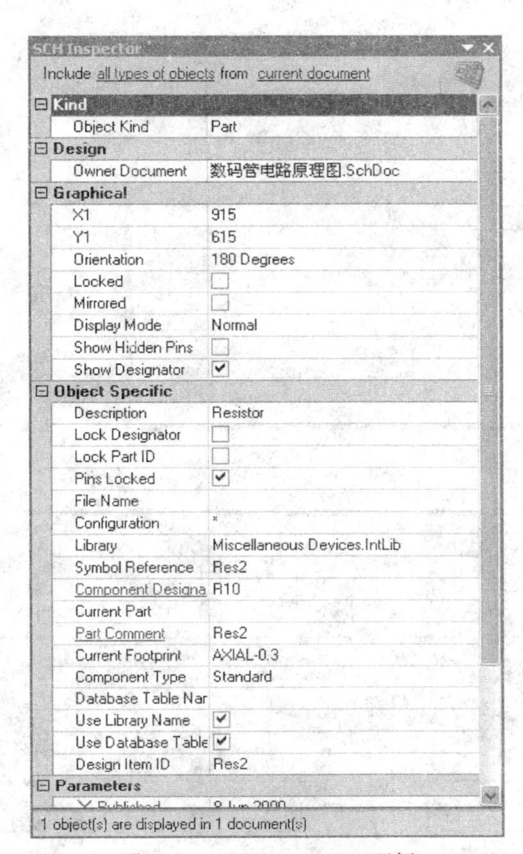

图 3-96　SCH Inspector 面板

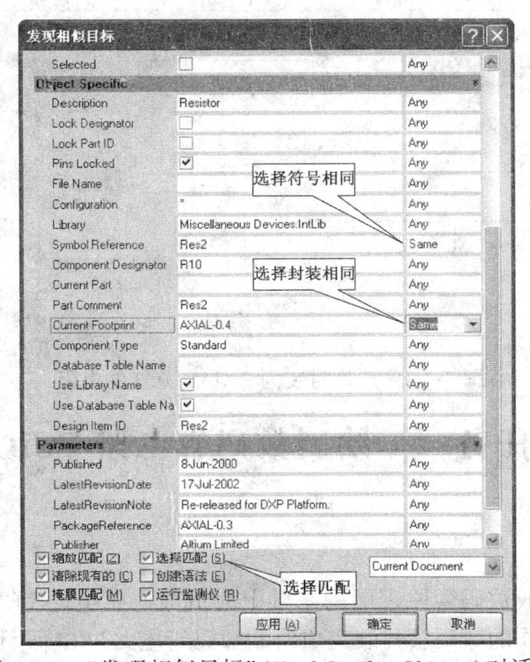

图 3-97　“发现相似目标”(Find Similar Objects)对话框

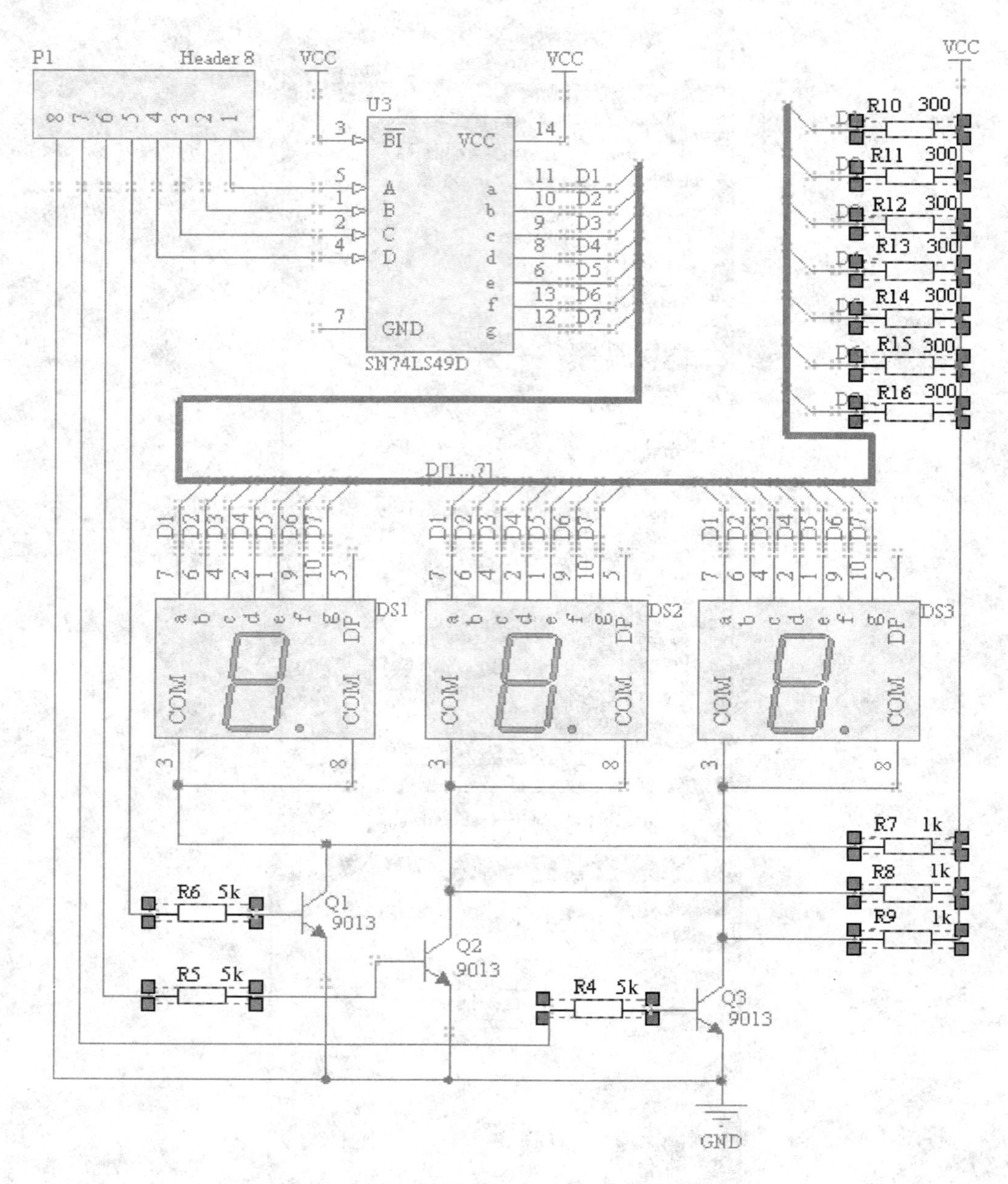

图 3-98　选择封装为 AXIAL-0.3 的电阻

任务三　绘制数码管电路 PCB

任务描述

本任务是在任务二完成数码管原理图的基础上完成数码管电路 PCB 绘制。本任务中的数码管封装利用任务二中所制作的数码管封装完成绘制数码管电路 PCB 设计。通过本任务的学习，进一步熟悉常用 PCB 规则设置；进一步熟悉 PCB 自动布线、调整布线方法及布线策略设置；了解放置泪滴、放置过孔或焊盘作为安装孔、布置多边形覆铜区域等 PCB 的设计技巧。

任务实现

1. 创建 PCB

(1)在项目中新建 PCB 文档。步骤如下:

①启动 Altium Designer,打开"数码管电路 . PrjPCB"的项目文件,再打开"数码管电路原理图 . SchDoc"的原理图。

②产生一个新的 PCB 文件。方法如下:选择"文件"→"新"→"PCB"命令,在"数码管显示电路 . PrjPCB"项目中新建一个名称为"PCB1. PcbDoc"的 PCB 文件。

③在新建的 PCB 文件上右击,在弹出的快捷菜单中选择"保存"命令,打开 Save [PCB1. PcbDoc] As 对话框。

④在 Save [PCB1. PcbDoc] As 对话框的"文件名"编辑框中输入"数码管电路 PCB 板",单击"保存"按钮,将新建的 PCB 文档保存为"数码管电路 PCB 板 . PcbDoc"文件,如图 3-99 所示。

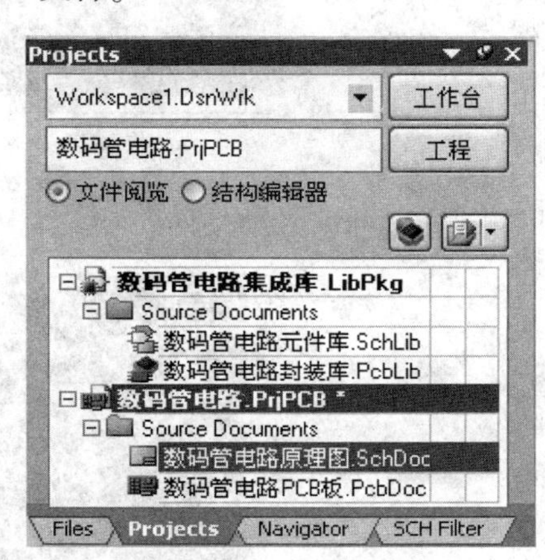

图 3-99　创建 PCB 文件

(2)设置 PCB。在主菜单中选择"设计"→"板参数选项"命令,打开图 3-100 所示的"板选项"(Board Options)对话框。在"板选项"对话框的"度量单位"(Measurement Unit)区域中设置"单位"(Unit)为"Imperial";按图 3-100 设置"跳转栅格"、"电栅格"和"可视化栅格",单击"确定"按钮。注意:以上设置可根据绘图需要随时改变。

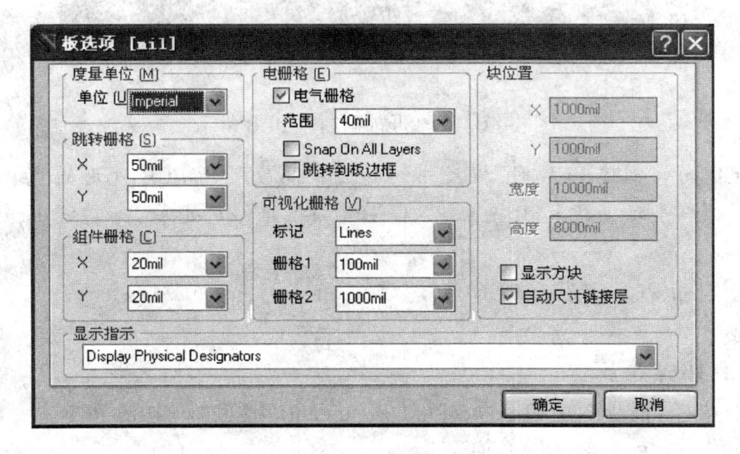

图 3-100　"板选项"对话框

(3)绘制 PCB 板。步骤如下:

按项目二方法手动创建 PCB,如图 3-101 所示。

也可按项目一方法利用 PCB 向导创建 PCB,如图 3-102 所示。此时需后设置"板参数选项"。

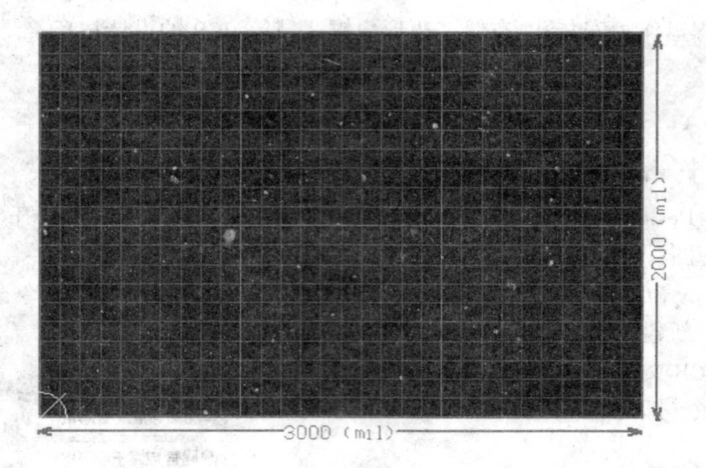

图 3-101　定义 PCB 外形

图 3-102　自动向导创建 PCB 外形

注意：利用 PCB 向导创建 PCB 时，板尺寸的宽度和高度是指 PCB 外形的宽和高，比 Keep-Out 布线区域外延 50 mil。手动创建 PCB 是在 Keep-Out 布线区域的形状，如需绘出板外形尺寸的宽和长，可在机械层绘制。

下面在手动创建的 PCB 中进行 PCB 布局。

2. PCB 布局

(1) 导入元件。步骤如下：

①在主菜单中选择“设计”→“Update PCB Document 计数译码电路 PCB 板 . PcbDoc”命令，打开“工程更改顺序”对话框，如图 3-103 所示。

②单击“生效更改”按钮，验证一下有无不妥之处，如果执行成功，则在状态列表“检测”中会显示✔符号；若执行过程中出现问题，则会显示✖符号，如图 3-104 所示。

③单击“生效更改”按钮，将信息发送到 PCB。完成后，状态列表 Done 中将被标记✔符号，如图 3-105 所示。

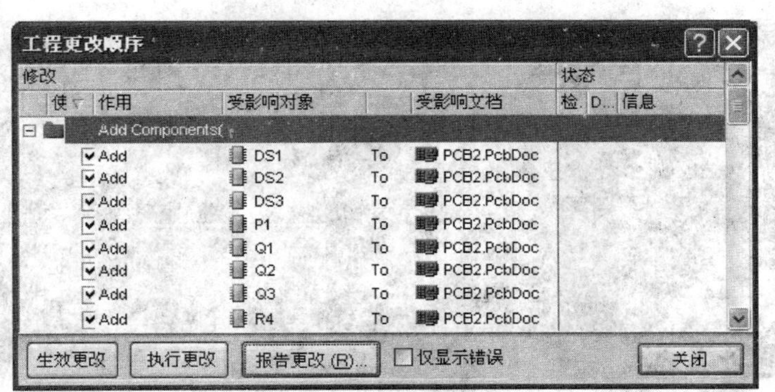

图 3-103　“工程变更命令”对话框

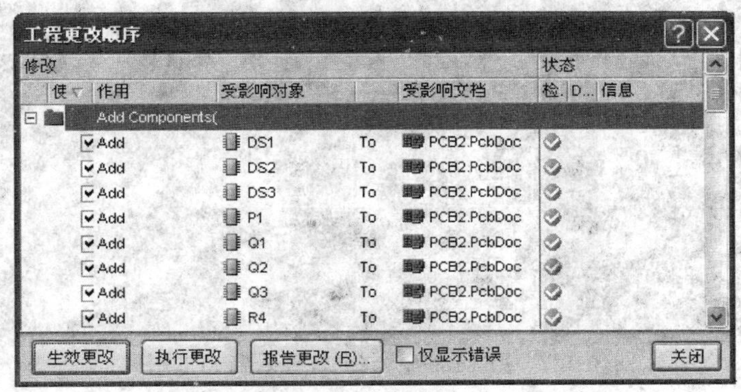

图 3-104　执行生效更改

④单击“关闭”按钮，目标 PCB 文件打开，并且元件放在 PCB 边框的外部右侧。如果设计者在当前视图不能看见元件，可选择“察看”→“适合文件”查看文件，如图 3-106 所示。

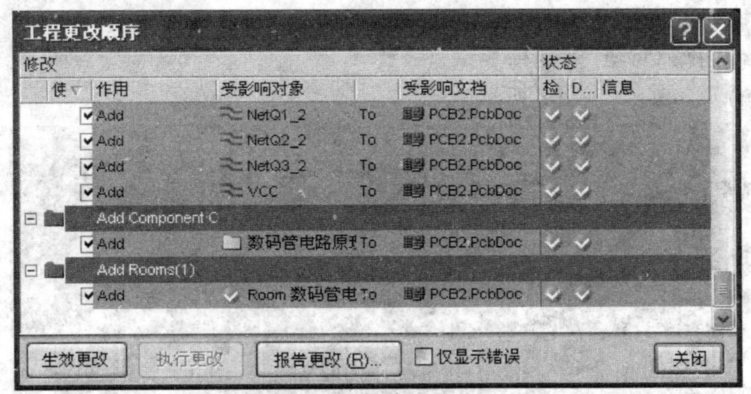

图 3-105　执行更改操作

⑤鼠标左键单击住“元件屋”将封装整体拖入 PCB，如图 3-107 所示。将仍在 PCB 外的元件都拖入 PCB 内，然后，单击选中“元件屋”，按【Delete】键将其删除。

(2)元件布局。步骤如下：

①单击 PCB 图中的元件，将其一一拖入 PCB 中的 Keep-Out 布线区域内。在拖动元件到 PCB 中的 Keep-Out 布线区域时，可以一次拖动多个元件，如选择三个元件，按住鼠标左键将它拖入 PCB 中部用户需要的位置时松开鼠标左键，在导入元件的过程中，系统自动将元件布置到 PCB 的顶层

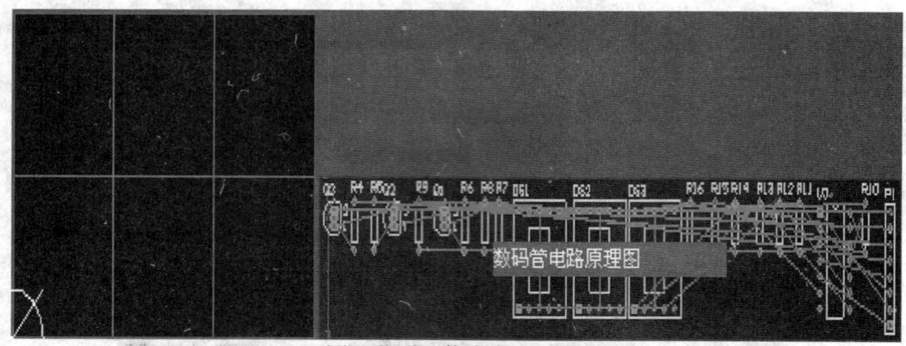

图 3-106　信息导入 PCB

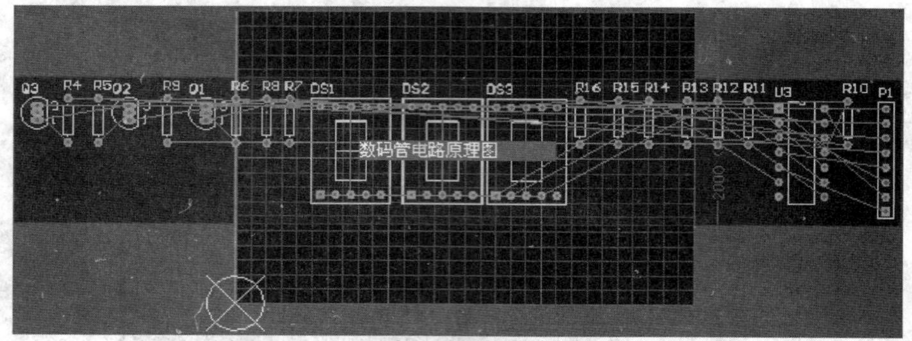

图 3-107　用“元件屋”将元件拖入到 PCB 板内

(Top Layer)。

②调整元件位置时,选择与其他元件连线最短,交叉最少的原则,可以按【Space】键,让元件旋转到最佳位置,再松开鼠标左键。

③如果元件排列不整齐,如电阻排列不整齐,可以选中这些元件,选择“编辑”→“对齐”→“对齐”命令,打开元件“排列对象”对话框。

布置完成后的 PCB 如图 3-108 所示。

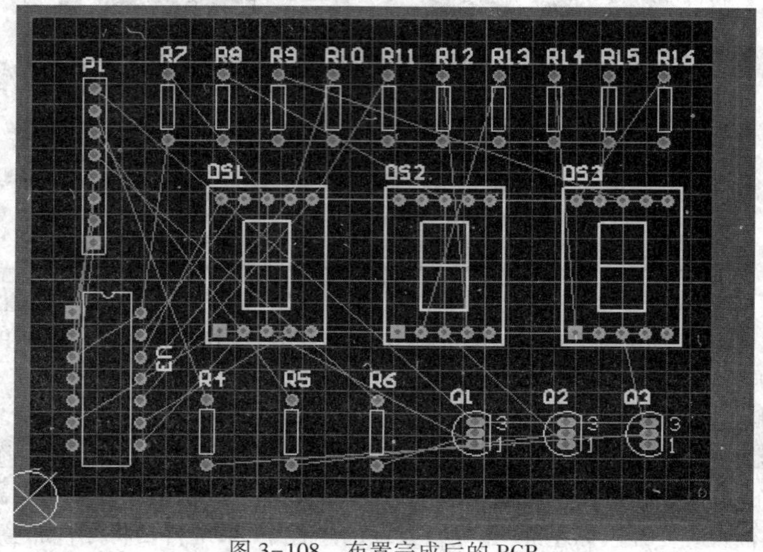

图 3-108　布置完成后的 PCB

3. 设计规则设置

选择“设计”→“规则”命令，打开“PCB 规则及约束编辑器”对话框。

（1）Clearance（安全间距）设置。单击这个规则名称，对话框的右边区域将显示这个规则使用的范围和规则的约束特性，相应设置对话框如图 3-109 所示。采取默认值，整个版面的安全间距为 10 mil。

（2）Width（布线宽度）设置。单击 Routing 前面的“⊞”符号，展开布线规则。在 Width 上右击，在弹出的快捷菜单中选择“新规则”（New Rules）命令，则系统自动在 Width 的上面增加一个名称为 Width-1 的规则，单击 Width-1，编辑规则右击菜单弹出设置新规则设置对话框，如图 3-110 所示。

图 3-109　安全间距设置

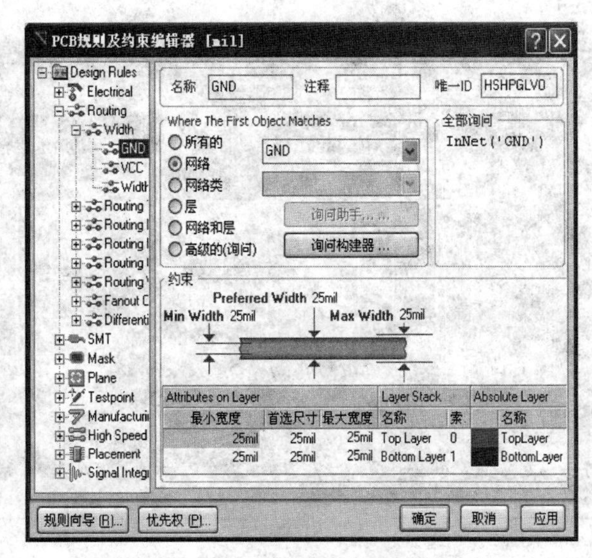

图 3-110　建立新规则对话框

在 Where The First Object Matches 区域中选中“网络”(Net)单选按钮，在“全部询问”(Full Query)区域中出现 InNet()。单击“所有的”(All)选项右侧的下拉按钮，从弹出的菜单中选择 GND。此时，“全部询问”区域会更新为 InNet(‘GND’)。将光标移到“约束”(Constraints)区域，将最小宽度(Min Width)、首选宽度(Preferred Width)、最大宽度(Max Width)均修改为 25 mil，修改规则名称为“GND”，如图 3-110 所示。

用同样的方法设置电源 VCC 的线宽为 25 mil。其他线宽为 10 mil。

单击图 3-110 所示对话框中左下角的“优先权”按钮，打开“编辑规则优先权”对话框，如图 3-111 所示。

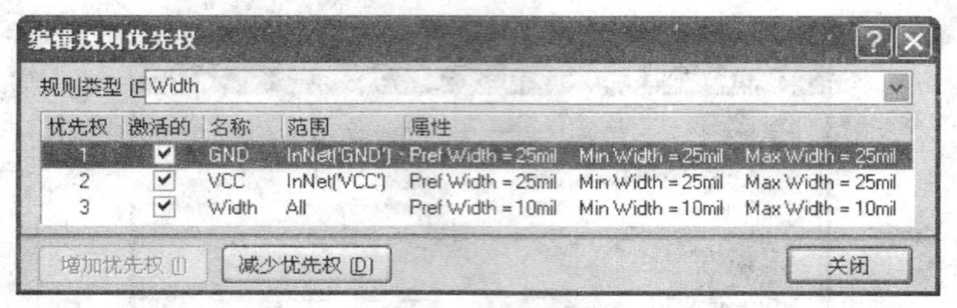

图 3-111 “编辑规则优先权”对话框

单击“增加优先权”和“减少优先权”这两个按钮，可改变布线中规则的优先次序。设置完毕后，一次关闭设置对话框，新的规则和设置自动保存并在布线时起到约束作用。其他规则采用默认。

4. PCB 布线

(1) 自动布线。在主菜单中选择“自动布线”→“全部”命令，打开“状态行程策略”(Situs Routing Strategies)对话框，默认为 Top Layer(顶层) Vertical(垂直)布置，Bottom Layer(底层) Horizontal(水平)布置。单击 Route All 按钮，启动 Situs 自动布线器。方法与“项目二任务二”中自动布线相同。

自动布线后的 PCB 如图 3-112 所示。

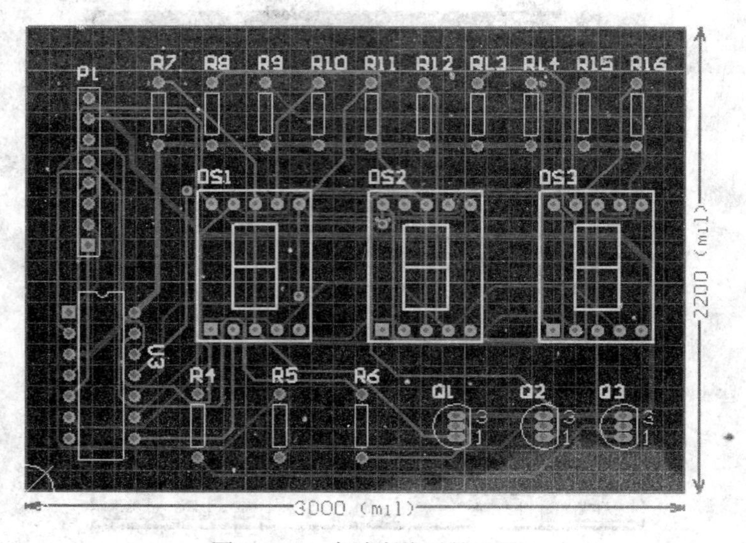

图 3-112 自动布线后的 PCB

单击保存工具"💾"按钮,保存 PCB 文件。

(2)验证 PCB 设计。执行"设计规则检查"命令,查看系统设计中是否存在违反设计规则的问题,进行必要的修改和完善,直至系统布线成功。方法与"项目二任务二"中设计规则检查相同。

5. PCB 的设计技巧

在完成了以上的布线后,可以对所设计的 PCB 进行优化。

(1)放置泪滴。在导线与焊盘或过孔的连接处有一段过渡,过渡的地方成泪滴状,所以称为泪滴。泪滴的作用:在焊接或钻孔时,避免应力集中在导线和焊点的接触点,而使接触处断裂,让焊盘和过孔与导线的连接更牢固。

打开需要放置泪滴的 PCB,选择"工具"→"泪滴"命令,弹出"泪滴选项"对话框,如图 3-113 所示。

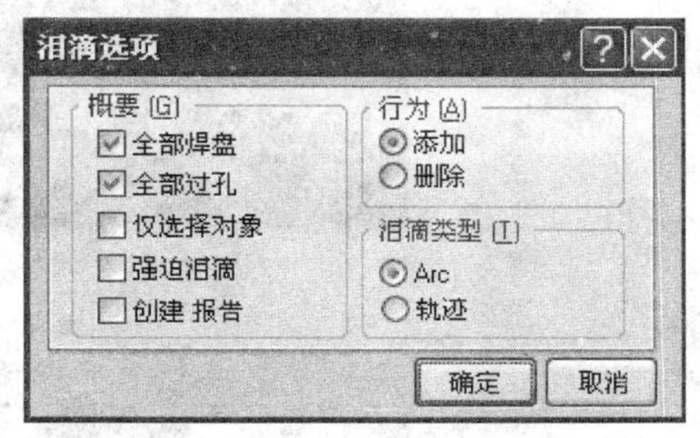

图 3-113　"泪滴选项"对话框

①在"概要"(General)设置栏中,如果选中"全部焊盘"(All Pads)复选框,将对所有的焊盘放置泪滴;如果选中"全部过孔"(All Vias)复选框,将对所有的过孔放置泪滴;如果选中"仅选择对象"(Selected Objects Only)复选框,将只对所选择的元素所连接的焊盘和过孔放置泪滴。

②在"行为"(Action)设置栏中,"添加"(Add)单选按钮表示此操作将添加泪滴;"删除"(Remove)单选按钮表示此操作将删除泪滴。

③在"泪滴类型"(Teardrop Style)设置栏中,设置泪滴的形状,其中 Arc 和"轨迹"(Track)两种形状分别如图 3-114 所示。

(a) Arc

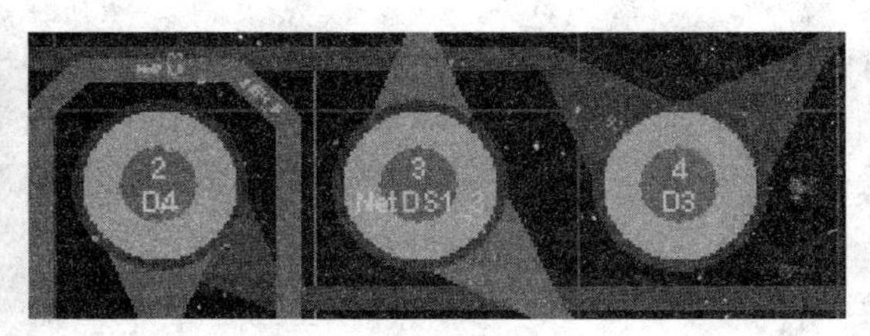

(b) 轨迹

图 3-114　泪滴的 Arc 和轨迹两种形状

④设置完成后,单击"确定"按钮,系统将自动按所设置的方式放置泪滴。补泪滴后的 PCB 如图 3-115 所示。

(2)放置过孔或焊盘作为安装孔。在低频电路中,可以放置过孔或焊盘作为安装孔。选择"放置"→"过孔"命令,进入放置过孔的状态,按【Tab】键弹出"过孔"对话框如图 3-116 所示。

将过孔的直径(Diameter)改为 240 mil;孔尺寸(Diameter)改为 120 mil。然后放在 PCB 的四个角上的合适位置。把四个过孔放在 PCB 上后,成绿色高亮,如图 3-117 所示。

检查过孔及一些焊盘绿色高亮的步骤:

①在主菜单中选择"工具"→"设计规则检查"命令,打开"设计规则检测"对话框。

②单击"运行 DRC"(Run Design Rule Check…)按钮,启动设计规则测试。设计规则测试结束后,系统自动生成检查报告网页文件。

错误原因:过孔的孔尺寸及直径超出规则限制。

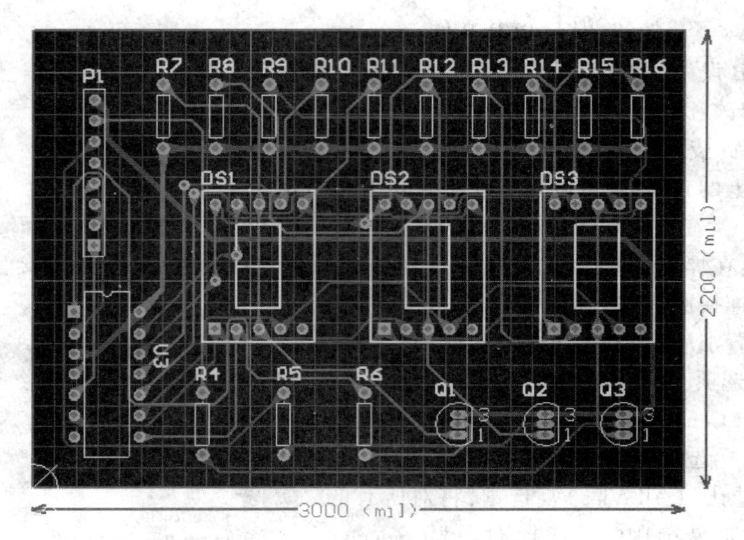

图 3-115　补泪滴后的 PCB

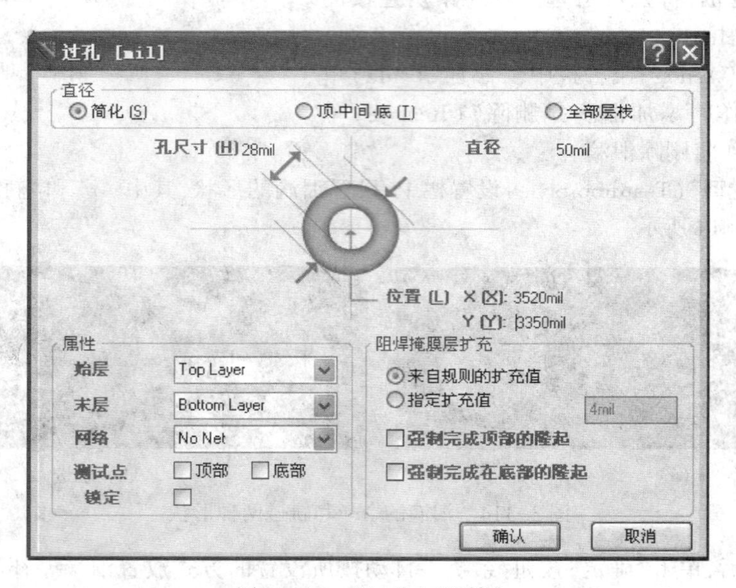

图 3-116　“过孔”对话框

修改设计规则：选择“设计”→“规则”命令，打开“PCB 规则及约束编辑器”（PCB Rules and Constraints Editor）对话框，选择 Design Rules→Manufacturing→Hole Size 命令，右击，在弹出的快捷菜单中选择“新规则”（New Rule）命令，出现 Hole Size 的新规则，将孔直径的最大值改为 100 mil。

选择 Design Rules→Routing→Routing Via Style 命令，将“直径”（Via Diameter）（过孔直径）的最大值（Maximum）改为 200 mil，“孔尺寸”（Via Hole Size）的最大值（Maximum）改为 100 mil，单击“确定”按钮即可。

修改了这两个参数后的 PCB 无绿色高亮显示，如图 3-118 所示。

（3）布置多边形覆铜区域。在设计电路板时，有时为了提高系统的抗干扰性，需要设置较大面积的接地线区域（大面积接地）。多边形覆铜就可以完成这个功能，布置多边形覆铜区域的方法如下：

在工作区选择需要设置多边形覆铜的PCB层，选择“放置”→“多边形覆铜”命令或工具栏中的多边形覆铜工具按钮“ ”，打开“多边形覆铜”对话框，如图3-119所示。该对话框用于设置多边形覆铜区域的属性，其中的选项功能如下：

①“填充模式”(Fill Mode)用来设置多边形覆铜区域内的形状：

a. Solid(Copper Regions)：表示覆铜区域是实心的。

b. Hatched(Tracks/Arcs)：表示覆铜区域是网状的。

c. None(Outlines Only)：表示覆铜区域无填充，仅有轮廓、外围。

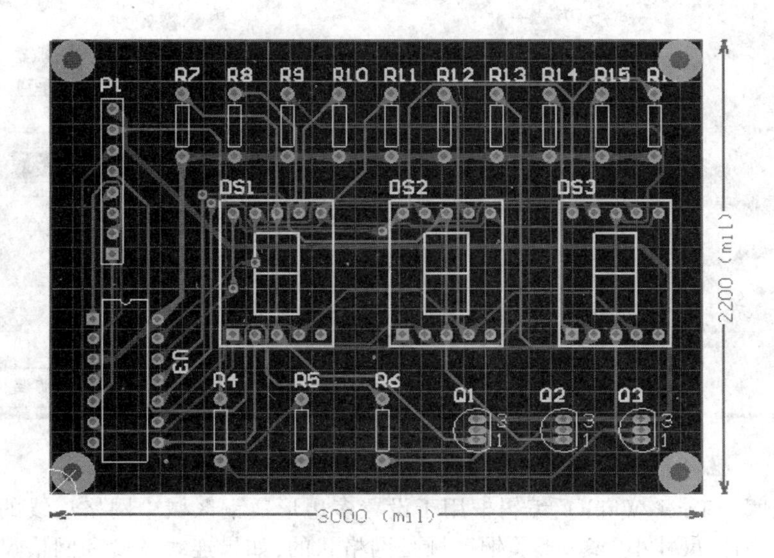

图3-117　放置过孔的PCB

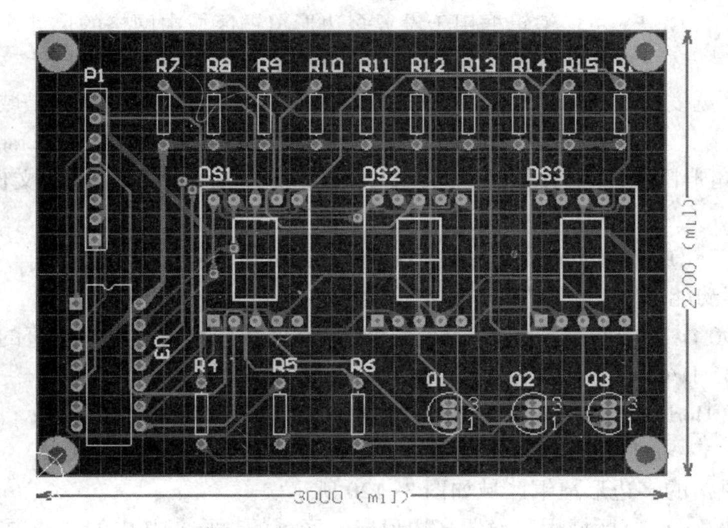

图3-118　修改参数后的PCB

在选中Hatched(Tracks/Arcs单选按钮，覆铜区域是网状的情况下：

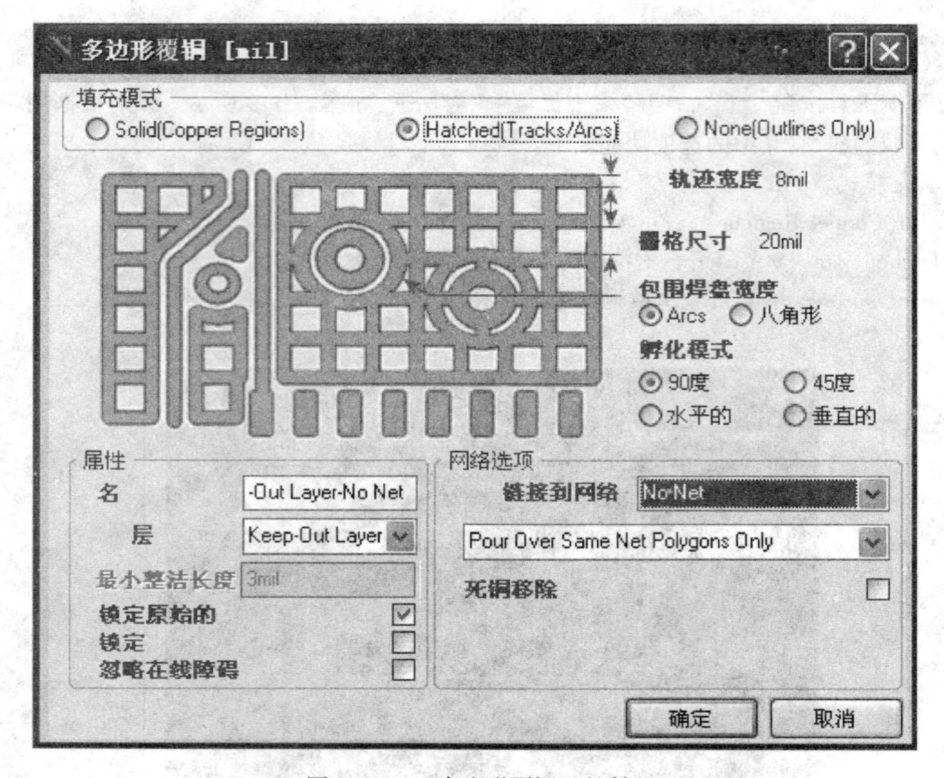

图 3-119 “多边形覆铜”对话框

- “轨迹宽度”(Track Width):编辑框用于设置多边形覆铜区域中网格连线的宽度。如果连线宽度比网格尺寸小,多边形覆铜区域是网格状的;如果连线宽度和网格尺寸相等或者比网格尺寸大,多边形覆铜区域是实心的。
- “栅格尺寸”(Grid Size):编辑框用于设置多边形覆铜区域中网格的尺寸。为了使多边形连线的放置最有效,建议避免使用元件引脚间距的整数倍值设置网格尺寸。
- “包围焊盘宽度”(Surround Pads Width):该选项用于设置多边形覆铜区域在焊盘周围的围绕模式。其中,“Arcs”单选按钮表示采用圆弧围绕焊盘,“八角形”(Octagons)单选按钮表示使用八角形围绕焊盘,使用八角形围绕焊盘的方式所生成的 Gerber 文件比较小,生成速度比较快。
- “孵化模式”(Hatch Mode):用于设置多边形覆铜区域中的填充网格式样。其中共有四个单选按钮,其功能如下:

  “90 度”(90 Degree)单选按钮表示在多边形覆铜区域中填充水平和垂直的连线网格。

  “45 度”(45 Degree)单选按钮表示用 45°的连线网络填充多边形。

  “水平的”(Horizontal)单选按钮表示用水平的连线填充多边形覆铜区域。

  “垂直的”(Vertical)单选按钮表示用垂直的连线填充多边形覆铜区域。

以上各填充风格的多边形覆铜区域如图 3-120 所示。

② “属性”(Properties)区域用于设置多边形覆铜区域的性质。其中的各选项功能如下:

a. “名”(Name):覆铜区域的名字,一般不用更改。

b. “层”(Layer):下拉列表用于设置多边形覆铜区域所在的层。

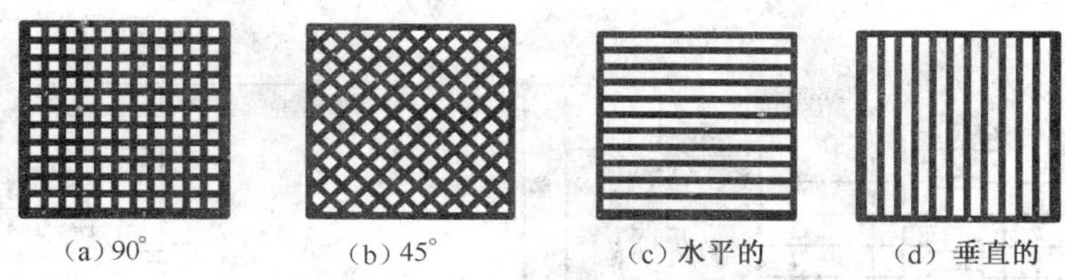

图 3-120 各填充风格的多边形覆铜区域

c. “最小整洁长度”(Min Prim Length):该编辑框用于设置多边形覆铜区域的精度,该值设置得越小,多边形填充区域就越光滑,但覆铜、屏幕重画和输出产生的时间会增加。

d. “锁定原始的”(Lock Primitive):用于设置是否锁定多边形覆铜区域。如果选中该复选框,多边形覆铜区域就成为一个整体,不能对里面的任何对象进行编辑,否则可以编辑里面的对象。

e. “锁定”(Locked):用于设置是否移动多边形覆铜区域在板上的位置。如果选择中复选框,移动时给出一个提示信息:This Primitive is locked. Contiune? 如果选择“Yes”,就可移动多边形覆铜区域,否则不能移动。

f. “忽略在线障碍”(Ignore On-Line Violations):设置多边形覆铜区域是否进行在线设计规则检查。

③ “网络选项”(Net Options)区域用于设置多边形覆铜区域中的网络,其中的各选项功能如下:

“链接到网络”(Connect To Net):用于选择与多边形覆铜区域相连的网络,一般选择 GND。

设置安装孔、补泪滴及覆铜后的 PCB 如图 3-121 所示。

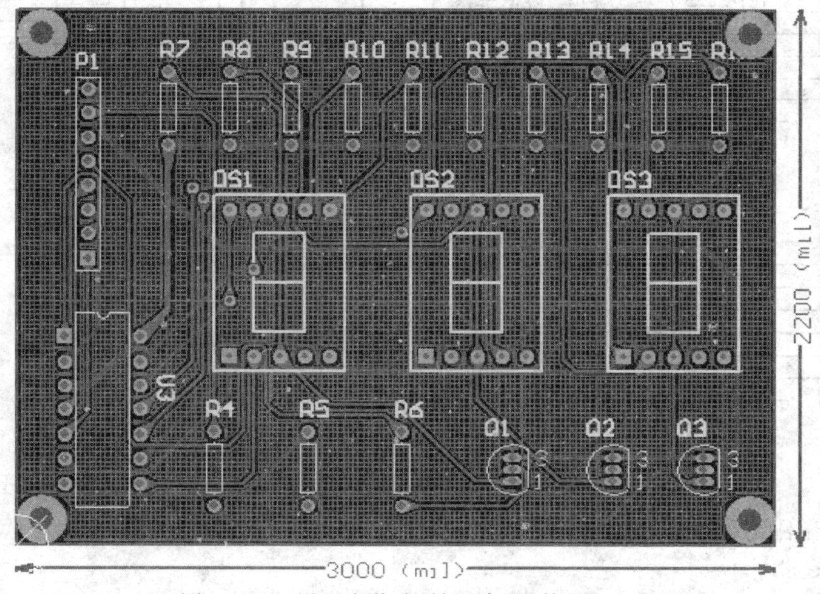

图 3-121 设置安装孔、补泪滴及覆铜的 PCB

习 题

1. 试画出图 3-122 所示的某实验电路板配套的数码显示板,要求:

(1)使用双面板,板框尺寸和元件布置如图 3-123 所示。

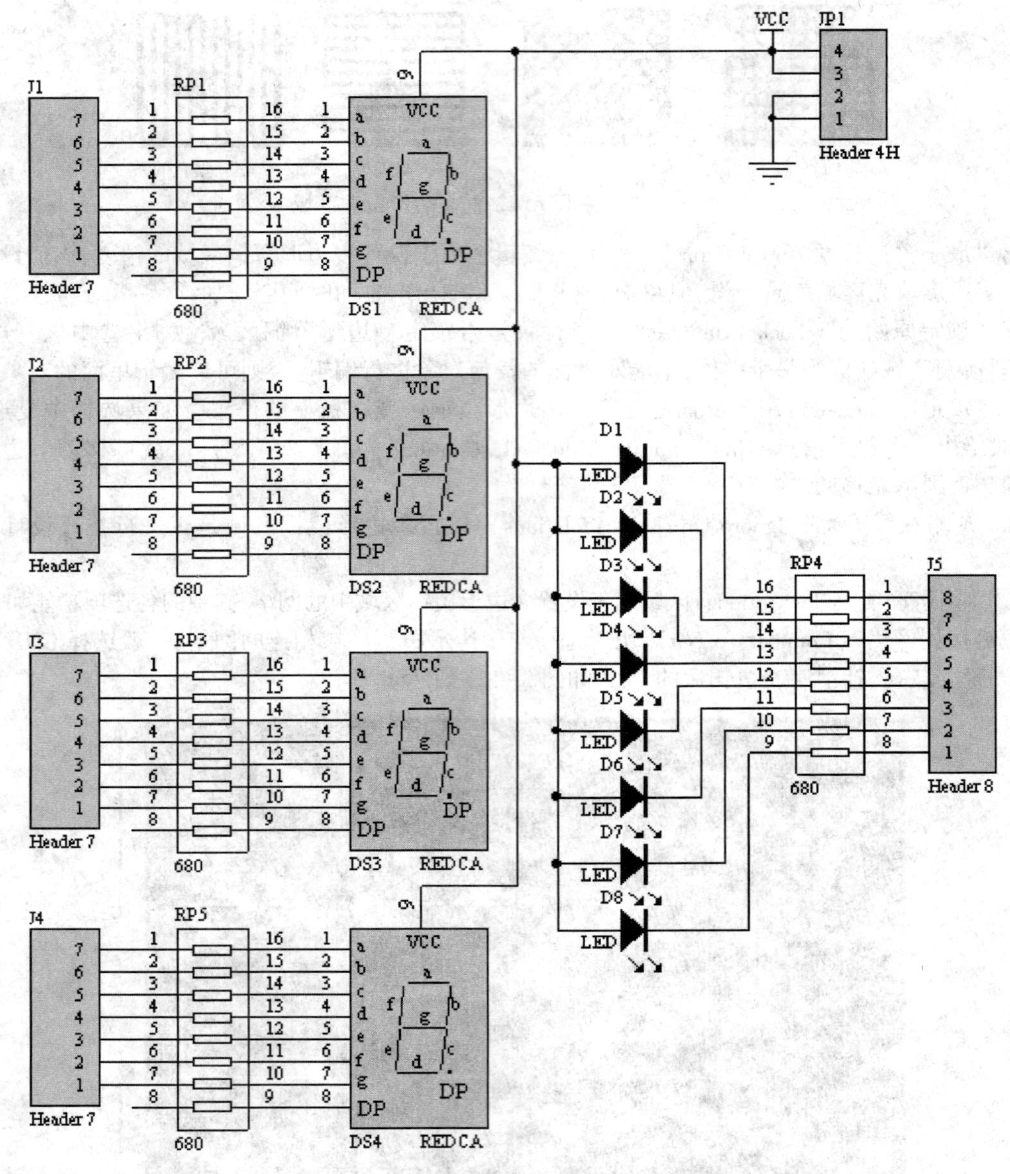

图 3-122　习题 1 的电路原理图

(2) 采用插针式元件。

(3) 镀铜过孔。

(4) 焊盘之间允许走一根铜膜线。

(5) 最小铜膜线走线宽度为 20 mil，电源地线的铜膜线宽度为 50 mil。

(6) 画出原理图，人工布置元件，自动布线。

(7) 本练习中需要建立元件库、封装库，画出数码管元件及封装图，如图 3-124 所示。特别注意实际数码管、数码管元件图和数码管封装图三者之间的关系。

电路的元件表如表 3-2 所示。

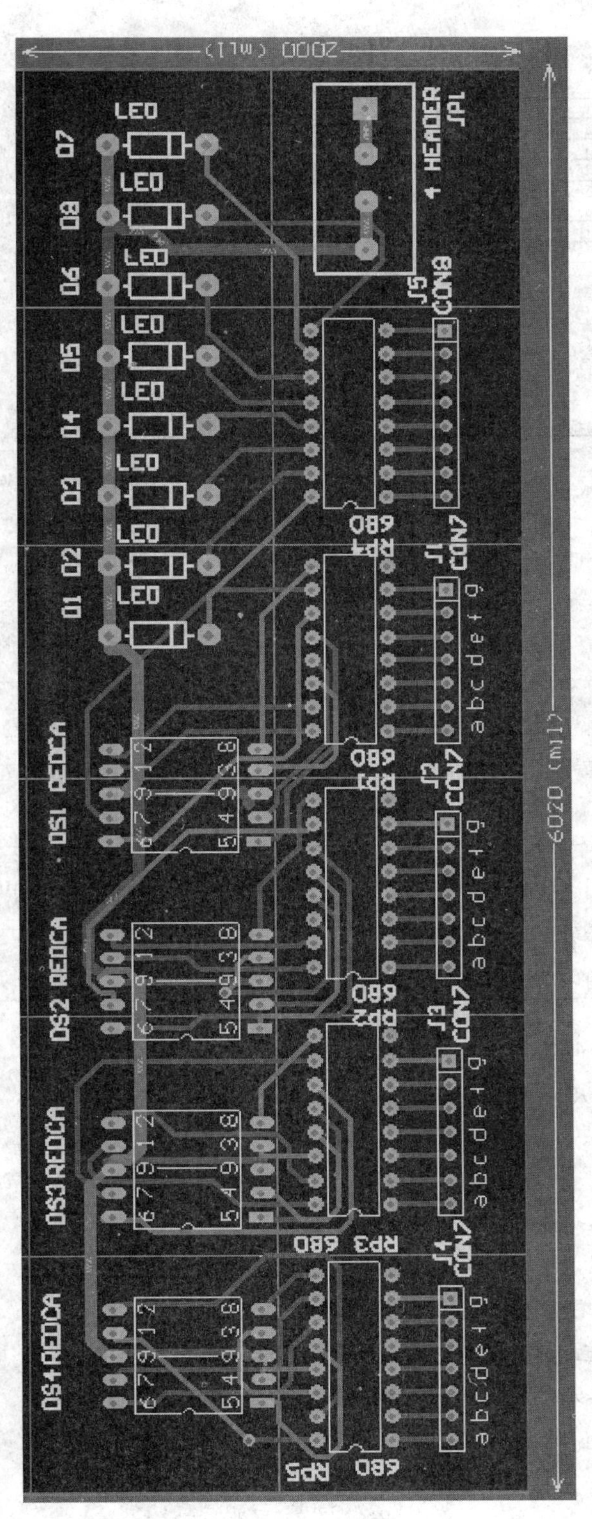

图 3-123　习题 1 的参考 PCB

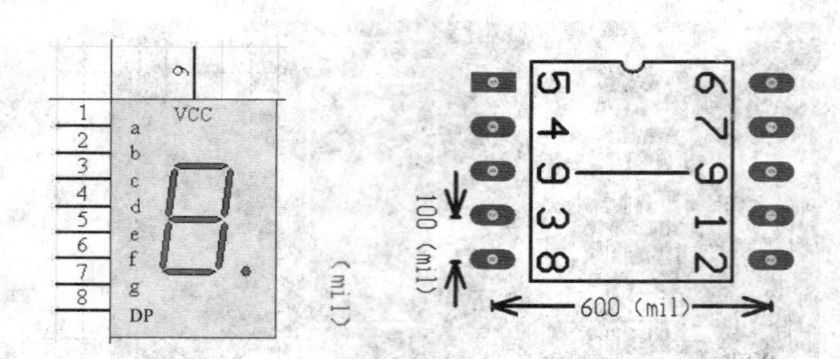

图 3-124　数码管元件及封装图

表 3-2　习题 1 电路的元件表

说　明	编　号	封　装	元　件　名　称
共阳七段数码管	DS1、DS2、DS3、DS4	SMG-10	REDCA
电阻排	RP1、RP2、RP3、RP4、RP5	DIP-16	Res Pack4
连接器	J1、J2、J3、J4	HDR1X7	Header7
连接器	J5	HDR1X8	Header8
连接器	JP1	HDR1X4H	Header4H
发光二极管	D1、D2、D3、D4、D5、D6、D7、D8	DIODE0.4	LED

2. 试画图 3-125 所示的某实验电路板配套的继电器板，要求：

(1)使用双面板，板框尺寸和元件布置如图 3-126 所示。

(2)采用插针式元件。

(3)镀铜过孔。

(4)焊盘之间允许走一根铜膜线。

(5)最小铜膜线走线宽度为 20 mil，电源地线的铜膜线宽度为 50 mil。

(6)画出原理图，人工布置元件，自动布线。

(7) 本练习中需要建立元件库、封装库，画出继电器元件及封装图，如图 3-127 所示。特别注意实际继电器引脚、继电器元件图引脚和继电器封装焊盘之间的对应关系。

电路的元件表如表 3-3 所示。

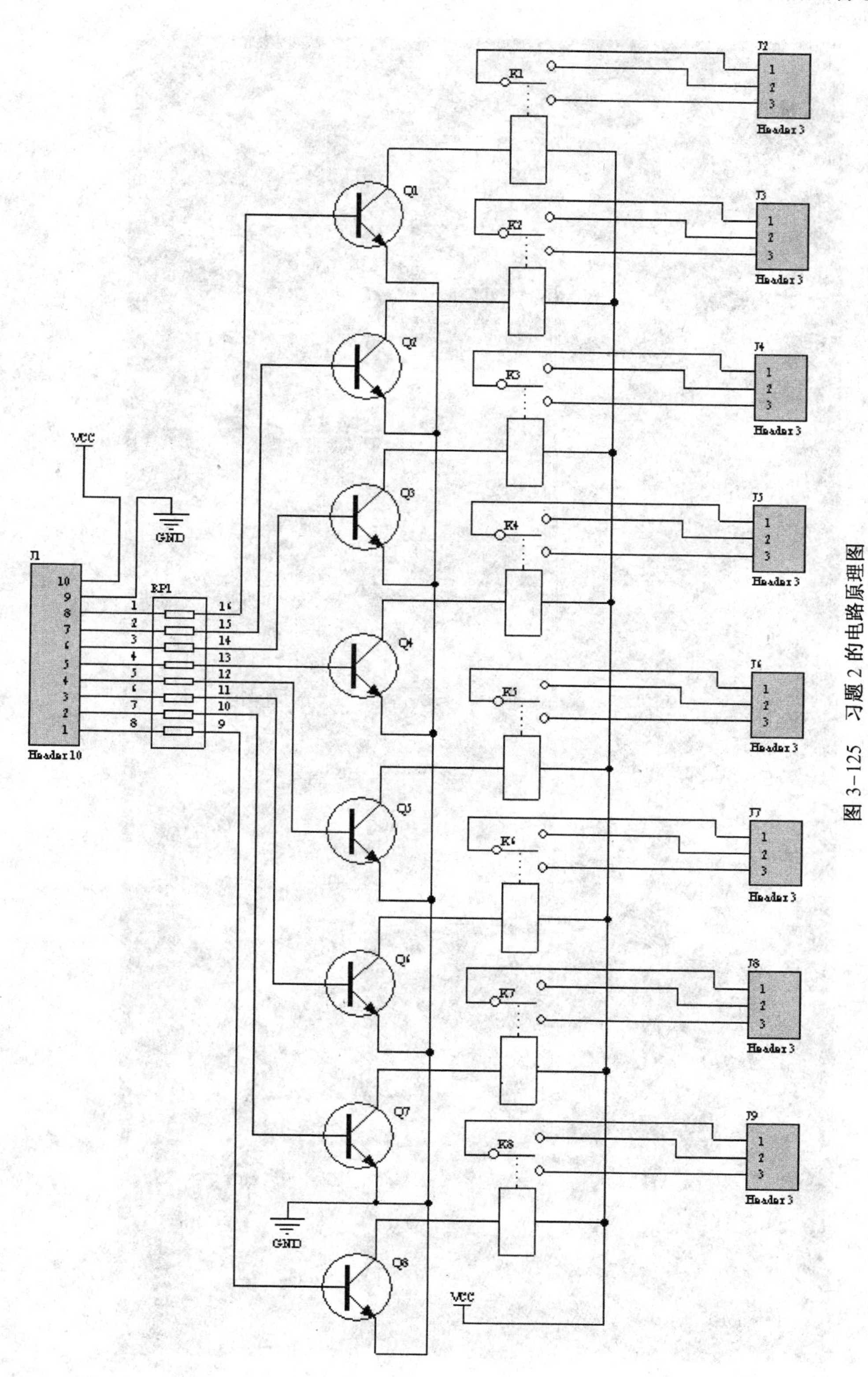

图 3-125　习题 2 的电路原理图

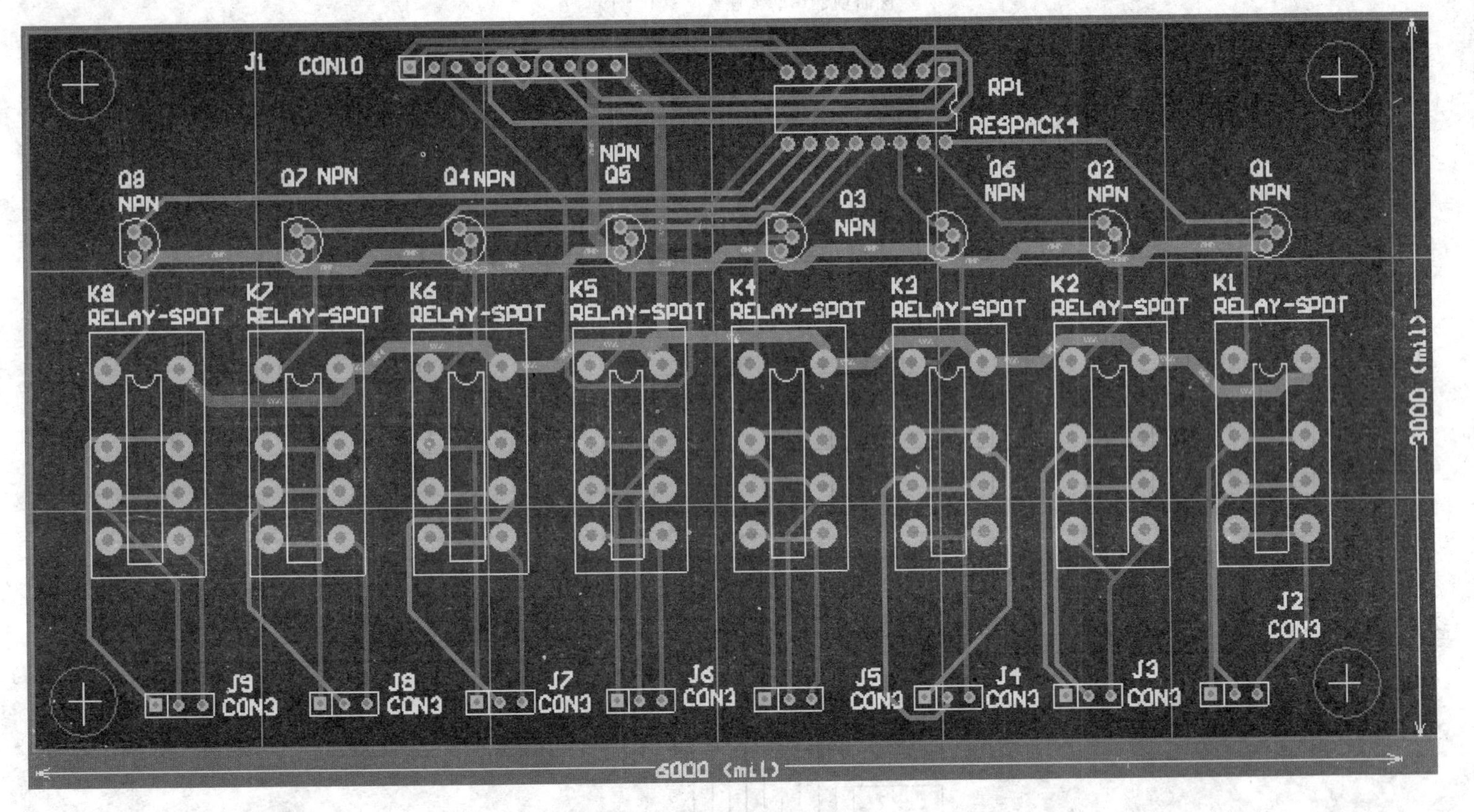

图 3-126　习题 2 的参考 PCB

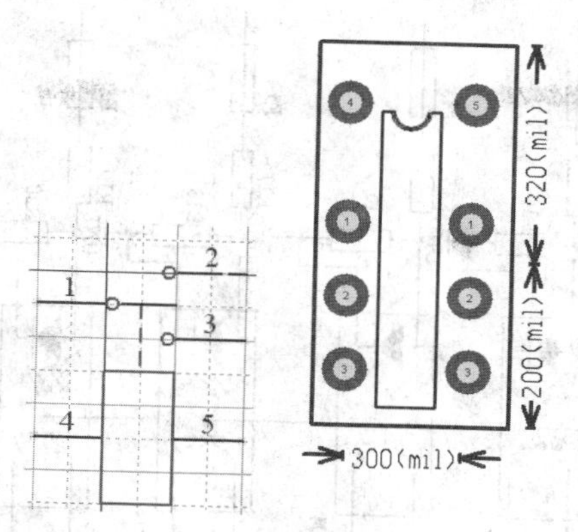

图 3-127　继电器元件及封装图

表 3-3　习题 2 电路的元件表

说　明	编　号	封　装	元　件　名　称
NPN 三极管	Q1、Q2、Q3、Q4、Q5、Q6、Q7、Q8	TO92A	NPN
继电器(一常开,一常闭)	K1、K2、K3、K4、K5、K6、K7、K8	RELAY	RELAY-SP
连接器	J1	HDR1X10	Header 10
连接器	J2、J3、J4、J5、J6、J7、J8、J9	HDR1X3	Header 3
电阻排	RP1	DIP-16	Res Pack4

3. 设计 PDH 光端机传输头柜监控系统,原理图如图 3-128 所示。要求:

(1)使用双面板,板框尺寸和元件布置如图 3-129 所示。

(2)采用插针式元件及贴片元件。

(3)镀铜过孔。

(4)焊盘之间允许走一根铜膜线。

(5)最小铜膜线走线宽度为 10 mil,电源地线的铜膜线宽度为 20 mil。

(6)画出原理图,人工布置元件,自动布线。

(7)安装孔内径为 100 mil,外部焊盘为八角 150 mil

(8)本练习中需要建立元件库,画出单片机元件图,如图 3-130 所示。特别注意实际单片机引脚、单片机元件图引脚和单片机封装焊盘之间的对应关系。

电路的元件表如表 3-4 所示。

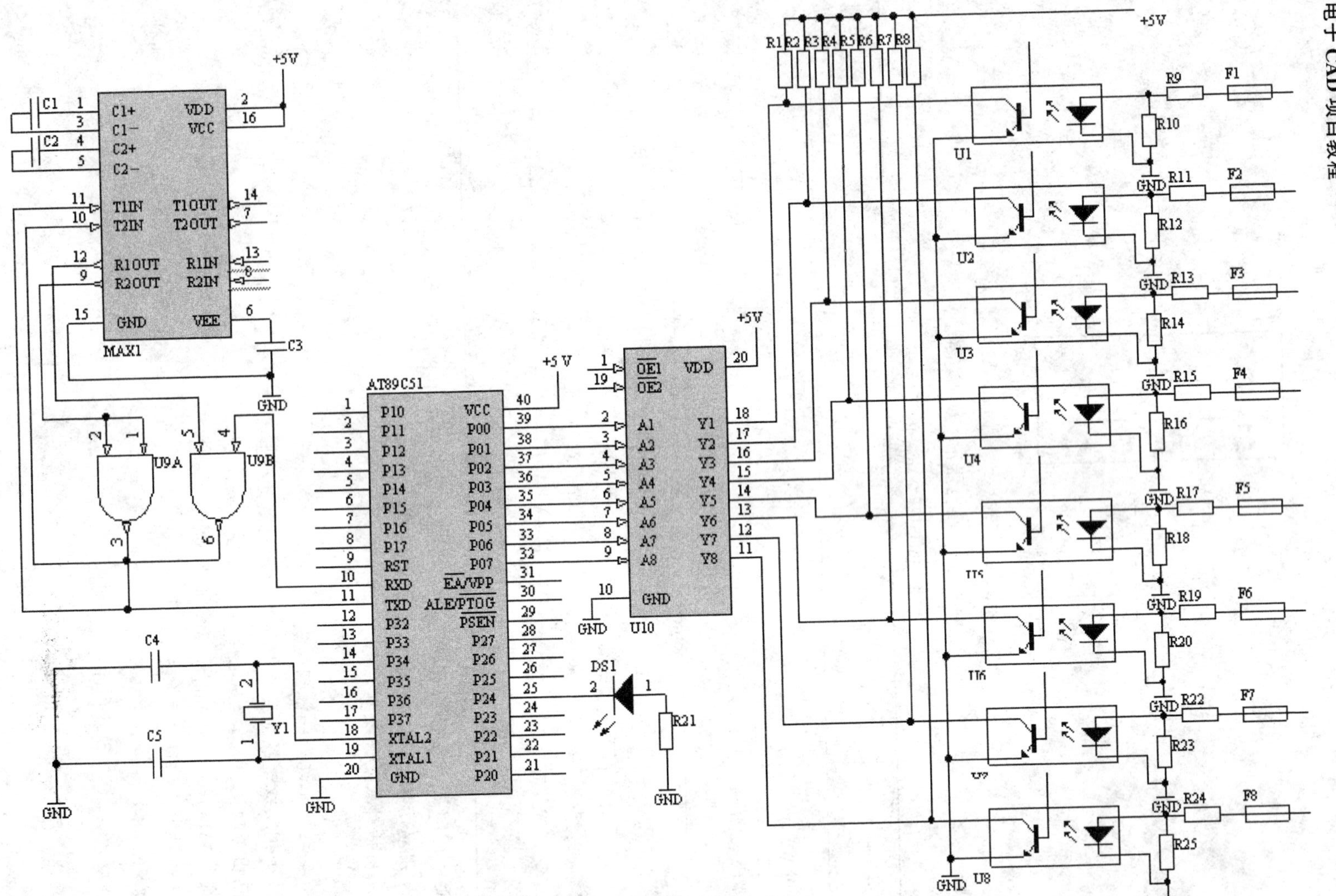

图3-128　习题3的电路原理图

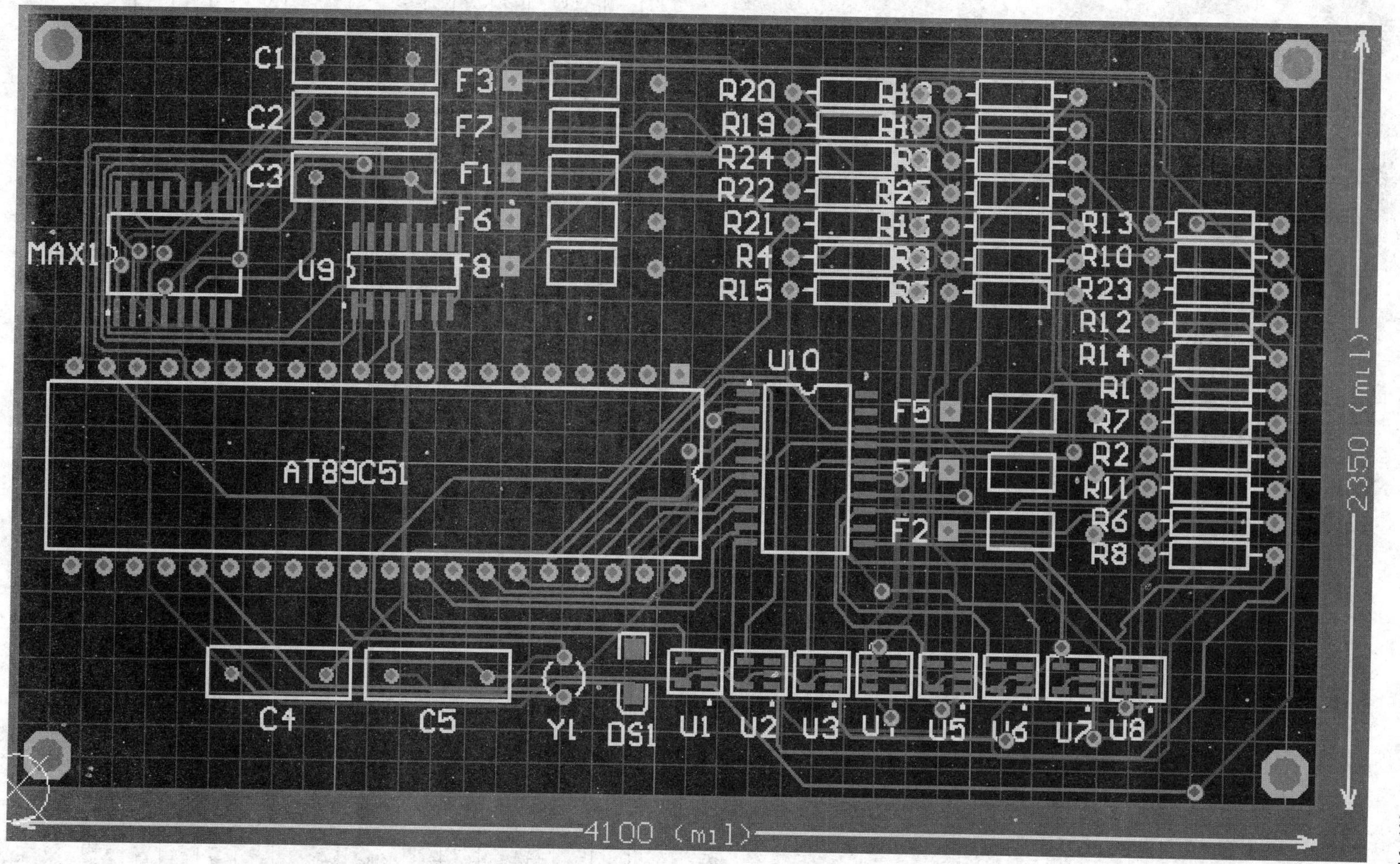

图3-129　习题3的参考PCB

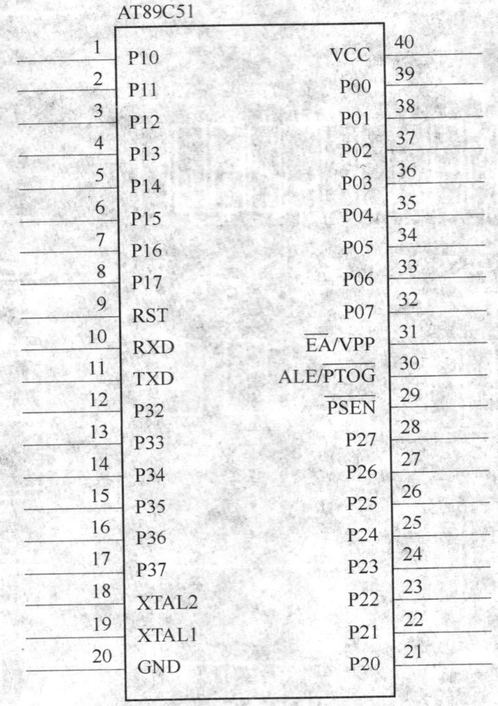

AT89C51

引脚	名称	名称	引脚
1	P10	VCC	40
2	P11	P00	39
3	P12	P01	38
4	P13	P02	37
5	P14	P03	36
6	P15	P04	35
7	P16	P05	34
8	P17	P06	33
9	RST	P07	32
10	RXD	$\overline{EA}$/VPP	31
11	TXD	ALE/$\overline{PTOG}$	30
12	P32	$\overline{PSEN}$	29
13	P33	P27	28
14	P34	P26	27
15	P35	P25	26
16	P36	P24	25
17	P37	P23	24
18	XTAL2	P22	23
19	XTAL1	P21	22
20	GND	P20	21

图 3-130　单片机元件图

表 3-4　习题 3 电路的元件表

说　明	编　号	封　装	元　件　名　称
单片机	AT89C51	DIP-40	AT89C51
232 串行接口	MAX1	WSO16_N	MAX232CWE
片选驱动	U10	751D-03_N	MC74HCT541DW
与门	U9	751A-03_N	SN74LS08D
电阻排	RP1	DIP-16	Res Pack4
光耦合器	U1、U2、U3、U4、U5、U6、U7、U8	SOP5(6)	Optoisolator2
熔断器	F1、F2、F3、F4、F5、F6、F7、F8	PIN-W2/E2. 8	Fuse1
晶振	Y1	R38	XTAL
发光二极管	DS1	3. 2X1. 6X1. 1	LED2
电容	C1、C2、C3、C4、C5	RAD-0. 3	Cap
电阻	R1～R25(25 个)	AXIAL-0. 4	Res2

4. 稳压电源电路如图 3-131 所示，试设计该电路的电路板。设计要求：

(1)使用双层电路板，板框尺寸和元件布置如图 3-132 所示。

(2)电源地线的铜膜线宽度为 50 mil。

(3) 一般布线的宽度为 25 mil。

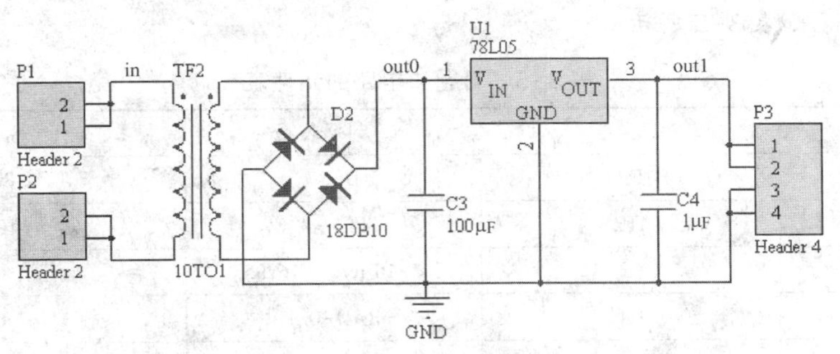

图 3-131　习题 4 的电路原理图

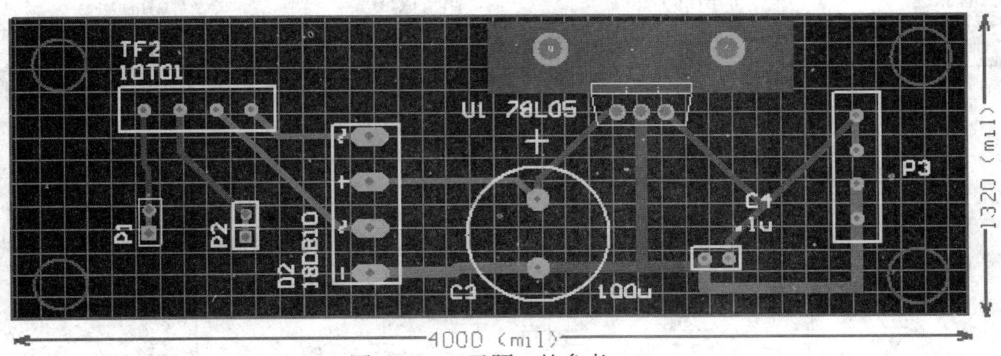

图 3-132　习题 4 的参考 PCB

(4)人工放置元件封装,并排列元件封装。

(5)人工连接铜膜线。

(6)布线时考虑顶层和底层都走线,顶层走水平线,底层走垂直线。

(7)尽量不用过孔

(8)本练习中需要建立元件封装库,画出整流桥、变压器封装图,如图 3-133 所示。特别注意实际整流桥引脚、变压器元件图引脚和整流桥、变压器封装焊盘之间的对应关系。整流桥封装 D-37 的通孔为 40 mil,焊盘为圆形,X 方向为 160 mil,Y 方向为 80 mil;变压器封装 FLY-4 的通孔为 30 mil,焊盘为圆形,X 方向为 65 mil,Y 方向为 65 mil。

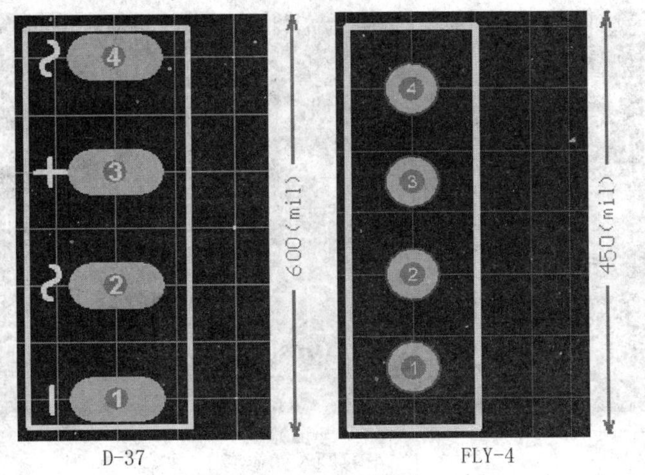

图 3-133　封装图

电路的元件表如表 3-5 所示。

表 3-5　习题 4 电路的元件表

说　明	编　号	封　装	元 件 名 称
整流桥	D2	D-37	18DB10
变压器	TF2	FLY-4	10T01
电容	C3	CAPPR7.5-16x35	Cap
电容	C4	RAD-0.1	Cap
三端稳压器	U1	TO220AB	78L05
连接器	P1、P2	HDR1X2	Header 2
连接器	P3	FLY-4	Header 4

5. 试画图 3-134 所示的光隔离电路，要求：

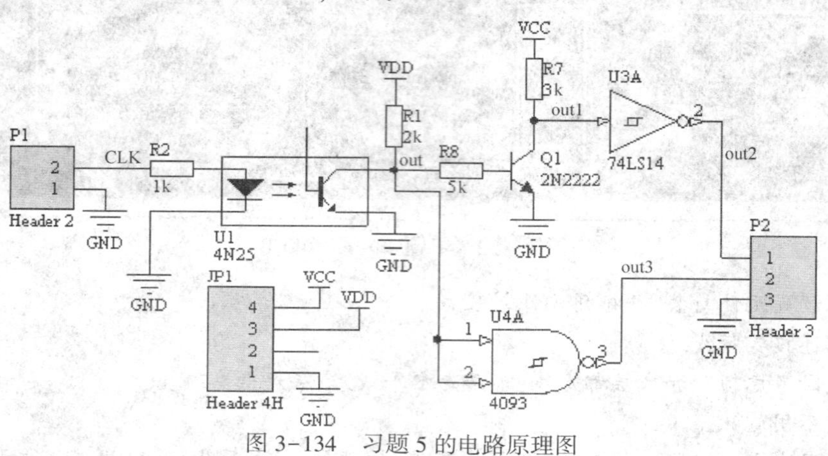

图 3-134　习题 5 的电路原理图

(1)使用双面板，板框尺寸和元件布置如图 3-135 所示。
(2)采用插针式元件。
(3)镀铜过孔。

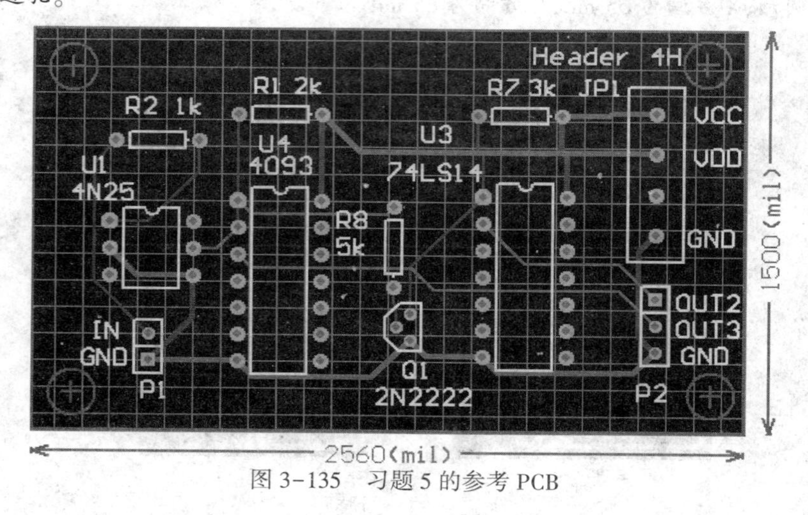

图 3-135　习题 5 的参考 PCB

(4)焊盘之间允许走一根铜膜线。

(5)最小铜膜线走线宽度为 10 mil,电源地线的铜膜线宽度为 20 mil。

(6)画出原理图,人工布置元件,自动布线。

电路的元件表如表 3-6 所示。

表 3-6　习题 5 电路的元件表

说　明	编　号	封　装	元　件　名　称
光耦合器	U1	DIP-6	Optoisolator2
电阻	R1、R2、R7、R8	AXIAL-0.3	Res2
三极管	Q1	TO-92A	2N2222
六施密特输入反相器	U3	DIP-14	74LS14
四-2 施密特输入与非门	U4	DIP-14	4093
4 针连接器	JP1	FLY-4	Header 4H
连接器	P1	HDR1X2	Header 2
连接器	P2	HDR1X3	Header 3

6. 试画图 3-136 所示的与 CPLD1032E 实验电路板配套的光耦输入板,要求:

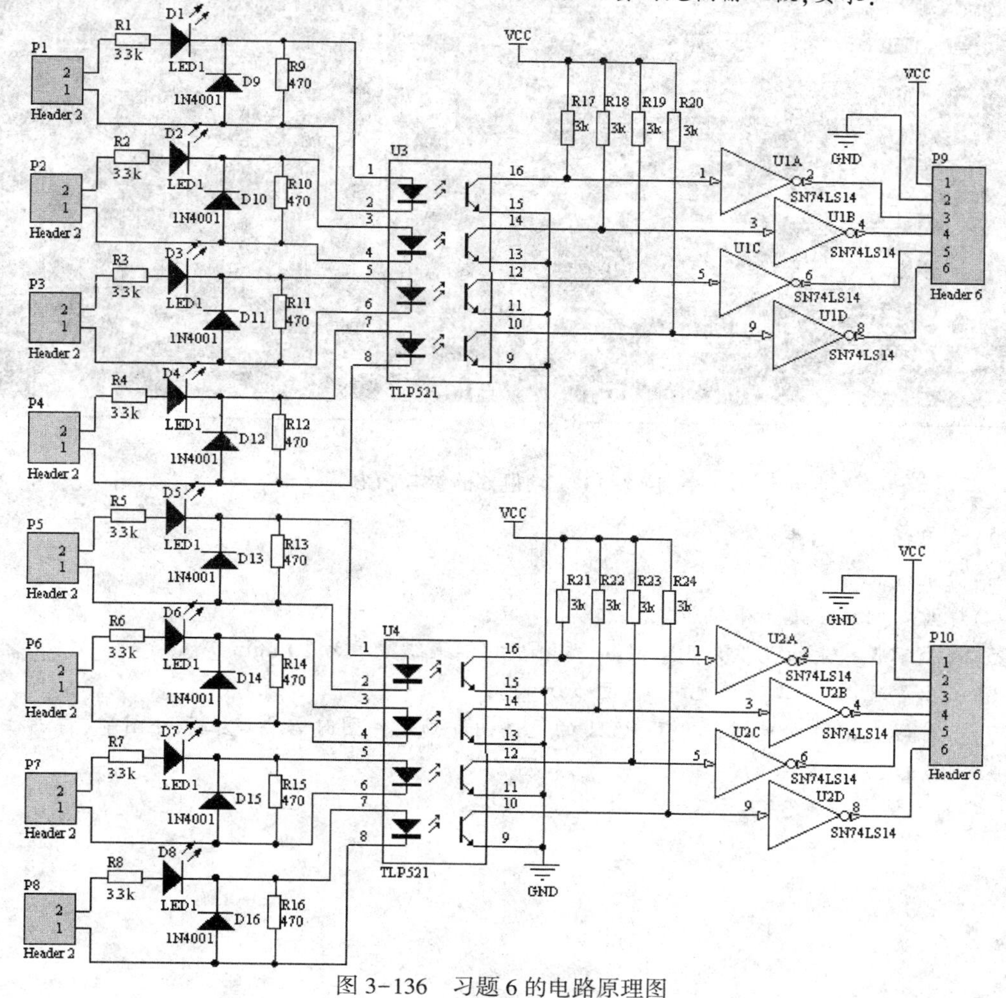

图 3-136　习题 6 的电路原理图

(1)使用双面板,板框尺寸和元件布置如图 3-137 所示。

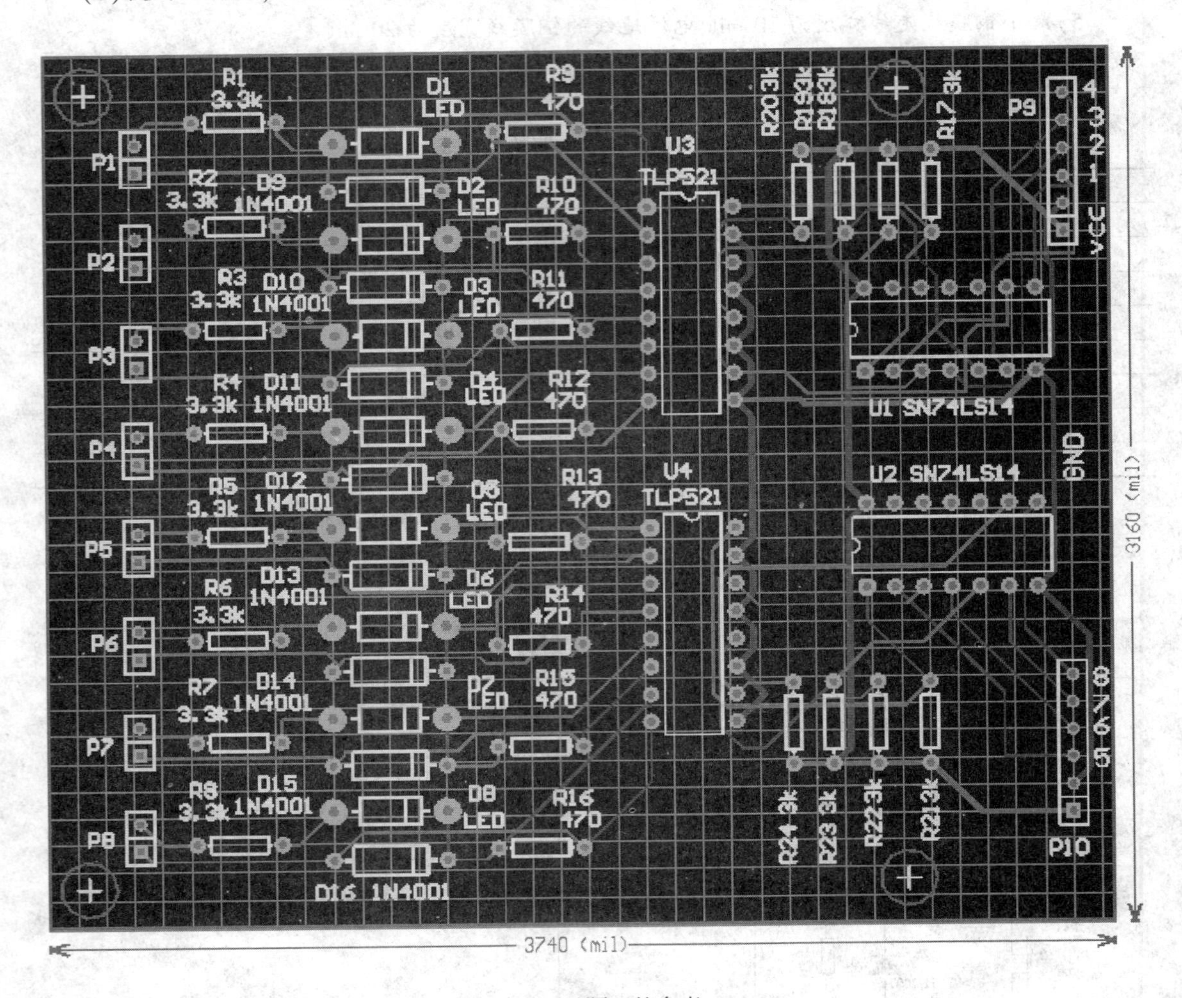

图 3-137　习题 6 的参考 PCB

(2)采用插针式元件。

(3)镀铜过孔。

(4)焊盘之间允许走一根铜膜线。

(5)最小铜膜线走线宽度为 10 mil,电源地线的铜膜线宽度为 20 mil。

(6)画出原理图,人工布置元件,自动布线。

(7)本练习中需要画光耦合器 TLP521 的元件图。画元件图时需要建立元件图库,特别注意引脚号,应该与 DIP-16 封装的实际元件一致,如图 3-138 所示。

电路的元件表如表 3-7 所示。

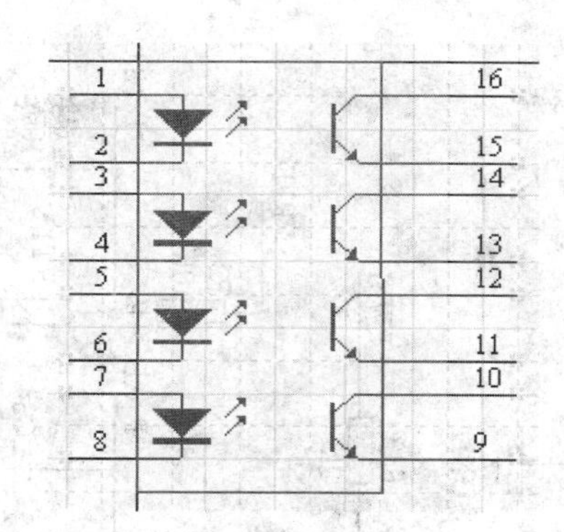

图 3-138　四光耦合器 TLP521 元件图

表 3-7　习题 6 电路的元件表

说　明	编　号	封　装	元　件　名　称
连接器	P1、P2、P3、P4、P5、P6、P7、P8	HDR1X2	Header 2
连接器	P9、P10	HDR1X6	Header 6
发光二极管	D1、D2、D3、D4、D5、D6、D7、D8	DIODE-0.4	LED1
二极管	D9、D10、D11、D12、D13、D14、D15、D16	DIODE-0.4	1N4001
电阻	R1～R24	AXIAL-0.3	Res2
六施密特输入反相器	U1、U2	DIP-14	74LS14
四光耦合器	U3、U4	DIP-16	TLP521

7. 试画图 3-139 所示的锂电池充电电路的 PCB，要求：

(1) 使用双面板，板框尺寸和元件布置如图 3-140 所示。

(2) 采用贴片及插针式元件。

(3) 镀铜过孔。

(4) 焊盘之间允许走一根铜膜线。

(5) 最小铜膜线走线宽度为 10 mil，电源地线的铜膜线宽度为 20 mil。

(6) 画出原理图，人工布置元件，自动布线。

(7) 本练习中需要画锂电池充电芯片 EM78P458 的元件图。画元件图时需要建立元件图库，特别注意引脚号，应该与 SOP20 封装的实际元件一致，如图 3-141 所示。

电路的元件表如表 3-8 所示。

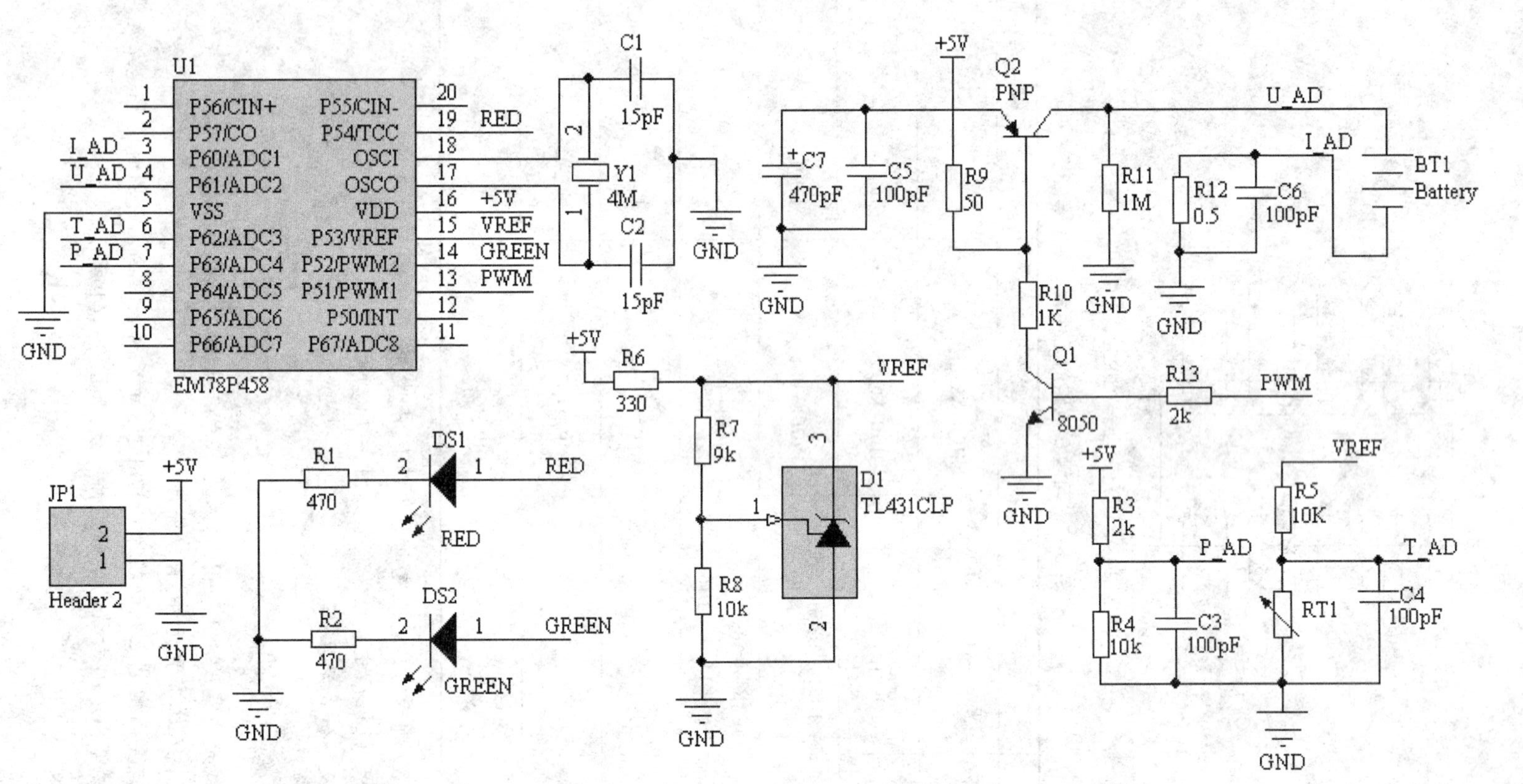

图3-139　习题7的电路原理图

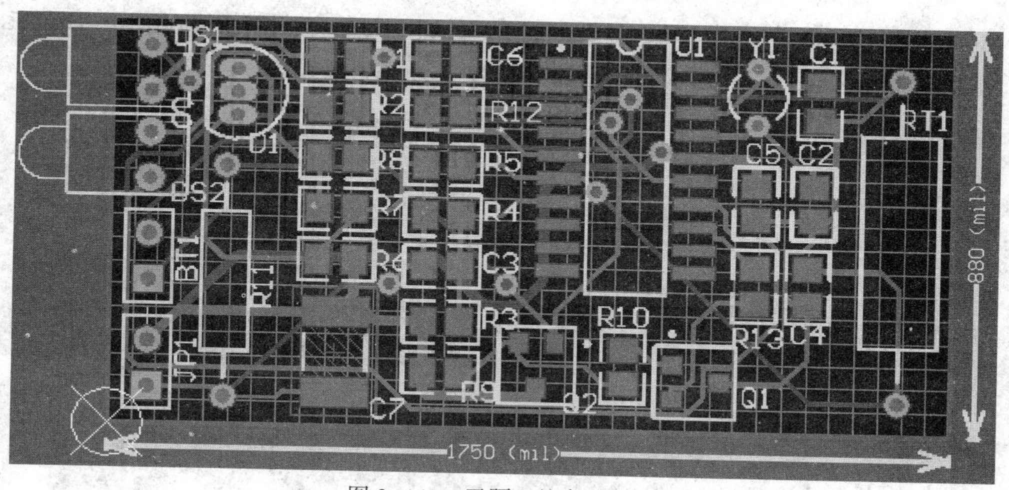

图 3-140 习题 7 的参考 PCB

引脚	名称	名称	引脚
1	P56/CIN+	P55/CIN-	20
2	P57/CO	P54/TCC	19
3	P60/ADC1	OSCI	18
4	P61/ADC2	OSCO	17
5	VSS	VDD	16
6	P62/ADC3	P53/VREF	15
7	P63/ADC4	P52/PWM2	14
8	P64/ADC5	P51/PWM1	13
9	P65/ADC6	P50/INT	12
10	P66/ADC7	P67/ADC8	11

图 3-141 锂电池充电芯片 EM78P458

表 3-8 习题 7 电路的元件表

说 明	编 号	封 装	元 件 名 称
连接器	JP1	HDR1X2	Header 2
锂电池充电芯片	U1	SOP20	EM78P458
发光二极管	DS1	LED-1	RED
发光二极管	DS2	LED-1	GREEN
三端稳压器	D1	29-04	TL431CLP
晶振	Y1	R38	XTAL
三极管	Q1	SOT-23	8050
三极管	Q2	SOT-23	PNP
电阻	R1~R13	R2012-0805	Res1
电容	C1、C2、C3、C4、C5、C6	R2012-0805	Cap Semi
电解电容	C7	CAPC4532AM	Cap Pol3
电池	BT1	BAT-2	Battery
可调电阻	RT1	AXIAL-0.7	Res Adj1

8. 在继电器控制系统中，经常需要如图 3-142 所示的元件，试建立元件库，并画出图中的这些元件。

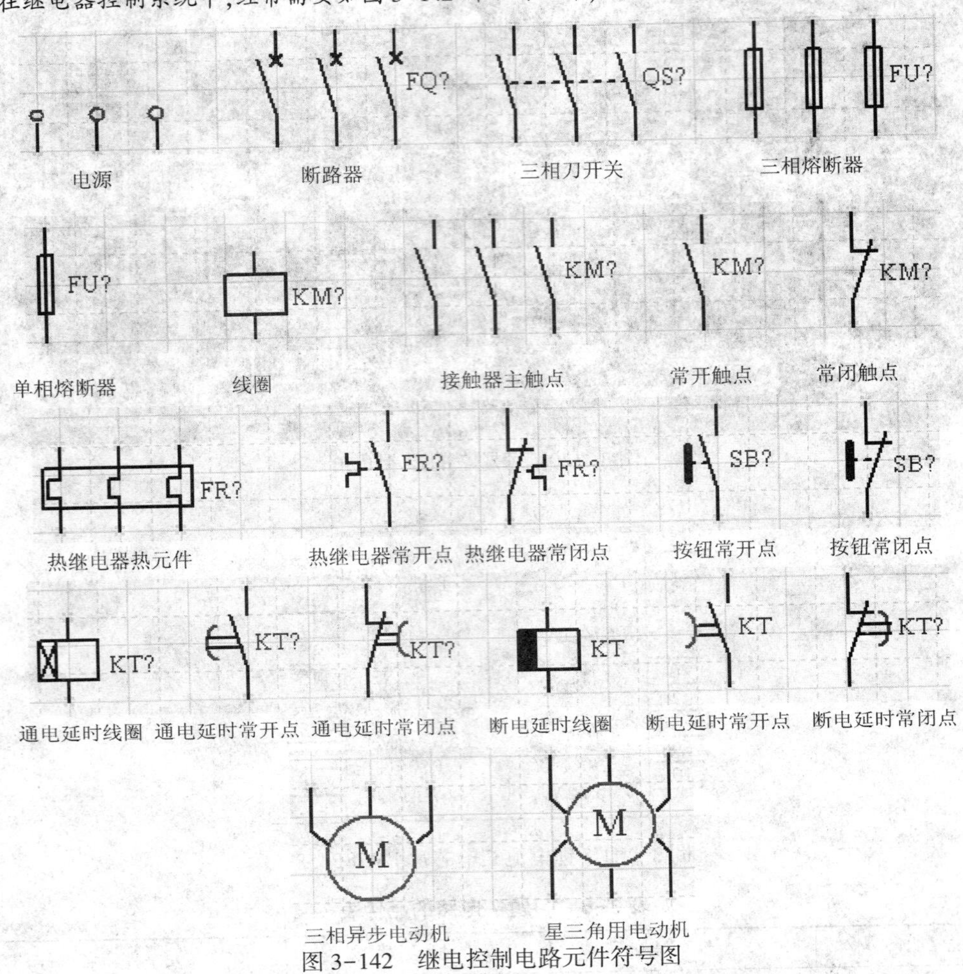

图 3-142　继电控制电路元件符号图

9. 用习题 8 所画的元件，画出如图 3-143 所示的异步电动机正反转控制电路。

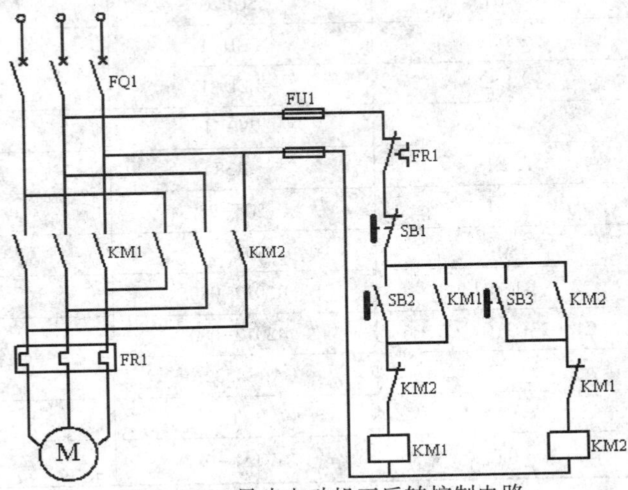

图 3-143　异步电动机正反转控制电路

10. 用习题 8 所画的元件，画出如图 3-144 所示的异步电动机星三角降压启动控制电路。

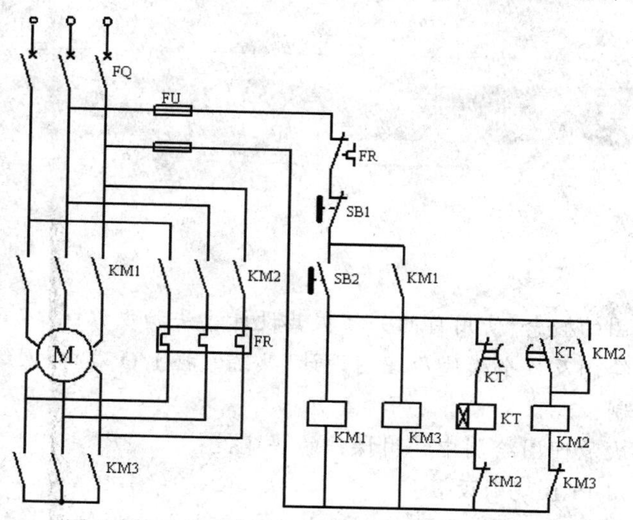

图 3-144　异步电动机星三角降压启动控制电路

项目四　信号检测与显示电路设计(层次电路设计)

学习目标

- 了解层次原理图的概念、使用目的并掌握其设计方法和步骤;
- 掌握方块电路绘制及各个模块原理图设计,熟练掌握 I/O 端口、网络标号全局有效的层次原理图的绘制;
- 灵活运用在层次原理图绘制中常用操作的快捷键;
- 进一步熟悉常用 PCB 规则设置;
- 进一步熟悉 PCB 自动布线、调整布线的方法及布线策略设置。

任务一　信号检测与显示电路原理图层次电路设计

任务描述

对于一个庞大和复杂的电子项目的设计系统,将其按功能分解成相对独立的模块,分配给多个工程技术人员独立进行设计,这样可以大大缩短开发周期,提高模块电路的复用性和加快设计速度,这就是 Altium Designer 提供的层次电路设计方法。本任务就是完成信号检测与显示电路原理图层次电路设计。通过本任务的学习,了解层次原理图的概念、使用目的并掌握其设计方法和步骤;掌握方块电路绘制及各个模块原理图设计,熟练掌握 I/O 端口、网络标号全局有效的层次原理图的绘制;灵活运用在层次原理图绘制中常用操作的快捷键。

任务实现

常规电路图设计方法是将整个电路原理图绘制在一张原理图纸上,对于规模较小的简单电路图的设计非常方便。但当设计大型、复杂系统的电路原理图时,若将整个原理图绘制在一张图纸上,就会使图纸变得复杂而不利于电路分析和检错,同时也不利于多人参与系统设计。Altium Designer 支持多种设计复杂电路的方法,例如层次设计、多通道设计等,在增强设计规范性的同时减少了设计者的劳动量,提高了设计的可靠性。本任务将以信号检测与显示电路为例介绍自上而下的层次原理图的设计方法,读者应掌握层次电路设计原理图的方法和技巧。

1. 自上而下的层次原理图的设计

对于一个庞大和复杂的电子工程设计系统,在设计时尽量将其按功能分解成相对独立的模块。这样的方法使得电路描述的各个部分功能更加清晰,同时对单个模块设计的修改可以不影响系统的整体设计,提高了系统的灵活性。

为了适应电路原理图的模块化设计,Altium Designer 提供了层次原理图的设计方法。层次化设计是指将一个复杂的设计任务分解成一系列有层次结构的、相对简单的电路设计任务。把相对简单的电路设计任务定义成一个模块（或方块），顶层图纸放置各模块（或方块），下层图纸放置各模块（或方块）相对应的子图，子图内还可以放置模块（或方块），这样一层套一层，可以定义多层图纸设计，同时可以采用小规格打印机打印图纸。

Altium Designer 支持“自上而下”层次电路设计方式。自上而下设计就是按照系统设计的思想，首先对系统最上层进行模块划分，设计包含子图符号的父图（方块图），表示系统最上层模块（方块图）之间的电路连接关系，接下来分别对系统模块图中的各功能模块进行详细设计，分别细化各个功能模块的电路实现（子图）。

层次电路图设计的关键是正确传递各层次之间的信号。在层次原理图的设计中，信号的传递主要通过电路方块图、方块图输入/输出端口、电路输入/输出端口来实现，它们之间有着密切的联系。

层次电路图的所有方块图符号都必须有与该方块图符号相对应的电路图存在（子图），并且子图符号的内部也必须有子图输入/输出端口。同时，在与子图符号向对应的方块图中也必须有输入/输出端口，该端口与子图符号中的输入/输出端口相对应，且必须同名。在同一工程的所有电路图中，同名的输入/输出端口（方块图与子图）之间，在电气上是相互连接的。

本任务将以信号检测与显示电路为例，介绍使用 Altium Designer 进行自上而下层次电路设计的方法。

信号检测与显示电路由电源电路、位驱动电路、数码管显示电路、信号输入电路及单片机电路五部分组成。在该图中，可以把 A4 图纸，按照电路的功能模块分成五部分，把它们分别分成五个子图，如图 4-1 所示。

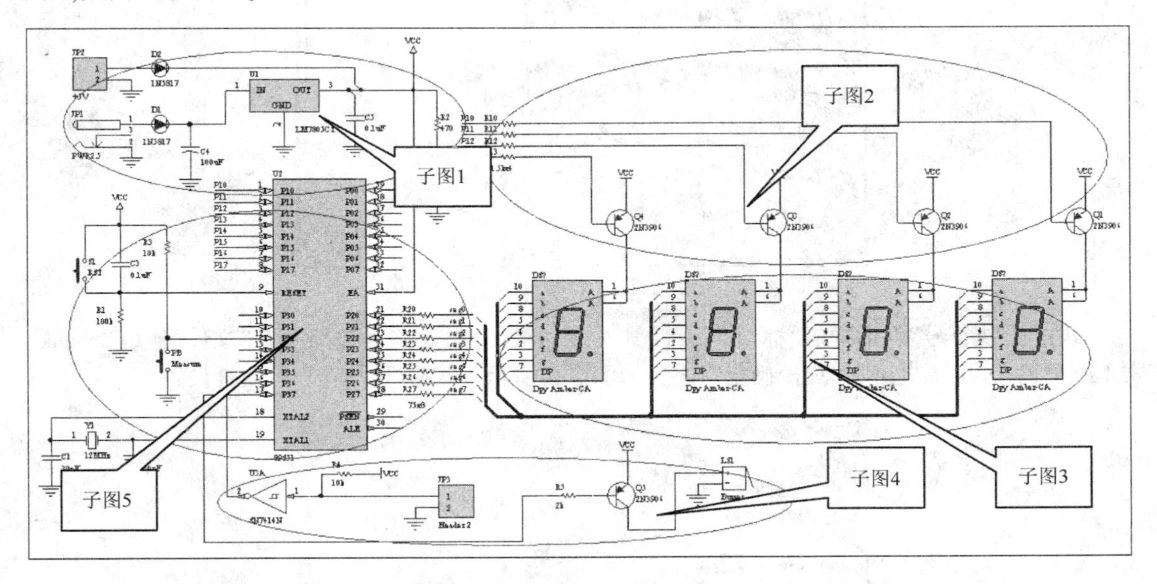

图 4-1　信号检测与显示电路原理图

2. 信号检测与显示电路原理图层次设计的总图设计

自上而下的层次原理图子图设计步骤如下：

启动 Altium Designer，建立一个工程文件，在主菜单中选择“文件”→“新建”→“工程”→“PCB 工程”命令，在当前工作空间中添加一个默认名为 PCB_Project1. PrjPCB 的 PCB 工程文件，将它保存为“信号检测与显示层次电路设计 . PrjPCB”工程文件。选择 Project 面板中的“信号检测与显示

层次电路设计 . PrjPCB”,右击,在弹出的快捷菜单中选择“给工程添加新的”(Add New to Project)→Schematic 命令,在新建的 . PrjPCB 工程中添加一个默认名为 Sheet1. SchDoc 的原理图文件,并且把该文件保存为“总图 . SchDoc”,用默认的设计图纸尺寸(A4),其他设置采用默认值,该文件为顶层主电路图。

(1)主电源方块图符号建立。步骤如下:

①在“总图 . SchDoc”窗口中,单击 Wiring 工具栏中的添加方块图符号“ ”按钮,或者在主菜单中选择“放置”→“图表符”(Sheet Symbol)命令。

②按【Tab】键,弹出图 4-2 所示的对话框。

“方块符号”对话框的属性(Properties)区域各项介绍如下:

a. “标识”(Designator):图纸的标号,用于设置方块图所代表的图纸的名称。

b. “文件名”(Filename):图纸的文件名,用于设置方块图所代表的图纸的文件全名(包括文件的扩展名),以便建立起方块图与原理图(子图)文件的直接对应关系。

c. “唯一 ID”(Unique ID):唯一的 ID 号,为了在整个工程中正确地识别电路原理图符号,每一个电路原理图符号在工程中都有一个唯一的标识,如果需要可以对这个标识进行重新设置。

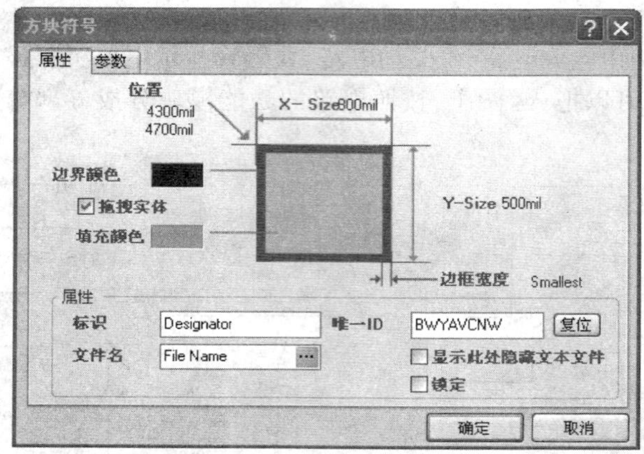

图 4-2 “方块符号”(Sheet Symbol)对话框

③在“方块符号”对话框的“标识”(Designator)文本框中输入“电源电路”,在“文件名”(Filename)文本框内输入“电源电路”,单击“确定”按钮,如图 4-3 所示,结束方块图符号的属性设置。

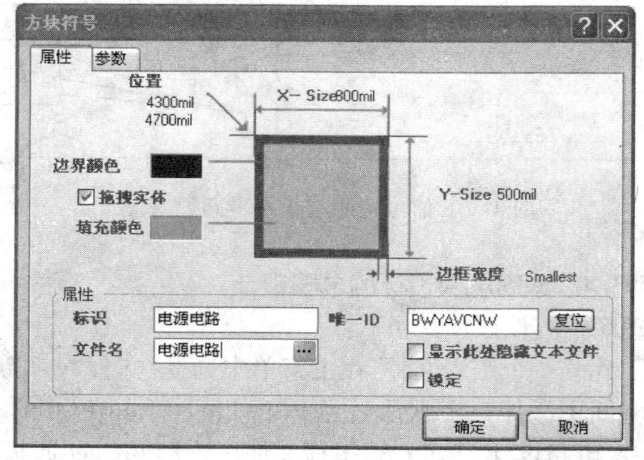

图 4-3 “方块符号”对话框设置

④在原理图上合适位置单击,确定方块图符号的一个顶角位置,然后拖动鼠标,调整方块图符号的大小,确定后再单击,即可在原理图上插入方块图符号,如图 4-4 所示。

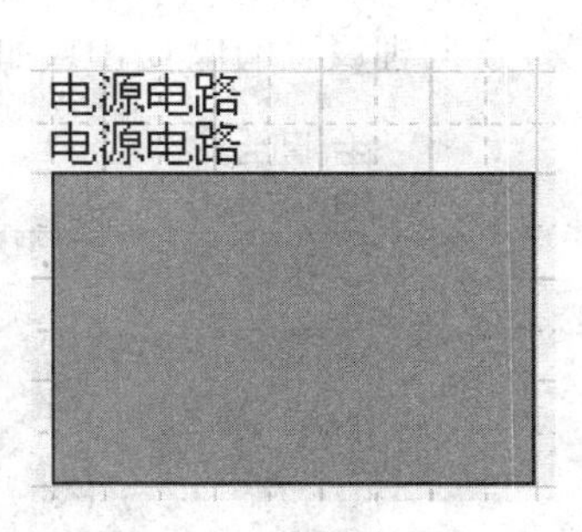

图 4-4　电源电路方块图

(2)在主电源电路方块图中放置端口。步骤如下:

①在主电源电路方块图(见图 4-4)中放置端口,单击工具栏中的添加方块图输入/输出端口“ ”按钮,或者在主菜单中选择“放置”→“添加图纸入口”(Add Sheeet Entry)命令。

②此时光标上悬浮着一个端口,把光标移入“主电源电路”的方块图内,按【Tab】键打开图 4-5 所示的“方块入口”对话框。

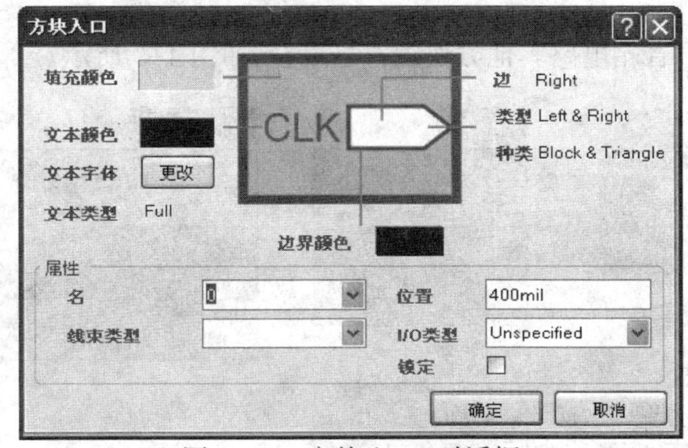

图 4-5　“方块入口”对话框

“方块入口”(Sheet Entry)对话框内的各项介绍如下:

a.“边”(Side):端口位置,用于设置端口在方块图中的位置。

b.“类型”(Style):端口类型,用来表示信号的传输方向。

c.“名”(Name):端口名称,是识别端口的标识。应将其设置为与对应的子电路图上对应端口的名称相一致。

d.“线束类型”(I/O Type):端口的输入/输出类型,表示信号流向的确定参数,有未指定的(Unspecified)、输出端口(Output)、输入端口(Input)和双向端口(Bidirectional)四个选项。

③在“方块入口”(Sheet Entry)对话框的“名”(Name)文本框中输入“VCC1”,作为方块图端口的名称。

④其他参数默认,如图 4-6 所示。单击“确定”按钮,关闭对话框,完成端口设置,如图 4-7 所示。

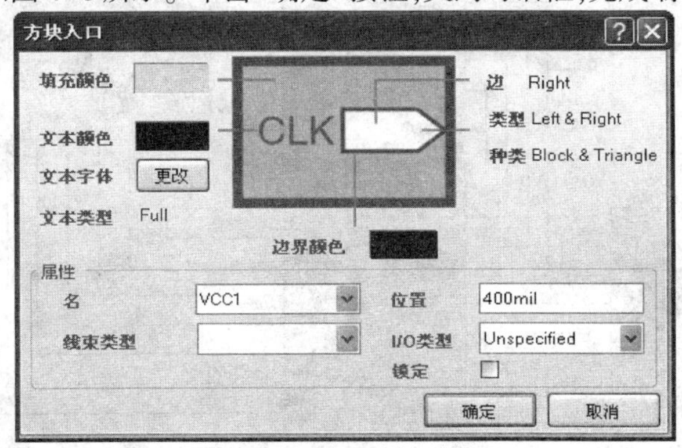

图 4-6　VDD1 端口设置

⑤同理设置端口 GND1,如图 4-8 所示。

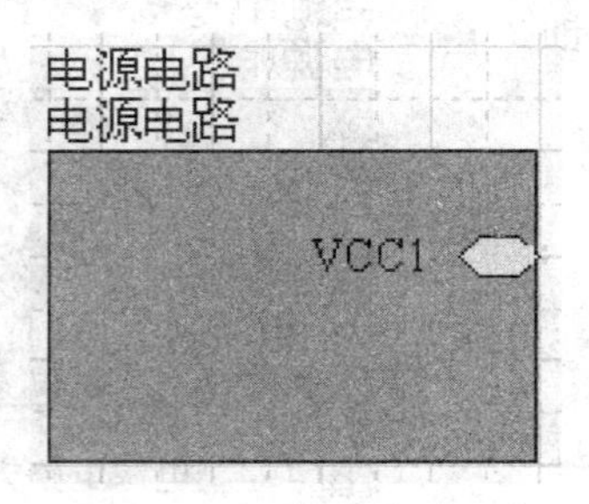

图 4-7　VCC1 端口设置

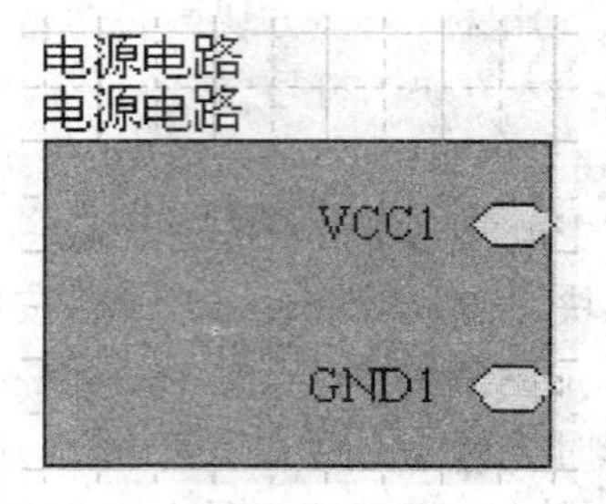

图 4-8　主电源电路端口方块图设置

(3)用同样方法完成音箱电路其他方块图符号设置,如图 4-9 所示。

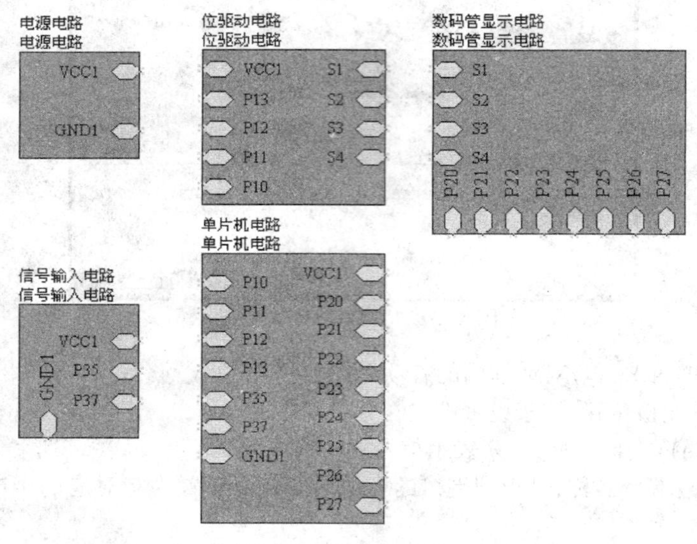

图 4-9　信号检测与显示电路端口方块图设置

(4)连接方块图完成“总图 . SchDoc”设计,如图 4-10 所示。

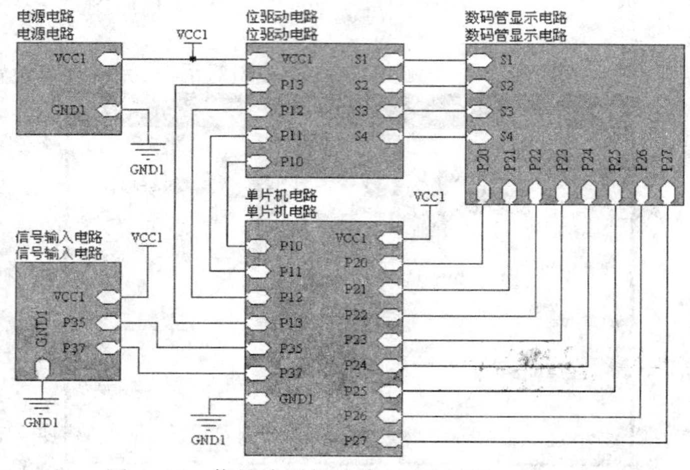

图 4-10　信号检测与显示电路“总图 . SchDoc”

3. 信号检测与显示电路原理图层次设计中子图创建

(1)方块图生成电路原理子图。步骤如下：

①在主菜单中选择“设计”→“产生图纸”(Create Sheeet From Sheet Symbol)命令，如图4-11所示，此时鼠标上悬浮十字光标，单击主电源方块图符号，系统自动在“音箱层次设计.PrjPCB”工程中新建一个名为“电源电路.SchDoc”的原理图文件，置于“总图.SchDoc”原理图文件下层，如图4-12所示。在原理图文件“电源电路.SchDoc”中自动布置了图4-13所示的两个端口，该端口中的名字与方块图中的一致。

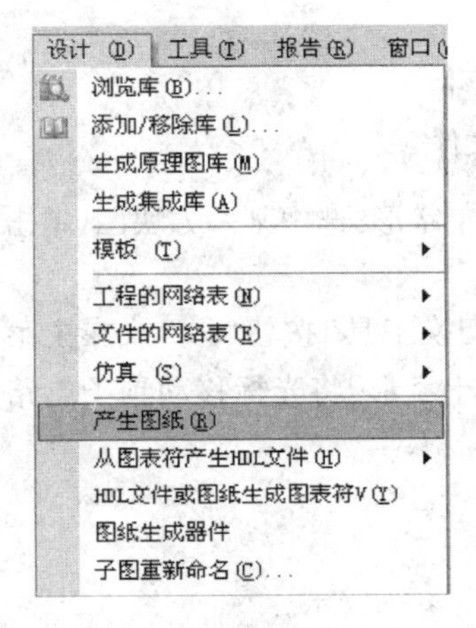

图4-11　创建子图命令

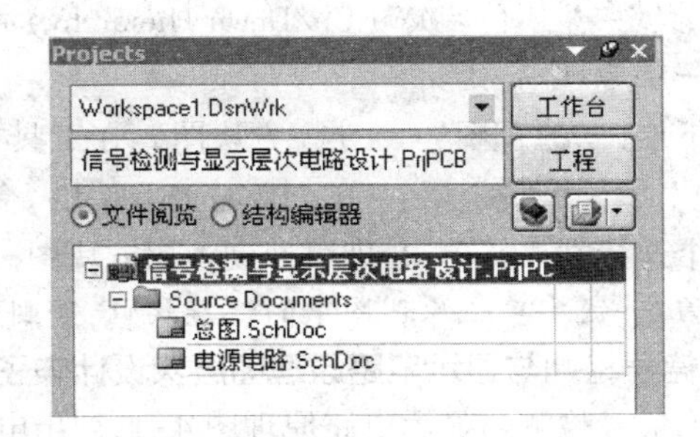

图4-12　电源电路原理图文件建立

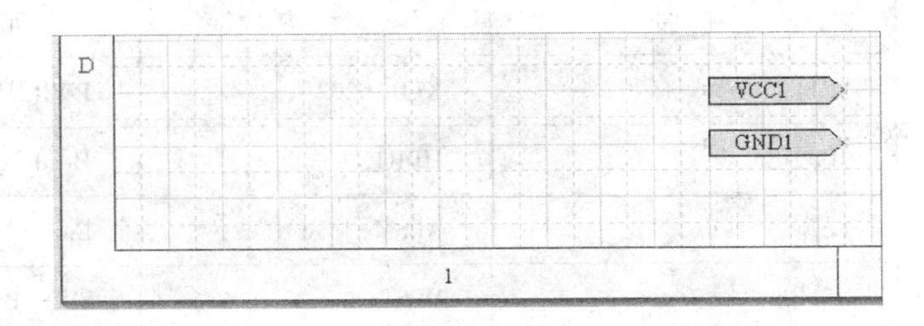

图4-13　电源电路自动生成端口

②重复操作，创建生成电路原理子图命令，分别生成位驱动电路、数码管显示电路、信号输入电路及单片机电路原理图文件，如图4-14所示，以及自动生成对应的端口。

至此，完成了上层方块图与原理图之间一一对应的关系，上层与下层之间靠上层方块图的输入、输出端口与下层电路图中的输入、输出端口进行联系。上层方块图中有几个端口，下层中就有几个同名端口与之对应，这样上层和下层就建立了联系。

注意：在用层次原理图方法绘制电路原理图时，系统总图中每个模块的方块图中都给出了一个或多个表示连接关系的电路端口，这些端口在下一层电路原理图中也有相对应的同名端口，表示信号的传输方向也一致。Altium Designer使用这种表示连接关系的方式构建了层次原理图的总体结构，层次原理图可以进行多层嵌套。

(2)层次原理图的切换。步骤如下：

①上层(方块图)→下层(子原理图)：在工具栏单击“层次切换工具”按钮“”或在主菜单中

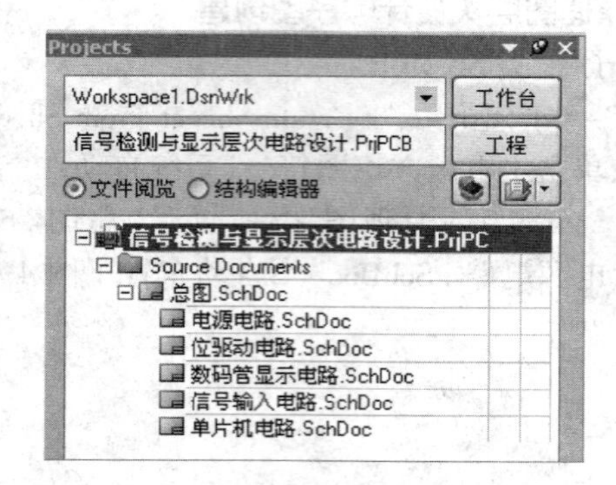

图 4-14 系统自动生成的原理图文件

选择"工具"→"上下层次"(Up/Down Hierarchy)命令,光标变成十字形,选中某一方块图,单击即可进入下一层原理图。

②下层(子原理图)→上层(方块图):在工具栏单击"层次切换工具"按钮" "或在主菜单中选择"工具"→"上下层次"(Up/Down Hierarchy)命令,光标变成十字形,将光标移动到子电路图中的某一个连接端口并单击,即可回到上层方块图。

注意:一定要单击原理图中的连接端口,否则回不到上一层图。

4. 信号检测与显示电路原理图层次设计中子图设计

根据信号检测与显示电路原理图 4-1,列出电路元件表,如表 4-1 所示。

表 4-1 信号检测与显示电路元件表

说 明	编 号	封 装	元 件 名 称
连接器	JP1	KLD-0202	PWR2. 5
连接器	JP2、JP3	HDR1X2	Header2
蜂鸣器	LS1	ABSM-1574	Buzzer
按钮	S1、PB	DPST-4	SW-PB
二极管	DS0	HDR1X2	LED0
二极管	D1、D2	DIODE-0. 4	1N5817
三极管	Q1、Q2、Q3、Q4、Q5	TO-92A	2N3906
电阻	R1、R2、R3、R4、R5、R10、R11、R12、R13、R20、R21、R22、R23、R24、R25、R26、R27	AXIAL-0. 3	Res2
电容	C1、C2、C3、C5	RAD-0. 1	Cap
电解电容	C4	RB5-10. 5	Cap Pol1
数码管	DS1、DS2、DS3、DS4	LEDDIP-10	Dpy Amber-CA
稳压块	U1	TO-220	LM7805CT

续表

说　明	编　号	封　装	元　件　名　称
单片机	U2	DIP-40	P89C51RD2HBP
六施密特输入反相器	U3	DIP-14	SN7414N
晶振	Y1	R38	XTAL

(1)电源电路原理图绘制。打开工程文件"层次电路原理图设计(电源电路)",在工程中出现层次列表,单击"电源电路",进入该原理图绘制窗口,根据表 4-1 调用该电路图所用元件,绘制原理图如图 4-15 所示。

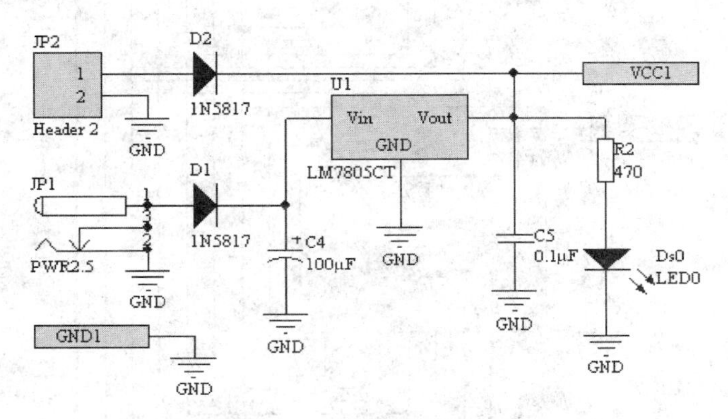

图 4-15　子图 1(电源电路)

(2)位驱动电路原理图绘制。打开工程文件"层次原理图设计(位驱动电路)",在工程中出现层次列表,单击"位驱动电路",进入该原理图绘制窗口,根据表 4-1 调用该电路图所用元件,绘制原理图如图 4-16 所示。

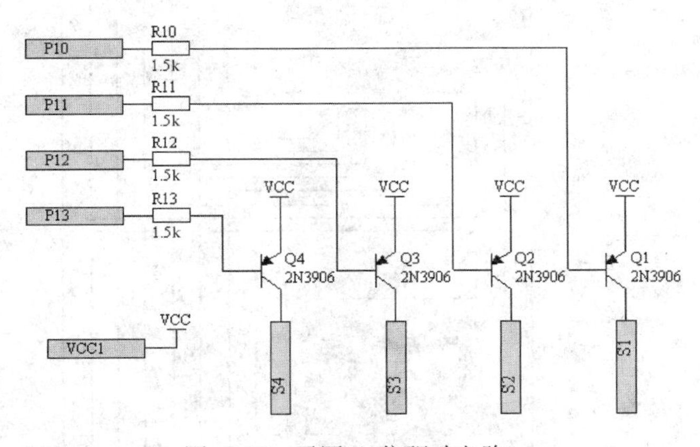

图 4-16　子图 2(位驱动电路)

(3)数码管显示电路原理图绘制。打开工程文件"层次原理图设计(数码管显示电路)",在工程中出现层次列表,单击"数码管显示电路",进入该原理图绘制窗口,根据表 4-1 调用该电路图所用元件,绘制原理图如图 4-17 所示。

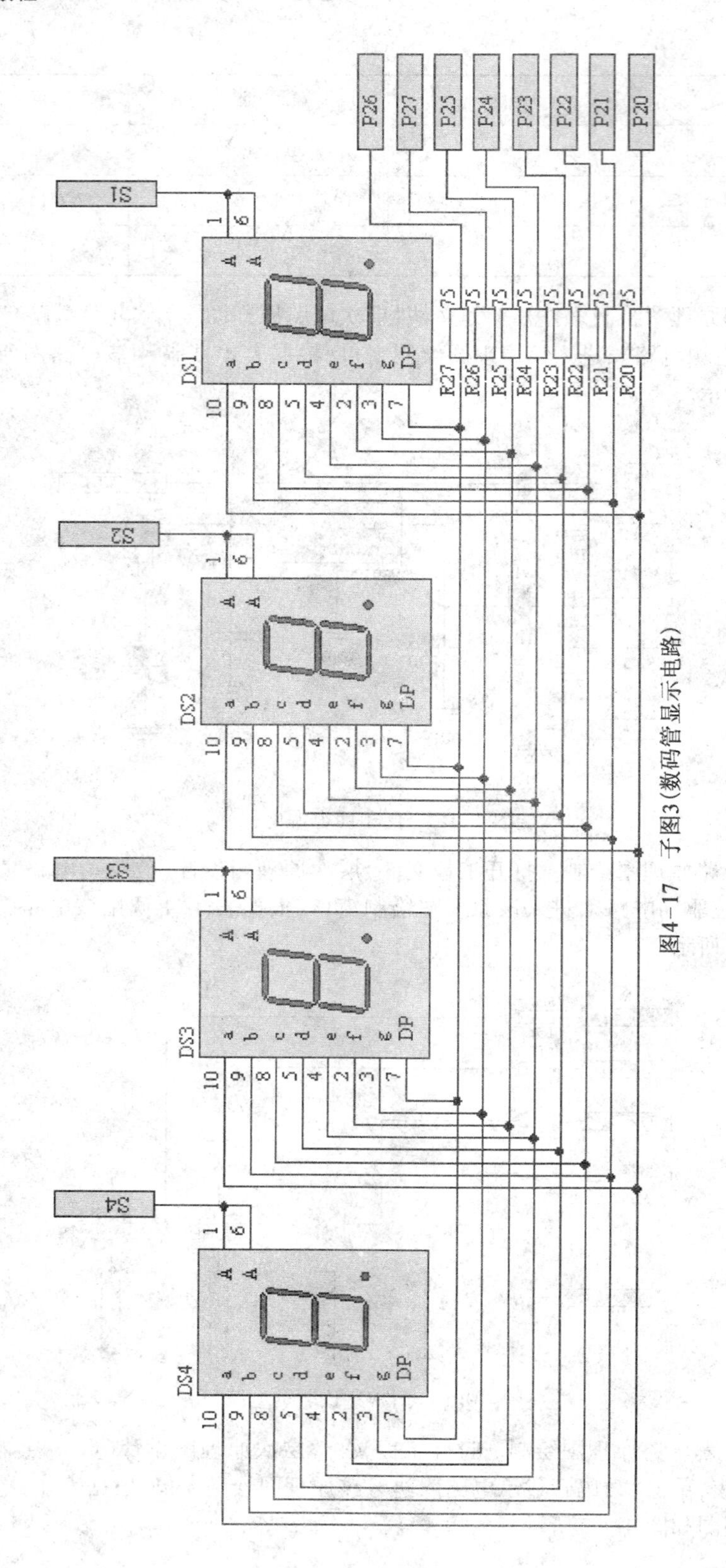

图4-17 子图3(数码管显示电路)

(4)信号输入电路原理图绘制。打开工程文件“层次原理图设计(信号输入电路)”,在工程中出现层次列表,单击“信号输入电路”,进入该原理图绘制窗口,根据表4-1调用该电路图所用元件,绘制原理图如图4-18所示。

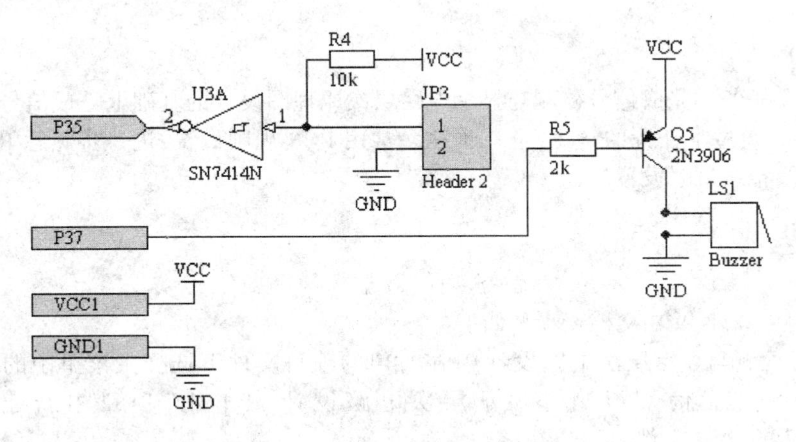

图4-18　子图4(信号输入电路)

(5)单片机电路原理图绘制。打开工程文件“层次原理图设计(单片机电路)”,在工程中出现层次列表,单击“单片机电路”,进入该原理图绘制窗口,根据表4-1调用该电路图所用元件,绘制原理图如图4-19所示。

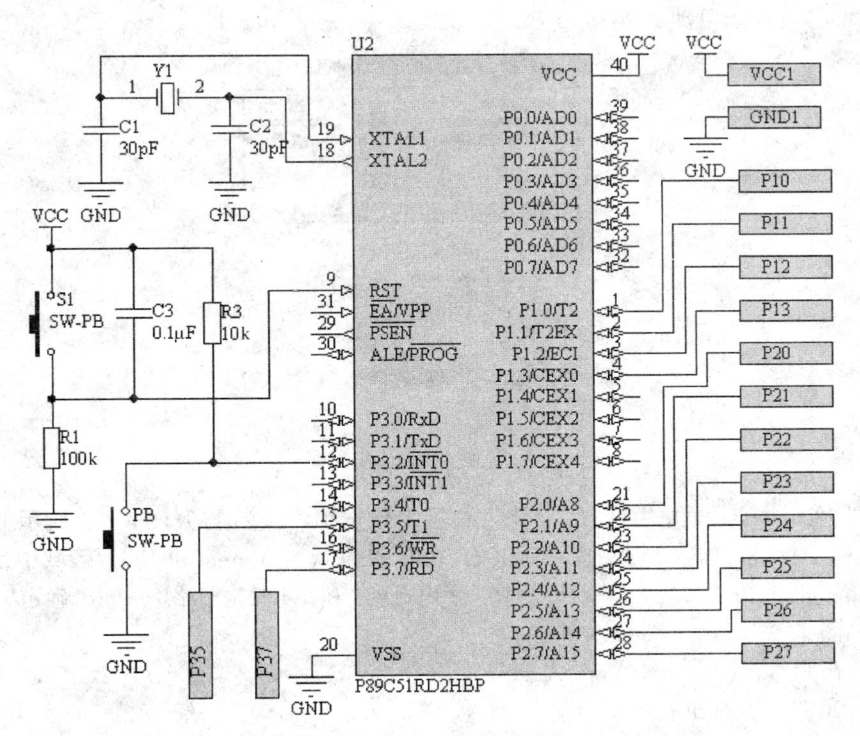

图4-19　子图5(单片机电路)

任务二　信号检测与显示电路的 PCB 设计

任务描述

本任务是在任务一完成信号检测与显示电路层次原理图设计的基础上完成信号检测与显示电路的 PCB 设计。通过本任务的学习，进一步熟悉常用 PCB 规则设置；进一步熟悉 PCB 自动布线、调整布线方法及布线策略设置。

任务实现

1. 创建 PCB

(1)在项目中新建 PCB 文档。步骤如下：

①在“信号检测与显示层次电路设计 . PrjPCB”的项目文件下选择主菜单中的“文件”→“新建”→PCB 命令，在“信号检测与显示层次电路设计 . PrjPcb”项目中新建一个名称为“PCB1. PcbDoc”的 PCB 文件。

②在新建的 PCB 文件上右击，在弹出的快捷菜单中选择“保存”命令，打开 Save [PCB1. PcbDoc] As 对话框。

③在 Save[PCB1. PcbDoc] As 对话框的“文件名”编辑框中输入“信号检测与显示层次电路 PCB 板设计”，单击“保存”按钮，将新建的 PCB 文档保存为“信号检测与显示层次电路 PCB 板设计 . PcbDoc”文件，如图 4-20 所示。

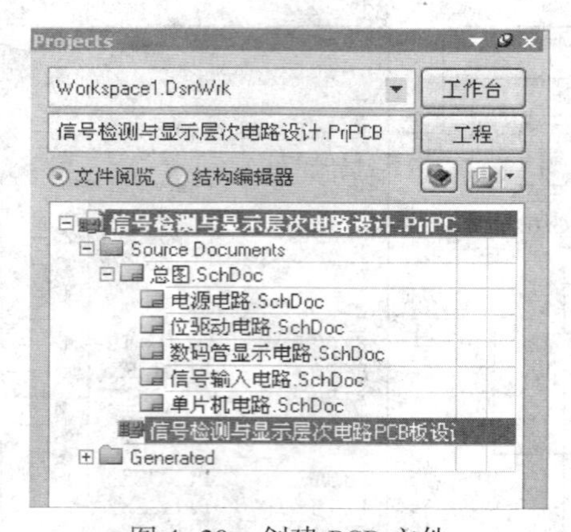

图 4-20　创建 PCB 文件

(2)设置 PCB。在主菜单中选择“设计”→“板参数选项”命令，打开图 4-21 所示的“板选项”(Board Options)对话框。在“板选项”对话框的“度量单位”(Measurement Unit)区域中设置“单位”(Unit)为 Imperial；按图 4-21 设置“跳转栅格”、“电栅格”和“可视化栅格”，单击“确定”按钮。

(3)按如图 4-22 所示定义 PCB 外形。

2. PCB 布局

(1)导入元件。步骤如下：

①在原理图“总图 . SchDoc”页面下，在主菜单中选择“设计”→ “Update PCB Document 信号检测与显示层次电路 PCB 板设计 . PcbDoc”命令，打开“工程更改顺序”对话框，如图 4-23 所示。

图 4-21　“板选项”对话框

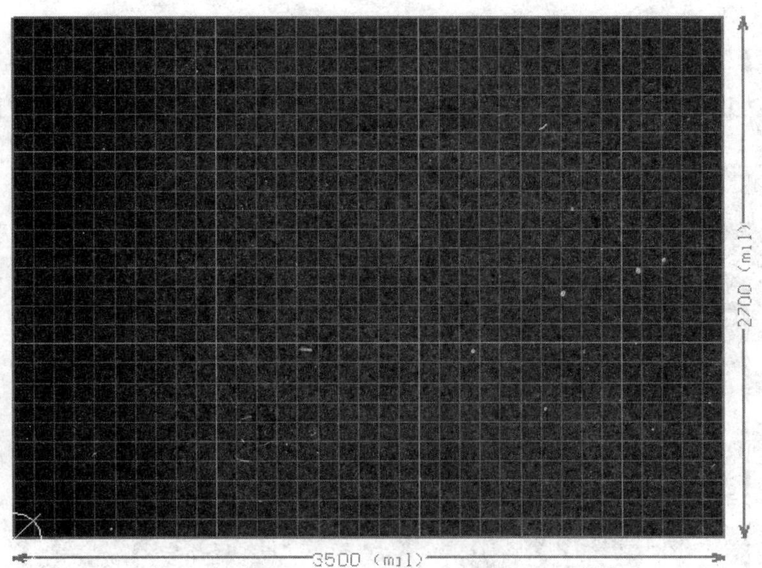

图 4-22　定义 PCB 外形

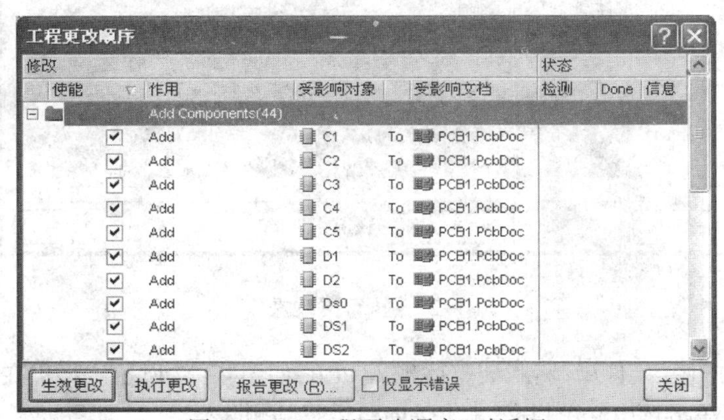

图 4-23　“工程更改顺序”对话框

②单击“生效更改”按钮,验证一下有无不妥之处,如果执行成功则在状态列表“检测”中会显示✔符号;若执行过程中出现问题会显示✖符号,如图 4-24 所示。

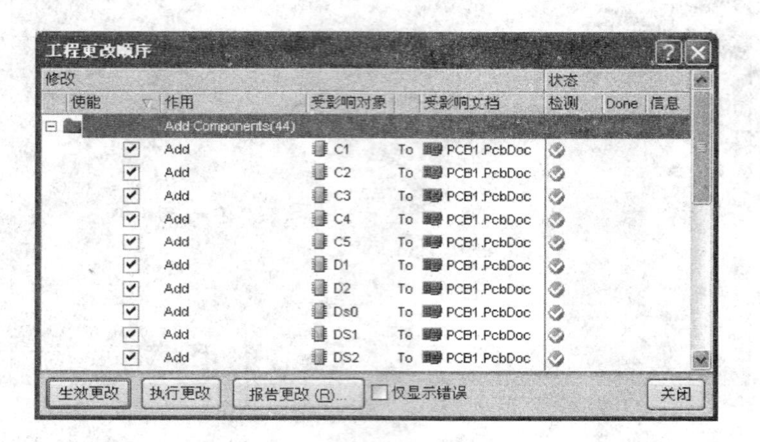

图 4-24　执行生效更改

③单击“生效更改”按钮,将信息发送到 PCB。完成后,状态列表 Done 中将被标记✔符号,如图 4-25 所示。

④单击“关闭”按钮,目标 PCB 文件打开,并且元件放在 PCB 边框的外部右侧。如果设计者在当前视图不能看见元件,可选择“察看”→“适合文件”查看文件,如图 4-26 所示。

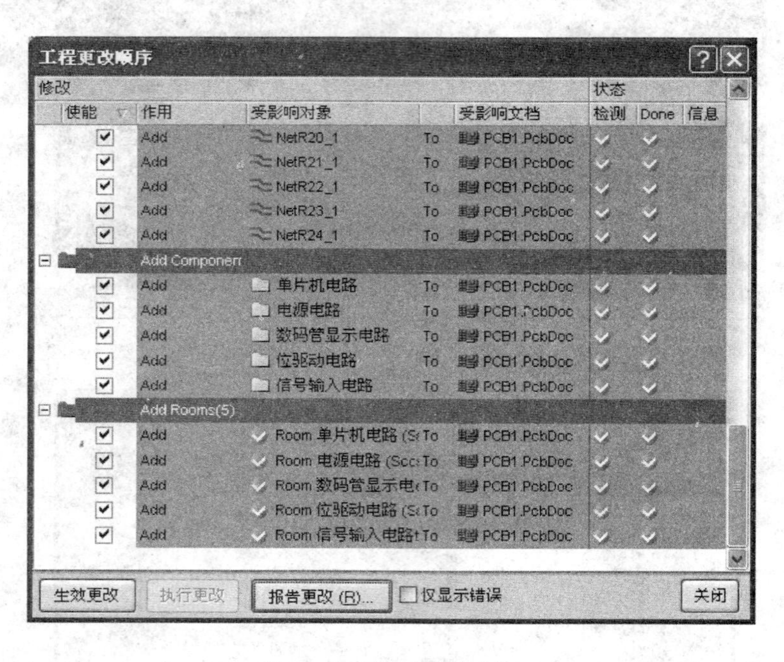

图 4-25　执行更改操作

⑤鼠标左键单击住“元件屋”将封装整体拖入 PCB,如图 4-27 所示。将仍在 PCB 外的元件都拖入 PCB 内,然后,单击选中“元件屋”,按【Delete】键将其删除。

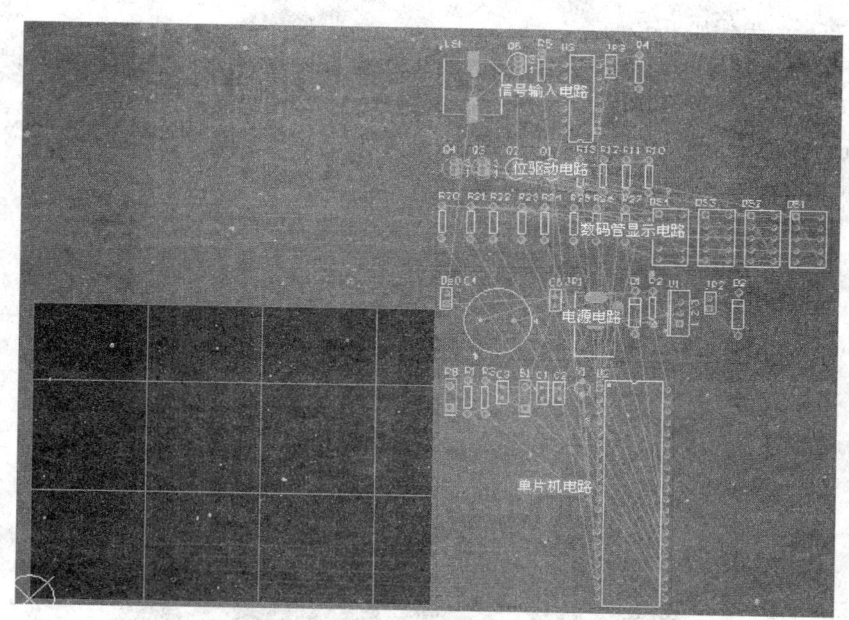

图 4-26　信息导入 PCB

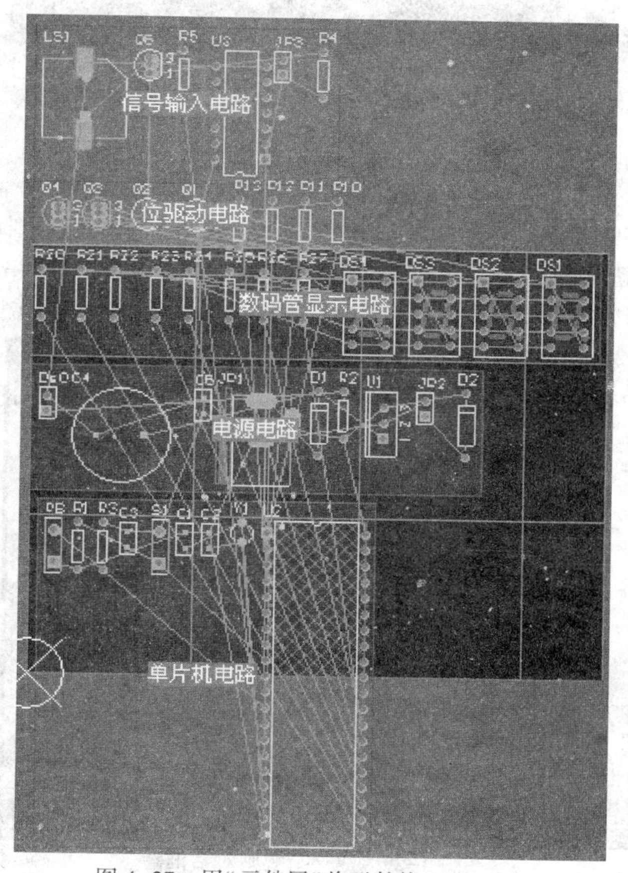

图 4-27　用“元件屋”将元件拖入 PCB 内

(2)元件布局。步骤如下：

①调整元件位置时，按照与其他元件连线最短，交叉最少的原则，可以按【Space】键，让元件旋转到最佳位置，再松开鼠标左键。

②如果元件排列不整齐，如电阻排列不整齐，可以选中这些元件，选择"编辑"→"对齐"→"对齐"命令，打开元件"排列对象"对话框。

布置完成后的 PCB 如图 4-28 所示。

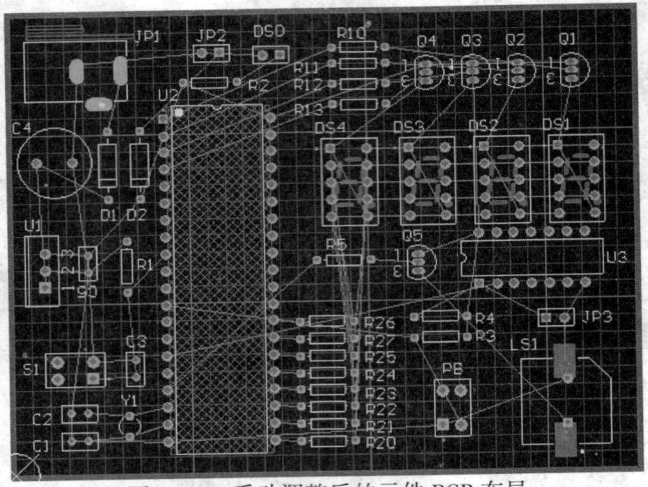

图 4-28　手动调整后的元件 PCB 布局

3. 设计规则设置

选择"设计"→"规则"命令，打开"PCB 规则及约束编辑器"对话框。

(1)Clearance(安全间距)设置。采取默认值，整个版面的安全间距为 10 mil。

(2)Width(布线宽度)设置。单击 Routing 前面的"⊞"符号，展开布线规则。在 Width 上右击，在弹出快捷菜单中选择"新规则"(New Rules)命令，则系统自动在 Width 的上面增加一个名称为 Width-1 的规则，单击 Width-1，编辑规则右击菜单弹出设置新规则设置对话框，如图 4-29 所示。

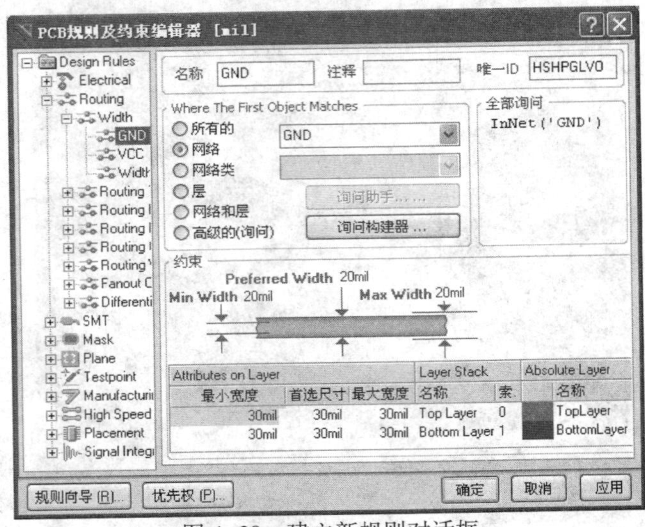

图 4-29　建立新规则对话框

设置电源 VCC、地线 GND 的线宽为 20 mil,其他线宽为 10 mil。

单击图 4-29 所示对话框中左下角的“优先权”按钮,打开“编辑规则优先权”对话框,优先次序如图 4-30 所示。

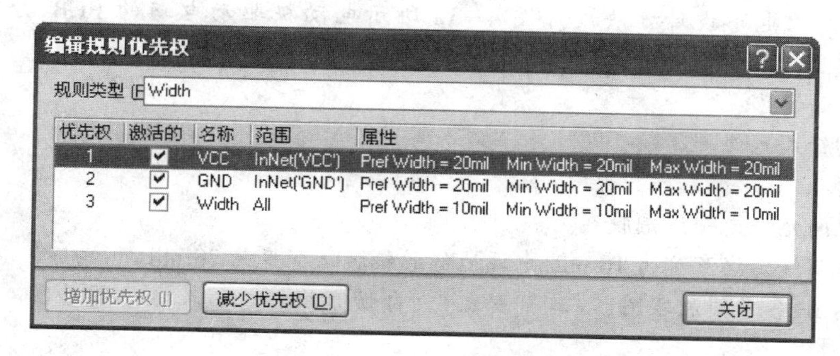

图 4-30　“编辑规则优先权”对话框

4. PCB 布线

在主菜单中选择“自动布线”→“全部”命令,打开“状态行程策略”(Situs Routing Strategies)对话框,默认为 Top Layer(顶层)Vertical(垂直)布置,Bottom Layer(底层)Horizontal(水平)布置。单击 Route All 按钮,启动 Situs 自动布线器。

自动布线后的 PCB 如图 4-31 所示。

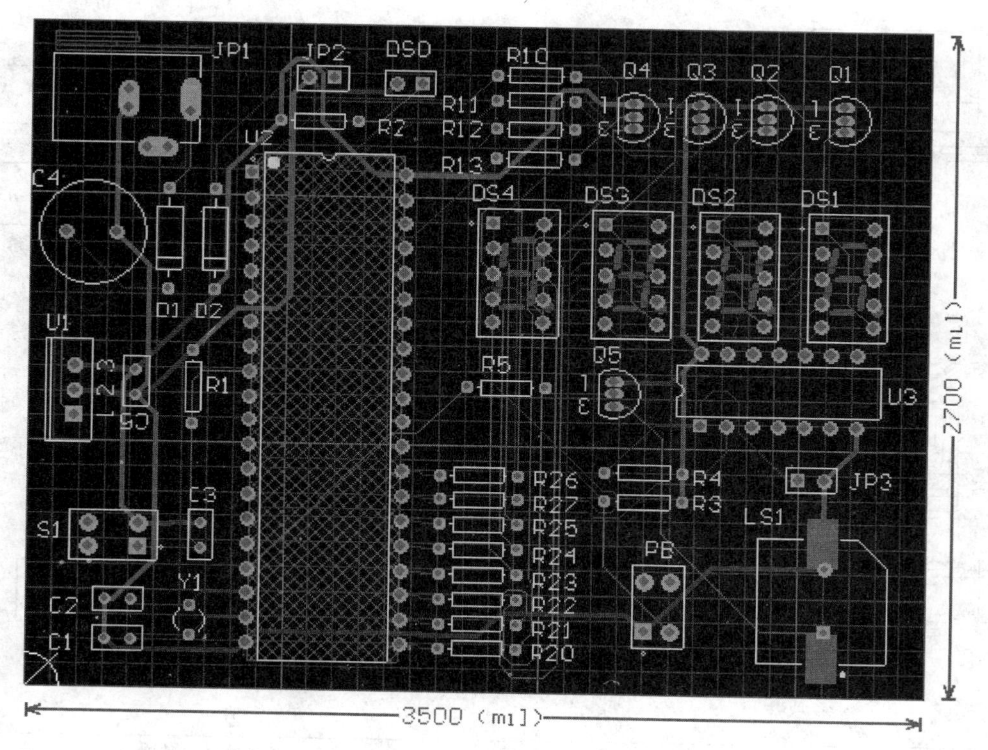

图 4-31　信号检测及显示电路 PCB

习 题

1. 试采用层次电路设计方法设计图 4-32 所示电动机驱动电路的 PCB，分为五个子图，要求：

(1) 使用双面板。

(2) 采用插针式元件。

(3) 镀铜过孔。

(4) 焊盘之间允许走一根铜膜线。

(5) 最小铜膜线走线宽度为 10 mil，电源地线的铜膜线宽度为 20 mil。

(6) 画出总图、各子图原理图、人工布置元件、自动布线。总图及各子图如图 4-33～图 4-38 所示。

(7) 板框尺寸和元件布置如图 4-39 所示。

电路的元件表如表 4-2 所示。

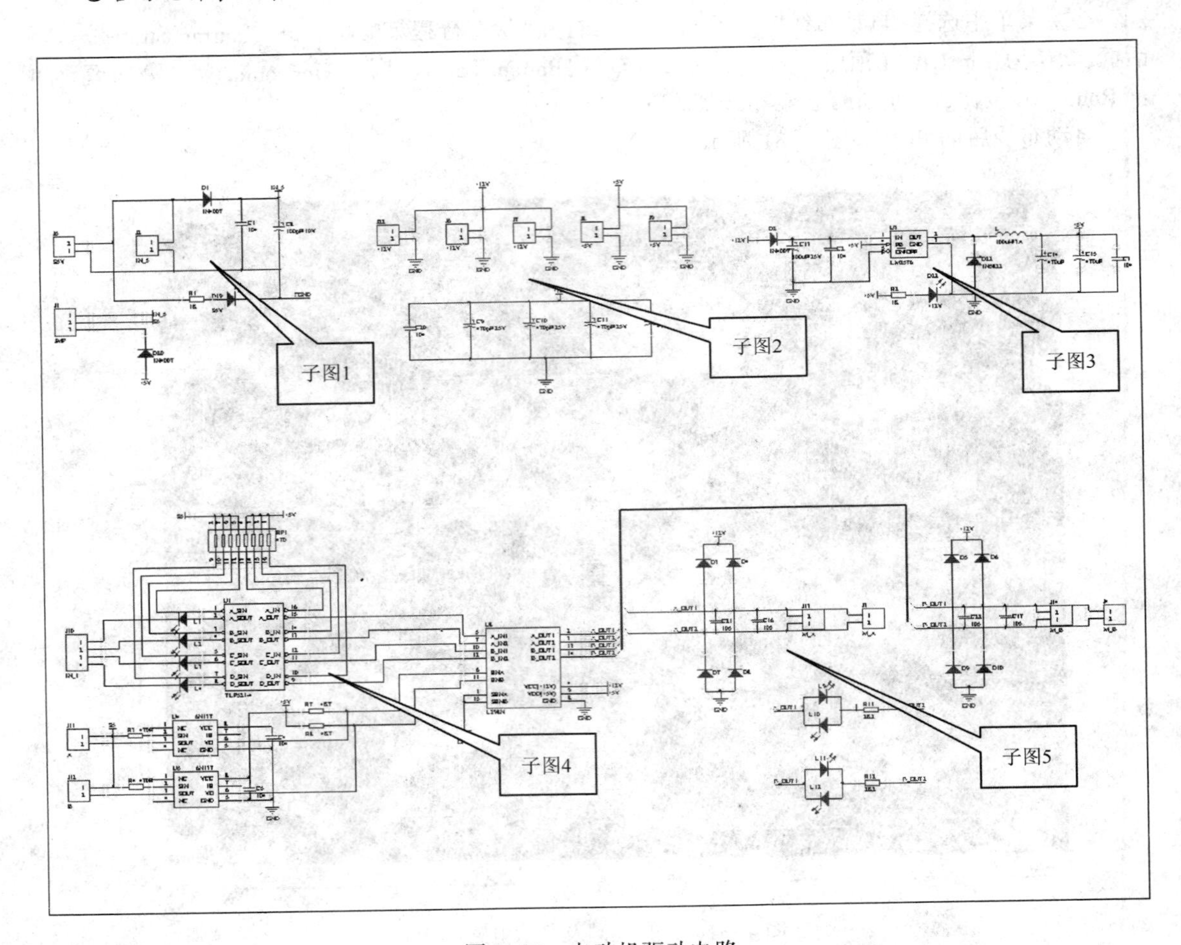

图 4-32　电动机驱动电路

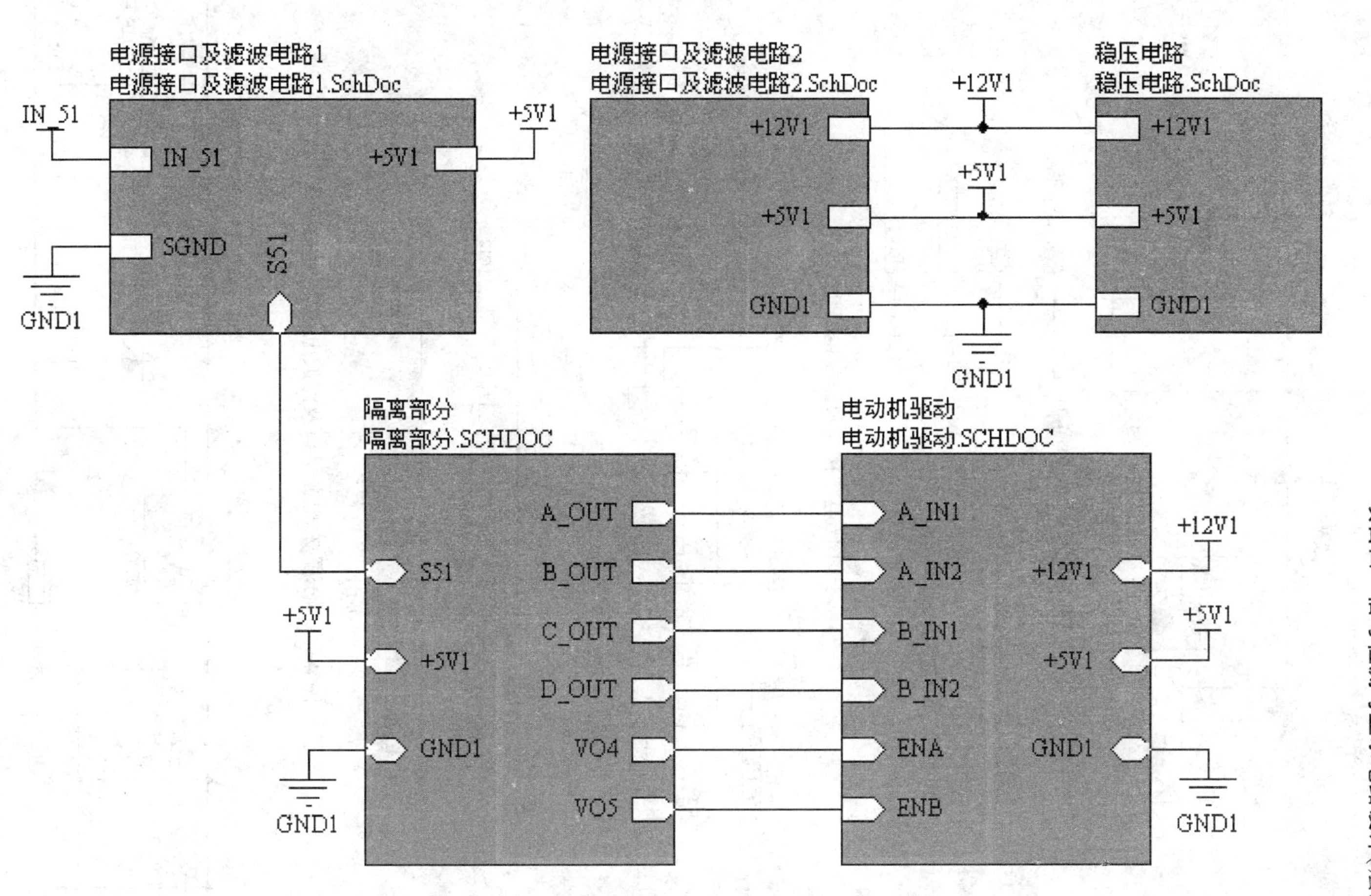

图4-33　总图(电动机驱动电路)

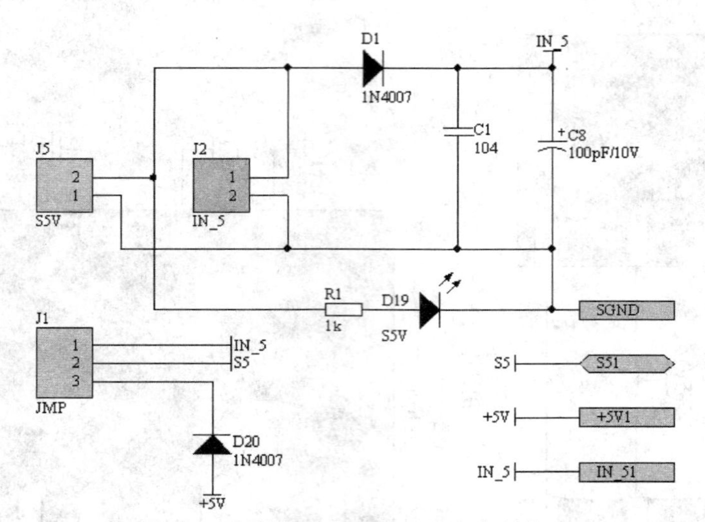

图 4-34　子图 1(电源接口及滤波电路 1)

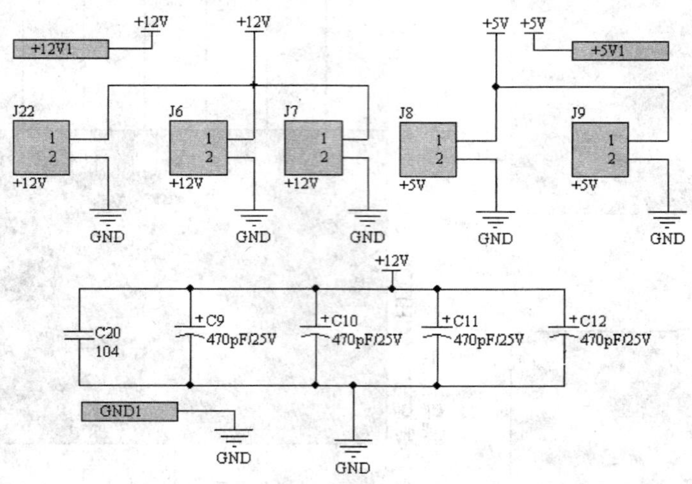

图 4-35　子图 2(电源接口及滤波电路 2)

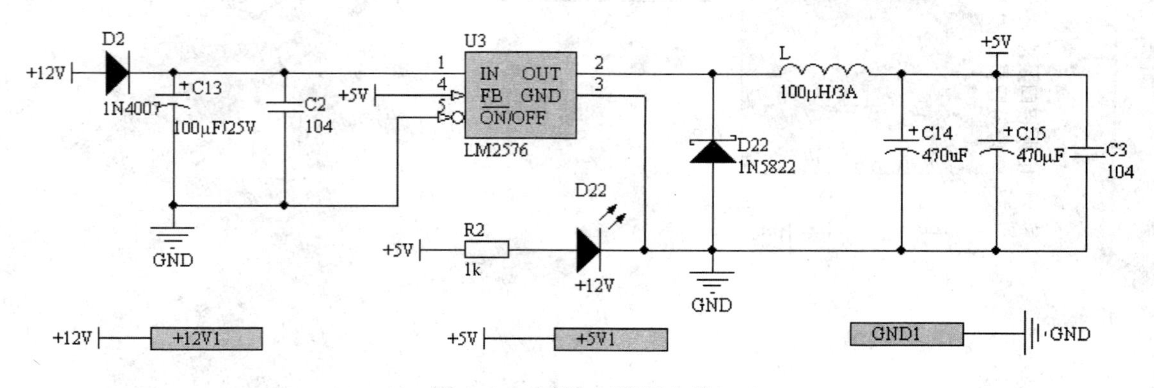

图 4-36　子图 3(稳压电路)

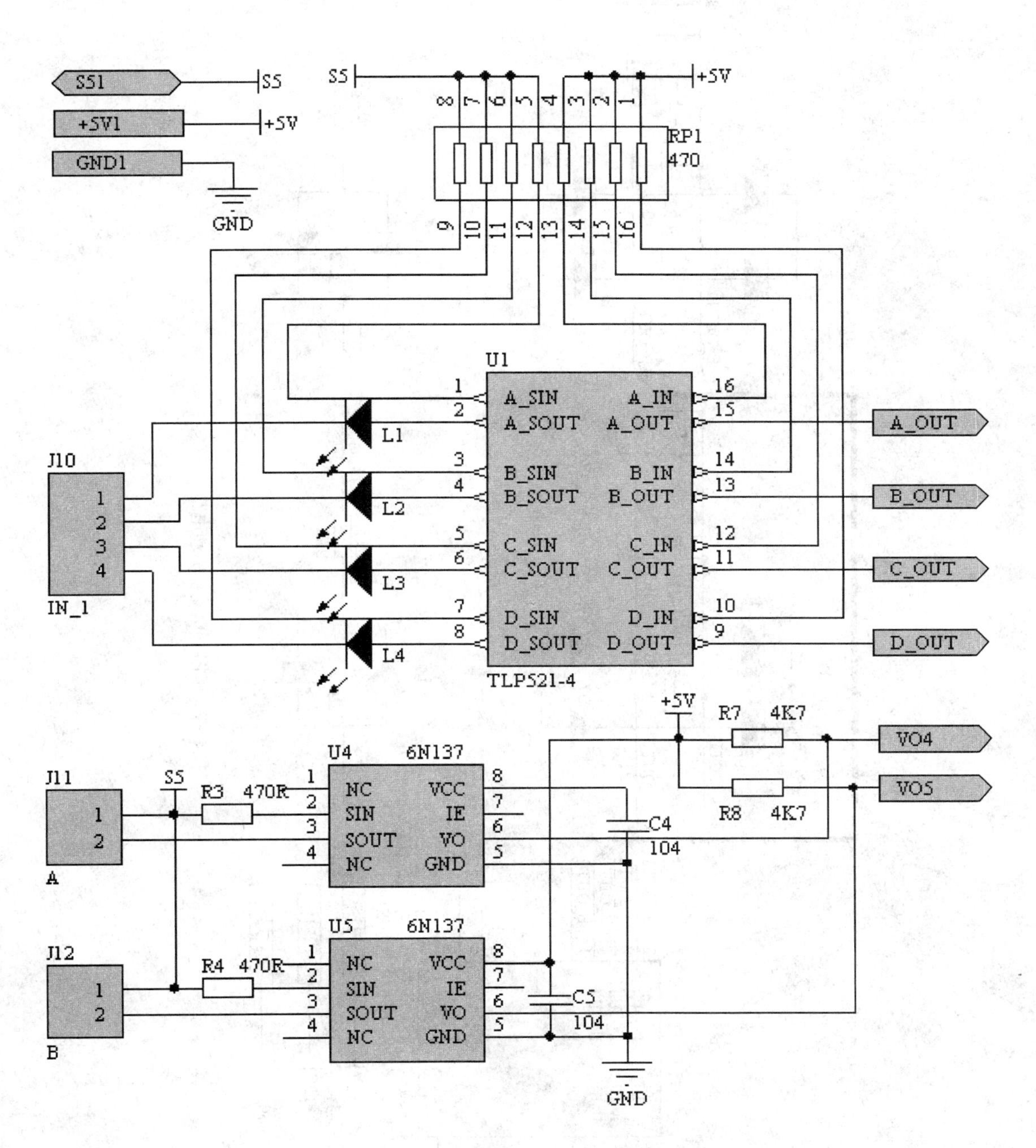

图 4-37　子图 4(隔离部分电路)

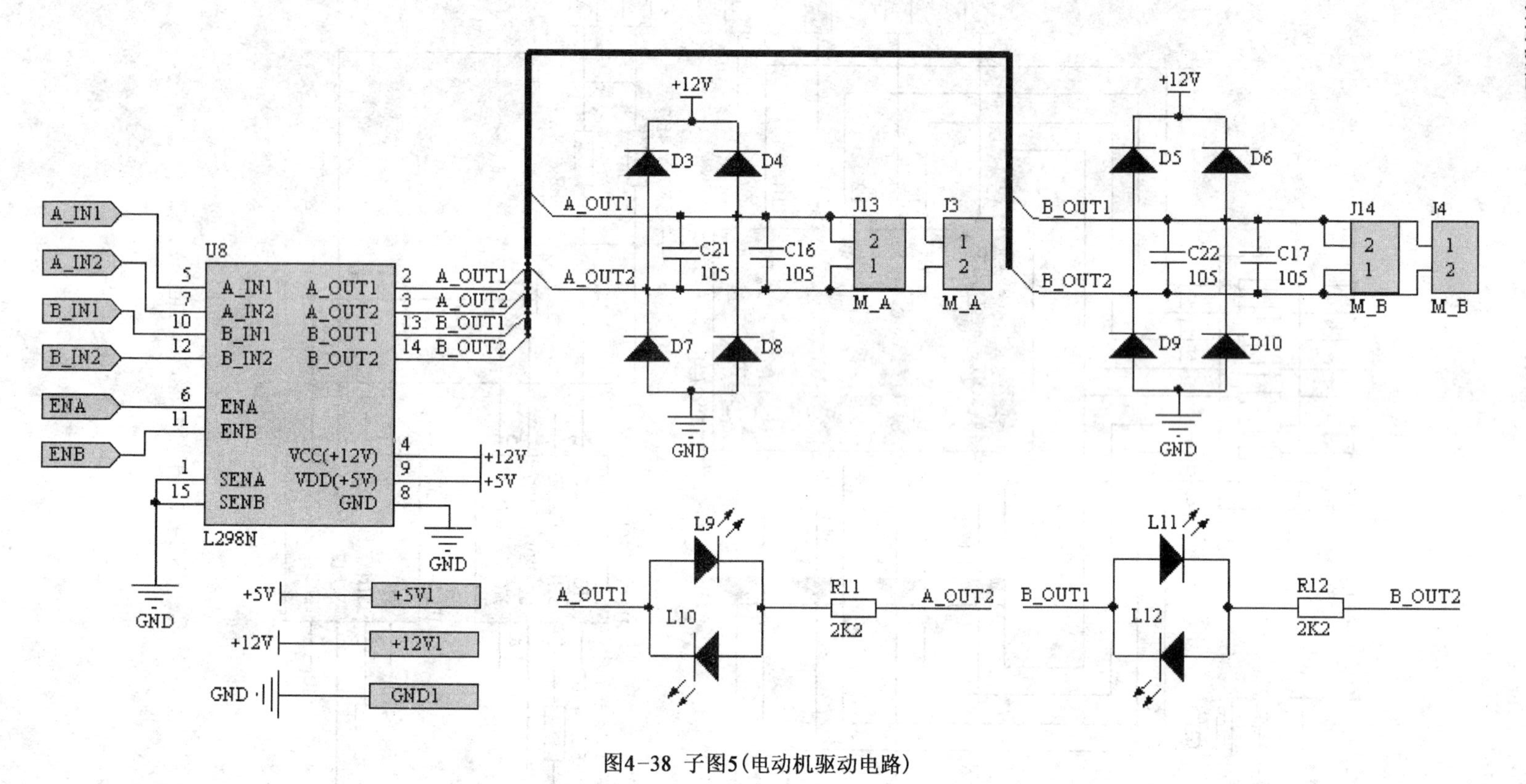

图4-38 子图5(电动机驱动电路)

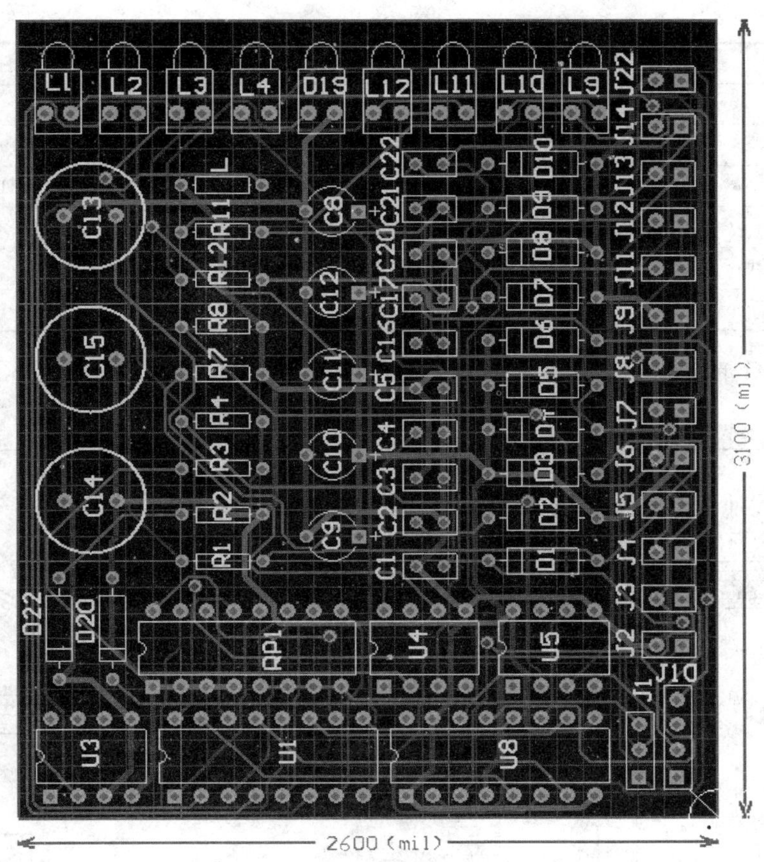

图 4-39　电动机驱动电路 PCB

表 4-2　习题 1 电路的元件表

说　明	编　号	封　装	元　件　名　称
连接器	J2、J3、J4、J5、J6、J7、J8、J9、J11、J12、J13、J14、J22	HDR1X2	Header2
连接器	J1	HDR1X3	Header3
连接器	J10	HDR1X4	Header4
发光二极管	L1、L2、L3、L4、D19、L12、L11、L10、L9	DIODE-0.4	LED1
二极管	D1、D2、D3、D4、D5、D6、D7、D8、D9、D10、D20	DIODE-0.4	1N4007
肖特基二极管	D22	DIODE-0.4	1N5822
电容	C1、C2、C3、C4、C5、C16、C17、C20、C21、C22	RAD-0.1	Cap
电解电容	C8、C9、C10、C11、C12	CAPPR5-5x5	Cap Pol1
电解电容	C13、C14、C15	RB5-10.5	Cap Pol1
电感线圈	L	AXIAL-0.3	Inductor

续表

说 明	编 号	封 装	元 件 名 称
电阻	R1、R2、R3、R4、R7、R8、R11、R12	AXIAL-0.3	Res2
电阻排	RP1	DIP-16	Res Pack4
四光耦合器	U1	DIP-16	TLP521-4
高速光耦合器	U4、U5	DIP-8	6N137
电动机驱动模块	U8	DIP-16	L298N
开关型稳压器	U3	DIP-8	LM2576

2. 图 4-40 所示为 IC 卡智能水表电路，试采用层次电路设计方法设计该电路的 PCB，分为四个子图，要求：

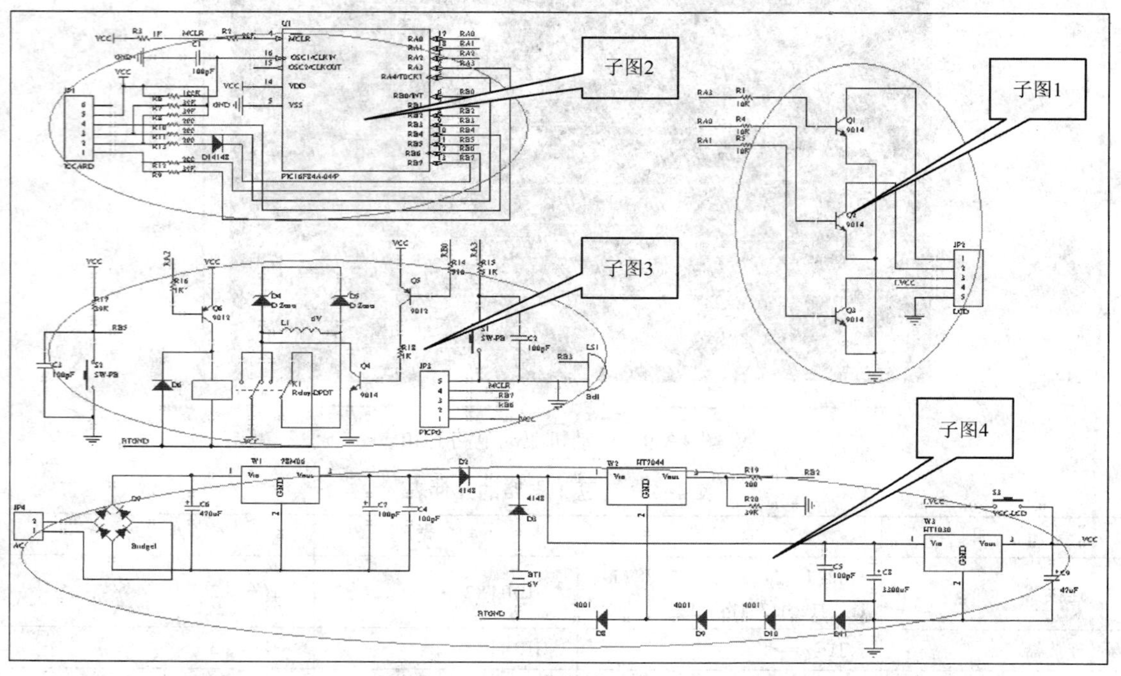

图 4-40　IC 卡智能水表电路

(1)使用双面板。

(2)采用贴片式元件。

(3)镀铜过孔。

(4)焊盘之间允许走一根铜膜线。

(5)最小铜膜线走线宽度为 10 mil，电源地线的铜膜线宽度为 20 mil。

(6)画出总图、各子图原理图、人工布置元件、自动布线。总图及各子图如图 4-41～图 4-45 所示。

(7)板框尺寸和元件布置如图 4-46 所示。

电路的元件表如表 4-3 所示。

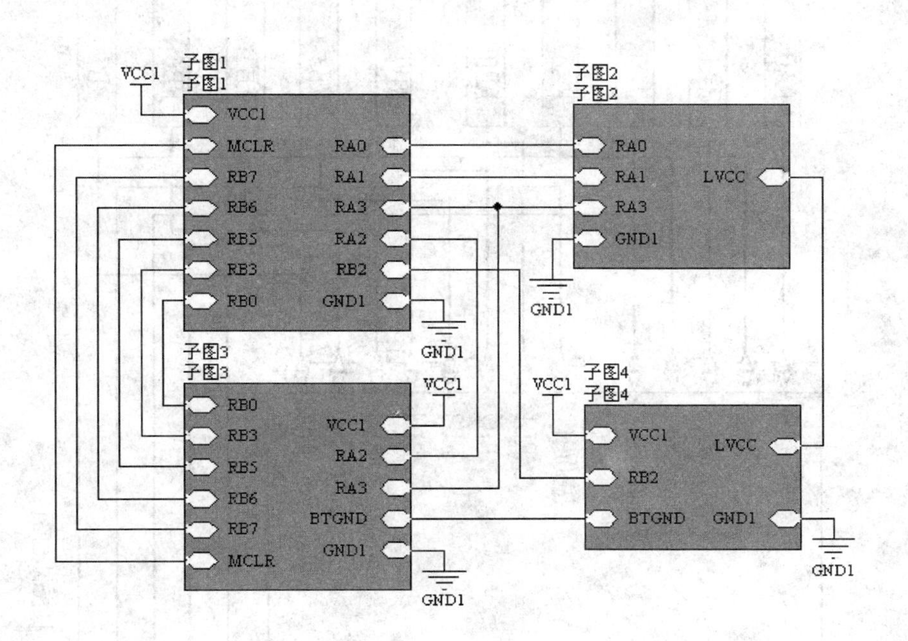

图 4-41　总图(IC 卡智能水表电路)

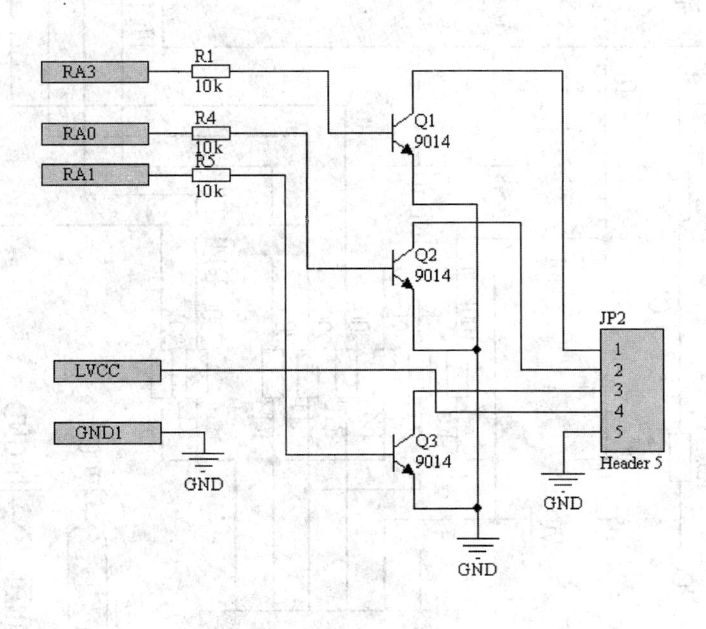

图 4-42　子图 1(IC 卡智能水表驱动电路)

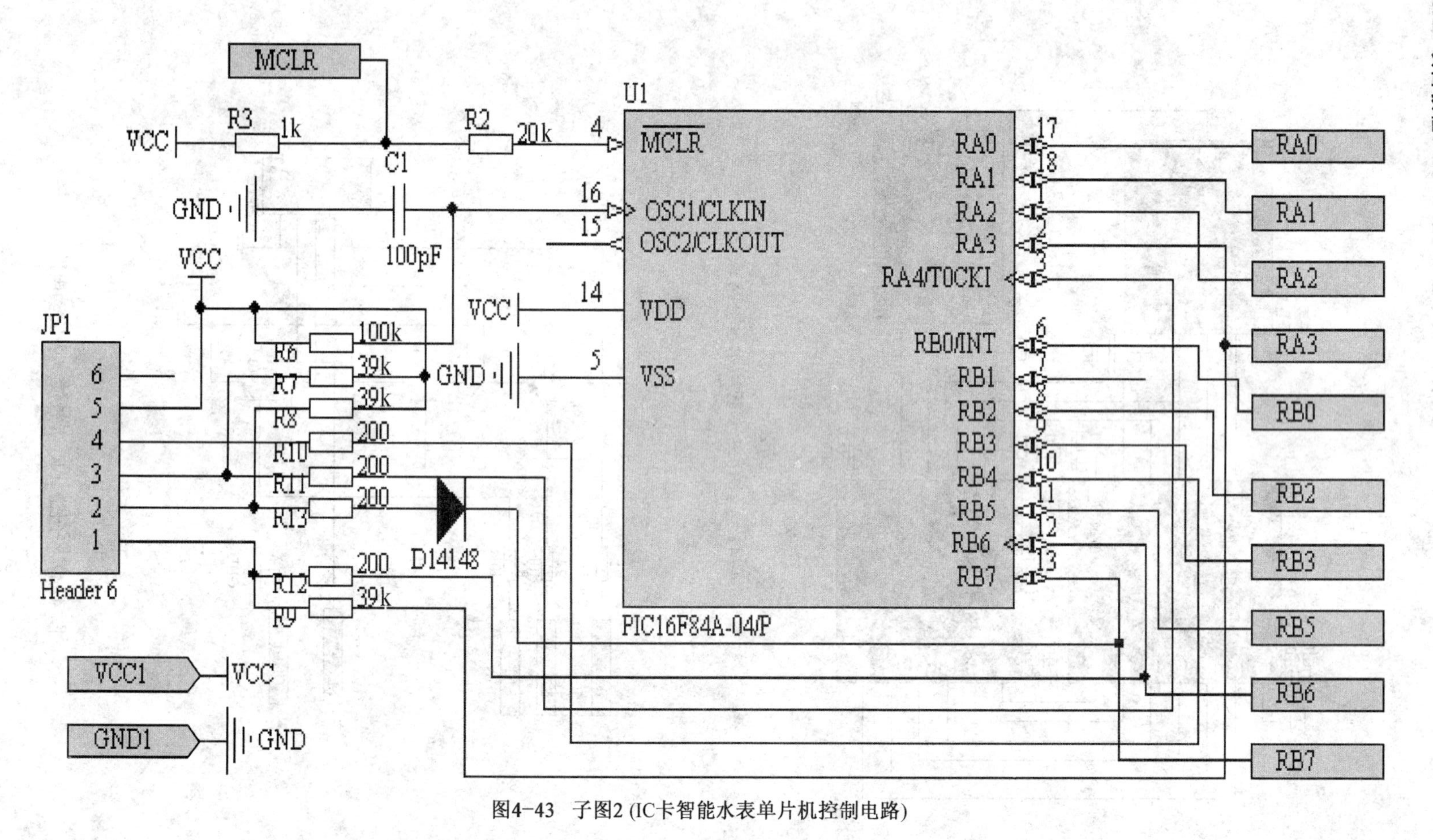

图4-43 子图2 (IC卡智能水表单片机控制电路)

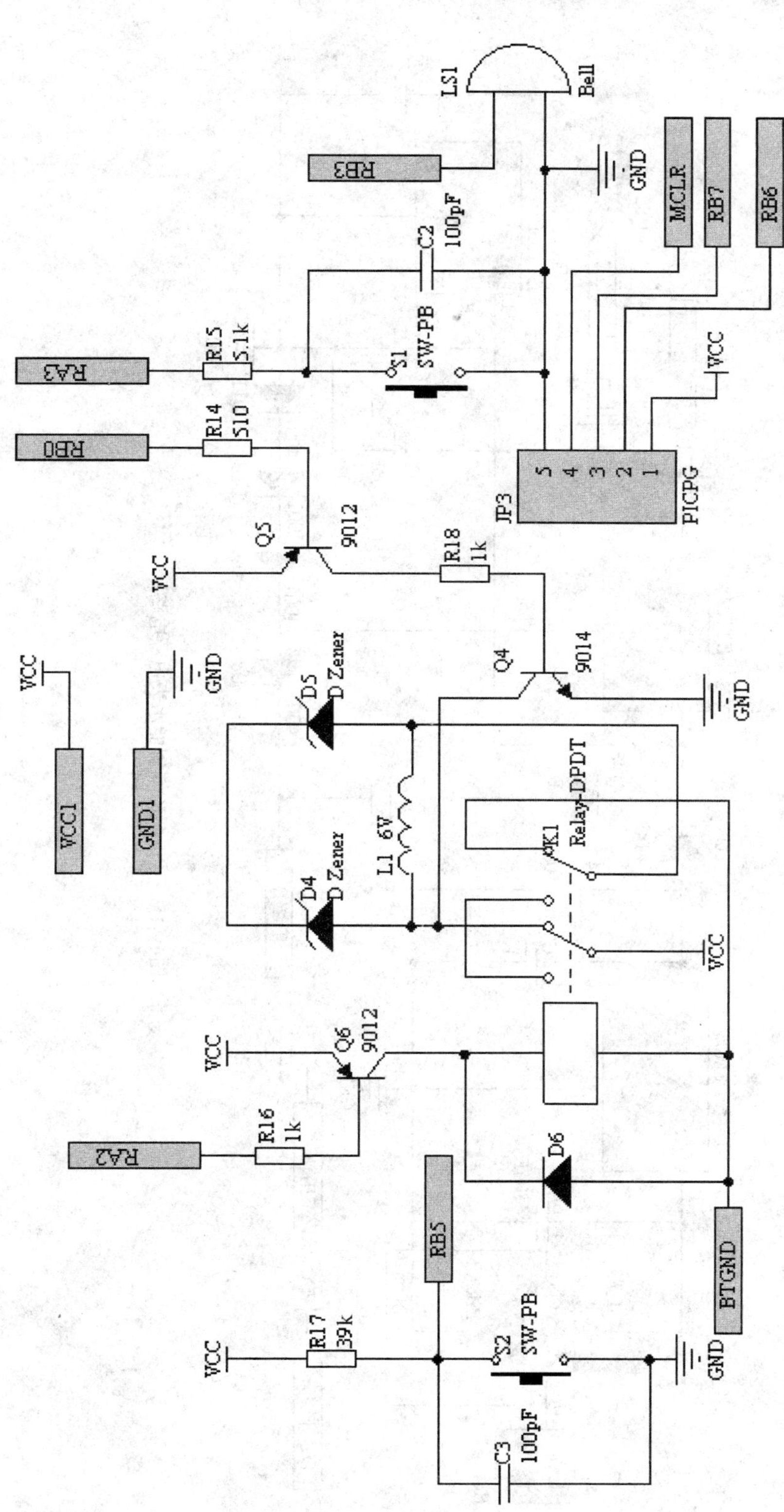

图4-44　子图3(IC卡智能水表继电器及报警电路)

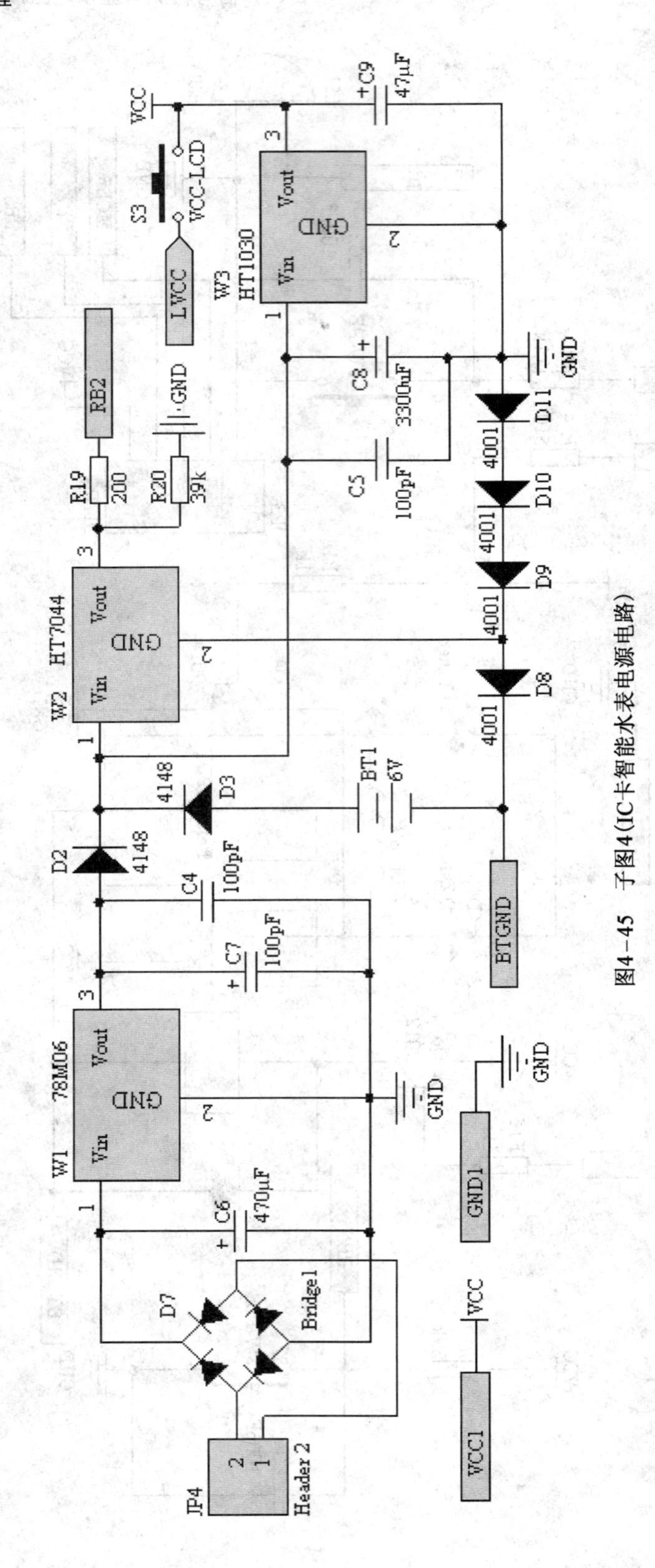

图4-45　子图4(IC卡智能水表电源电路)

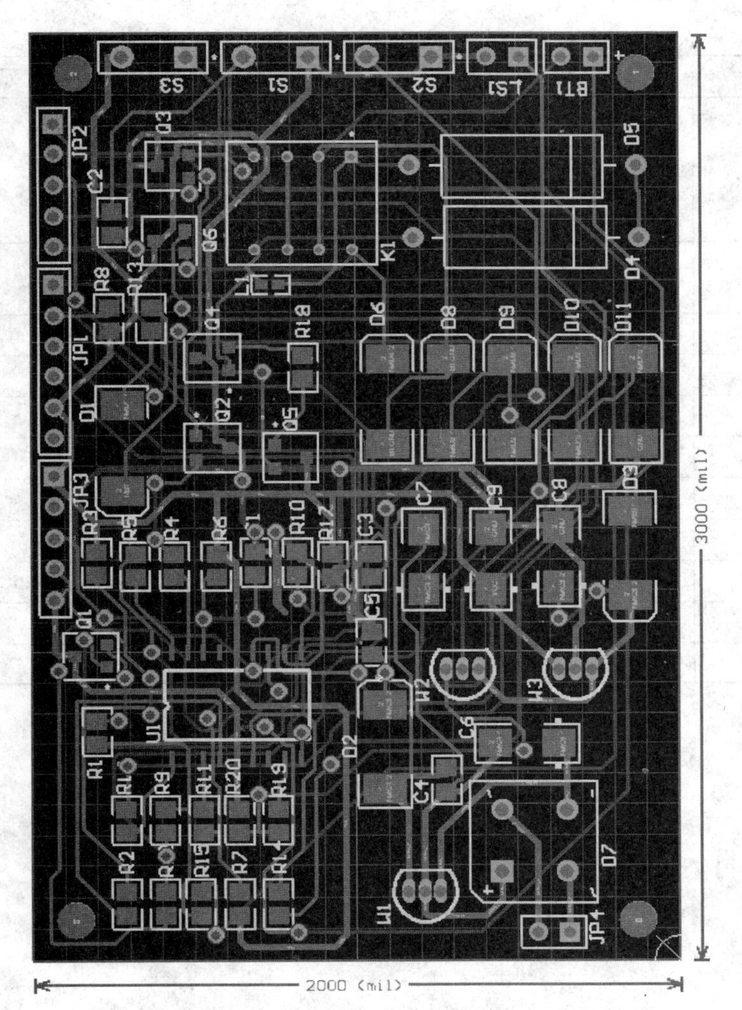

图 4-46　IC 卡智能水表电路 PCB

表 4-3　习题 2 电路的元件表

说　明	编　号	封　装	元　件　名　称
连接器	JP1	HDR1X6	ICCADR Header6
连接器	JP2	HDR1X5	LCD Header5
连接器	JP3	HDR1X5	PICPG Header5
连接器	JP4	HDR1X2	AC Header2
整流桥	D7	D-38	Bridge1
稳压块	W1	TO-92	78M06 VoltReg
稳压块	W2	TO-92	HT7044 VoltReg
稳压块	W3	TO-92	HT1030 VoltReg
电解电容	C6、C7、C8、C9	5025[2010]	Cap Pol3
电容	C1、C2、C3、C4、C5	R2012-0805	Cap

续表

说　明	编　号	封　装	元　件　名　称
电阻	R1、R2、R3、R4、R5、R6、R7、R8、R9、R10、R11、R12、R13、R14、R15、R16、R17、R18、R19、R20	R2012-0805	Res1
二极管	D1、D2、D3、D6、D8、D9、D10、D11	SMC	Diode
稳压管	D4、D5	DIODE-0.7	DZener
按钮	S1、S2、S3	SPST-2	SW-PB
继电器	K1	DIP-P8	Relay-DPDT
电感线圈	L1	1005[0402]	Inductor
三极管	Q1、Q2、Q3、Q4	SOT-23	NPN
三极管	Q5、Q6	SOT-23	PNP
单片机	U1	SOIC-SO18_N	PIC16F84A-20/SO
电池	BT1	BAT-2	Battery
电铃	LS1	PIN2	Bell

项目五　有源低通滤波电路仿真

学习目标

- 了解仿真的概念及仿真的基本类型；
- 掌握电路仿真的环境参数设置和仿真流程；
- 熟悉常用的仿真元件；
- 掌握常用分析类型的设置，能进行简单电路的仿真分析。

任务一　仿真元件库及仿真器设置

任务描述

在完成了电路原理图的设计后，Altium Designer 的仿真工具还可以对设计电路进行仿真分析，来检验设计电路的功能能否实现。通过本任务的学习，了解仿真的基本概念；掌握仿真元件库的安装及删除；了解仿真元件的功能；掌握仿真功能及仿真参数设置。

任务实现

1. 电路仿真概述

电路仿真软件的出现，使设计者在设计电路的过程中，就能准确分析电路的工作状况，及时发现电路中的缺陷，并予以改进，从而可以提高电路设计的工作效率，缩短开发周期。Altium Designer 的仿真器可以完成各种形式的信号分析，在仿真器的分析设置对话框中，通过全局设置页面，允许用户指定仿真的范围和自动显示仿真的信号。每一项分析类型可以在独立的设置页面内完成。

仿真中涉及的几个基本概念如下：

(1)仿真元件：用户进行电路仿真时使用的元件，要求具有仿真属性。

(2)仿真原理图：用户根据具体电路的设计要求，使用原理图编辑器及具有仿真属性的元件所绘制而成的电路原理图。原理图库中具有仿真属性的元件如图 5-1 所示。

(3)仿真激励源：用于模拟实际电路中的激励信号。

(4)节点网络标签：如果要测试电路中多个节点，应该分别放置一个有意义的网络标签名，便于明确查看每一节点的仿真结果(电压或电流波形)。

(5)仿真方式：仿真方式有多种，对于不同的仿真方式，其参数设置也不尽相同，用户应根据具体的电路要求来选择仿真方式。

(6)仿真结果：一般以波形的形式给出，不仅仅局限于电压信号，每个元件的电流及功耗波形都可以在仿真结果中观察到。

2. 仿真元件库及仿真元件

Altium Designer 为用户提供了大部分常用的仿真元件，这些仿真元件库在安装目录下的

/Altium Designer Winter 09/Library/Simulation 中，其中包含了 Simulation Sources. IntLib（仿真信号源库）、Simulation Special Function. IntLib（仿真特殊功能元件库）、Simulation Math Function. IntLib（仿真数学功能元件库）、Simulation Transmission Line. IntLib（信号仿真传输线元件库），Simulation Pspice Function. IntLib（仿真 Pspice 功能元件库），其元件库图标如图5-2 所示。

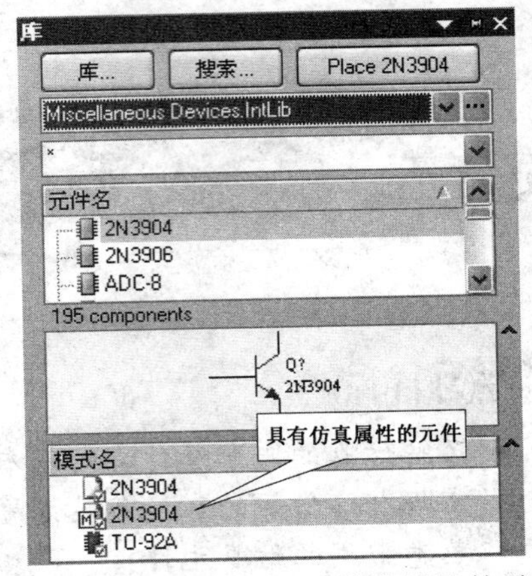

图 5-1　原理图库中具有仿真属性的元件

打开“库”面板，单击面板上的“库”按钮，弹出添加元件库的“可用库”对话框，如图 5-3 所示。同前述添加元件库的方法一样，可将仿真元件库添加到列表中。

（1）Simulation Sources. IntLib（仿真信号源元件库）。仿真信号源元件库中共有 23 个仿真元件，这些仿真信号源为仿真电路提供激励源和初始条件设置等功能。

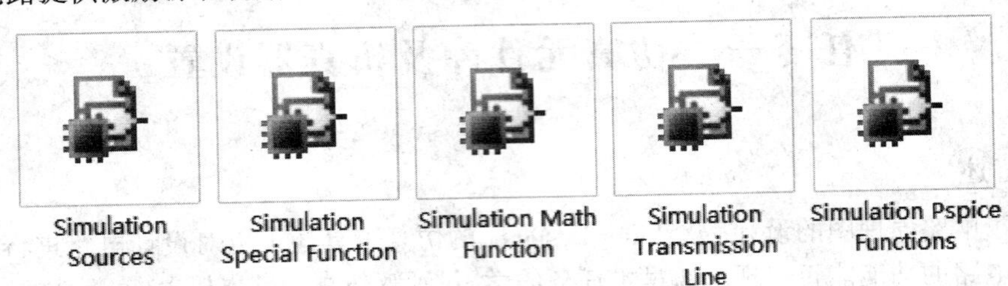

图 5-2　仿真元件库图标

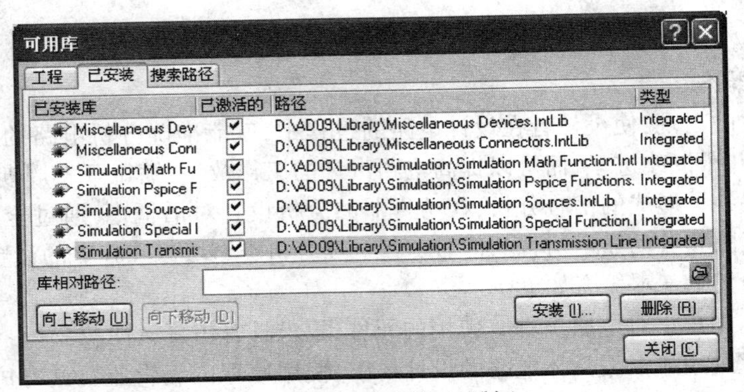

图 5-3　“可用库”对话框

①在原理图中添加图 5-4 所示的两个元件符号，即可实现整个仿真电路的节点电压和初始条件设置。

a. NS。NODE SET（节点设置）

b. IC。Initial Condition（初始条件）

②BISRC（非线性受控电流源）和 BVSRC（非线性受控电压源）如图 5-5 所示。

③ESRC（线性电压控制电压源）、FSRC（线性电流控制电流源）、GSRC（线性电压控制电流源）和 HSRC（线性电流控制电压源）如图 5-6 所示。每个线性受控源都有两个输入节点和两个输出节点，输出节点间的电压电流是输入节点间的电压电流的线性函数，一般由源的增益、跨导等决定。

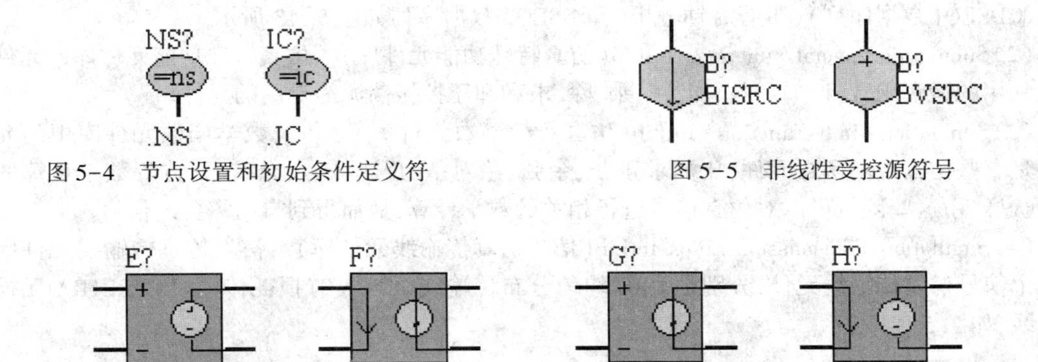

图 5-4　节点设置和初始条件定义符

图 5-5　非线性受控源符号

图 5-6　线性受控源符号

④VEXP(指数激励电压源)和 IEXP(指数激励电流源)如图 5-7 所示,通过这些激励源可创建带有指数上升沿和下降沿的脉冲波形。

⑤ISFFM(单频调频电流源)和 VSFFM(单频调频电压源)如图 5-8 所示,通过单频调频可单频调频波。

图 5-7　指数激励源符号

图 5-8　单频调频源符号

⑥VPULSE(电压周期脉冲源)和 IPULSE(电流周期脉冲源)如图 5-9 所示,利用周期脉冲源可以创建周期性的连续脉冲。

⑦VPWL(分段线性电压源)和 IPWL(分段线性电流源)如图 5-10 所示,可以创建任意形状的波形。

图 5-9　周期脉冲源符号

图 5-10　分段线性源符号

⑧VSRC(电压源)和 ISRC(电流源)用来激励电路的一个恒定的电压或电流输出,如图 5-11 所示。

⑨VSIN(正弦电压源)和 ISIN(正弦电流源)如图 5-12 所示,通过这些仿真信号源可创建正弦电压和正弦电流。

图 5-11　电压源/电流源符号

图 5-12　正弦电压源/正弦电流源符号

⑩DSEQ(数据序列)(带有时钟输出)和 DSEQ2 数据序列如图 5-13 所示。

(2)Simulation Special Function. IntLib(仿真特殊功能元件库)。仿真特殊功能元件库的元件主要是常用的运算函数,比如增益、加、减、乘、除、求和和压控振荡源等专用的元件。

(3)Simulation Math Function. IntLib(仿真数学函数元件库)。仿真数学函数元件库中的元件主要是一些仿真数学函数元件,比如求正弦、余弦、绝对值、反正弦、反余弦、开方等数学计算的函数,通过使用这些函数可以对仿真信号进行相关的数学计算,从而得到自己需要的信号。

(4)Simulation Transmission Line. IntLib(信号仿真传输线元件库)。信号仿真传输线元件库包括三个信号仿真传输线元件,分别是 URC 均匀分布传输线、LTRA 有损耗传输线和 LLTRA 无损耗传输线,如图 5-14 所示。

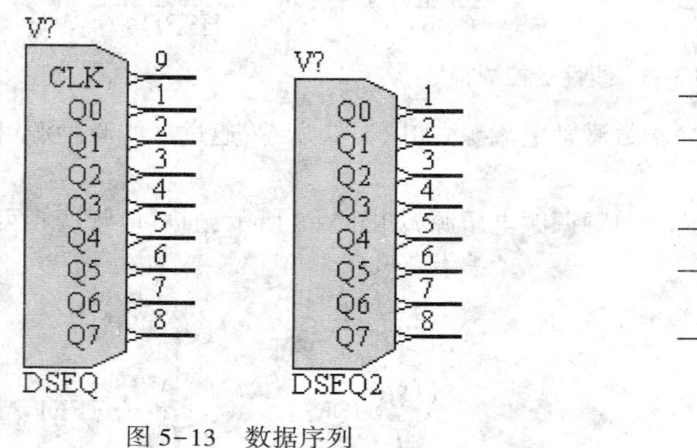

图 5-13　数据序列

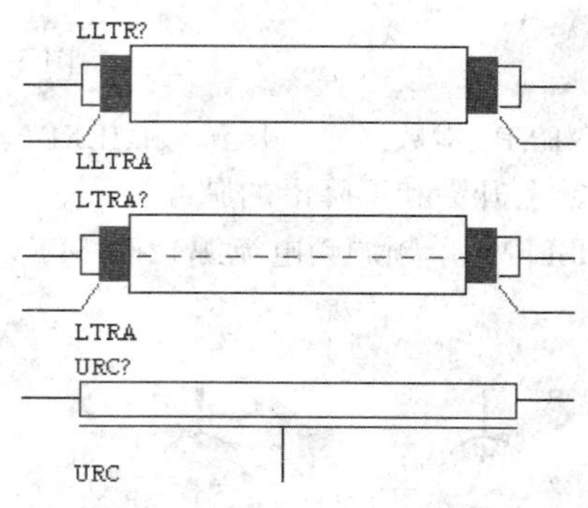

图 5-14　传输线元件

(5)Simulation Pspice Function. IntLib(仿真 Pspice 功能元件库)。仿真 Pspice 功能元件库主要为设计者提供 Pspice 功能元件。

3. 仿真功能及仿真参数设置

完成电路的编辑后,在仿真之前,要选择对电路进行那种分析,设置收集的变量数据,以及设置显示哪些变量的波形。常见的仿真分析有静态工作点分析(Operating Point Analysis),瞬态分析(Transient Analysis),直流扫描分析(DC Sweep Analysis),交流小信号分析(AC Small Signal Analysis),噪声分析(Noise Analysis),极点、零点分析(Pole-Zero Analysis),传递函数分析(Transfer Function Analysis),温度扫描分析(Temperature Sweep),参数扫描(Parameter Sweep),蒙特卡洛分析(Monte Carlo Analysis)等。本章主要讲解后面例子中用到的静态工作点分析、瞬态分析和交流小信号分析的设置方法。

选择 Design→Simulate→Mixed Sim 命令,弹出图 5-15 所示的"分析设置"对话框。

(1)General Setup(一般设置)。在"分析设置"对话框的左侧分析选项列表中,列写出了所有的分析选项,选中每个分析选项,右侧即显示出相应的设置项。选中 General Setup,即可在右侧的选项中进行一般设置。在"有用的信号"列表中显示的是可以进行仿真分析的信号,在"积极信号"列表中显示的是激活的信号,是需要进行仿真的信号,单击" > "和" < "按钮可完成添加或删除激活信号,单击" >> "和" << "按钮可完成激活信号的全部添加或删除,如图 5-15 所示。

在指定显示数据"为了... 收集数据"(Collect Date For)下拉列表框中,如图 5-16 所示,可以选择收集数据的内容。

①Node Voltage and Supply Current(收集节点电压和电源电流)。

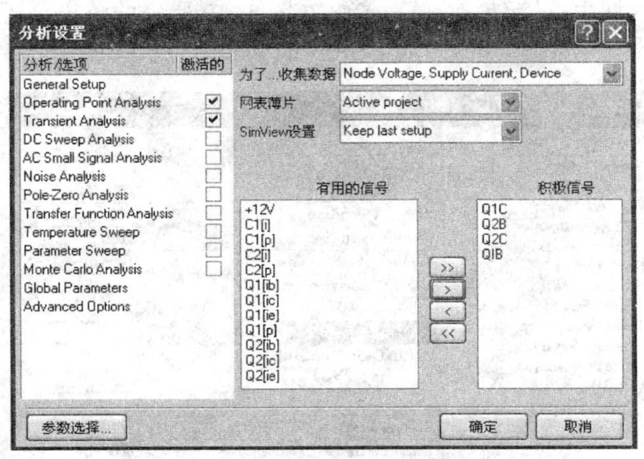

图 5-15　“分析设置”对话框

②Node Voltage,Supply and Device Current(收集节点电压、电源和元件电流)。

③Node Voltage,Supply Current and Device Current and Power(收集节点电压、电源电流、元件电流和功率)。

④Node Voltage and Supply Current and Subcircuit VARs(收集节点电压、电源电流和子电路变量)。

⑤Active Signals(收集被选择的信号)。

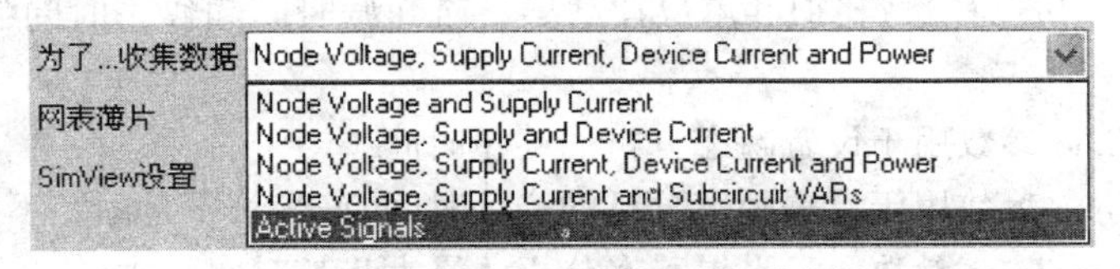

图 5-16　指定显示数据下拉列表框

“网表薄片”(Sheet to Netlist)下拉列表框用于设置网表的范围。可以在 Active Sheet(当前图纸)、Active Project(当前项目)之间选择,如图 5-17 所示。

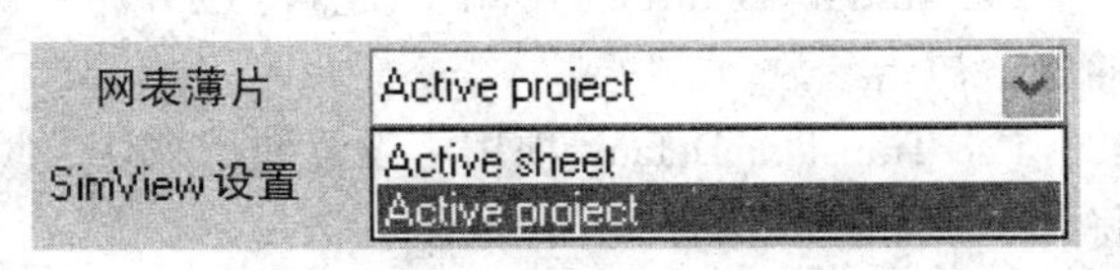

图 5-17　仿真网表范围选择

“SimView 设置”(SimView Setup)下拉列表框包括:Keep Last Setup(按照上一次显示信号的数据和波形进行显示);Show Active Signal(显示激活的信号),如图 5-18 所示。

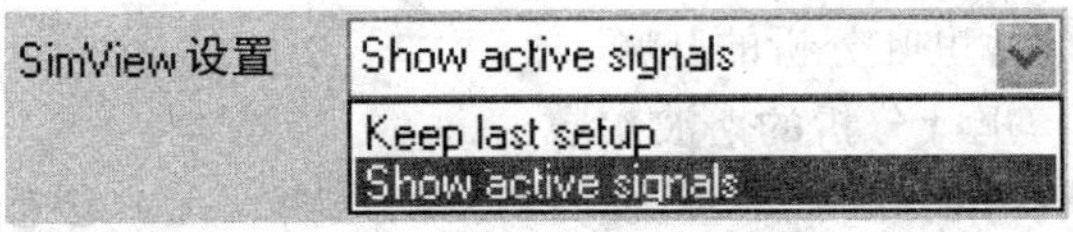

图 5-18　Sim View Setup 下拉列表框

(2)Operating Point Analysis(静态工作点分析)。静态工作点分析通常用于对放大电路进行分析,当放大器处于输入信号为零的状态时,电路中各点的状态就是电路的静态工作点。最典型的是放大器的直流偏置参数。进行静态工作点分析的时候,不需要设置参数。

(3)Transient Analysis(瞬态分析)。瞬态分析用于分析仿真电路中工作点信号随时间变化的情况。进行瞬态分析之前,设计者要设置瞬态分析的起始和终止时间、仿真时间的步长等参数。在电路仿真分析设置对话框中，激活 Transient 选项，在图 5-19 所示的瞬态分析参数设置对话框中进行设置。

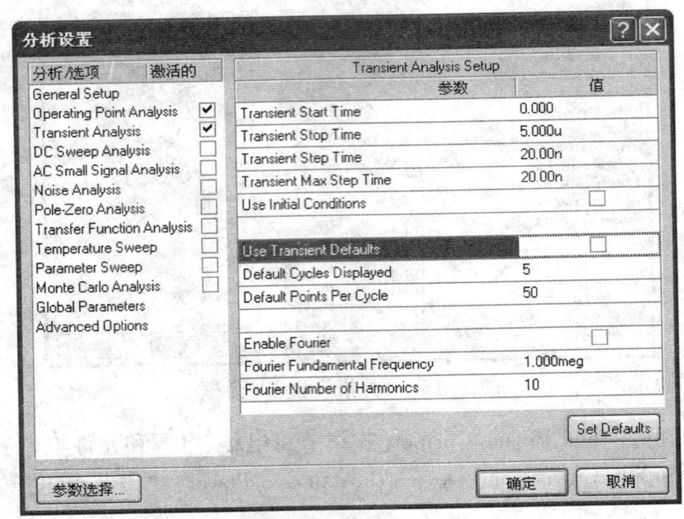

图 5-19　瞬态分析参数设置对话框

在 Transient Analysis Setup 列表中共有 11 个参数设置选项，这些参数的含义分别如下：

Transient Start Time 参数用于设置瞬态分析的起始时间。瞬态分析通常从时间零开始，在时间零和开始时间，瞬态分析照样进行，但并不保存结果。而开始时间和终止时间的间隔将保存，并用于显示。

Transient Stop Time 参数用于设置瞬态分析的终止时间。

Transient Step Time 参数用于设置瞬态分析的步长时间，该步长不是固定不变的。

Transient Max Step Time 参数用于设置瞬态分析的最大步长时间。

Use Initial Conditions 项用于设置电路仿真的初始状态。选中该项后，仿真开始时将调用设置的电路初始参数。

Use Transient Default 项用于设置使用默认的瞬态分析设置，选中该项后，列表中的前四项参数将处于不可修改状态。

Default Cycles Displayed 参数用于设置默认的显示周期数。

Default Points Per Cycle 参数用于设置默认的每周期仿真点数。

Enable Fouries 项用于设置进行傅里叶分析，选中该项后，系统将进行傅里叶分析，显示频域参数。

Fouries Fundamental Frequency 项用于设置进行傅里叶分析的基频。

Fouries Number of Harmonics 项用于设置进行傅里叶分析的谐波次数。

(4) DC Sweep Analysis（直流扫描分析）。直流扫描分析就是直流转移特性，当输入在一定范围内变化时，输出一个曲线轨迹。通过执行一系列直流工作点分析，修改选定的源信号的电压，从而得到一个直流传输曲线；用户也可以同时指定两个工作源，如图 5-20 所示。

参数设置：

Primary Source：电路中独立电源的名称。

Primary Start：主电源的起始电压值。

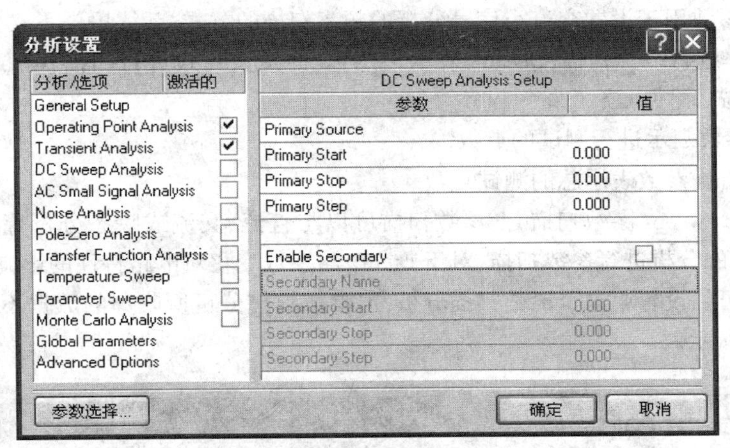

图 5-20　直流扫描分析设置对话框

Primary Stop:主电源的停止电压值。

Primary Step:在扫描范围内指定的增量值。

Enable Secondary:在主电源基础上,执行对每个从电源值的扫描分析。

Secondary Name:在电路中独立的第二个电源的名称。

Secondary Start:从电源的起始电压值。

Secondary Stop:从电源的停止电压值。

Secondary Step:在扫描范围内指定的增量值。

在直流扫描分析中必须设定一个主源,而第二个源为可选;通常第一个扫描变量(主独立源)所覆盖的区间是内循环,第二个(次独立源)扫描区间是外循环。

(5) AC Small Signal Analysis(交流小信号分析)。交流小信号分析用于对系统的交流特性进行分析,在频域响应方面显示系统的性能。该分析功能对于滤波器的设计相当有用,通过设置交流信号分析的频率范围,系统将显示该频率范围内的增益。在电路仿真分析设置对话框中,选中 AC Small Signal Analysis 复选框,在图 5-21 所示的交流小信号分析参数设置对话框中进行设置。

其中,Start Frequency 参数用于设置进行交流小信号分析的起始频率。

Stop Frequency 参数用于设置进行交流小信号分析的终止频率。

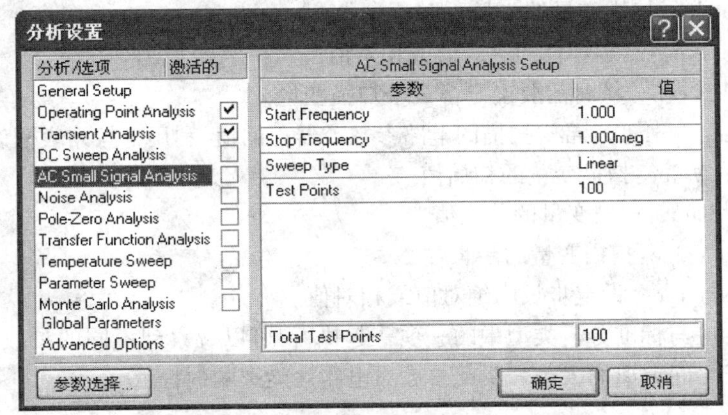

图 5-21　交流小信号分析参数设置对话框

Sweep Type 参数用于设置交流小信号分析的频率扫描的方式,系统提供了三种频率扫描方式:Linear 表示对频率进行线性扫描,Decade 表示采用 10 的指数方式进行扫描,Octave 表示采用 8 的指数方式进行扫描。

Test Points 参数表示进行测试的点数。

Total Test Points 参数表示总的测试点数。

(6) Parameter Sweep(参数扫描)。参数扫描可以与直流、交流或瞬态分析等分析类型配合使用,对电路所执行的分析进行参数扫描,对于研究电路参数变化对电路特性的影响提供了很大的方便。同时用户还可以设置第二个参数扫描分析,但参数扫描分析所收集的数据不包括子电路中的器件,如图 5-22 所示。

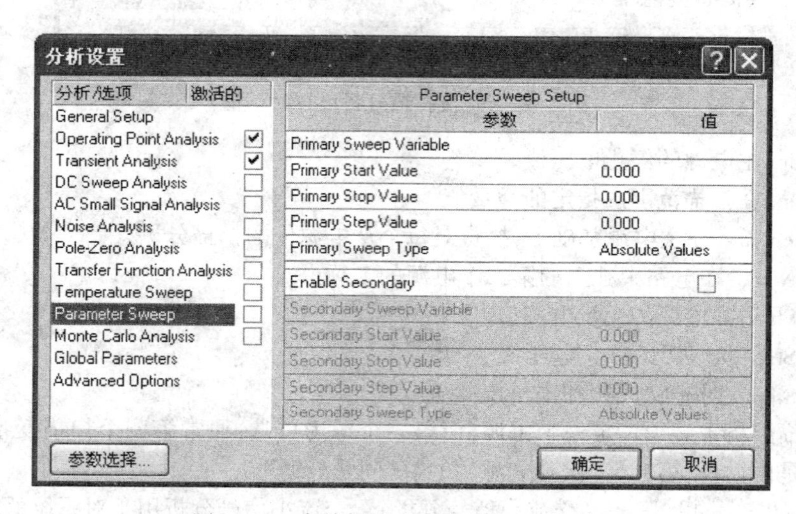

图 5-22　参数扫描分析参数设置对话框

参数设置:

Primary Sweep Variable:希望扫描的电路参数或器件的值,利用下拉列表框设定。

Primary Start Value:扫描变量的初始值。

Primary Stop Value:扫描变量的截止值。

Primary Step Value:扫描变量的步长。

Primary Sweep Type:设定步长的绝对值或相对值。

Enable Secondary:在分析时需要确定第二个扫描变量。

Secondary Sweep Variable:希望扫描的电路参数或器件的值,利用下拉列表框设定。

Secondary Start Value:扫描变量的初始值。

Secondary StopValue:扫描变量的截止值。

Secondary Step Value:扫描变量的步长。

Secondary Sweep Type:设定步长的绝对值或相对值。

参数扫描至少应与标准分析类型中的一项一起执行,可以观察到不同的参数值所画出来的不一样的曲线。曲线之间偏离的大小表明此参数对电路性能影响的程度。

任务二　多谐振荡器电路仿真

任务描述

多谐振荡器是一种能产生矩形波的自激振荡器，又称矩形波发生器。在接通电源后，不需要外加脉冲就能自动产生矩形脉冲。通过本任务的学习，掌握瞬态分析仿真设置及分析方法。瞬态分析可以得到电路各节点电压、支路电流和功率等随时间变化的曲线，其功能类似于示波器。

任务实现

图 5-23 为多谐振荡器仿真原理图。下面对该电路中三极管的基极及集电极的电压波形进行仿真分析，从而掌握电路仿真的基本步骤和方法。

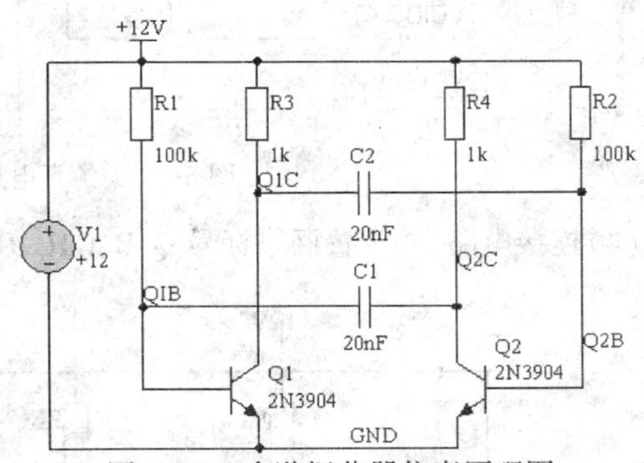

图 5-23　多谐振荡器仿真原理图

1. 绘制仿真原理图

(1)选择“文件”→“新建”→“工程”→“PCB 工程”命令建立 PCB 工程，并命名为多谐振荡器。选择“文件”→“新建”→“原理图”命令建立原理图文件，并命名为多谐振荡器电路，如图 5-24 所示。

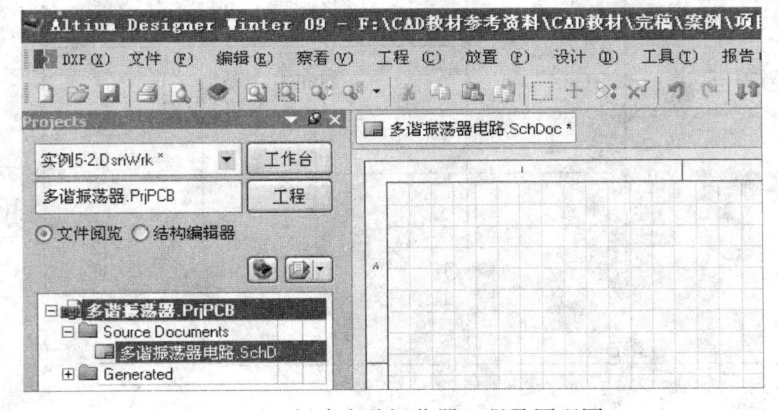

图 5-24　创建多谐振荡器工程及原理图

(2)在上述新建的原理图中绘制如图 5-23 所示的多谐振荡器电路。其中，每个元件都具有仿真属性。添加一个+12 V 的电压源 V1，方法有两种：其一，单击 Utility 工具栏中的工具“　”按钮，打开图 5-25所示的仿真电源工具栏，在工具栏中单击“+12 V”电压源工具按钮，在工作区放置一个+12 V 的电压源。其二，双击 Simulation Sources. IntLib 仿真库中的 VSRC，放置电压源。

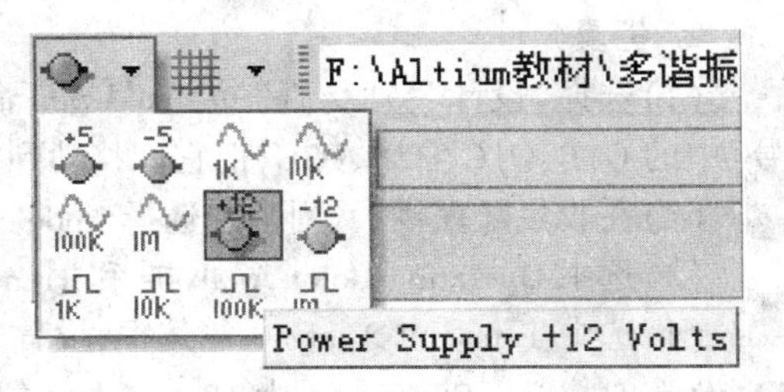

图 5-25　放置激励源+12 V 的电压源

(3)放置完毕后,单击 V1 元件,弹出“元件属性”对话框,如图 5-26 所示,修改其参数,设置“标识”为 V1,“注释”为=Value,Value 为+12。

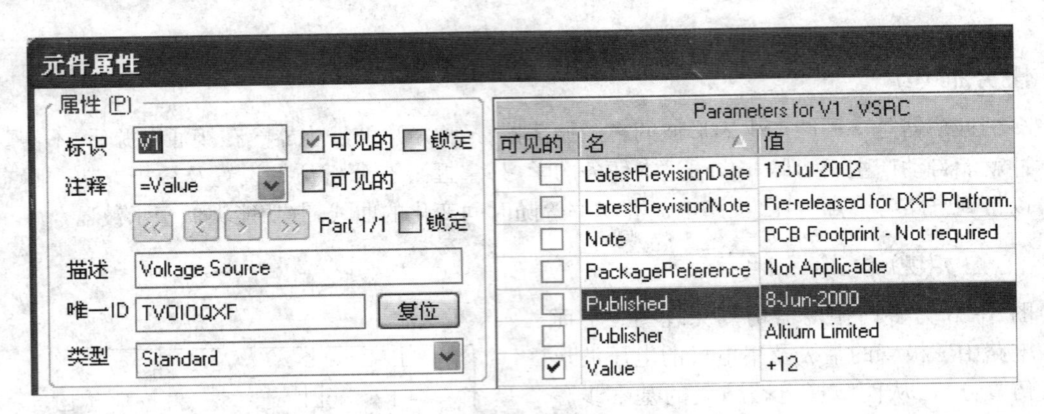

图 5-26　仿真电压源属性设置对话框

(4)连接电路,并放置网络标号 Q1B、Q1C、Q2B、Q2C,如图 5-27 所示。

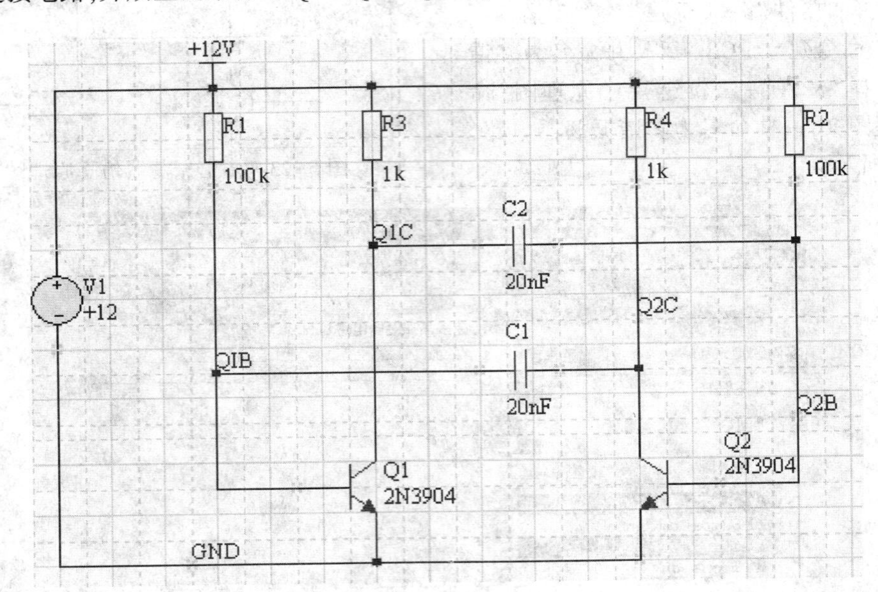

图 5-27　绘制完成的多谐振荡器电路

2. 仿真

(1)选择“设计”→“仿真”→Mixed Sim 命令,弹出仿真分析设置对话框,分别双击“有用的信号”中的 Q1B、Q1C、Q2B、Q2C,把它们移动到“积极信号”列表中,如图 5-28 所示。

(2)在收集数据栏,从列表中选择 Node Voltage,Supply Current,Device Current and Power。

(3)选中 Operating Point Analysis 和 Transient Analysis 复选框。

(4)选中 Transient Analysis 复选框,设置 Transient Stop Time 为 10 ms,指定一个 10 ms 的仿真窗口;设置 Transient Step Time 为 10 μs,表示仿真可以每 10 μs 显示一个点;设置 Transient Max Step Time 为 10 μs,如图 5-29 所示。仿真停止时间一般取五个周波,每个周波显示 50 个点。

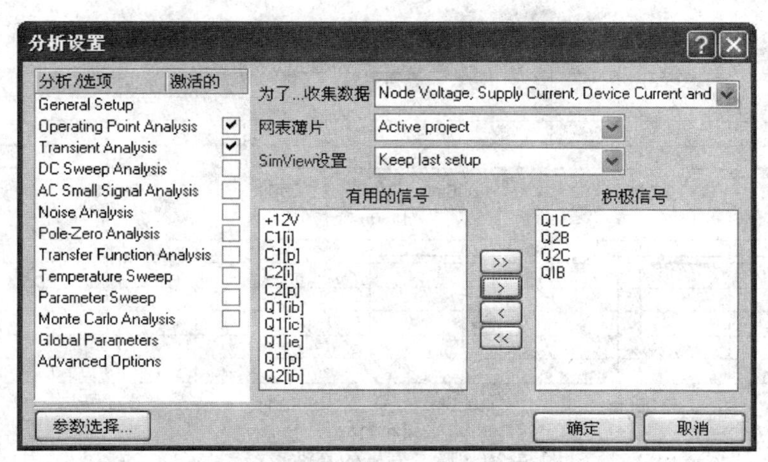

图 5-28　仿真器一般参数设置

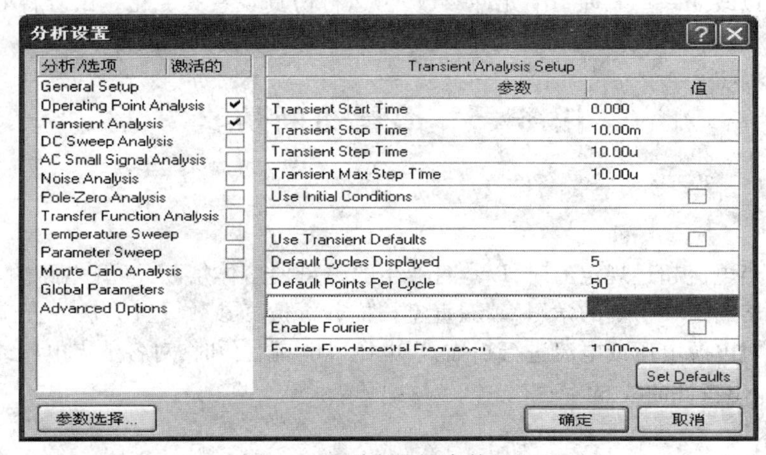

图 5-29　瞬态特性参数设置

(5)单击“确定”按钮运行仿真。瞬态分析仿真波形如图 5-30 所示。

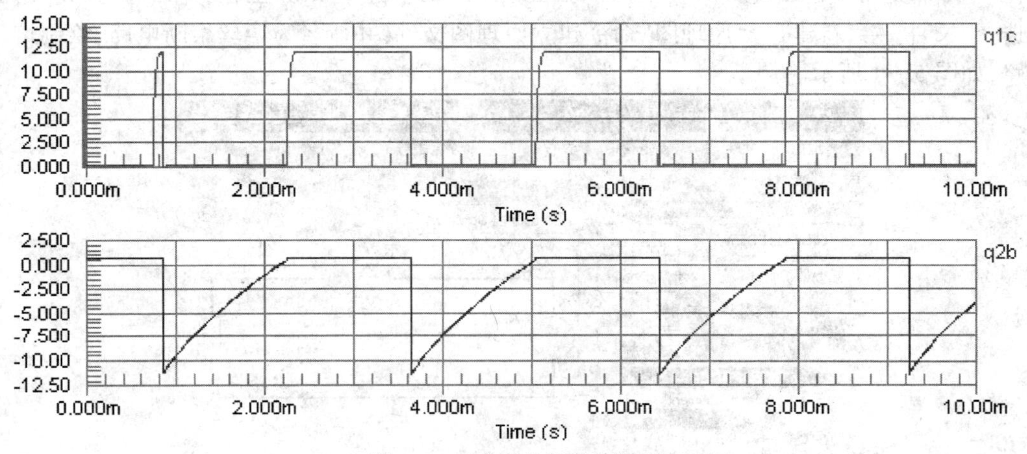

图 5-30　瞬态分析仿真波形

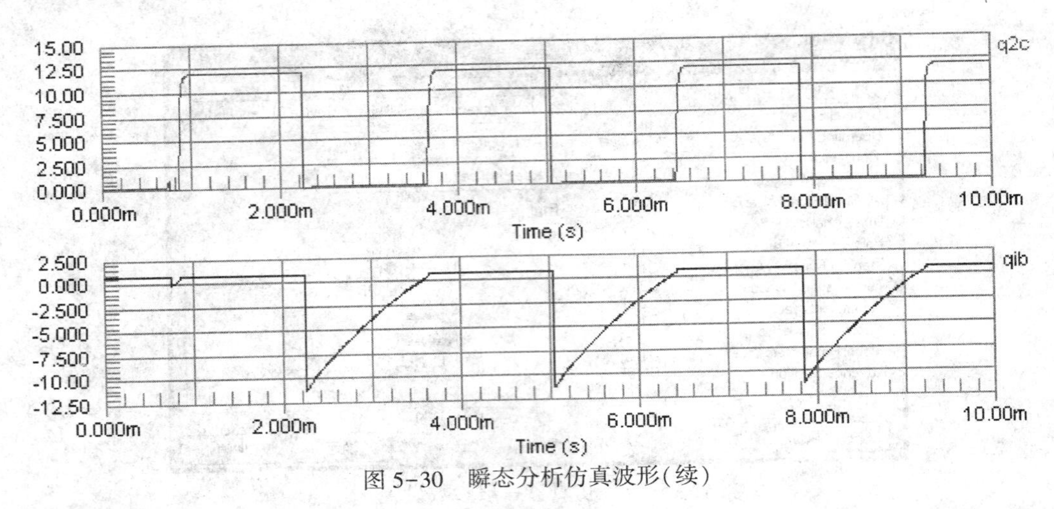

图 5-30　瞬态分析仿真波形(续)

读者可以改变一些原理图中元件参数,再运行仿真观察其变化。试着将 C1 的值改为 47 nF,然后再运行瞬态特性分析。输出波形将显示一个不均匀的占空比波形。

任务三　熔丝熔断仿真

任务描述

熔断器是指当电流超过规定值时,以本身产生的热量使熔体熔断,断开电路的一种保护电器。本任务通过熔丝熔断过程仿真的学习,掌握直流扫描分析仿真参数设置方法。直流扫描分析是指在指定的范围内对电源电压或电流进行扫描,当电压或电流变化时,对各节点电压或支路电流进行测试,从而得到输出特性曲线。

任务实现

1. 绘制仿真原理图

(1)选择“文件”→“新建”→“工程”→“PCB 工程”命令建立 PCB 工程,并命名为熔丝熔断分析。选择“文件”→“新建”→“原理图”命令建立原理图文件,并命名为熔丝熔断电路,绘制熔丝熔断电路,如图 5-31 所示。

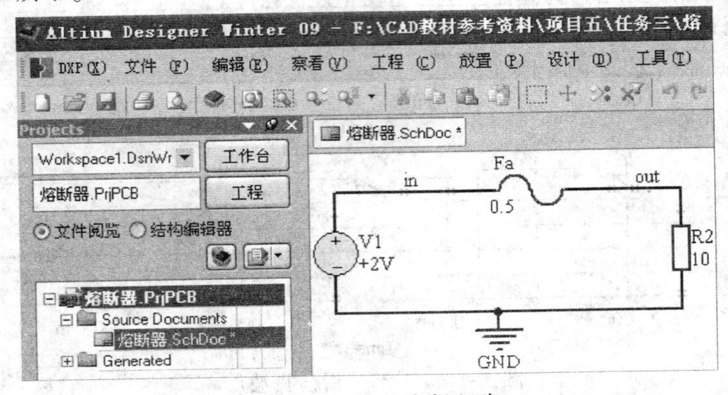

图 5-31　熔丝熔断电路

(2)双击电压源 V1 打开“元件属性”对话框,如图 5-32 所示,单击注释下拉列表框,设置“注释”为=Value,设置 Value 为+2 V。

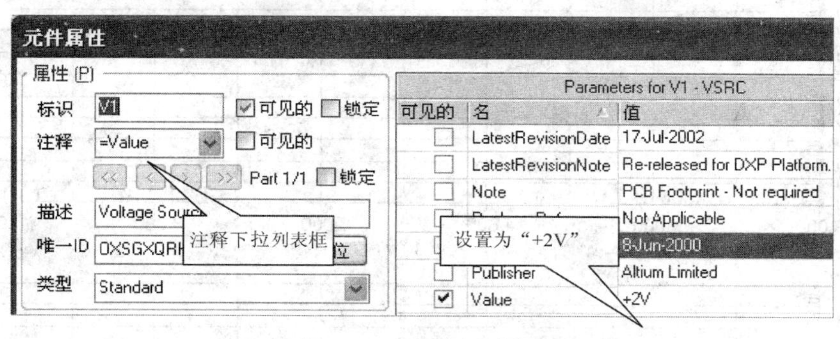

图 5-32　电源电压设置

2. 仿真

(1)选择“设计”→“仿真”→Mixed Sim 命令,弹出仿真分析设置对话框,分别双击“有用的信号”中的 IN、OUT、R2[i],把它们移动到“积极信号”列表中,如图 5-33 所示。

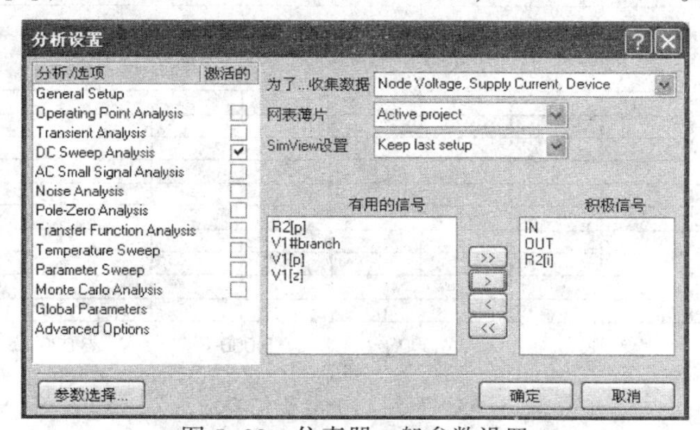

图 5-33　仿真器一般参数设置

(2)在收集数据栏,从列表中选择 Node Voltage,Supply Current,Device Current and Power。

(3)选中 Operating Point Analysis 和 Transient Analysis 复选框。

(4)选中 DC Sweep Analysis 复选框,Primary Source 项选择电路中电压源 V1,设置 Primary Start 为 0,Primary Stop 为 10 V, Primary Step 为 40 mV,如图 5-34 所示。

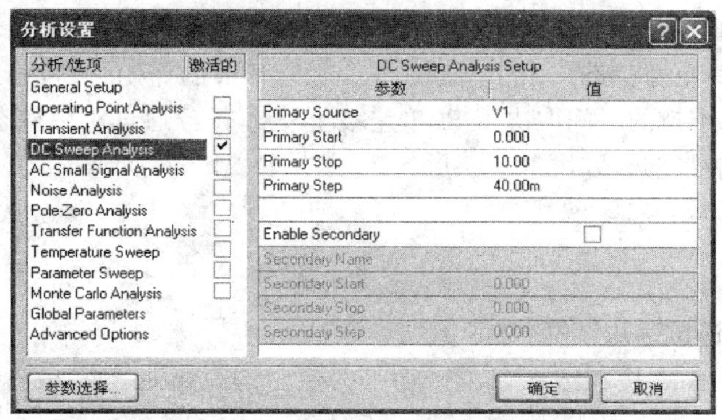

图 5-34　直流扫描分析参数设置

(5)单击“确定”按钮运行仿真。直流扫描分析仿真波形如图 5-35 所示。

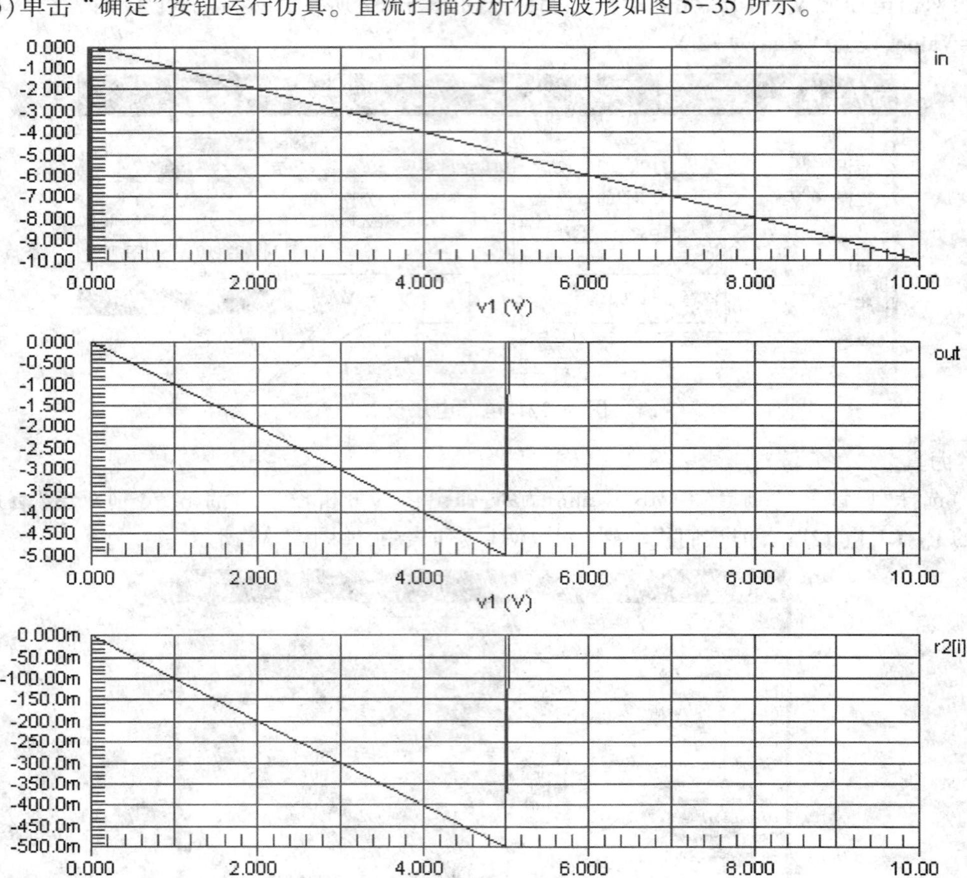

图 5-35　直流扫描分析仿真波形

任务四　单稳态触发器仿真

任务描述

单稳态触发器只有一个稳定状态和一个暂稳态。在外加脉冲的作用下,单稳态触发器可以从一个稳定状态翻转到一个暂稳态。由于电路中 RC 延时环节的作用,该暂稳态维持一段时间又回到原来的稳态,暂稳态维持的时间取决于 RC 的参数值。本任务通过对单稳态触发器仿真的学习,进一步熟悉瞬态分析仿真的参数设置及波形分析;掌握从 Altium Designer 仿真案例中复制仿真元件实现电路仿真的方法。

任务实现

1. 555 组成的多谐振荡器案例

(1)单击“察看\Home”按钮或工具栏“ ”按钮,打开 Altium Designer Winter 09“主页”,如图 5-36 所示。

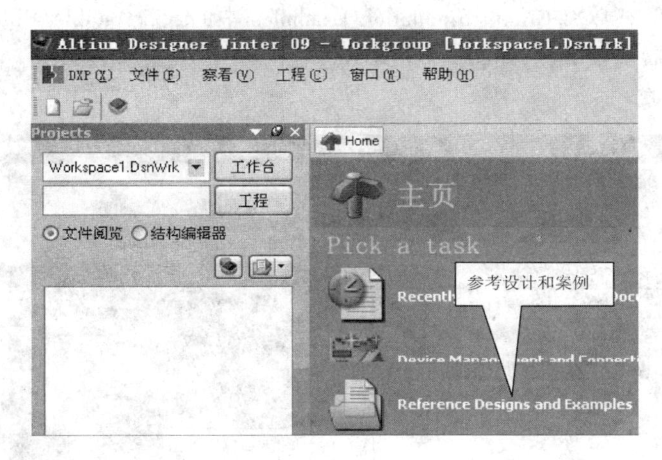

图 5-36　打开主页

（2）单击图 5-36 中的 Reference Designs and Examples 命令，打开参考设计和案例目录，如图5-37所示。

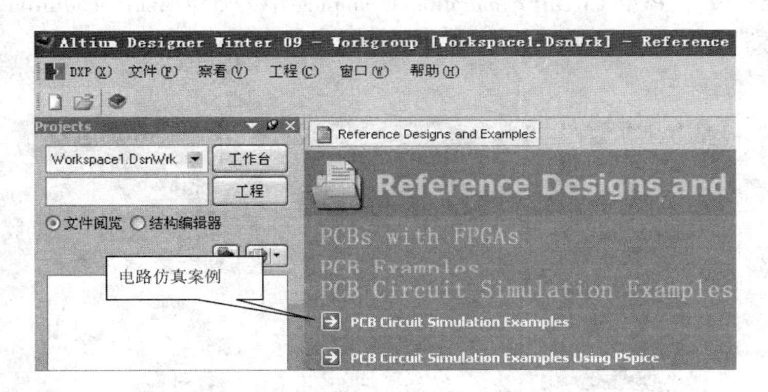

图 5-37　打开参考设计与案例

（3）单击图 5-37 中的 PCB Circuit Simulation Examples 命令，打开电路仿真案例目录如图 5-38 所示。

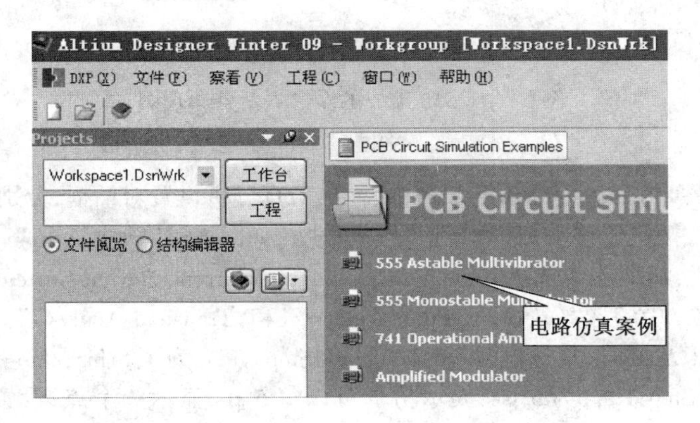

图 5-38　电路仿真案例目录

(4)单击图 5-38 中 PCB Circuit Simulation Examples 中的 555 Astable Multivibrator 命令，打开 555 组成的多谐振荡器工程案例，如图 5-39 所示。

图 5-39　555 组成的多谐振荡器工程案例

(5)双击图 5-39 中 PCB Circuit Simulation Examples 中的 555 Astable Multivibrator 命令，打开 555 组成的多谐振荡器电路，如图 5-40 所示。

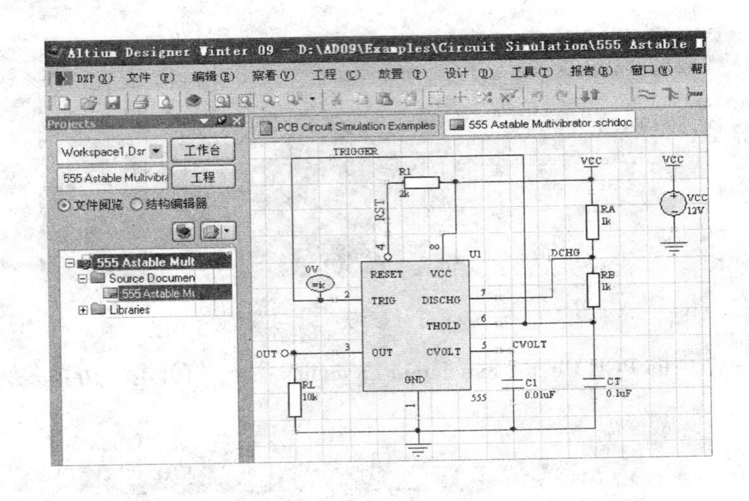

图 5-40　555 组成的多谐振荡器原理图

(6)仿真：

①选择“设计”→“仿真”→Mixed Sim 命令，弹出仿真分析设置对话框，分别双击“有用的信号”中的 OUT、TRIGGER，把它们移动到“积极信号”列表中，如图 5-41 所示。

②在收集数据栏，从列表中选择 Node Voltage，Supply Current，Device Current and Power。

③在“分析/选项”中勾选“Operating Point Analysis”和“Transient Analysis”。

④选中 Transient Analysis 复选框，设置 Transient Stop Time 为 1.5 ms，指定一个 1.5 ms 的仿真窗口；设置 Transient Step Time 为 5 μs，表示仿真可以每 5 μs 显示一个点；设置 Transient Max Step Time 为 5 μs，如图 5-42 所示。

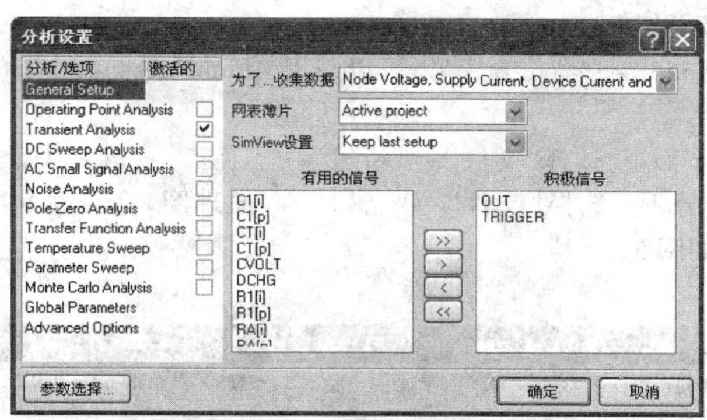

图 5-41　仿真器一般参数设置

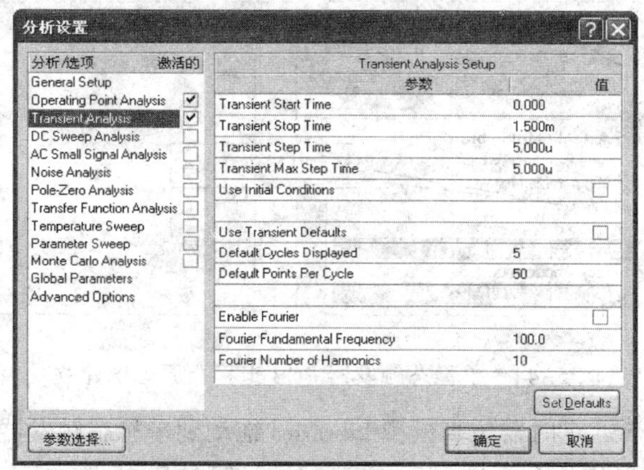

图 5-42　瞬态特性参数设置

⑤单击“确定”按钮运行仿真。瞬态分析仿真波形如图 5-43 所示。

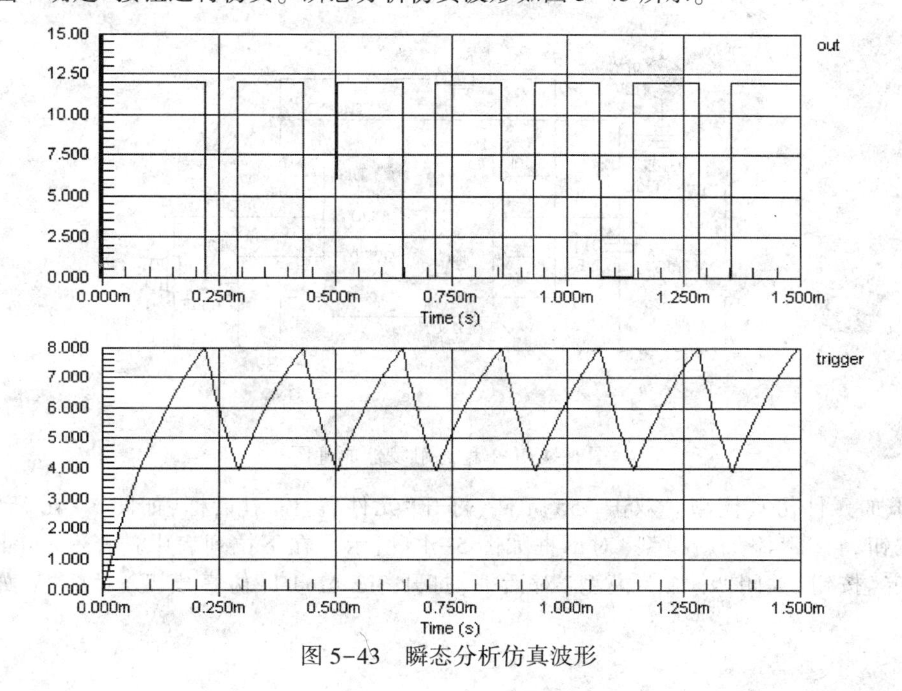

图 5-43　瞬态分析仿真波形

2. 单稳态触发器电路绘制

由于库中搜索不到 555 定时器仿真模型，可以采用 Altium Designer Winter 09 软件自带案例中的 555 定时器仿真模型。

(1)在上例打开的页面下，选择“文件”→“新建”→“工程”→“PCB 工程”命令建立 PCB 工程，并命名为单稳态触发器分析。选择“文件”→“新建”→“原理图”命令建立原理图文件，并命名为单稳态触发器原理图，如图 5-44 所示。

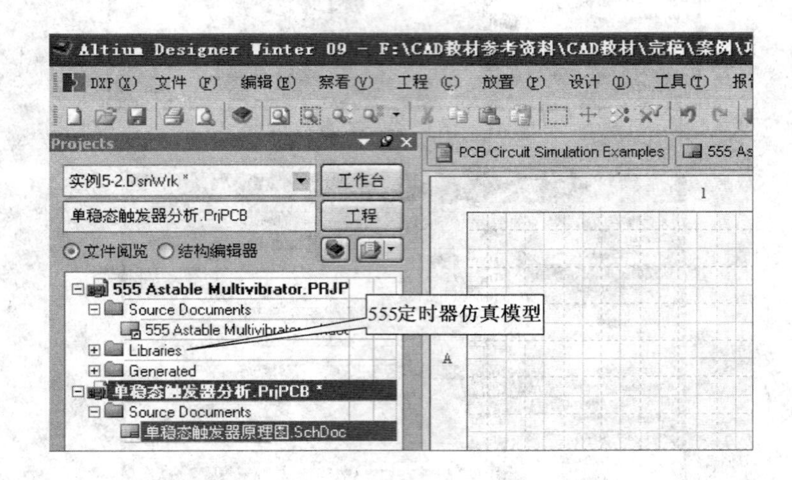

图 5-44 单稳态触发器 PCB 工程及原理图建立

(2)将图 5-44 中的 555 定时器仿真模型 Libraries 拖动到单稳态触发器 PCB 工程目录下，并绘制单稳态触发器原理图，其中每个元件都具有仿真属性，如图 5-45 所示。

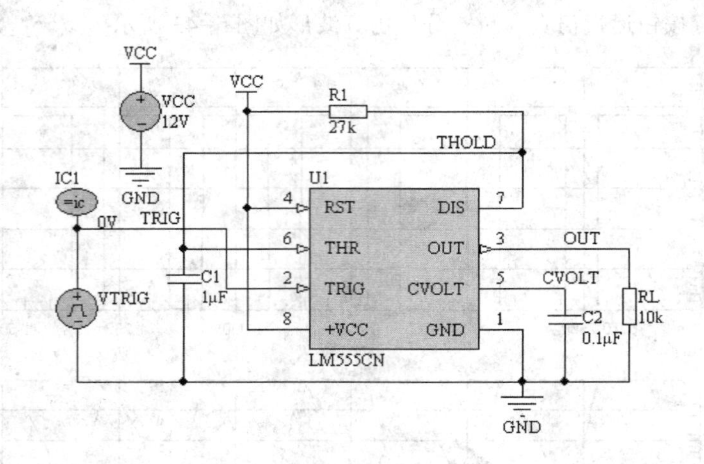

图 5-45 单稳态触发器原理图

(3)添加元件仿真模型。双击 555 元件，打开“元件属性”对话框，如图 5-46 所示。单击“添加”按钮，打开“添加新模型”对话框如图 5-47 所示。在下拉列表中选择 Simulation 命令，单击“确定”按钮，关闭“添加新模型”对话框，打开 Sim Model(仿真模型)对话框，如图 5-48 所示。

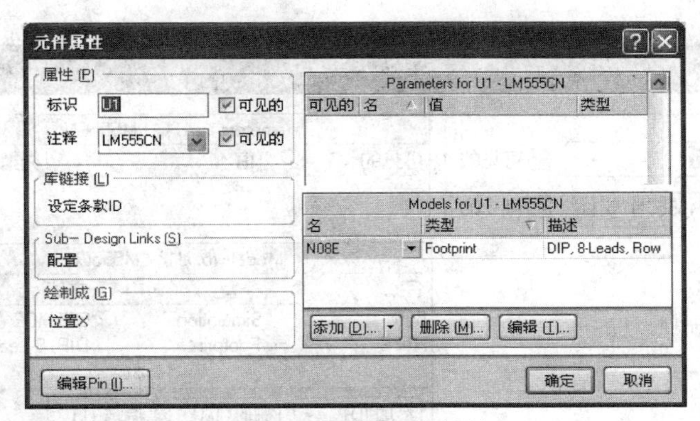

图 5-46　元件属性对话框

单击 Browse(浏览)按钮,打开“浏览库”对话框,找到“555. ckt”555 仿真模型(在此前设计者已将 555 仿真库模型拖动到 PCB 工程目录下,此时仿真模型会自动出现在浏览库对话框中),如图 5-49 所示。依次单击“确定”按钮关闭“浏览库”对话框,完成仿真元件的添加,如图 5-50 所示。单击“确定”按钮关闭“元件属性”对话框。

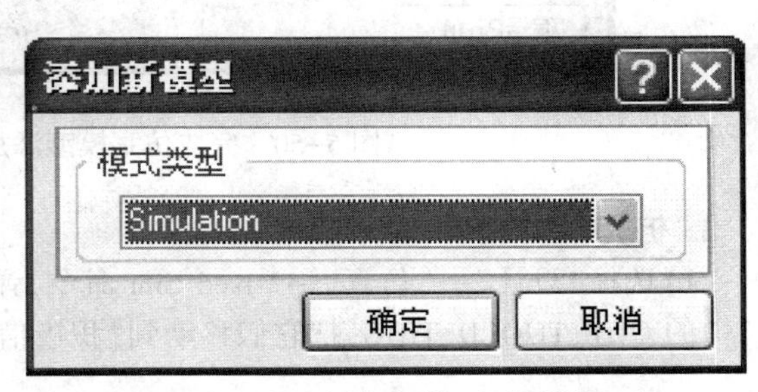

图 5-47　添加新模型对话框

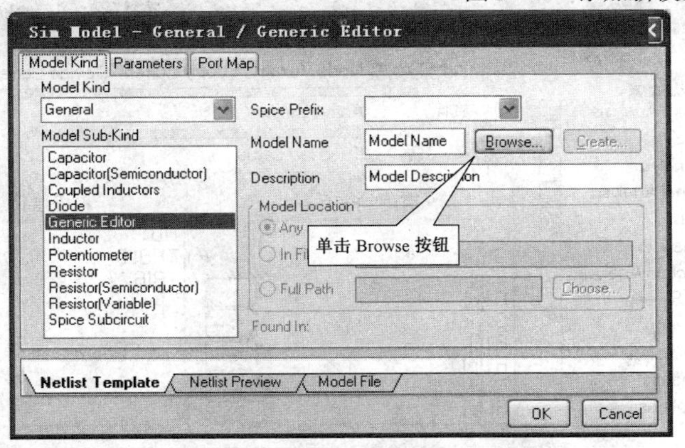

图 5-48　Sim Model(仿真模型)对话框

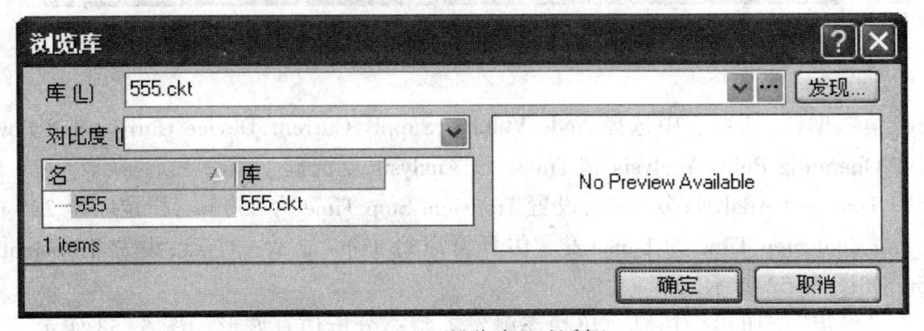

图 5-49　“浏览库”对话框

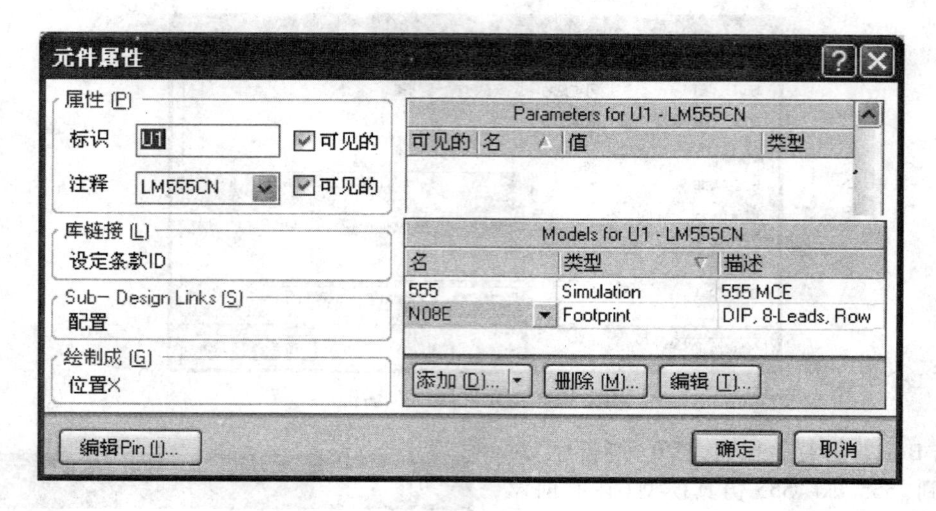

图 5-50　完成仿真模型添加的“元件属性”对话框

3. 仿真

（1）选择“设计”→“仿真”→Mixed Sim 命令，弹出仿真分析设置对话框，分别双击“有用的信号”中的 OUT、THOLD、TRIG，把它们移动到“积极信号”列表中，如图 5-51 所示。

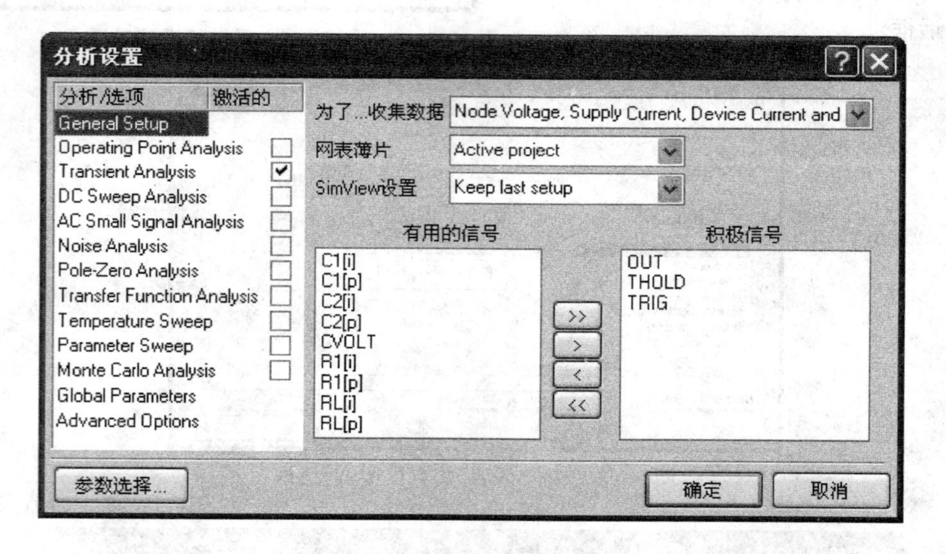

图 5-51　仿真器一般参数设置

（2）在收集数据栏，从列表中选择 Node Voltage，Supply Current，Device Current and Power。

（3）选中 Operating Point Analysis 和 Transient Analysis 复选框。

（4）选中 Transient Analysis 复选框，设置 Transient Stop Time 为 250 ms，指定一个 250 ms 的仿真窗口；设置 Transient Step Time 为 1 ms，表示仿真可以每 1 ms 显示一个点；设置 Transient Max Step Time 为 1 ms，如图 5-52 所示。

（5）单击 “确定”按钮运行仿真。单稳态触发器瞬态分析仿真波形如图 5-53 所示。

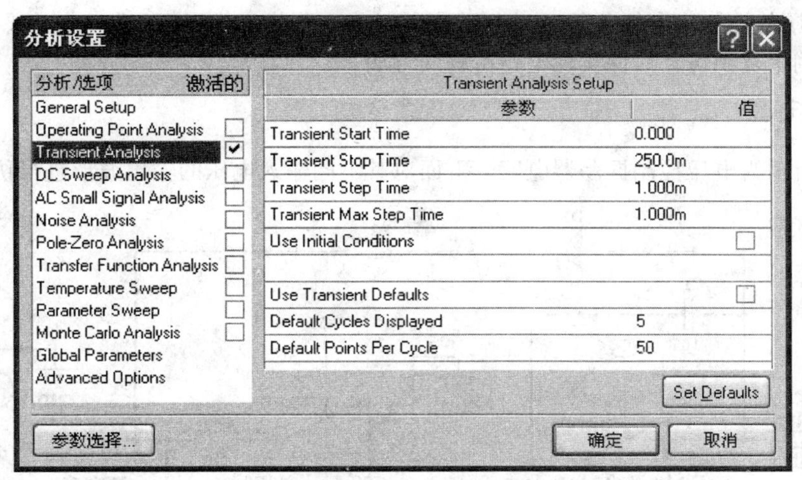

图 5-52　瞬态特性参数设置

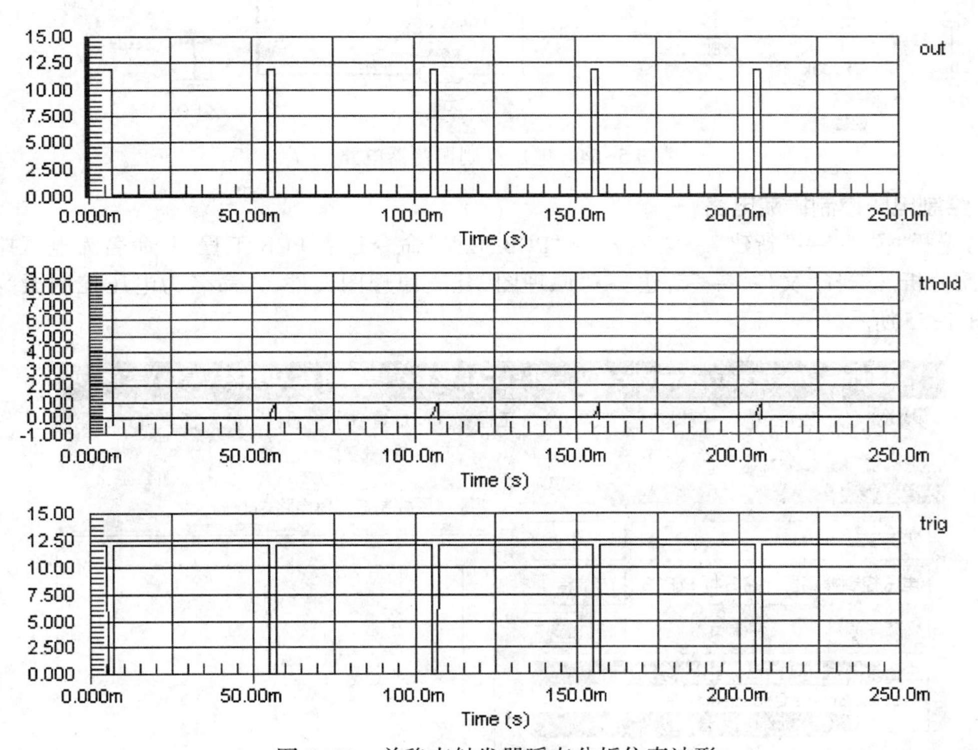

图 5-53　单稳态触发器瞬态分析仿真波形

任务五　电压控制振荡电路仿真

电压控制振荡电路是指输出频率与输入控制电压有对应关系的振荡电路，振荡器的工作频率

受输入控制电压的控制。本任务通过对电压控制振荡电路仿真的学习,进一步熟悉从 Altium Designer 仿真案例中复制仿真元件实现电路仿真的方法。

图 5-54 所示为电压控制振荡器电路。下面对其不同输入电压的输出波形进行仿真分析。

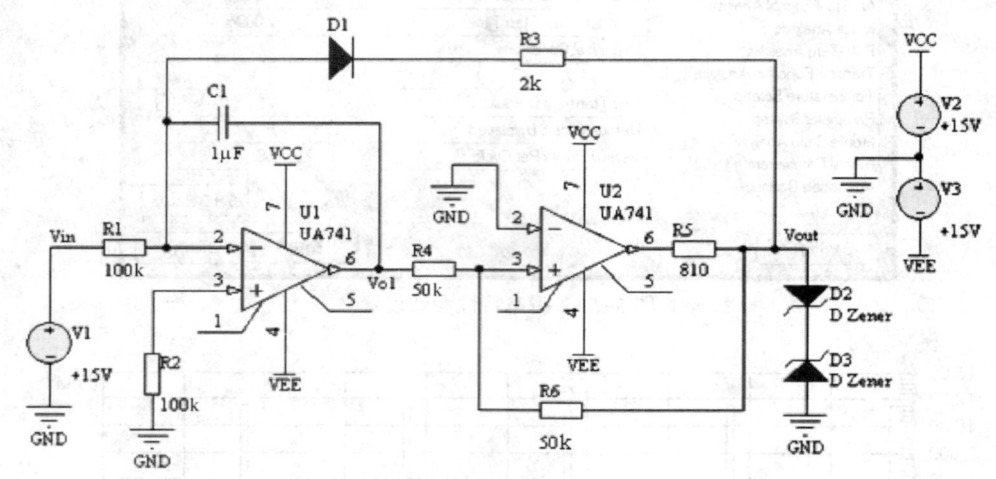

图 5-54 电压控制振荡器电路

1. 绘制电压控制振荡电路

(1)选择“文件”→“新建”→“工程”→“PCB 工程”命令建立 PCB 工程,并命名为电压控制振荡器电路分析。选择“文件”→“新建”→“原理图”建立原理图文件,并命名为电压控制振荡器电路,如图 5-55 所示。

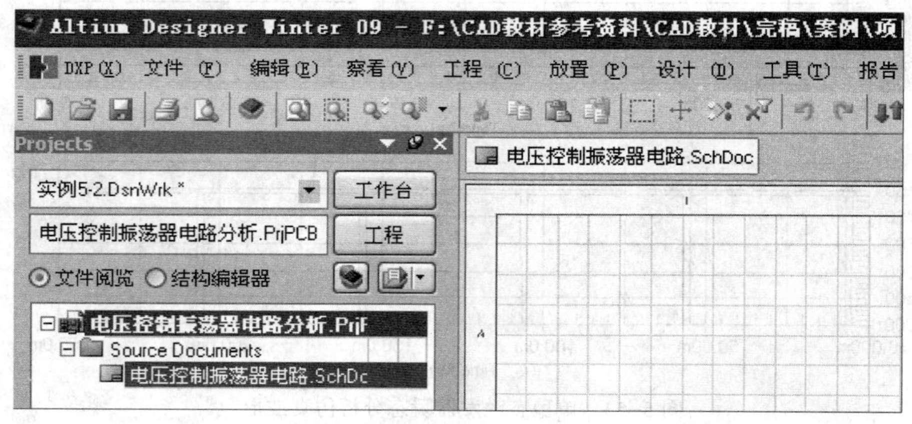

图 5-55 创建电压控制振荡器工程及原理图

(2)按任务四中 555 组成的多谐振荡器案例的步骤(1)~(3)打开电路仿真案例目录,单击 Analog Amplifier 调出运算放大器工程案例,如图 5-56 所示。

(3)将图 5-56 中的运算放大器仿真模型拖动到电压控制振荡电路分析工程目录下,将 Analog Amplifier. schdoc 原理图中的运算放大器元件复制到电压控制振荡器电路原理图中,并完成电压控制振荡器电路原理图绘制,其中每个元件都具有仿真属性,如图 5-57 所示。

图 5-56　运算放大器工程案例

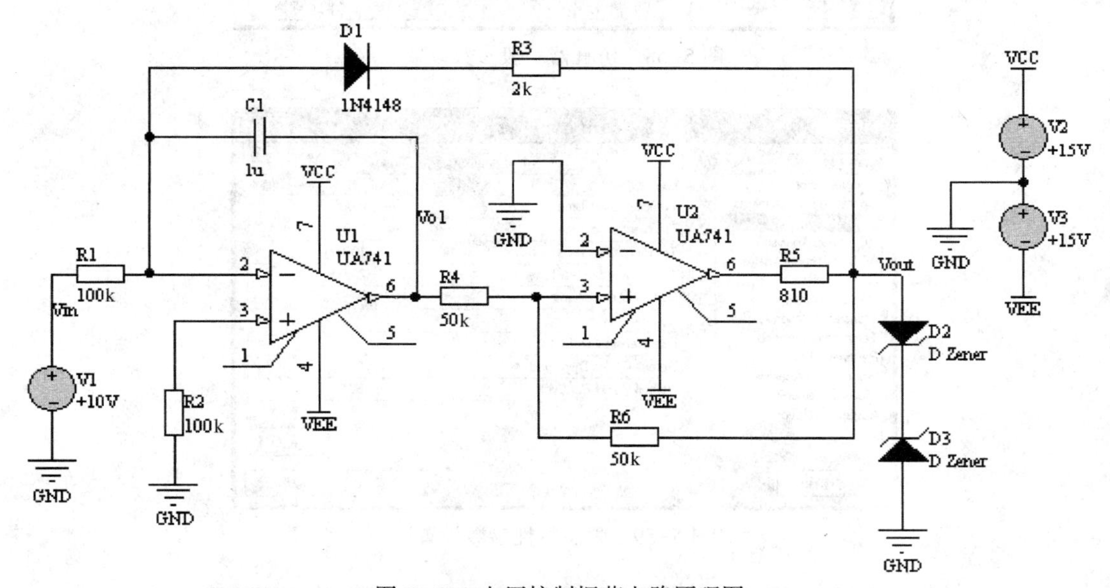

图 5-57　电压控制振荡电路原理图

2. 仿真

（1）选择“设计”→“仿真”→Mixed Sim 命令，弹出仿真分析设置对话框，分别双击“有用的信号”中的 VIN、VO1、VOUT，把它们移动到“积极信号”列表中，如图 5-58 所示。

（2）在收集数据栏，从列表中选择 Node Voltage，Supply Current，Device Current and Power。

（3）选中 Operating Point Analysis 和 Transient Analysis 复选框。

（4）选中 Transient Analysis 复选框，设置 Transient Stop Time 为 500 ms，指定一个 500 ms 的仿真窗口；设置 Transient Step Time 为 100 μs，表示仿真可以每 100 μs 显示一个点，设置 Transient Max Step Time 为 20μs，如图 5-59 所示。V1 电压分别设置为 10 V 和 15 V 两次仿真，观察波形频率的变化。

（5）单击“确定”按钮运行仿真。电压 V1 为 10 V 和 15 V 时的瞬态分析仿真波形分别如图 5-60、图 5-61 所示。

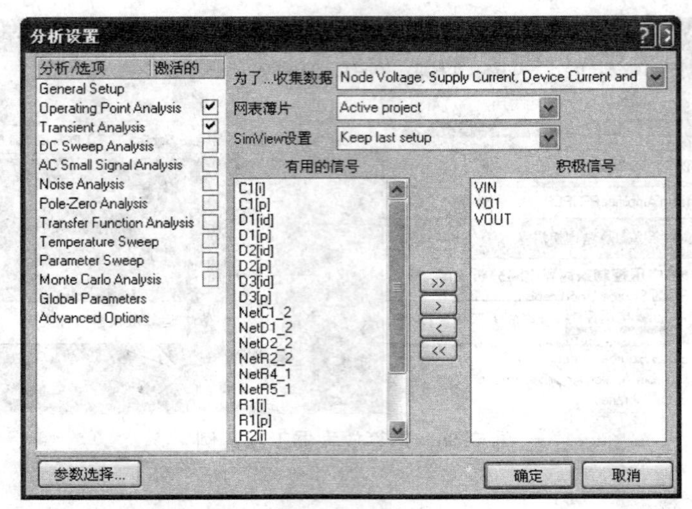

图 5-58　仿真器一般参数设置

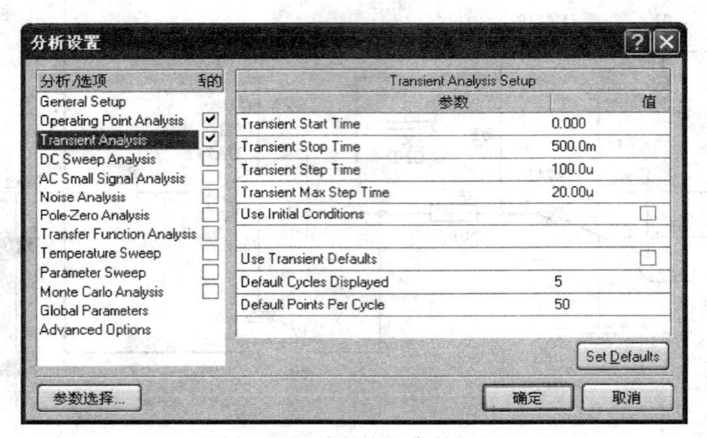

图 5-59　瞬态特性参数设置

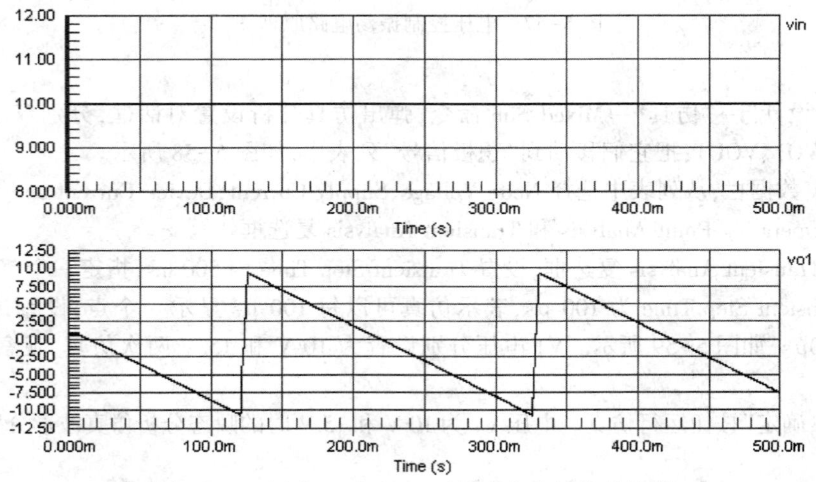

图 5-60　电压 V1 为 10 V 时的瞬态分析仿真波形

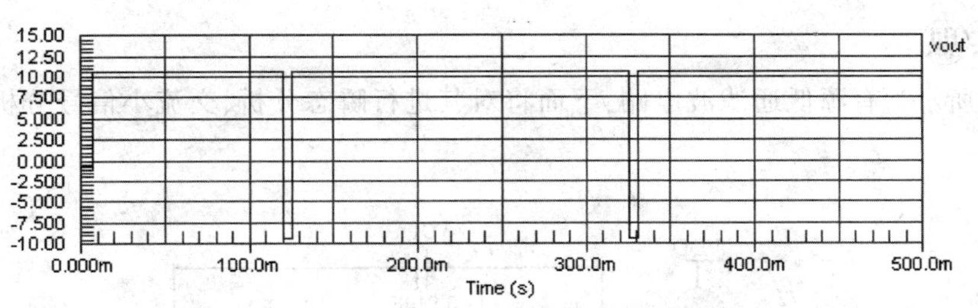

图 5-60　电压 V1 为 10 V 时的瞬态分析仿真波形(续)

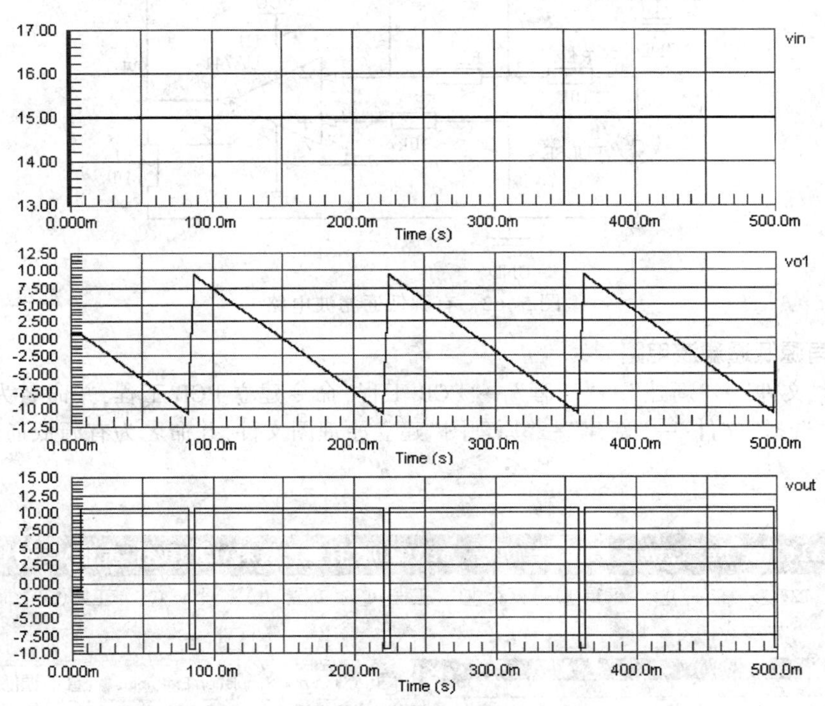

图 5-61　电压 V1 为 15 V 时的瞬态分析仿真波形

任务六　有源低通滤波电路仿真

任务描述

滤波电路是一种选频电路,能够使特定频率范围的信号通过,滤波电路有多种形式。本任务通过对含有集成运放的有源低通滤波电路仿真的学习,进一步熟悉瞬态分析的仿真设置方法;掌握交流小信号分析的仿真设置方法;掌握参数扫描分析的仿真设置方法。交流小信号分析用来测试输入信号频率发生变化时,输出信号的幅值或相位随频率变化的关系,常用于测试放大器和滤波器的幅频特性和相频特性等。交流小信号分析属于频域分析,是一种很常用的分析方法。参数扫描分析是针对电路中某一元件参数变化对电路性能指标的影响进行分析,常用于确定电路中某些关键元件的取值。

任务实现

图 5-62 所示为有源低通滤波电路，下面将对其进行瞬态分析、交流小信号分析和直流扫描分析。

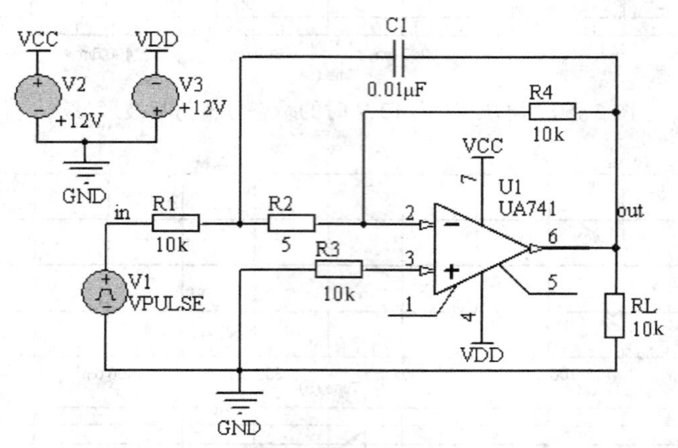

图 5-62　有源低通滤波电路

1. 绘制有源低通滤波电路

(1)选择“文件”→“新建”→“工程”→“PCB 工程”命令建立 PCB 工程，并命名为有源低通滤波电路分析。选择“文件”→“新建”→“原理图”建立原理图文件，并命名为有源低通滤波电路，如图 5-63 所示。

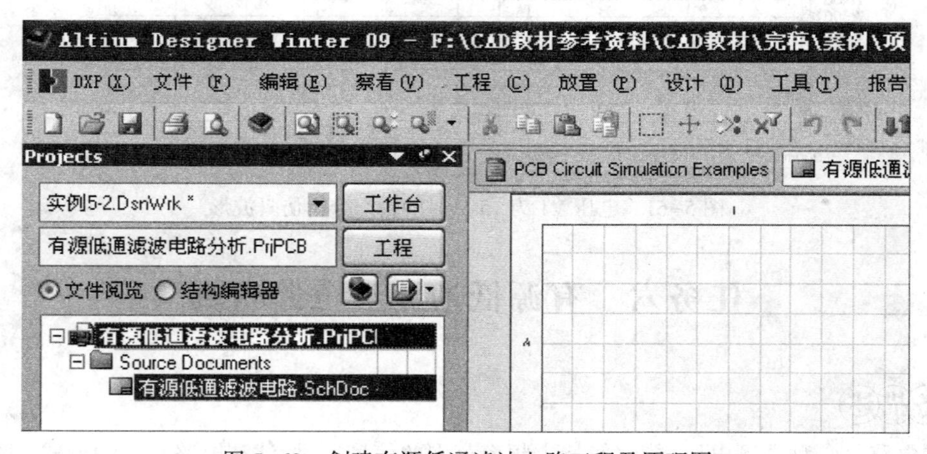

图 5-63　创建有源低通滤波电路工程及原理图

(2)按任务四中 555 组成的多谐振荡器案例的步骤(1)~(3)打开电路仿真案例目录，单击 Analog Amplifier 调出运算放大器工程案例，如图 5-64 所示。

(3)将图 5-64 中的运算放大器仿真模型拖动到有源低通滤波电路分析工程目录下，将 Analog Amplifier. schdoc 原理图中的运算放大器元件复制到有源低通滤波电路原理图中，并完成有源低通滤波电路原理图绘制，其中每个元件都具有仿真属性，如图 5-65 所示。

图 5-64　运算放大器工程案例

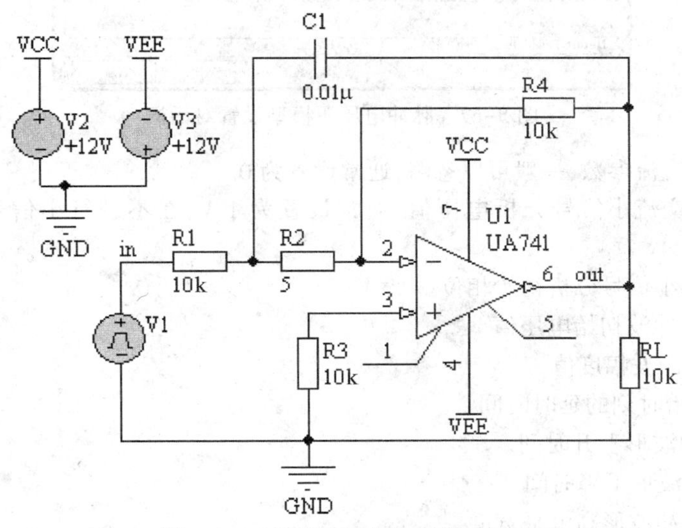

图 5-65　有源低通滤波电路原理图

(4) 双击脉冲电压源 V1 打开“元件属性”对话框如图 5-66 所示。

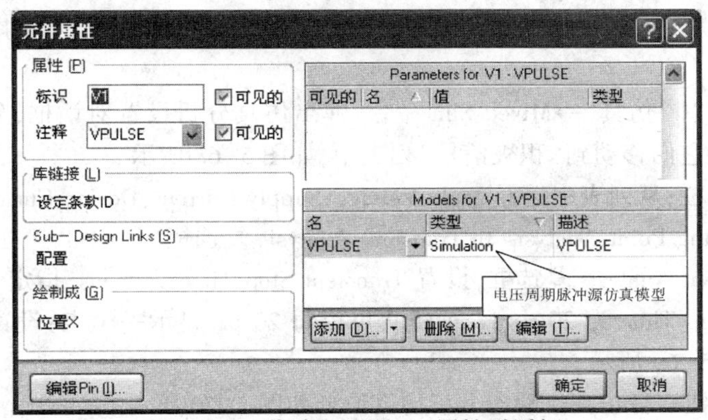

图 5-66　脉冲电压源 V1 属性对话框

(5)在“元件属性”对话框右下角处 Models 栏选择 Simulation，单击“编辑”按钮，弹出 Sim Model（仿真模型）对话框，切换到 Parameters 选项卡，打开脉冲电压源参数设置对话框，设置参数，如图 5-67所示。

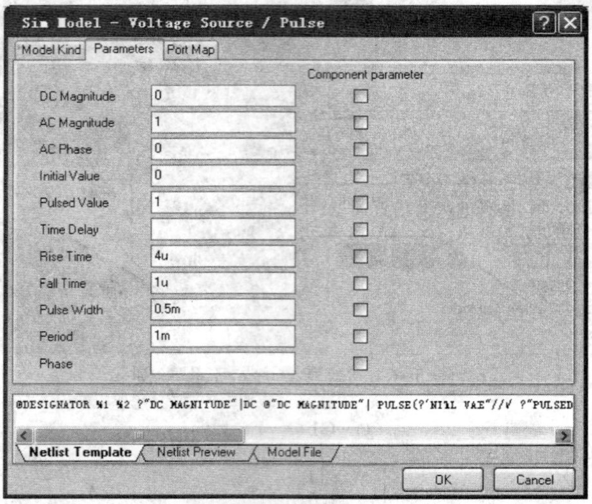

图 5-67　脉冲电压源模型设置对话框

DC Magnitude：直流参数，一般可以忽略，通常设置为 0。

AC Magnitude：交流小信号分析电压值，通常设置为 1 V，在不进行小信号分析时可以任意设置。

AC Phase：交流小信号分析初始相位。

Initial Value：脉冲波初始电压值。

Pulse Value：脉冲波幅度值。

Time Delay：初始时刻的延时时间。

Rise Time：脉冲波形上升时间。

Fall Time：脉冲波形下降时间。

Pulse Width：脉冲波形高电平宽度。

Period：脉冲波周期。

Phase：脉冲波信号的初始相位，单位为度。

单击 OK 按钮，关闭该对话框。在此设置了一个频率 1 kHz、幅度为 1 V 的方波信号。

2. 仿真

(1)选择“设计”→“仿真”→Mixed Sim 命令，弹出仿真分析设置对话框，分别双击“有用的信号”中的 IN、OUT，把它们移动到“积极信号”列表中，如图 5-68 所示。

(2)在收集数据栏，从列表中选择 Node Voltage，Supply Current，Device Current and Power。

(3)选中 Operating Point Analysis 和 Transient Analysis 复选框。

(4)选中 Transient Analysis 复选框，设置 Transient Stop Time 为 5 ms，指定一个 5 ms 的仿真窗口；设置 Transient Step Time 为 20 μs，表示仿真可以每 20 μs 显示一个点；设置 Transient Max Step Time 为 20 μs，如图 5-69 所示。

单击 “确定”按钮运行仿真。瞬态分析仿真波形如图 5-70 所示。

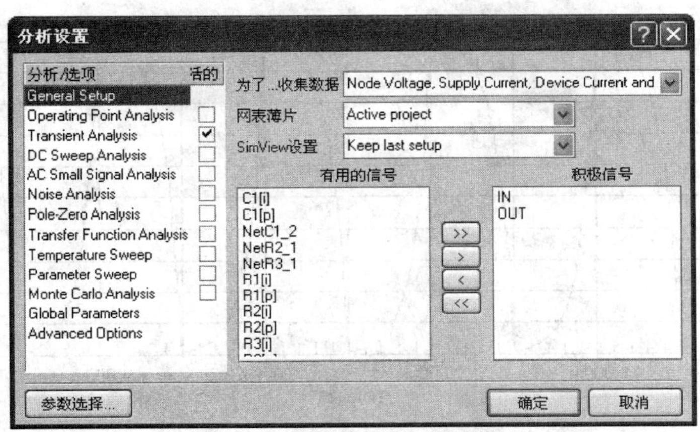

图 5-68　仿真器一般参数设置

（5）选中 AC Small Signal Analysis 复选框，设置 Start Frequency 为 100 Hz；设置 Stop Frequency 为 2 000 k，指定一个 2 000 k 的仿真窗口；设置 Sweep Type 为 Linear（线性）；设置 Test Points 为 300，如图 5-71 所示。

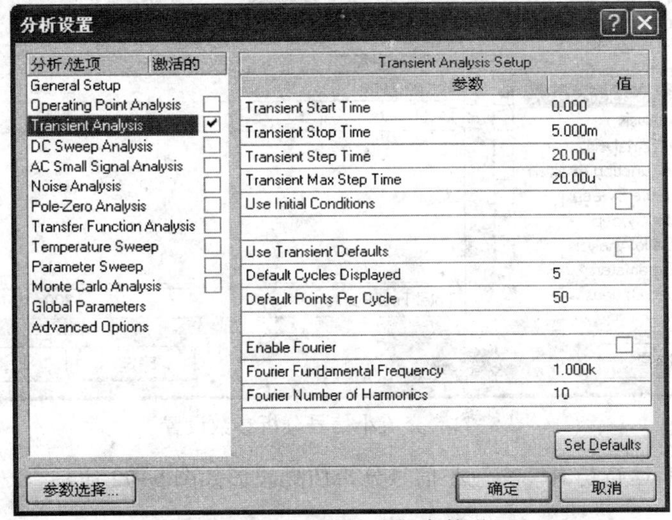

图 5-69　瞬态特性分析参数设置

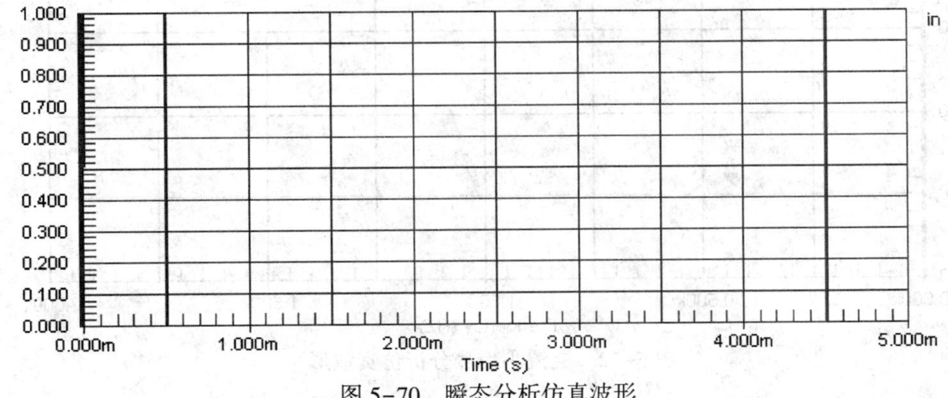

图 5-70　瞬态分析仿真波形

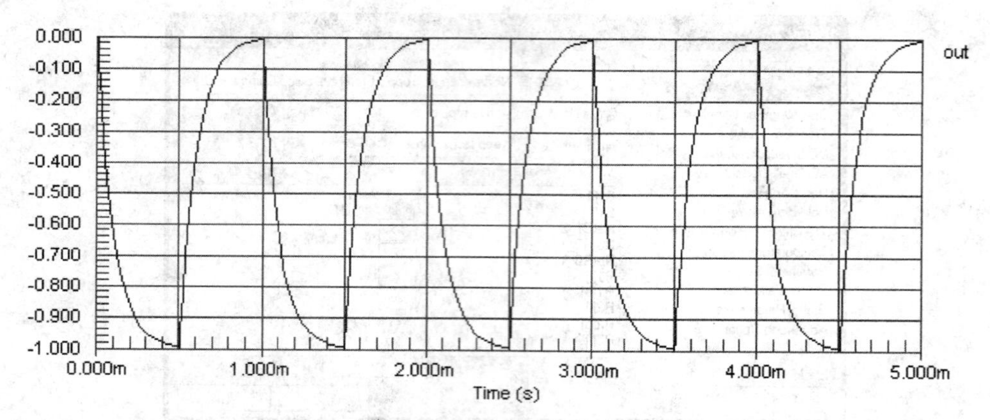

图 5-70　瞬态分析仿真波形(续)

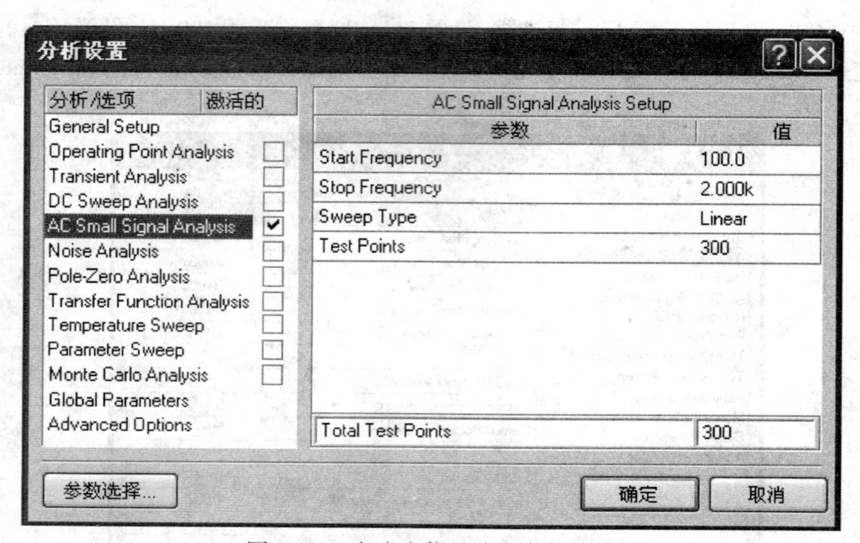

图 5-71　交流小信号分析参数设置

单击“确定”按钮运行仿真。交流小信号分析仿真波形如图 5-72 所示。

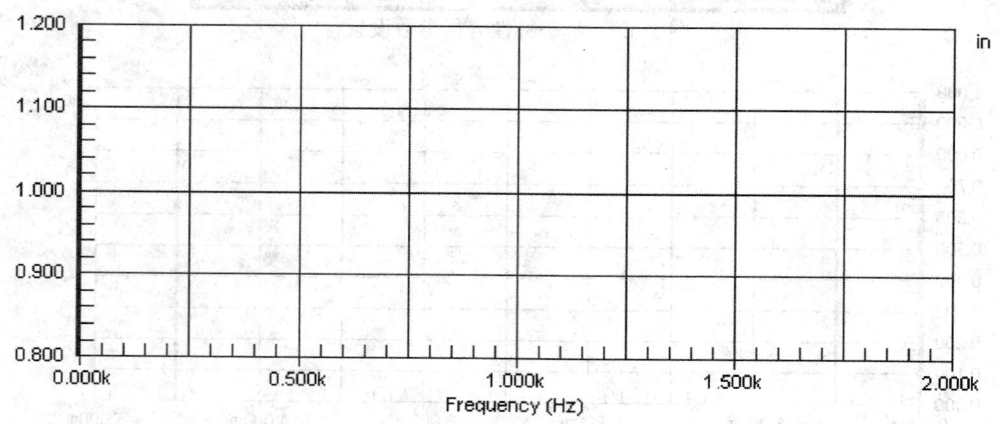

图 5-72　交流小信号分析仿真波形

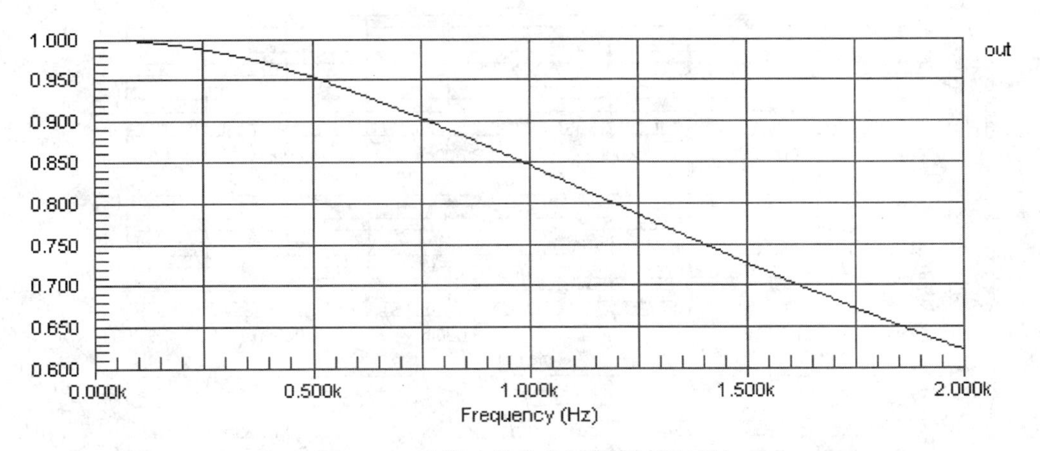

图 5-72　交流小信号分析仿真波形(续)

(6)选中 Parameters Sweep 复选框,设置 Primary Sweep Variable 为 R4;设置 Primary Start Value 为 10 k;设置 Primary Stop Value 为 50 k;设置 Primary Step Value 为 10k;设置 Primary Sweep Type 为 Absolute Values,如图 5-73 所示。

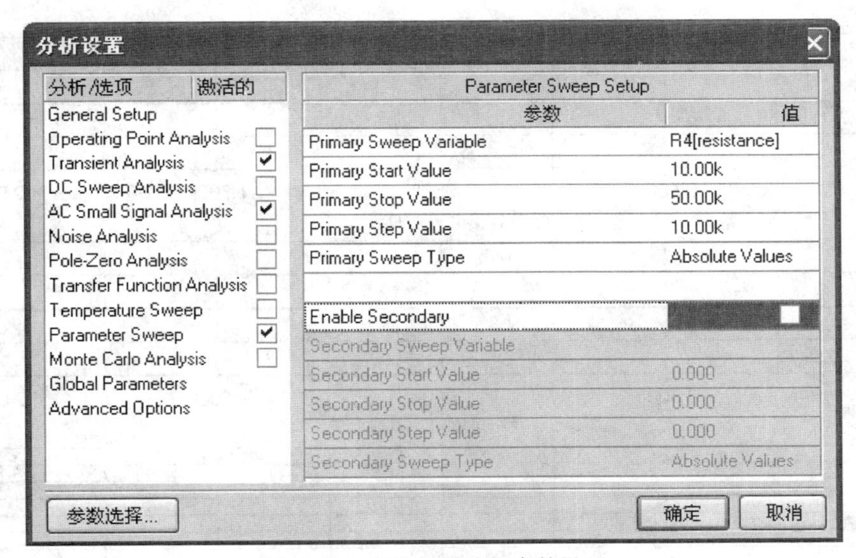

图 5-73　参数扫描分析参数设置

单击“确定”按钮运行仿真。参数扫描瞬态分析仿真波形及交流小信号分析仿真波形分别如图 5-74、图 5-75 所示。

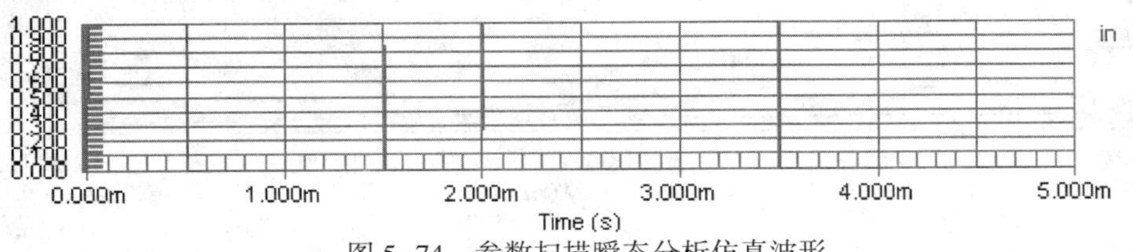

图 5-74　参数扫描瞬态分析仿真波形

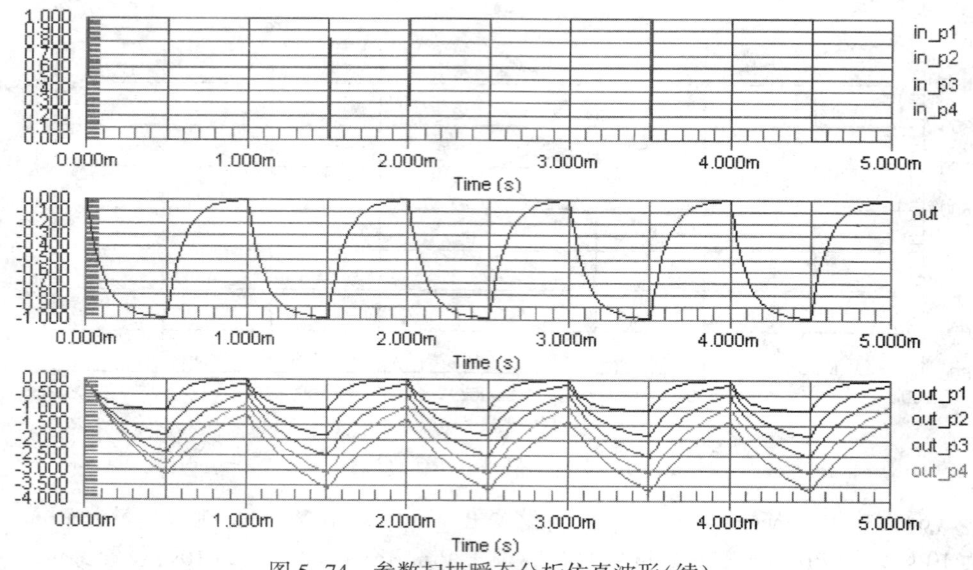

图 5-74　参数扫描瞬态分析仿真波形(续)

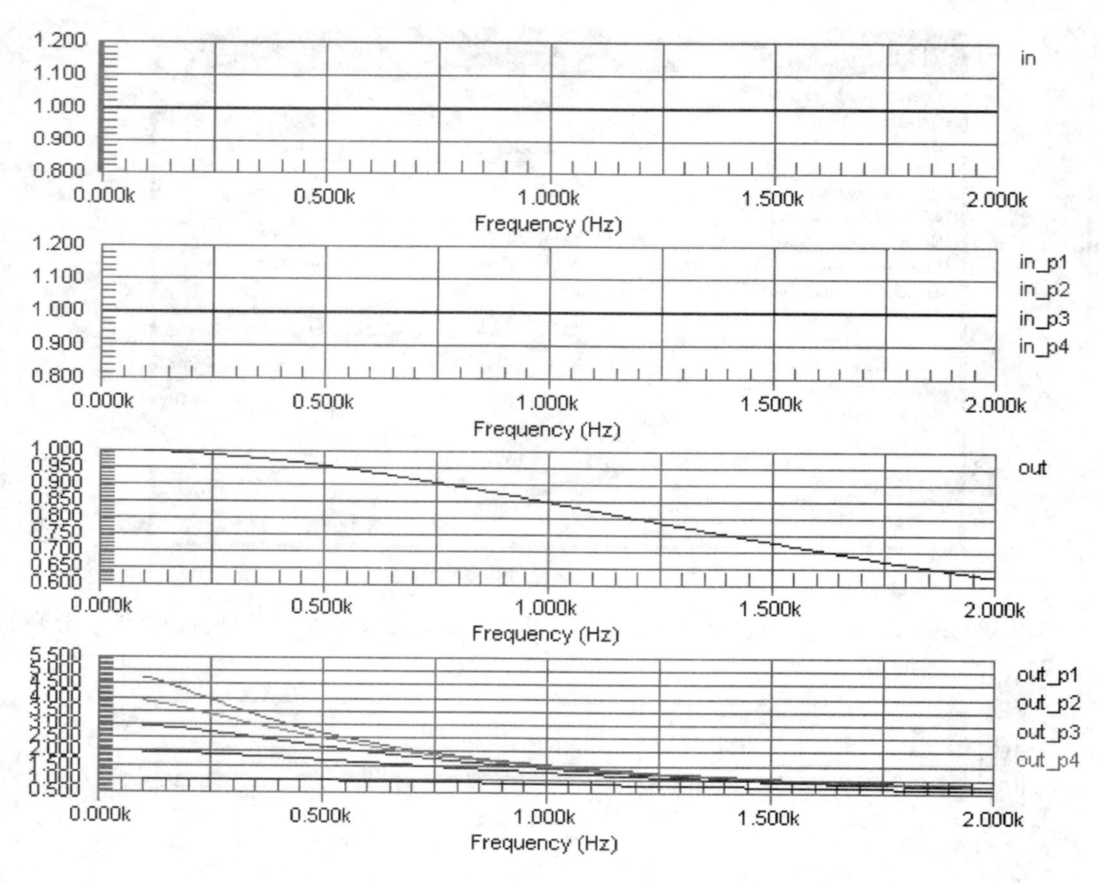

图 5-75　参数扫描交流小信号分析仿真波形

任务七　观察数据波形

任务描述

在分析设置完成并运行仿真分析后，若没有错误，就会显示扩展名为 .sdf 的仿真结果文件，这时使用屏幕左侧的 Sim Date 仿真工作区面板，就可对仿真波形或数据进行管理。通过本任务的学习，了解 Waveform-out（波形输出）区域所显示波形测量数据的含义；掌握“测量指针”的用法；掌握仿真波形常用的管理功能。

任务实现

当完成仿真后就可对仿真的波形或数据进行管理。图 5-76 所示为仿真工作界面，左侧为仿真工作区面板，右侧为工作区域，显示波形或数据。如果仿真工作区面板未出现在左侧面板区域，可单击工作区右下角的仿真工作区面板切换按钮打开工作区面板，如图 5-77 所示。其中，波形左侧有“▶”符号处为激活波形，单击各波形该处可激活对应处波形。

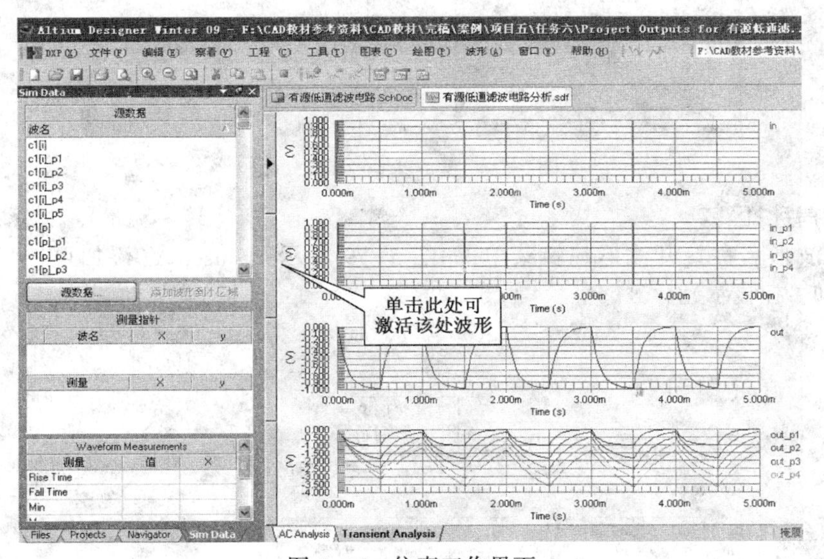

图 5-76　仿真工作界面

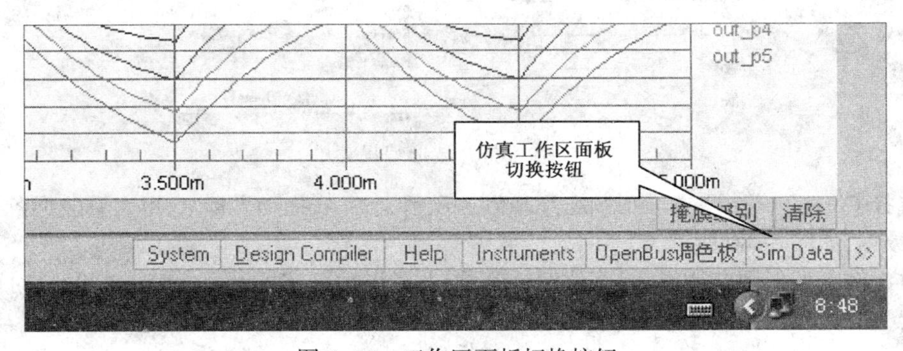

图 5-77　工作区面板切换按钮

1. Waveform-out 区域

单击工作区波形名称，可在 Waveform-out（波形输出）区域显示波形测量数据，波形高亮显示，如图 5-78 所示。测量数据包括：

Rise Time（上升时间）；

Fall Time（下降时间）；

Min（最小值）；

Max（最大值）；

Base Line（底线值）；

Top Line（顶线值）。

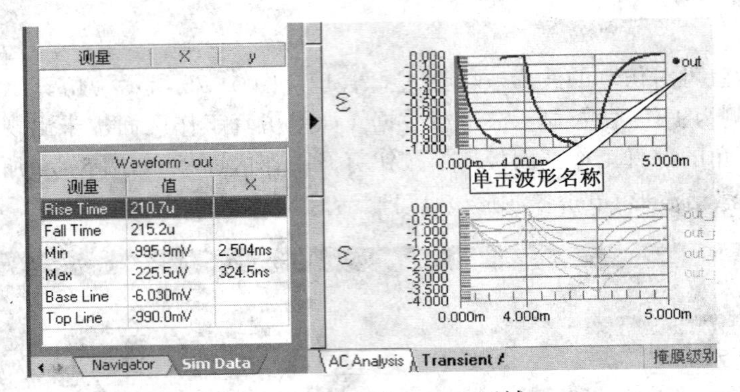

图 5-78 Waveform-out 区域

2. “测量指针”区域

（1）右击波形名称打开波形编辑菜单，如图 5-79 所示。Cursor A（添加可控显示光标 A）；Cursor B（添加可控显示光标 B）。

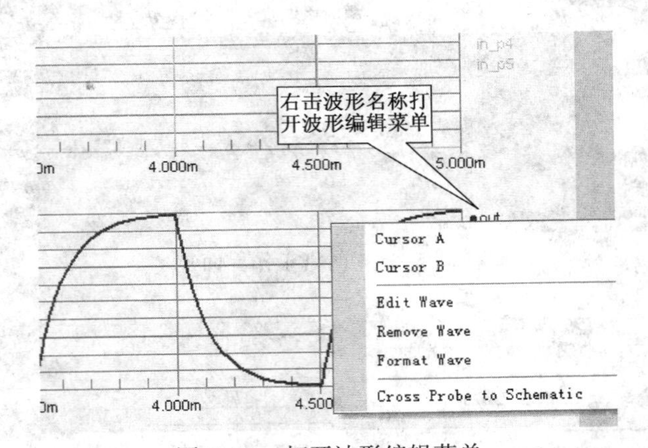

图 5-79 打开波形编辑菜单

（2）选择 Cursor A 命令，在波形图上添加可控显示光标 A，拖动光标 A，可查看波形各个点的 X 轴和 Y 轴数据，如图 5-80 所示。

（3）再次右击波形图名称，打开图形编辑菜单，选择添加可控显示光标 Cursor B，这时可同时查看任意两点输出数据，同时可显示两点数据之差，如图 5-81 所示。

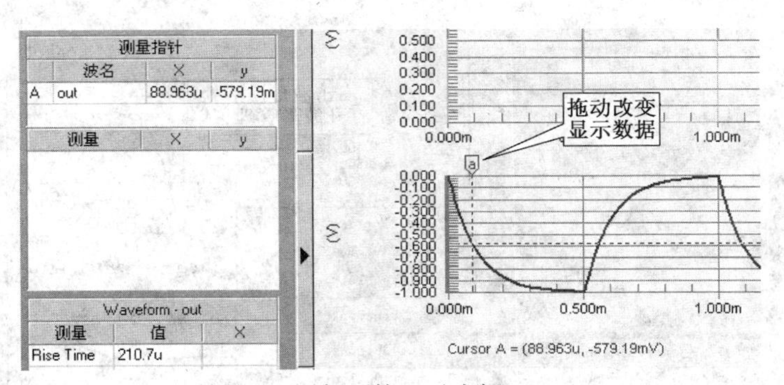

图 5-80　添加可控显示光标 Cursor A

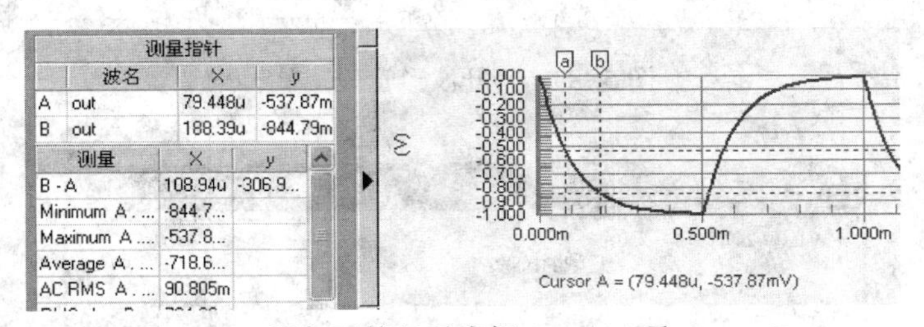

图 5-81　添加可控显示光标 Cursor A 及 Cursor B

3. 波形管理

（1）在数据源中列出了所有波形，如图 5-82 所示。选中一个波形，单击“添加波形到小区域”按钮，可将该波形添加到已激活波形中，用于数据对比。

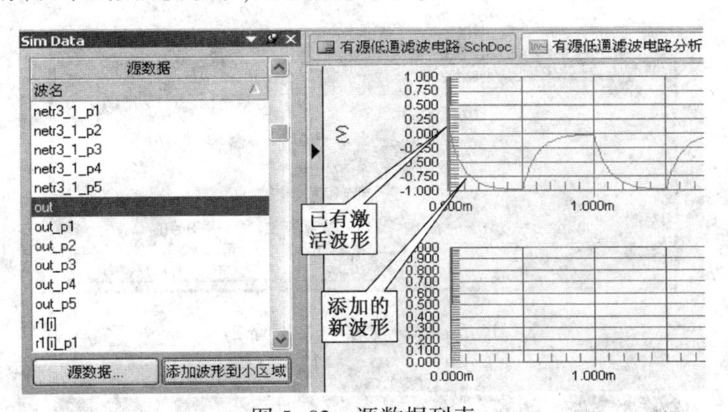

图 5-82　源数据列表

（2）右击波形激活显示符号处，打开波形管理对话框，如图 5-83 所示。

Add Plot：增加一新波形。下面以增加 C1 电流波形为例介绍增加一新波形的过程。

选择 Add Plot 命令，打开波形增加步骤 1 对话框，如图 5-84 所示。

标题默认空白，单击“下一步”按钮，打开波形增加步骤 2 对话框，如图 5-85 所示。

默认设置，单击“下一步”按钮，打开波形增加步骤 3 对话框，如图 5-86 所示。

单击“添加”按钮，打开增加波形到坐标对话框，如图 5-87 所示。双击 C1 电流波形名称 c1[i]，将 c1[i]添加到“表达式”文本框中。

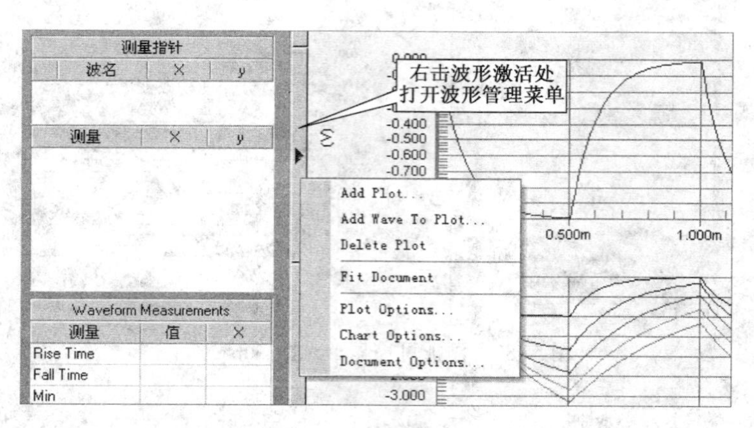

图 5-83　打开波形管理菜单

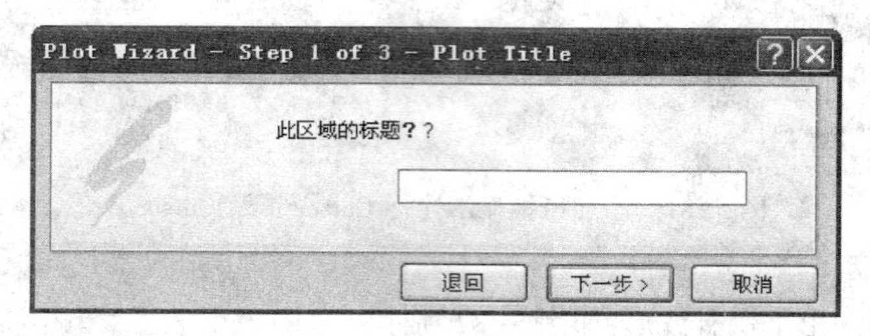

图 5-84　波形增加步骤 1

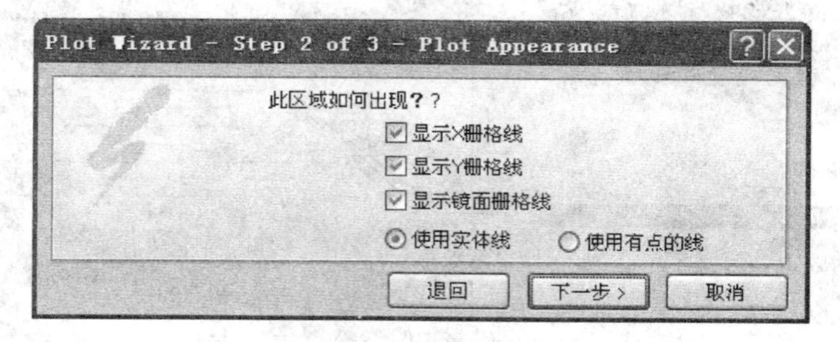

图 5-85　波形增加步骤 2

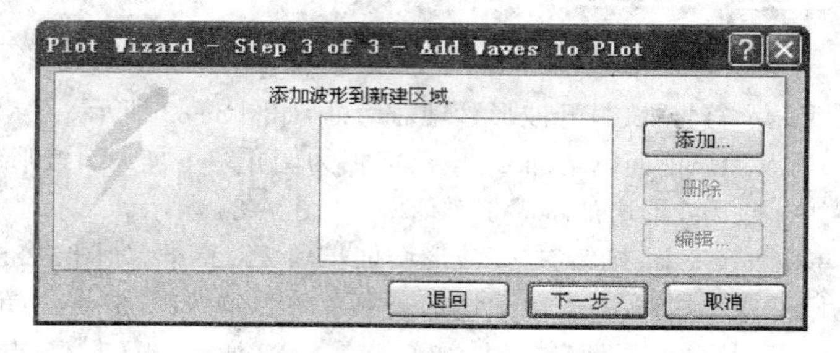

图 5-86　波形增加步骤 3

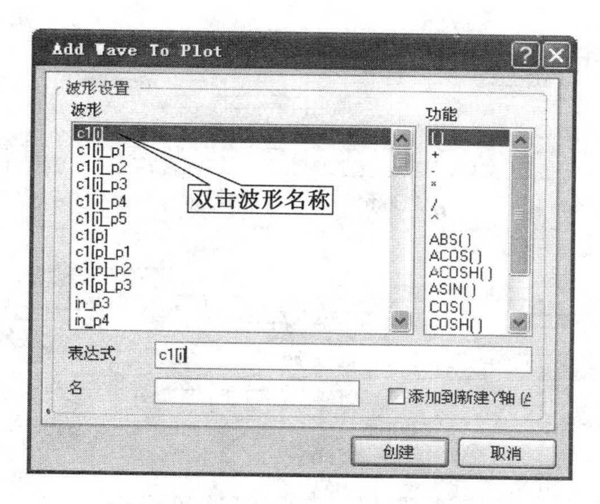

图 5-87　增加波形到坐标对话框

单击“创建”按钮，返回到波形增加步骤 3 对话框，如图 5-88 所示。此时 c1[i]波形添加到新建区域中。

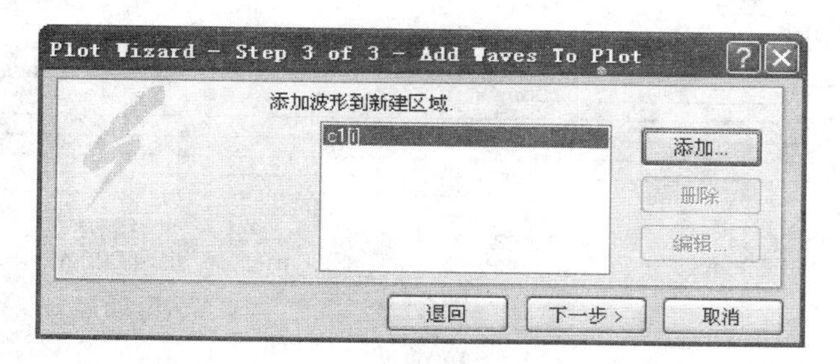

图 5-88　返回到波形增加步骤 3 对话框

单击“下一步”按钮，打开增加波形完成页面，如图 5-89 所示。

图 5-89　增加波形完成页面

单击 Finish(完成)按钮，完成波形添加工作，新添加波形出现在工作区下部，如图 5-90 所示。

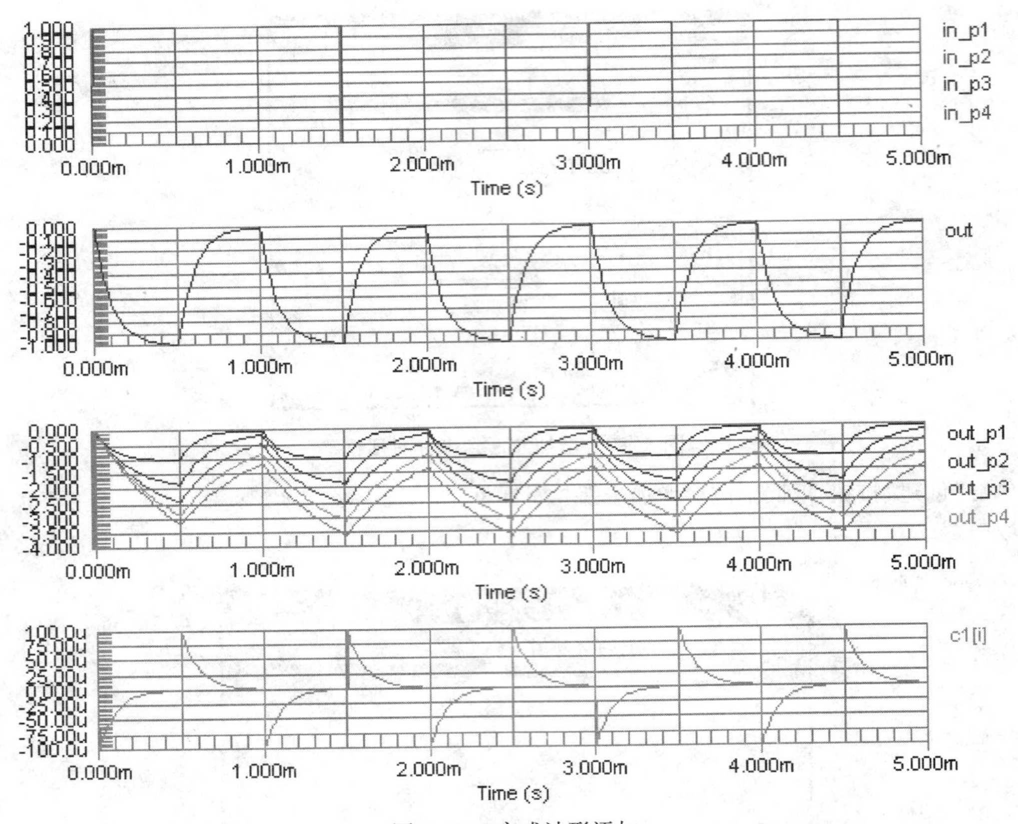

图 5-90 完成波形添加

Add Wave To Plot:增加一波形到已有波形中。

Delete Plot:删除波形。

Fit Document:使放大或缩小(改变比例)的波形恢复原状。也可通过选择“察看”→“适合文件”命令实现。

Plot Options:坐标选项。可设置激活波形区域的坐标显示风格。

Chart Options:制图选项。可设置波形区域的坐标单位、刻度等,以及拖动光标的相应设置。

Document Options:文档选项。可设置波形显示区域的波形、坐标、背景等的颜色。设置显示粗体波形、高亮类似波形、显示数据点等。

选择“察看”→“放大”命令,或单击工具栏“”按钮,可放大波形。

选择“察看”→“缩小”命令,或单击工具栏“”按钮,可缩小波形。

习 题

1. 使用静态工作点分析方法求图 5-91 所示电路中各个支路电流。

2. 使用瞬态分析方法,分析图 5-92 所示电路中电容的充放电过程。

3. 试用工作点分析和瞬态分析方法研究图 5-93 所示的共发射极放大器。提示:电压源 V1 为 VSIN,电压的幅值(Amplitude)为 10 mV、频率(Frequency)为 6 kHz。

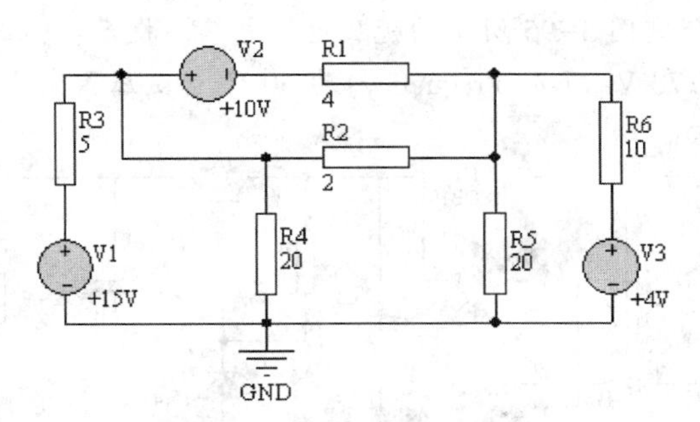

图 5-91　习题 1 的原理图

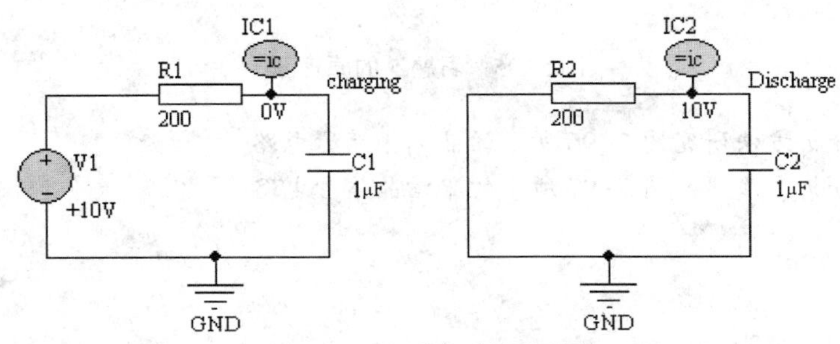

图 5-92　习题 2 的原理图

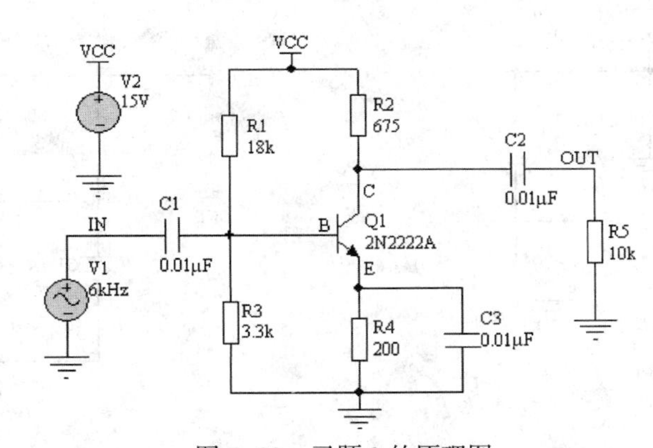

图 5-93　习题 3 的原理图

4. 试用工作点分析、瞬态分析和交流小信号方法研究图 5-94 所示的共基极放大器。提示：电压源 V3 的电压的幅值(Amplitude)为 10 mV。

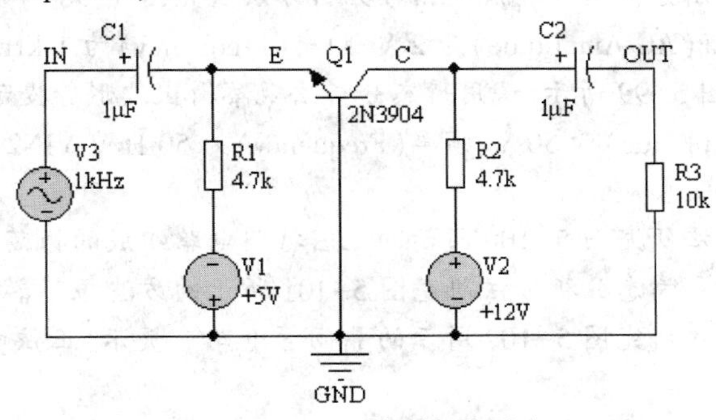

图 5-94　习题 4 的原理图

5. 试用瞬态分析方法研究图 5-95 所示的稳压电源电路。提示：电压源 Vin 为正弦电源 VSIN，电压的幅值(Amplitude)为 170 V、频率(Frequency)为 60 Hz。变压器变比为 10：1。

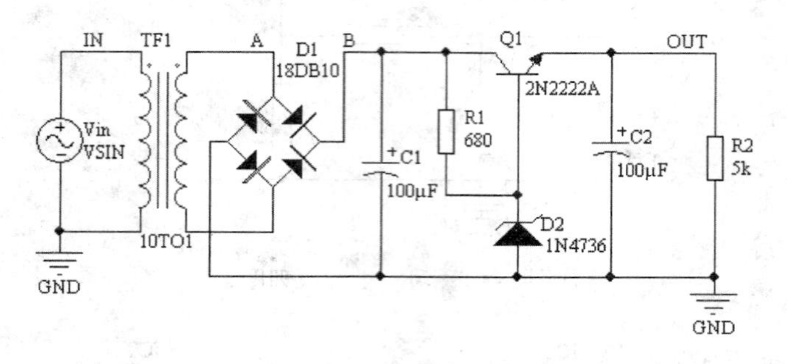

图 5-95　习题 5 的原理图

6. 试用瞬态分析方法研究图 5-96 所示的晶体振荡器电路。

7. 试用瞬态分析方法研究图 5-97 所示的单结晶体管电路。

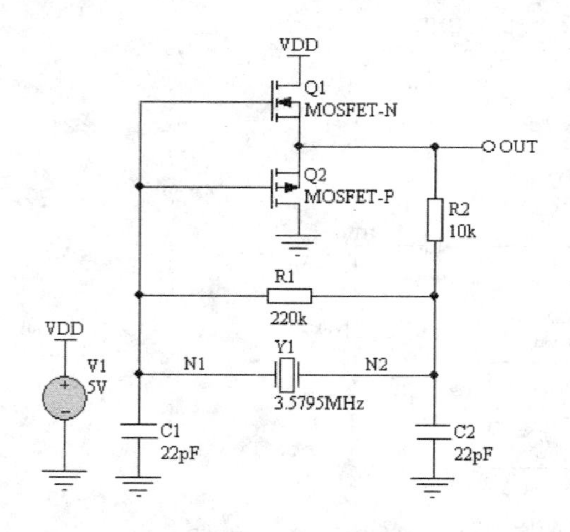

图 5-96　习题 6 的原理图

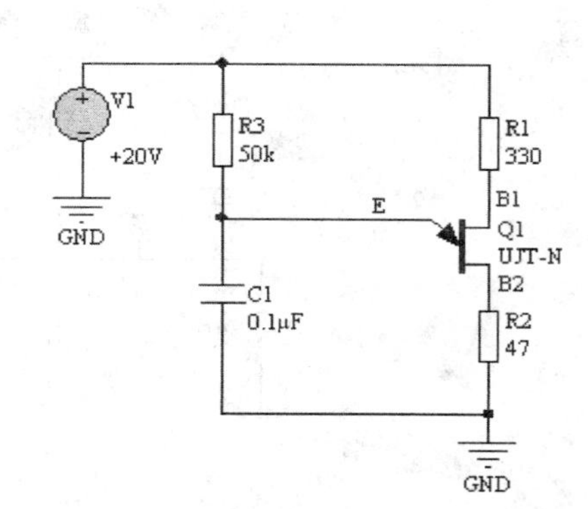

图 5-97　习题 7 的原理图

8. 试用工作点分析、瞬态分析和交流小信号分析方法研究图 5-98 所示功率放大器。提示：电压源 V1 为正弦电源，幅值(AC Amplitude)为 2 V，频率(Frequency)为 1 kHz。

9. 整流滤波电路如图 5-99 所示，试用瞬态分析法观察输出波形。提示：电压源 VIN 为正弦电源 VSIN，电压的幅值(Amplitude)为 50 V、频率(Frequency)为 50 Hz。VIN2 和 VIN3 也是正弦电源，幅值为 25 V，频率为 50 Hz。

10. 试用瞬态分析方法研究图 5-100 所示的施密特门电路组成的振荡器电路。

11. 试用工作点分析和瞬态分析方法研究图 5-101 所示的方波振荡器。

12. 试用瞬态分析方法研究图 5-102 所示的晶闸管电路。提示：正弦电源 V3 的振幅为 28 V，频率为 50 Hz。

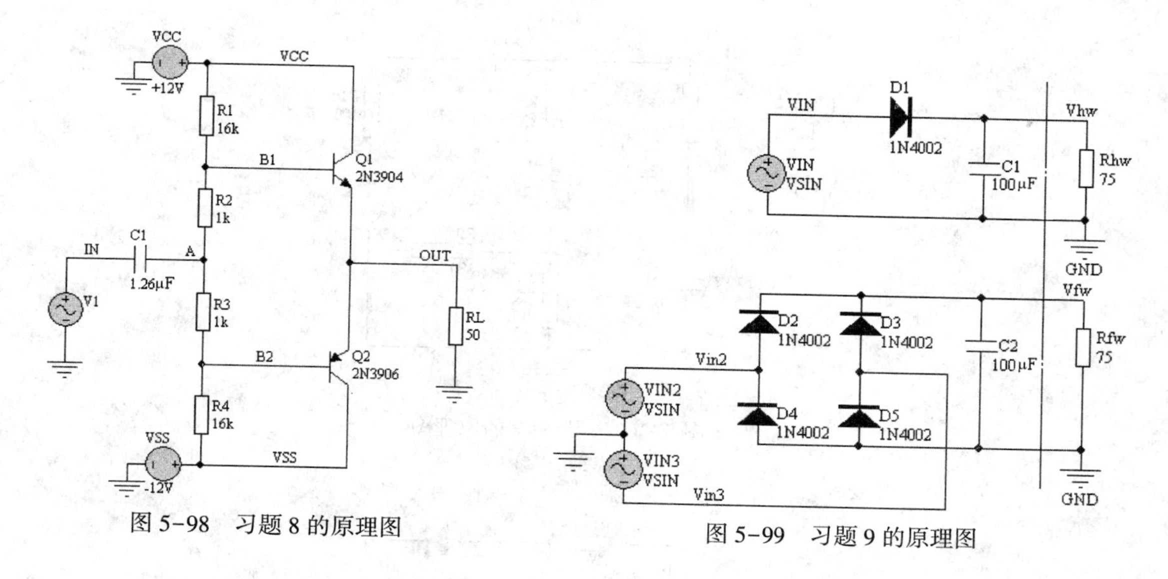

图 5-98　习题 8 的原理图

图 5-99　习题 9 的原理图

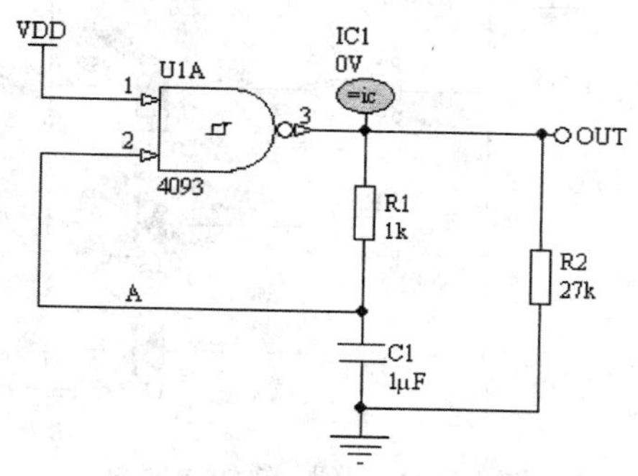

图 5-100　习题 10 的原理图

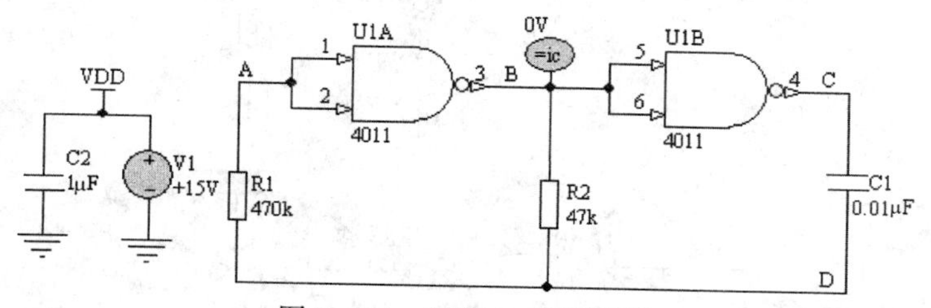

图 5-101　习题 11 的原理图

13. 试用工作点分析方法研究图 5-103 所示电路中发光二极管的管压降。

提示：发光二极管在 Sim/Diode. lib 库中，不同颜色的发光二极管有不同的管压降，本例使用工作点分析方法可以直接得到管压降数值。

14. 试用瞬态分析方法研究图 5-104 所示的 TTL 与非门组成的数字-模拟混合电路。提示：图 5-104 中信号源 V3 是脉冲电源（VPULSE）。需要设置初始值（Initial Value=0）、脉冲电压（Pulsed Value=5）、时间延迟（Time Delay=0）、上升沿（Rise Time=1 μs）、下降沿（Fall Time=1 μs）、脉冲宽度（Pulse Width=0.5 ms）和周期（Period=1 ms）。图中信号源 V2 为分段电源（VPWL），在仿真模型参数中，需要设置各个段的时间/电压（Time/Voltage），各段值：0　0，5 m　0，5.001 m　5，10 m　5，10.001 m　0。

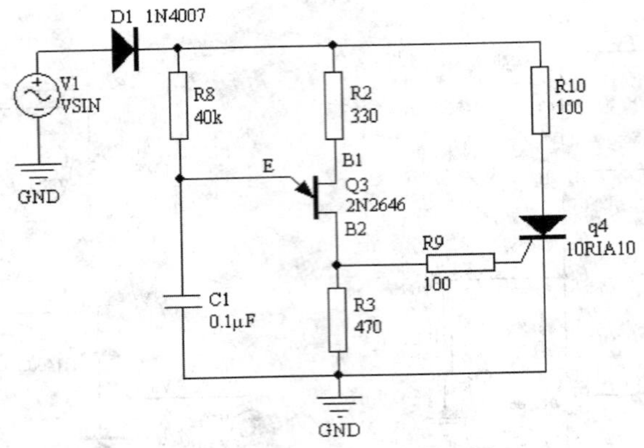

图 5-102　习题 12 的原理图

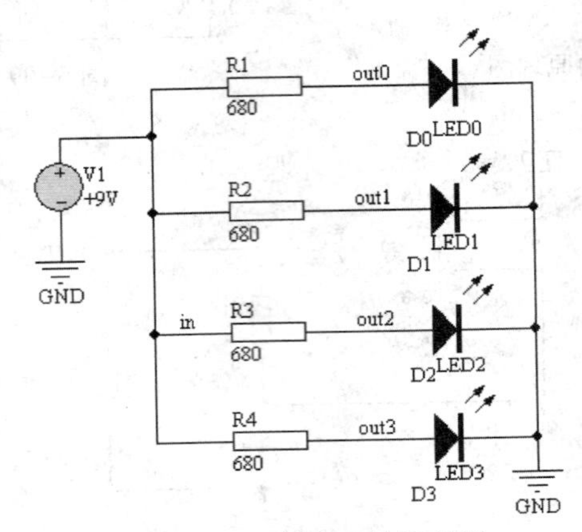

图 5-103　习题 13 的原理图

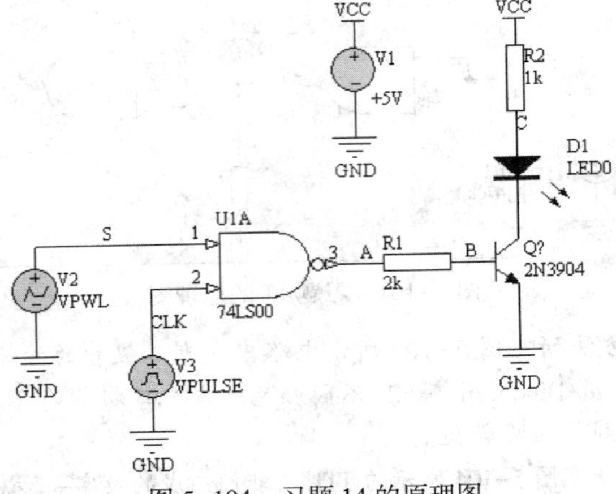

图 5-104　习题 14 的原理图

15. 试用瞬态分析方法研究图 5-105 所示的数字-模拟混合电路。提示：图中信号源 V3 是脉冲电源(VPULSE)。需要设置初始值(Initial Value = 0)、脉冲电压(Pulsed Value = 5)、时间延迟(Time Delay = 0)、上升沿(Rise Time = 1 μs)、下降沿(Fall Time = 1 μs)、脉冲宽度(Pulse Width =

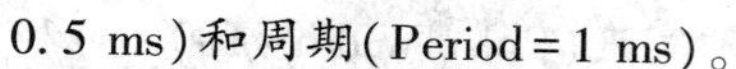
0.5 ms)和周期(Period=1 ms)。

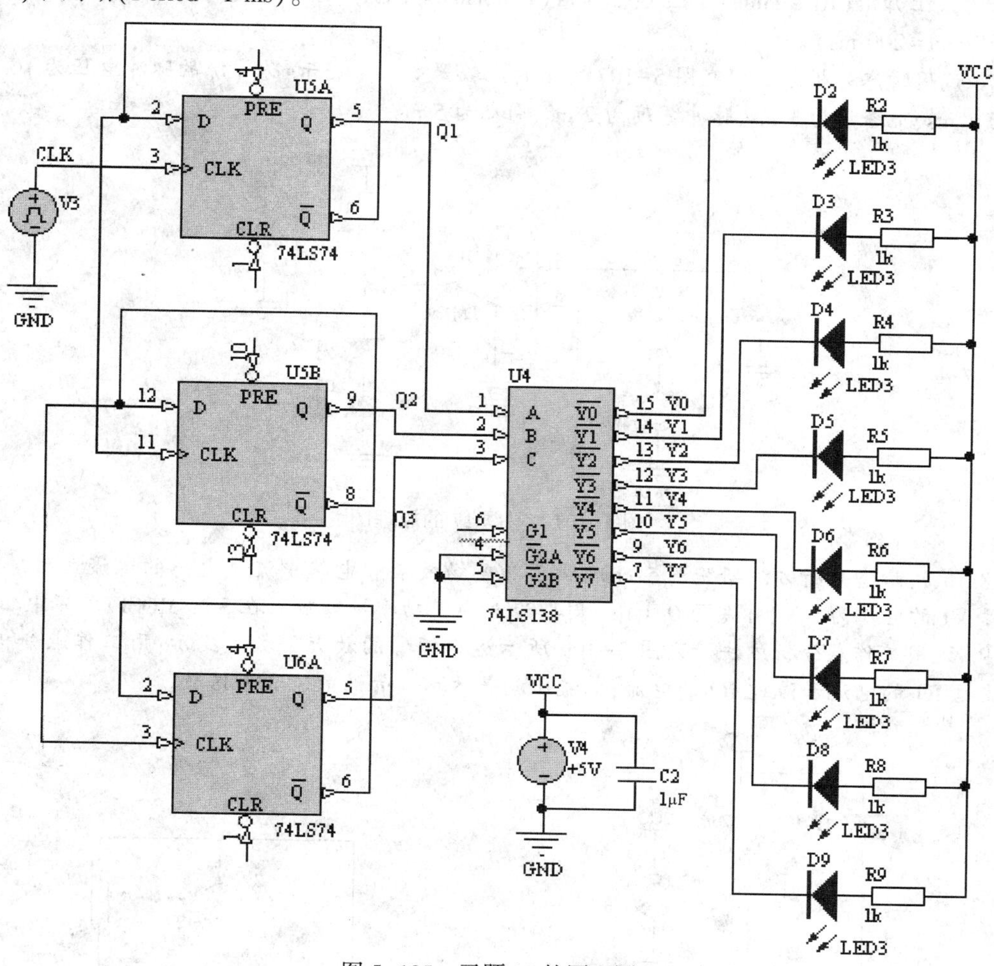

图 5-105　习题 15 的原理图

16. 试用瞬态分析方法研究图 5-106 所示的继电器电路。提示:图 5-106 中信号源 V1 是脉冲电源(VPULSE)。需要设置初始值(Initial Value=0)、脉冲电压(Pulsed Value=12)、时间延迟(Time

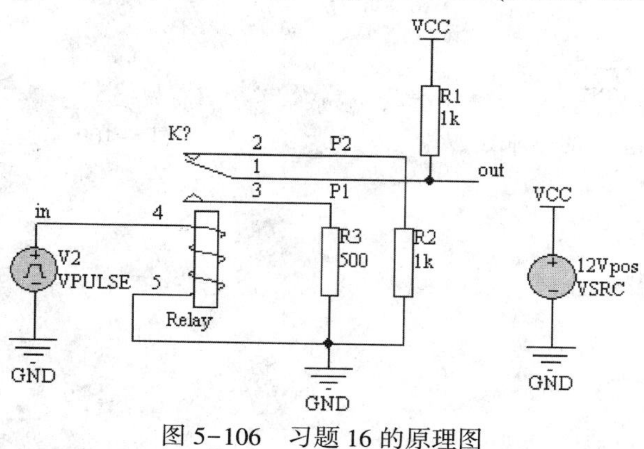

图 5-106　习题 16 的原理图

Delay=0)、上升沿(Rise Time=1 μs)、下降沿(Fall Time=1 μs)、脉冲宽度(Pulse Width=100 ms)和周期(Period=200 ms)。

17. 试用瞬态分析方法研究图 5-107 所示的比较器电路。提示：脉冲源的脉冲电压为 10 V、上升沿为 1 ms、下降沿为 1 ms、脉冲宽度为 2 ms、周期为 5 ms。

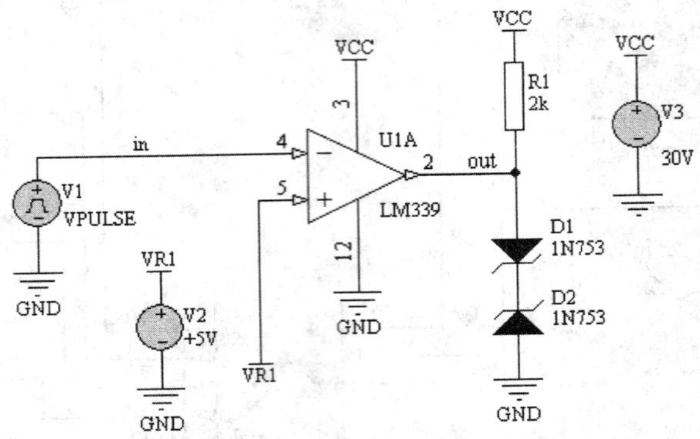

图 5-107　习题 17 的原理图

18. 试用瞬态分析方法研究图 5-108 所示功率场效应管电路中流过电感的电流曲线。提示：脉冲源 V1 的电压为 5 V，脉宽为 0.1 ms，周期为 1 ms。功率场效应管在 Sim/MOSFET 库中。

19. 试用工作点分析方法研究图 5-109 所示达林顿管的放大倍数。提示：用工作点分析方法求出流过 R1 的电流和流过 R2 的电流，电流比就是达林顿管的电流放大倍数。

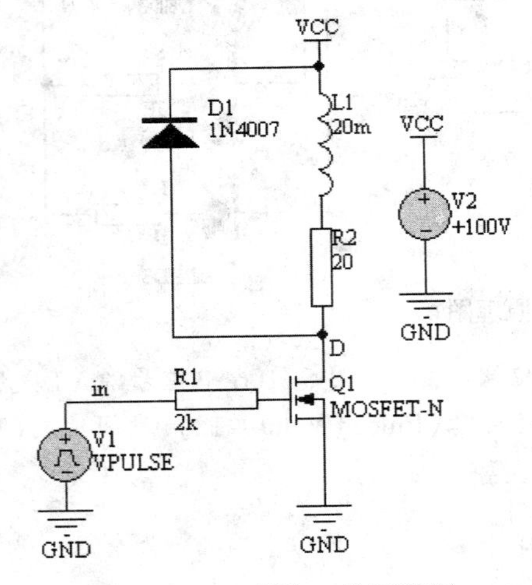

图 5-108　习题 18 的原理图

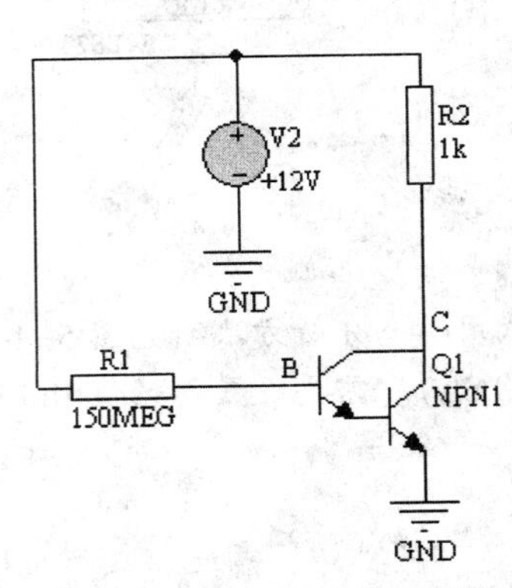

图 5-109　习题 19 的原理图

附录A 图形符号对照表

图形符号对照表见表 A-1。

表 A-1 图形符号对照表

序号	名称	国家标准的画法	软件中的画法
1	二极管		
2	稳压二极管		
3	晶闸管		
4	发光二极管		
5	三极管		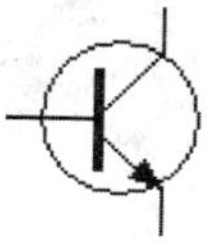
6	MOS 管		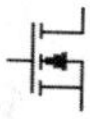
7	与非门	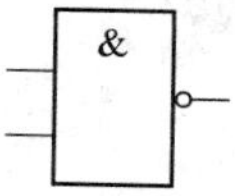 &	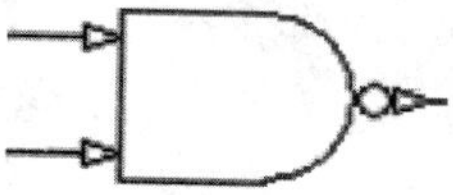
8	与门	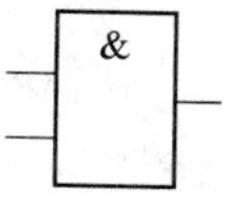 &	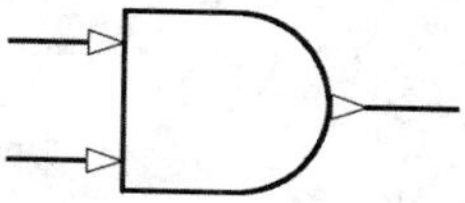
9	按钮开关	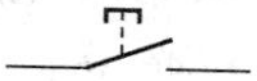	
10	光耦合器	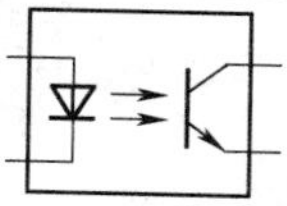	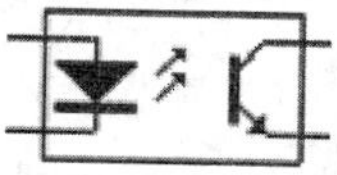
11	熔断器		
12	电解电容器	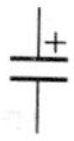 +	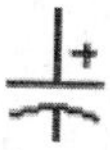 +
13	接地		
14	变压器	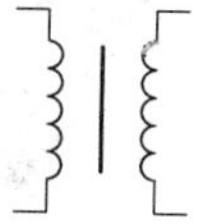	
15	热元件	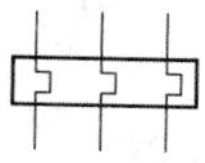	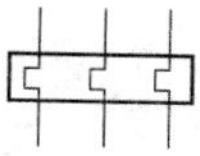

参 考 文 献

[1] 王静.Altim Designer Winter 09 电路设计案例教程[M]. 北京:中国水利水电出版社,2010.
[2] 闫聪聪.Altim Designer 电路设计从入门到精通[M]. 北京:机械工业出版社,2014.
[3] 韩国栋,赵月飞,娄建安.Altim Designer Winter 09 电路设计入门与提高[M]. 北京:化学工业出版社,2010.
[4] 张明峰,张伟.Protel 2004 电路设计与制板习题精解[M]. 北京:人民邮电出版社,2006.
[5] 李瑞,耿立明. Altim Designer 14 电路设计与仿真从入门到精通[M]. 北京:人民邮电出版社,2014.
[6] 夏路易,石宗义.电路原理图与电路板设计教程[M]. 北京:北京希望电子出版社,2002.
[7] 神龙工作室.Protel 2004 实用培训教程[M]. 北京:人民邮电出版社,2005.
[8] 胡文华,胡仁喜.Altim Designer 13 电路设计入门与提高[M]. 北京:化学工业出版社,2013.
[9] 赵景波,王臣业.Protel 99se 电路设计基础与工程范例[M]. 北京:清华大学出版社,2008.
[10] 黎文模,段晓峰. Protel DXP 电路设计与实例精解[M]. 北京:人民邮电出版社,2006.
[11] 赵辉,渠丽岩. Protel DXP 电路设计与应用教程[M]. 北京:清华大学出版社,2011.